ゼロエミッション型産業をめざして

産業における廃棄物再資源化の動向

シーエムシー出版

目　次

序　章　ゼロエミッションに向けて　　鈴木基之 ……………… 1

第1編　ゼロエミッションの考え方

第1章　プロセスゼロエミッション化のための物質フロー解析と要素技術の開発　　羽野　忠，平田　誠，高梨啓和

1　はじめに ……………………………… 7
2　ゼロエミッションに求められるもの
　　－公害防止技術との違い－ ………… 9
3　物質フロー解析の必要性－ゼロエミッションの第一歩－ ………………… 10
4　解析の対象は何か …………………… 10
5　解析のレベルをどう選択するか ……… 10
6　醤油製造プロセスにおける物質フローの解析例 ……………………………… 11
7　ゼロエミッションに求められる技術のあり方 ………………………………… 15
8　おわりに ……………………………… 15

第2章　ゼロエミッションのための産業ネットワークの形成　　吉田弘之

1　はじめに ……………………………… 17
2　生産プロセス間のゼロエミッションネットワーク ………………………… 17
3　ネットワーク形成のための個別プロセスにおける物質・エネルギーの流れの現状調査とデータベースの構築 ……… 19
4　資源化技術の開発 …………………… 23

I

第3章 地域ゼロエミッションをめざした物質フローの解析と産業間ネットワーク
藤江幸一,後藤尚弘,迫田章義

1　はじめに ………………………… 26
2　地域ゼロエミッション化に向けた方策と手順 …………………………… 27
3　生産プロセスおよび地域における物質収支の解析 ……………………… 28
4　ゼロエミッション化のためのデータベースとプロセスシミュレータ …… 31
5　生産プロセスにおけるエミッション低減を目指したネットワークの構築 …… 31
6　発生源対策の必要性と手法 ……… 32
7　求められる技術開発の方向 ……… 34
8　地域における生産プロセスネットワーク化による負荷低減 ……………… 35
9　おわりに ………………………… 35

第2編　工場内ゼロエミッション化の実例

第4章　廃棄物再資源化100％の実例－アサヒビール㈱－
宇治原　秀

1　概要 ……………………………… 41
2　はじめに ………………………… 41
3　これまでの取り組み ……………… 41
4　工場廃棄物100％再資源化の達成方針 …………………………………… 42
5　組織について …………………… 42
6　分別収集の仕組みについて …… 43
7　副産物・廃棄物の再資源化,利用方法 ……………………………………… 43
8　苦労話など ……………………… 43
9　廃棄物再資源化100％維持 ……… 46
10　研究開発センターの取り組み …… 46
11　今後の課題 ……………………… 46
12　問い合わせ先 …………………… 46

第5章　ごみゼロ工場の実例－キリンビール㈱－
高野慶明

1　概要 ……………………………… 47
2　取り組みの背景 ………………… 47
3　廃棄物100％再資源化達成までの経緯 …………………………………… 48
4　廃棄物再資源化の進め方 ……… 48
5　横浜工場の廃棄物再資源化の実際 … 49
6　廃棄物100％再資源化を維持していく取り組み …………………………… 50
7　変化してきたゼロエミッション活動（まとめ） ………………………… 53
8　問い合わせ先 …………………… 54

第6章 『エコ・ブルワリー(環境調和型ビール工場)』の実現をめざして－サントリー㈱－　横山恵一

1	概要 …………………………… 55	4	ビール工場における環境保全への取り組みの事例 …………………… 56
2	はじめに ……………………… 55	5	今後に向けて ………………… 61
3	会社におけるさまざまな環境保全への取り組み ………………… 56	6	問い合わせ先 ………………… 61

第7章　NECの廃棄物ゼロ運動－日本電気㈱－　小川久夫

1	概要 …………………………… 62	4	フッ素系スラッジの削減事例 ………… 66
2	NECの「廃棄物ゼロ運動」 ……… 62	5	モールド樹脂屑の再資源化事例 ……… 66
3	半導体拡散工場における再資源化事例 …………………………… 64	6	まとめ ………………………… 68
		7	問い合わせ先 ………………… 68

第8章　事務機械製造工程における廃棄物削減技術－キヤノン㈱－　内藤喜美子

1	概要 …………………………… 69	5	廃棄物削減事例 ……………… 70
2	廃棄物削減の経緯 …………… 69	6	廃棄物削減の動向 …………… 77
3	キヤノングループの廃棄物削減目標 … 69	7	資料 …………………………… 77
4	廃棄物削減実績 ……………… 70	8	問い合わせ先 ………………… 77

第9章　「ごみゼロ工場」への挑戦－㈱リコー－　海野修敏

1	概要 …………………………… 78		戦 ……………………………… 78
2	沼津事業所の概要と環境保全の取り組み …………………………… 78	4	活動結果 ……………………… 84
3	沼津事業所の「ごみゼロ工場」への挑	5	問い合わせ先 ………………… 85

第10章 社内循環による埋立廃棄物ゼロの達成－㈱INAX－　　川合和之

1　概要 …………………………………… 86
2　はじめに ……………………………… 86
3　廃棄物の社内循環 …………………… 86
4　異業種廃棄物の利用 ………………… 92
5　まとめ ………………………………… 92
6　問い合わせ先 ………………………… 92

第11章 積水化学工業グループのゼロエミッション取り組みについて－積水化学工業㈱－　　沼田雅史

1　はじめに ……………………………… 95
2　ゼロエミッション化計画の概要 …… 95
3　積水化学グループゼロエミッションの
　　実現へ ……………………………… 97
4　今後の展望 …………………………… 101
5　問い合わせ先 ………………………… 102

第3編　再資源化システムの実例

第12章 資源循環型社会に適した燃料電池－㈱東芝　電力システム社－　　白岩義三

1　概要 …………………………………… 105
2　りん酸形燃料電池の特徴 …………… 105
3　環境循環型社会に適応した燃料電池… 107
4　おわりに ……………………………… 111
5　問い合わせ先 ………………………… 111

第13章 ビール粕からの有機質肥料の再資源化－サッポロビール㈱－　　八木橋信治

1　概要 …………………………………… 112
2　はじめに ……………………………… 112
3　なぜ有機質肥料化なのか …………… 112
4　工業的に安定した肥料製造方法の開発 113
5　製造条件の選定 ……………………… 113
6　好気性発酵法によるビール粕肥料の製
　　造ビール粕の組成 ………………… 113
7　ビール粕肥料の特徴 ………………… 116
8　開発肥料の普及に向けて …………… 118
9　おわりに ……………………………… 118
10　問い合わせ先 ………………………… 119

第14章　ウイスキー蒸留残液の嫌気処理システム
－サントリー㈱－
徳田昌嗣

1　概要 …………………………… 120
2　技術開発の狙い ………………… 120
3　技術の説明 ……………………… 122
4　地球環境保護への貢献 ………… 124
5　展望と結言 ……………………… 125
6　問い合わせ先 …………………… 126

第15章　焼酎蒸留残さの処理と灰分の有効利用－宝酒造㈱－
西尾修治

1　はじめに ………………………… 127
2　背景 ……………………………… 127
3　焼酎蒸留残さの処理方法の検討 … 128
4　蒸留残さ処理設備の設置 ……… 129
5　焼却灰のセメント原料への利用 … 131
6　おわりに ………………………… 132
7　問い合わせ先 …………………… 133

第16章　魚あらの資源化－岸和田フィッシュミール㈱－
田中正敏

1　概要 ……………………………… 134
2　技術開発のねらい ……………… 134
3　技術の説明 ……………………… 135
4　問い合わせ先 …………………… 139

第17章　レンズ付きフィルムの循環生産システム
－富士写真フイルム㈱－
栗山隆之

1　概要 ……………………………… 140
2　循環生産システムの実際 ……… 140
3　展望と結言 ……………………… 148
4　問い合わせ先 …………………… 149

第18章　家電製品のリサイクルプラント－三菱電機㈱－
松村恒男

1　概要 ……………………………… 150
2　はじめに ………………………… 150
3　技術の説明 ……………………… 150
4　三菱電機のリサイクルプラント … 155
5　リサイクルプラントの経済性 … 157
6　展望と結言 ……………………… 158
7　問い合わせ先 …………………… 158

第19章　半導体工場廃水・廃薬品の循環利用—㈱リコー—　　杉山光一

1	概要……………………………… 159		ステム…………………………… 160
2	はじめに………………………… 159	5	STEP 4への取り組み ………… 166
3	開発の背景……………………… 159	6	展望と結言……………………… 166
4	クローズド・ウォーター・リサイクルシ	7	問い合わせ先…………………… 167

第20章　液晶パネルの非鉄製錬でのリサイクル—シャープ㈱—　　澤江　清

1	概要……………………………… 168		のリサイクル…………………… 172
2	はじめに………………………… 168	5	おわりに………………………… 173
3	液晶ディスプレイのリサイクル……… 170	6	問い合わせ先…………………… 173
4	非鉄製錬における液晶パネル／ガラス		

第21章　廃家電からの金属・プラスチック回収と製錬原料への利用—三菱マテリアル㈱—　　山口省吾，星名久史

1	概要……………………………… 174	4	今後の展望……………………… 177
2	開発の背景……………………… 174	5	展望と緒言……………………… 177
3	技術開発の要点………………… 175	6	問い合わせ先…………………… 180

第22章　リモネンを利用した発泡スチロールリサイクルシステム—ソニー㈱—　　野口　勉，松島　稔

1	概要……………………………… 181	4	炭酸ガス（CO_2）排出量評価 … 185
2	技術開発のねらい……………… 181	5	展望と結言……………………… 186
3	リサイクルシステム…………… 182	6	問い合わせ先…………………… 186

第23章　塩ビ製品のリサイクル技術—ヴイテック㈱—　　新居宏美

1	はじめに………………………… 187	2	マテリアルリサイクル………… 187

3 フィードストックリサイクル……………… 189
4 まとめ……………………………………… 192
5 問い合わせ先……………………………… 192

第24章 塩ビ高濃度混入廃プラスチックからの塩化水素の回収および残さのセメント原燃料への利用—㈱トクヤマ—

佐藤 亨

1 概要………………………………………… 193
2 はじめに…………………………………… 193
3 廃塩ビリサイクル・セメント原燃料化および塩ビモノマー原料化…………… 193
4 塩ビリサイクル実証試験………………… 194
5 試験結果…………………………………… 196
6 まとめ……………………………………… 200
7 問い合わせ先……………………………… 200

第25章 廃プラスチック二段ガス化発生ガスのアンモニア合成への利用—宇部興産㈱・㈱荏原製作所—

亀田 修

1 概要………………………………………… 201
2 技術開発のねらい………………………… 201
3 フィードストックリサイクルとしてのガス化…………………………………… 201
4 加圧二段ガス化の開発コンセプト……… 202
5 技術の概要………………………………… 204
6 システムの特長…………………………… 204
7 地球環境への配慮………………………… 205
8 展望と結言………………………………… 205
9 問い合わせ先……………………………… 206

第26章 使用済みプラスチックの高炉原料化技術—日本鋼管㈱—

大垣陽二

1 概要………………………………………… 207
2 はじめに…………………………………… 208
3 高炉還元剤としての利用………………… 208
4 産業系使用済みプラスチックの処理…… 209
5 プラスチック製容器包装の高炉原料化………………………………………… 211
6 展望と結言………………………………… 213
7 問い合わせ先……………………………… 213

第27章　使用済みPETボトルの再商品化（フレーク）施設について－㈱荏原製作所－　　小田哲也

1　再商品化事業について……………… 214
2　関係法規について…………………… 214
3　原料と製品について………………… 215
4　設備設計について…………………… 215
5　使用済みPETボトル処理概略フロー … 215
6　東京ペットボトルリサイクル㈱概要… 219
7　工場概要……………………………… 219
8　問い合わせ先………………………… 219

第28章　建設廃棄物の再資源化－鹿島建設㈱－　　塚田高明

1　概要…………………………………… 220
2　建設廃棄物の資源化………………… 220
3　おわりに……………………………… 225
4　問い合わせ先………………………… 226

第29章　エコセメントの開発－太平洋セメント㈱－　　長野健一

1　概要…………………………………… 227
2　はじめに……………………………… 227
3　開発の経緯…………………………… 227
4　焼却灰の資源化……………………… 227
5　エコセメントの特性………………… 228
6　エコセメントの製造技術…………… 230
7　今後の課題と展望…………………… 232
8　問い合わせ先………………………… 233

第30章　下水汚泥その他産業廃棄物のセメント製造への利用－太平洋セメント㈱－　　臼倉桂一

1　概要…………………………………… 234
2　はじめに……………………………… 234
3　セメント製造の概要………………… 234
4　下水汚泥のセメント資源化………… 238
5　今後の課題と展望…………………… 240
6　問い合わせ先………………………… 240

第31章　廃車からの回収部品再利用－中古部品「ニッサングリーンパーツ」－日産自動車㈱－　　斉藤和紀

1　概要…………………………………… 241
2　年間500万台が廃車に……………… 241

| 3 とことん使って安く修理する……… 243 | 5 循環型社会に向かって……………… 247 |
| 4 グリーンパーツの仕組みと特徴……… 243 | 6 問い合わせ先…………………………… 247 |

第32章　廃塗料リサイクルシステム－関西ペイント㈱－　　柳下洋昌

1 はじめに…………………………… 248	と試運転結果…………………………… 252
2 従来の廃塗料処理方法と問題点……… 248	5 「廃塗料リサイクルシステム」の効果
3 「廃塗料リサイクルシステム」の特徴	…………………………………………… 253
………………………………………… 250	6 おわりに………………………………… 254
4 「廃塗料リサイクルシステム」の建設	7 問い合わせ先…………………………… 255

第33章　再資源化に適した着色ガラスびん－ハイブリッドコートボトル－の開発－キリンビール㈱－　　白倉　昌

1 概要………………………………… 256	4 ハイブリッドコートボトルの評価…… 260
2 緒言………………………………… 256	5 展望と結言……………………………… 261
3 着色コーティング材料の概要………… 257	6 問い合わせ先…………………………… 261

第34章　古紙100％の新聞用紙について－大王製紙㈱－　　打越秀樹

| 1 概要………………………………… 262 | 3 展望と結言……………………………… 268 |
| 2 古紙100％の新聞用紙の開発について… 262 | 4 問い合わせ先…………………………… 268 |

第4編　廃棄物の再資源化を支援する技術

第35章　流動床式ガス化溶融炉－㈱荏原製作所－　　内野　章

1 概要………………………………… 271	5 サーマルリサイクル…………………… 275
2 はじめに…………………………… 271	6 炭化と非焼却発電……………………… 277
3 廃棄物の再資源化………………… 271	7 問い合わせ先…………………………… 278
4 実施例……………………………… 274	

第36章　シャフト炉式ガス化溶融炉－新日本製鐵㈱－　長田守弘

1 概要 ………………………………… 279
2 技術開発の経緯・狙い …………… 279
3 シャフト炉式ガス化溶融炉の概要 … 279
4 自己完結型ごみ処理システムの構築 … 282
5 今後の展望 ………………………… 283
6 問い合わせ先 ……………………… 285

第37章　キルン式ガス化溶融システム－㈱クボタ－　吉岡洋仁，上林史朗

1 はじめに …………………………… 287
2 本技術の説明 ……………………… 287
3 地球環境への負荷 ………………… 289
4 今後の展望と結言 ………………… 293
5 問い合わせ先 ……………………… 293

第38章　ガス化改質型溶融炉－川崎製鉄㈱－　行本正雄

1 概要 ………………………………… 294
2 開発経緯 …………………………… 294
3 プロセスの概要 …………………… 294
4 実証試験結果 ……………………… 296
5 今後の展望とまとめ ……………… 298
6 問い合わせ先 ……………………… 298

第39章　廃棄物の溶融石材化技術－月島機械㈱－　金子拓己

1 概要 ………………………………… 300
2 はじめに …………………………… 300
3 技術の概要 ………………………… 300
4 システム …………………………… 303
5 設備の一例（焼却灰の溶融結晶化設備） … 303
6 結晶質スラグ ……………………… 304
7 今後の展望 ………………………… 306
8 問い合わせ先 ……………………… 306

第40章　RMJ方式RDFシステム－川崎製鉄㈱－　行本正雄

1 概要 ………………………………… 308
2 RDFの導入経緯 …………………… 308
3 RMJ方式の特徴 …………………… 308
4 RDFの利用 ………………………… 311
5 今後の展望とまとめ ……………… 312
6 問い合わせ先 ……………………… 313

第41章　RDF化技術 －㈱荏原製作所－　　香ノ木　賢

1　概要……………………………………… 315
2　技術開発のねらい……………………… 315
3　技術の説明……………………………… 315
4　ゼロエミッション的見地での本技術の
　　特徴……………………………………… 319
5　展望と結言……………………………… 319
6　問い合わせ先…………………………… 320

第42章　廃プラスチックの静電分離技術 －日立造船㈱－　　前畑英彦

1　概要……………………………………… 321
2　廃プラスチックリサイクルの背景と動
　　向………………………………………… 321
3　プラスチックの分別法………………… 321
4　高純度静電分離技術…………………… 323
5　静電種別分離装置……………………… 325
6　結言……………………………………… 327
7　問い合わせ先…………………………… 327

第43章　分別収集廃プラスチックの油化装置 －日立造船㈱－　　長井健一，佐藤靖男

1　概要……………………………………… 329
2　開発の経緯……………………………… 329
3　設備の概要……………………………… 330
4　新治油化施設の主要目………………… 332
5　運転結果………………………………… 335
6　おわりに………………………………… 336
7　問い合わせ先…………………………… 336

第44章　超臨界水による廃プラスチックのケミカルリサイクル －㈱神戸製鋼所－　　福里隆一

1　はじめに………………………………… 337
2　超臨界水利用のケミカルリサイクル技
　　術の実用化展開………………………… 338
3　おわりに………………………………… 341
4　問い合わせ先…………………………… 341

編集を終わって…………………………… 343

編集委員会

監修／委員長
 鈴木　基之 国際連合大学　副学長，東京大学生産技術研究所　教授

副 委 員 長
 羽野　　忠 大分大学　工学部長　教授
 五十嵐　操 月島機械㈱　新事業推進・環境エンジニアリングシニアテクニカルアドバイザー
 竹林　征雄 ㈱荏原製作所　エンジニアリング事業本部ゼロエミッション事業統括　副統括　理事

委　　　員（五十音順）
 大島　秀晴 ㈱クボタ　環境研究部　課長
 掛田　健二 日立造船㈱　環境・プラント事業本部システム本部開発企画部　部長
 栗本　洋二 国土環境㈱　常務取締役　環境情報本部長　環境情報研究所長
 小山富士雄 三菱化学㈱　環境安全部　部長
 齋藤　健志 川崎製鉄㈱　技術総括部　主査
 迫田　章義 東京大学生産技術研究所　教授
 中村　　忠 関西オルガノ商事㈱　代表取締役社長
 浜本　洋一 ㈱西原環境衛生研究所　技術開発部開発企画グループ統括マネージャー
 廣瀬　　哲 国際連合大学　プログラム・コーディネーター
 藤江　幸一 豊橋技術科学大学　エコロジー工学系　教授
 丸川　雄浄 住友金属工業㈱　顧問
 吉田　弘之 大阪府立大学　大学院工学研究科　教授

執筆者一覧（執筆順）

鈴木 基之	国際連合大学　副学長，東京大学生産技術研究所　教授
羽野 忠	大分大学　工学部長　教授
平田 誠	大分大学　工学部
高吉 和之	大分大学　工学部
藤江 幸一	大阪府立大学　大学院工学研究科　教授
後藤 尚弘	豊橋技術科学大学　エコロジー工学系　教授
迫田 章義	豊橋技術科学大学　エコロジー工学系　助手
宇治 秀明	東京大学生産技術研究所　教授
高原 一夫	アサヒビール㈱　生産事業本部　技術部　プロデューサー
横野 慶子	キリンビール㈱　横浜工場　副工場長　環境室長
小山 久敏	サントリー㈱　利根川ビール工場　技師長
内川 美之	日本電気㈱　事業支援部　田町支援部　環境管理推進センター　環境エキスパート
海 喜修	キヤノン㈱　環境技術センター　環境技術部
川 野 和	㈱リコー　化成品事業本部　管理部　環境安全課
沼 合 雅	㈱INAX　技術統括部　環境推進室　再資源化担当課長
白 田 岩 義	積水化学工業㈱　環境安全部　環境推進室　主任技術員
八木橋 信	㈱東芝　電力システム社　燃料電池事業推進部　システム技術担当部長
徳 田 昌	サッポロビール㈱　醸造技術研究所　マネージャー
西 尾 修	サントリー㈱　エンジニアリング部　課長
田 中 正	宝酒造㈱　技術・供給本部　環境保全推進室長
栗 山 隆	岸和田フィッシュミール㈱　代表取締役
松 村 恒	富士写真フイルム㈱　足柄工場　LF部　参事
杉 山 光	三菱電機㈱　リサイクル推進室　企画担当部長
澤 江 省	㈱リコー　電子デバイスカンパニー　事業企画室　環境・総務課
山 口	シャープ㈱　液晶開発本部　液晶技術生産センター　生産システム開発部
星 名	三菱マテリアル㈱　地球環境・エネルギーカンパニー　環境リサイクル事業センター　部長補佐
野 口 勉	三菱マテリアル㈱　地球環境・エネルギーカンパニー　環境リサイクル事業センター　技師
松 島 稔	ソニー㈱　テクニカルサポートセンター　環境・解析技術部　主任研究員
新 居 美	ソニー㈱　ホームネットワークカンパニー　社会環境室　課長
佐 藤 亨	ヴィテック㈱　技術本部　技術部　環境担当部長
亀 田 修	㈱トクヤマ　徳山総合研究所　塩ビリサイクルプロジェクト　グループリーダー
大 垣 二	宇部興産㈱　エネルギー・環境事業本部　環境事業開発室　EUPプロジェクトリーダー
小 田 陽哲也	日本鋼管㈱　総合リサイクル事業推進部　次長
塚 野 高 明	㈱荏原製作所　エンジニアリング事業本部　環境プラント事業統括　技術統括資源化技術室　資源化技術部
長 倉 桂 健 一	鹿島建設㈱　エンジニアリング本部　本部次長兼環境技術部長
臼 斉 藤 和 紀	太平洋セメント㈱　ゼロエミッション事業部　事業推進グループ　エコセメントチーム
柳 下 洋 昌	太平洋セメント㈱　ゼロエミッション事業部　リサイクルグループ
白 倉 秀 樹	日産自動車㈱　リサイクル推進室　主管
打 越 章	関西ペイント㈱　品質・環境本部　環境・安全部長
内 野 弘 仁 朗 雄 己	キリンビール㈱　技術開発部　パッケージング研究所　部長代理
	大王製紙㈱　新聞用紙技術部　部長代理
	㈱荏原製作所　品川事業所　エンジニアリング事業本部　環境開発センター　環境エネルギー開発部
長 吉 上 行 金 香 前 長 佐 福	新日本製鐵㈱　環境・水道事業部　環境プラント技術部長
	㈱クボタ　環境研究部
	㈱クボタ　環境研究部　課長
	川崎製鉄㈱　環境事業部　環境技術部　主査
	月島機械㈱　環境エンジニアリング第1部　第5課
	㈱荏原製作所　環境プラント事業統括　PDF技術部　主任
	日立造船㈱　技術研究所　要素技術研究センター　主任研究員
	日立造船㈱　環境・プラント事業本部　システム本部　プロセス機器部
	日立造船㈱　環境・プラント事業本部　システム本部　プロセス機器部
	㈱神戸製鋼所　都市環境・エンジニアリングカンパニー　ニュービジネスセンター　技術開発部　次長

序　章　ゼロエミッションに向けて

鈴木基之*

　20世紀に大量生産-大量消費に基づく物質文明を享受した日本は，世紀末に地球環境の制約や廃棄物問題を代表例とする環境の諸問題が顕在化し，経済の混乱なども経験し，今新しい世紀を迎えている。この新しい21世紀に我々の活動の姿としてどのようなものを求めていくべきであるのかを明らかにしていくことは現時点での重要課題である。限られた資源と，限られた環境容量を有する地球上で，爆発的増加を続ける人口を抱えているとき，どのような世界のモデルが描けるのかは容易な問いではないが，少なくとも先進工業化諸国において，一定の物質的要求を満たすことが出来るようになった現在，高度成長時代とは全く異なったパラダイムを基に新しい産業活動の姿を描くことが必要である。

　このように，大量資源採取，大量生産，大量消費，大量廃棄の文化から新しい持続的な社会を支える文化に変化していくときに，基本となるのは，明らかに，「自然環境からの資源採取量を最小とし，自然環境への廃棄排出量を最小とすること」である。しかしながら，この為に生産・消費の活動を極端に抑制していく訳にはいかない。経済活動を維持していくことも必要であり，新たな財を作り出すのは生産活動であるからである。この両面を満たすためには，廃棄されるものを新たな資源として活用していくシステムを作り出すしかないのである。これが資源循環の意味であり，「ゼロエミッション」の基本である。これを達成するのが循環型社会であろう。

　勿論，この循環を完成するのは簡単な事ではない。従来型の産業の構造を色々なレベルで変革していくことが必要となる。工業システムにおけるゼロエミッションの考え方は次のとおりである。まず，工業生産は特定の製品を作り出すことを目指すわけであるので，そこには必ず製品以外の副生物が存在し，これが廃棄物として排出されている。この廃棄物を工場の出口でいかに処理するか（エンド・オブ・パイプ），あるいは生産プロセスを変革して廃棄物の量をいかにして少なくするか（クリーナー・プロダクション）という考え方がこれまでにとられてきたのである。これに対して，ゼロエミッションは副生物（従来の廃棄物）も未利用の資源であると考え，必要に応じて付加価値を高める操作を加えて別のプロセスにおいて利用する，あるいは他の産業で原料として利用することを目指している。このようにして，最終的には全ての資源は無駄なく製品

---

　　*　Motoyuki Suzuki　国際連合大学　副学長；東京大学生産技術研究所　教授

序章　ゼロエミッションに向けて

化されていくシステムが構築されることとなる。このためには，異種の産業のネットワーク化（クラスタリング）によって，単一のプロセスでは達成できない資源の有効利用を図ることが必要で，これにより環境への負荷も低減される，という形で，いわば自然生態系で生じている無駄のない階層的な物質循環を産業系において達成しようとするものである。この為には多くの面で，新たなニーズ指向の技術開発も必要となる。システムとしては，エンド・オブ・パイプ型の考え方，すなわち下流での処理を考える手法とは対象的に，物質循環の全体像を考慮し，上流側に溯ってプロセス変更，原料転換を含み，さらに他の業種とのクラスタリングを考慮するなど総合的なシステム構成による全体としての最適化を構築することを目指すものである。

そもそも，廃棄物とされるのは，生産プロセスから不要物として分離排出されるものであり，その存在がその産業においては収益に寄与しないものとして嫌われる存在である。生産プロセスにおいては労働生産性，エネルギー生産性などを挙げる為には，メインストリームをいかに効率良く，無駄なく運転するかが鍵であり，製品についてはその流れは十分に管理され，場合によっては顧客の満足度をいかに高めるかという理念に沿って，下流側の要求に合わせて生産ラインの調整等が容易になされる体制が準備される。これに伴い，廃棄物も生産プロセスの構成要素から種々の形で，種々のタイミングで排出されることとなっている。

このような迷惑存在の廃棄物であっても，それ自身は生産プロセスの原料や副資材から生まれた副生物なのであり，ここになんらかの価値を見出し，場合によっては変換技術を介して新たな用途に向けた資源化を行うことが先ず求められてくる。資源としての価値は，異種の物質と混在すると極端に低下する。従って，廃棄物を排出する際には，分別して排出することが求められるのはその為である。産業廃棄物が発生する各種の産業においては，生産プロセスを構成する各単位工程の内容は明確であり，そこで使用される副資材なども判明している。従って，その工程から何が廃棄されるかは運転管理上はハッキリと把握されているはずである。すなわち，工程から排出される段階では未だ価値のある資材となり得るのである。

このような排出副生物に関するデータベースを構築する，あるいはこれらの排出物に変換技術を適用し新たな価値を与えていくための技術データベースを整えたり，新たな技術開発を行うなど，種々の検討を介して，異なるプロセス間，産業間での物質のやりとりのネットワークが構成されることになっていくことが望まれるわけである。まさにこれがゼロエミッションシステムの目標なのである。これにより資源の最大限の利用，無駄の最小化（資源生産性の最大化）が達成される。

この狙いに沿って，全体のネットワークシステムを構築するためには，新しい産業の創成が必要とされる可能性もあり，新しい収入源の創出，新しい雇用の創出が可能となることもあるであろう。ゼロエミッションは従来の公害防止，クリーンプロセス指向という負の投資につながる発

序　章　ゼロエミッションに向けて

想とは異なりそれ自身が生産性の増強につながる，即ち収益を生んでいく方向を指向するという面で，明るい未来を求める考え方である。

　しかしながら，このようなシステムにも問題が無いわけではない。例えば，このような複数の産業の組み合わせからなるシステムは簡単なものではない。システムが巨大化することにより柔軟性が失われるのではないか，巨大システムであることから最適化を図るのが難しくなるのではないか，などなどが考えられる。しかしながら，幸いなことに最近の情報技術の際立った発展は，物質情報の管理などを含め，これらの面において大きな働きをすることが期待される。

　ゼロエミッションに関する研究は，ともすると「廃棄物ゼロ」，従って完全な廃棄物処理技術の開発を試みるものと考えられたり，全くエネルギー消費も要しない永久機関の技術開発を試みるかのような誤解をもたれることがある。これらはいずれも本来のゼロエミッションの意図するものではなく，ゼロエミッションは上述のように，システム化を通じて，資源の最大利用を図り，生産性を最大に上げるための技術開発を目指すものであり，これを通じて持続可能な開発を支援しようとするものである。従って，ここでは従来の個別の単能的なプロセス開発に求められていたものとは異なる価値観での技術開発が必要とされる。

　当面，必要とされる技術開発は，クリーンプロセスを目指す技術として，個別生産プロセス内の副生物（廃棄物）を減少させる（reduce）技術，副生物を再利用（reuse），再生利用（recycle）可能とする技術などは勿論であるが，ゼロエミッションとして目的とするものは，上流側に遡って新しい原料で代替する（replace）技術，新しい視点で副生物から有価物を回収する（recovery）技術，個別のプロセスから排出される副生物に付加価値を与え，他のプロセスで原料化できるよう変換し再び生命を与える（revival）技術，物質循環サイクルを構築するためのコンセプトの開発，システム化の為の具体的方法論の開発などであり，全体システムを最適化するための目的関数に関する検討も重要であろう。

　ここでは，従来の考え方では用いられなくなっていた過去の周知の技術が再生されることもあるであろう。また，既存の技術が全く異なる分野の新しい対象に用いられることもあるであろう。もちろん，新しい技術の開発に依存する面も多いと思われる。大切なのは，これまでの極めて狭い価値観，すなわち個別の細分化されたプロセスの利益追求ではなく，より広い，総合的な価値観での技術の判断がなされることであり，また，それぞれの技術が物質循環の全体像の中で再び位置づけ直されることである。従って新たな技術開発においても，それが全体の物質循環のシステムの中でどのような意味を持つかを明確に示すことが技術開発のアカウンタビリティを提示する上で重要となるのである。

　　　　　　序　章　ゼロエミッションに向けて

　本書は，わが国の活力を支える産業各業種において，資源の有効利用を目指す努力が活発化している現在，その展開の現状を鳥瞰する意味で，それぞれの事例を限られた紙数の中に紹介頂いたものであり，新しい世紀の出発点の状況を把握する意味で貴重なものであると考えている。

第1編　ゼロエミッションの考え方

第1章 プロセスゼロエミッション化のための
物質フロー解析と要素技術の開発

羽野　忠[*1]，平田　誠[*2]，高梨啓和[*3]

1　はじめに

　生産プロセスにおけるゼロエミッション化をめざす場合，3つのステップが考えられる。第1段階は，まず個々のプロセスにおいて可能な限りのクローズド化を行い，自己完結型のシステムとすることが望ましい。これが不可能な場合には，第2段階として，エミッションの「出し手」プロセスと，エミッションを原材料とする「受け手」プロセスとの間で有機的結合を形成し，エミッションの有効利用を図ることが望まれる。さらに，第3段階として，各種のプロセスや産業のエミッションを広くデータベース化し，産業間で多様なネットワークを形成することによって，トータルのエミッションを最小にするような最適産業システムを構築することが考えられる。これらの取り組みにおいては，プロセスの改良，生産原理の大胆な転換，ゼロエミッション化を可能にする要素技術の開発，さらに，ネットワーク形成の方法論の確立などが必要となる。図1は，このようなゼロエミッション化の概念を描いたものである。従来の生産プロセスにおいては，最終目的生成物への流れを軸として各単位プロセスが組み合わされ，エミッションはすべて混合されたあと一括処理されてきた。したがって，処理技術の開発がもっぱらの関心事であり，エミッションの低減は困難であった。これに対してゼロエミッション化された生産システムでは，コンバーターを介してエミッションを再資源化し，自プロセスや他プロセス，さらには他産業の原料として用いることを軸にプロセスが構成される。

　このような生産システムを構築するうえで，各プロセスや産業においてどのような資源・エネルギーが投入され，どのようなエミッションがどの程度排出されているかというデータベースが必要となる。また，様々なエミッションを再資源化するために，要素技術の開発が求められる。本稿では，生産プロセスのゼロエミッション化における物質フロー解析および要素技術開発の重要性について述べる。

---

* 1　Tadashi Hano　大分大学　工学部長　教授
* 2　Makoto Hirata　大分大学　工学部
* 3　Hirokazu Takanashi　大分大学　工学部

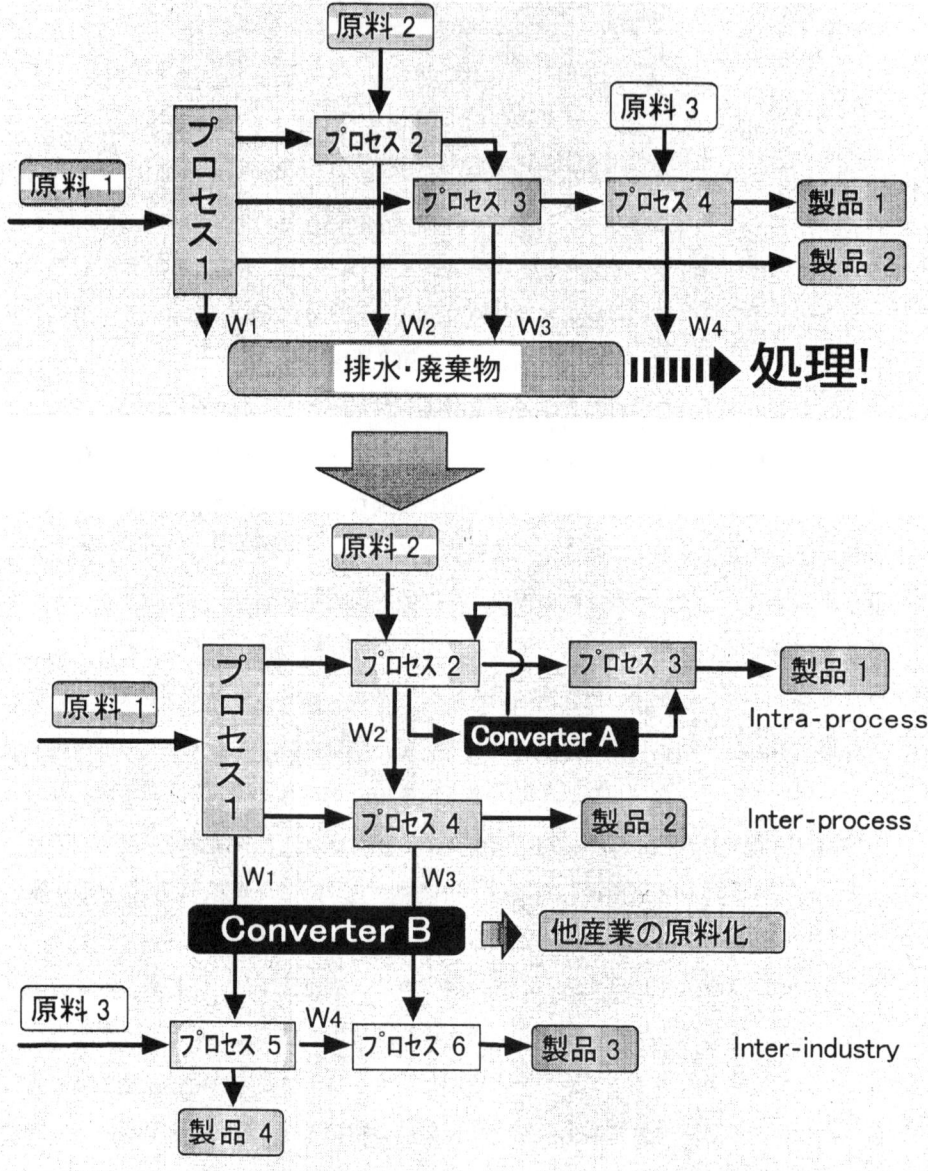

図1 ゼロエミッションプロセスの概念図

第1章　プロセスゼロエミッション化のための物質フロー解析と要素技術の開発

2　ゼロエミッションに求められるもの－公害防止技術との違い－

　あらゆる生産プロセスは，程度の差こそあれ必ず目的生産物以外の何らかの排出物（エミッション）を伴うため，これらを環境中へ排出しないよう，各種の汚濁防止技術が精力的に研究開発されてきた。今後環境基準がいっそう厳しくなるとともに，それらを満たすよう，様々な新しい環境保全技術が開発されるであろう。しかし，これらの技術は，排出規制を満たすために汚染物質をその排出口で浄化することを目的としており，いわゆるEnd-of-Pipe Technology（末端技術）と呼ばれる。企業は生産活動を行う限りエミッション処理の経費を出し続けなければならず，製品のコストにはね返ってくる。つまり，環境保全技術は，常にお金のかかる後処理工程としての位置づけを免れない。

　このようなことから，生産プロセスそのものを見直し，よりエミッションの少ないクリーンなプロセスを設計しようとするクリーナープロダクション（CP）の考え方が，80年代に出てきた。エミッションの低減という点で，クリーナープロダクションは一定程度の役割を果たしたと言えよう。これは，例えばパルプ廃液による汚濁の著しい削減に見ることができる（中西，1994）。しかし，技術全体に共通する基本的原理がないため個別の技術開発に終わることや，廃棄物問題への対応の困難さなどのため，環境問題を根本的に解決するコンセプトとなりえていない。

　これに対してゼロエミッションでは，異なるプロセス間や産業間にネットワークを張りめぐらし，単一プロセスでは達成できない資源の有効利用を図るとともに，環境への負荷を低減させることをねらっている。これは，自然生態系で繰り返されている物質循環システムを産業系において達成しようとするものであり，エミッションの再利用が可能なプロセスの設計や，そのための要素技術の開発などが重要となる。極端に言えば，従来はできるだけエミッションを少なくするよう技術改良を重ねてきたが，これからは，再利用可能なエミッションを排出するプロセスの方が望まれることもありうる。前述のEnd-of-Pipe Technologyが排出されたものだけを処理対象としたのに対して，ゼロエミッションシステムは全体の物質循環システムの中で位置づけられたプロセスの変更や原料の転換を提案するもので，異業種とのクラスタリングも考慮するなど，Up-sizingによる最適システムの構築を目的としている（鈴木，1998）。

　ところで，ゼロエミッションシステムを実現する過程では，従来なかったような新しい産業やプラントなどが創造されるため，現在特に重要視されている雇用の創出という可能性も高い。したがって，公害防止という負の投資につながる従来の発想とは異なり，生産性の増強や収益の増加といったプラスの面を含んでいる。なお，ゼロエミッションを「廃棄物ゼロ」，すなわち完全な廃棄物処理技術の達成と見なす考えがあるが，これは正しくない。ゼロエミッションは，前述のようにUp-sizingを通じて資源の生産性を最大にするための技術開発を目指すものであり，

ひいては持続可能な発展を支援しようとするものである。したがって，ゼロエミッションは，公害防止技術とはまったく異なる発想によっていることに注意すべきである。

3 物質フロー解析の必要性－ゼロエミッションの第一歩－

マスフロー解析とは，単純に言えば，プロセスにおける物質のインプットとアウトプットの中身と量を明らかにすることである。また，あるプロセスからのアウトプットは他プロセスにおけるインプットとなるので，プロセス間の物質のフローを解析することも重要である。このような解析は，産業にとって重要なので従来から行われてきたが，そのほとんどは「望ましい生産物」についてであった。ゼロエミッション化を進めるには，そのような「好ましい成分」の物質収支だけでは不十分で，廃水や廃ガス，固体廃棄物といったいわばネガティブなエミッションに対しても，徹底的に流れを解析することが必要である。生産プロセスを構成する各単位工程において，インプットされた成分が100％希望する物質へ変換されることはまずなく，必ず廃水など何らかのエミッションを伴う。このエミッションを分離回収し，自プロセスの，あるいは他プロセスの原料に変換することが，ゼロエミッションの第一歩である。

4 解析の対象は何か

ゼロエミッションプロセスの構築にあたっては，全成分を対象としてマスフロー解析を行うことが望ましいが，最終製品あるいはそのままでも再利用が可能な副産物以外に，次のような対象が考えられよう。
① 地球環境へのインパクトが問題となる構成元素および物質
② 将来的に資源としての枯渇が懸念される元素や物質
③ 我が国でほとんど産出されない資源で戦略上重要なもの
④ 現時点では，最終処分が困難な物質

5 解析のレベルをどう選択するか

マスフローデータベースを作成する場合，いろいろなレベル（深さ）でのデータが考えられる。最もマクロな観点からのデータベースは，特定の地域（市，県，島など）や国レベルでの物質フローである。このようなデータは，大きなレベルでのゼロエミッションシステムを構成する場合，あるいは国家レベルでの産業政策立案などに際して用いられる。産業間にネットワークを形成してゼロエミッション化をめざす場合には，各産業におけるインプットとアウトプットを詳細に解析することが必要である。すなわち，単なる廃棄物の量だけでなく，エミッションのクオリティを明確にすることが求められる。例えば，汚泥は食品産業において最大のエミッションである

第 1 章　プロセスゼロエミッション化のための物質フロー解析と要素技術の開発

（最終製品より多い場合さえまれではない）が，単に汚泥と記述するだけでは，再利用計画を考えることは困難である。水分量は言うに及ばず，元素組成や未利用原材料の含量などを明らかにすることが求められる。

最もミクロな観点からのデータベースが必要なのは，プロセス内ゼロエミッション化を図る場合である。プロセスを構成する単位工程におけるインプットとアウトプットの解析により，改善すべき技術や操作が明らかになり，エミッションの「受け手」を探すことが容易になる。また，従来は一括処理を行っていた個々のエミッションの発生場所が明確になり，再資源化やカスケード化などの対策も取りやすくなる。このように，どのレベル（深さ）までを対象とするかは，マスフロー解析に際して重要である。

6　醤油製造プロセスにおける物質フローの解析例

ここでは，原材料に対するエミッションの比率が大きな食品産業を取り上げ，例として醤油製造プロセスにおける物質フロー解析の結果を紹介する（羽野，1999）。食品産業におけるエミッションは 1 事業場あたり年間 10.7 キロトンにもおよび，その大部分は汚泥と植物性残渣である。食品産業は業種が多様であるうえ，業種間の操作の共通性も少なく，個別にゼロエミッション化を検討する必要がある。また生産規模も業種や事業場によって大きな差があり，エミッションの量だけでなくクオリティも差が大きい。食品産業におけるエミッションの特色は，廃水および固形物が主であること，食品の性質上有害なものがほとんどないこと，また腐敗しやすく長期保存がきかないことなどである。現在の再利用法は，主として家畜の飼料やコンポスト化，肥料化などである。再利用は可能な範囲でかなり進んでいるものの，今後飼料などへの利用は横ばいか減少すると考えられる。特に高塩濃度のエミッションの場合，再利用範囲は限られたものとなっている。

醤油は大豆と小麦，食塩を主原料とする発酵調味料であり，年間生産高は 1,222 千 kL におよぶ。醤油にはいろいろな種類があるが，伝統的な製法も確立されており，製法と風味が不可分のためプロセス変換の難しい業種である。この醤油製造プロセスにおける物質フロー解析を行った例を述べる。工場単位の一般的な物質収支は図 2 に示すとおりである。最終製品が液体であるため，排水の汚濁負荷は比較的小さい。この点，同じ伝統的発酵製品であるが，最終製品が固体の味噌と大きく異なっている。味噌製造業では，排水の汚濁負荷が大きい。図 3 は，製造工程の物質収支を固体と液体に分けて詳細に解析した結果である（ベース：醤油 1 トン）。図から，ろ過後の残渣（ケーク）である醤油粕が固体エミッションの大部分であることがわかる。一方，プロセス自体からの液体エミッションは少なく，大部分の液体エミッションは製造装置の洗浄排水である。ところで，図 3 は全収支であり，このままではエミッションのクオリティは示されない。

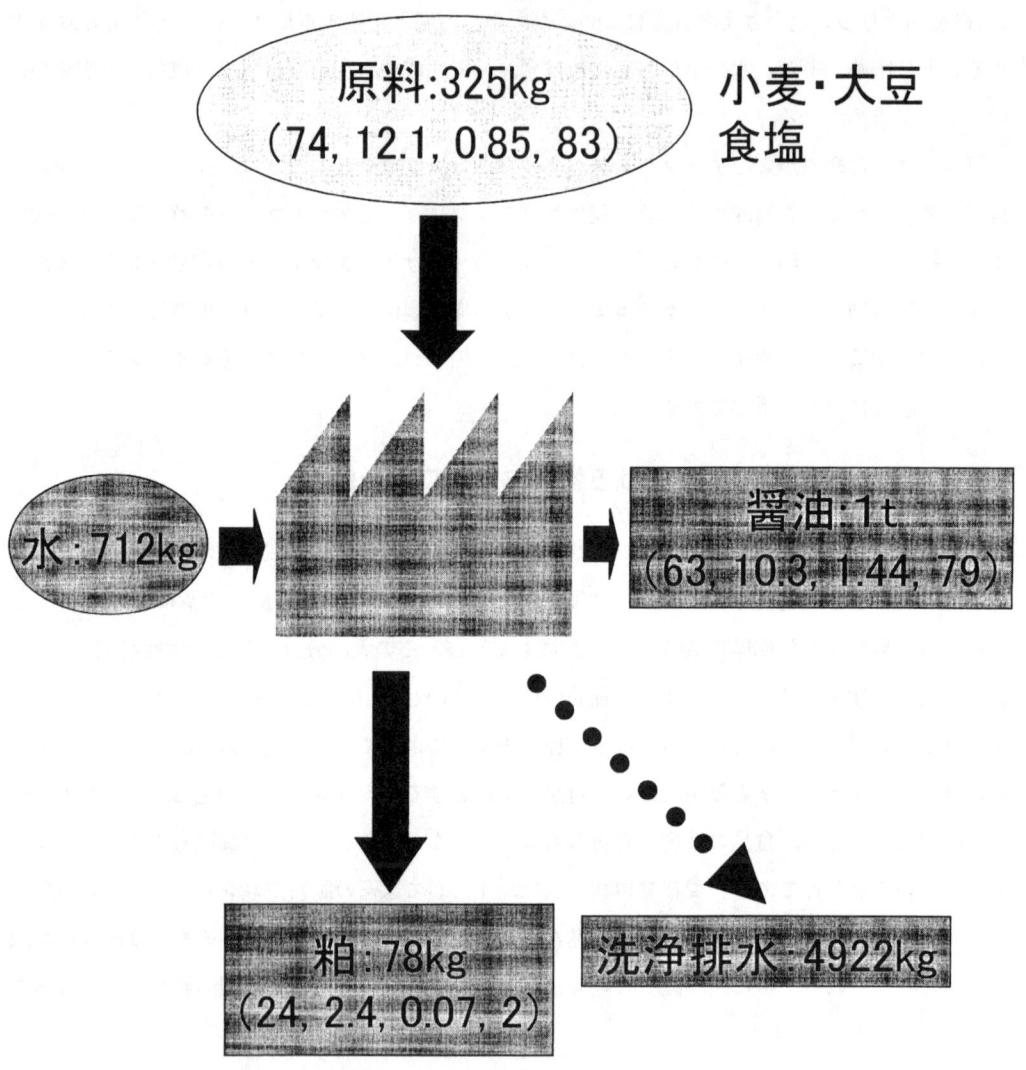

図2 醤油製造工程の全収支
*（　）内の数値は，それぞれ TOC, T-N, T-P, T-Cl 量を表す。

成分ごとのフロー解析が必要である。食品産業からのエミッションで環境負荷が大きなものとしては，富栄養化の原因となる有機態炭素，窒素，およびリンがある。図4は，例として全窒素収支を示した。これらの図から各元素のフローがわかるが，最終製品である醤油を除くと，いずれも粕中へほとんどのエミッションが移行していることがわかる。したがって，醤油粕の有効利用，あるいは減少がプロセスゼロエミッション化にとって必要である。

第1章 プロセスゼロエミッション化のための物質フロー解析と要素技術の開発

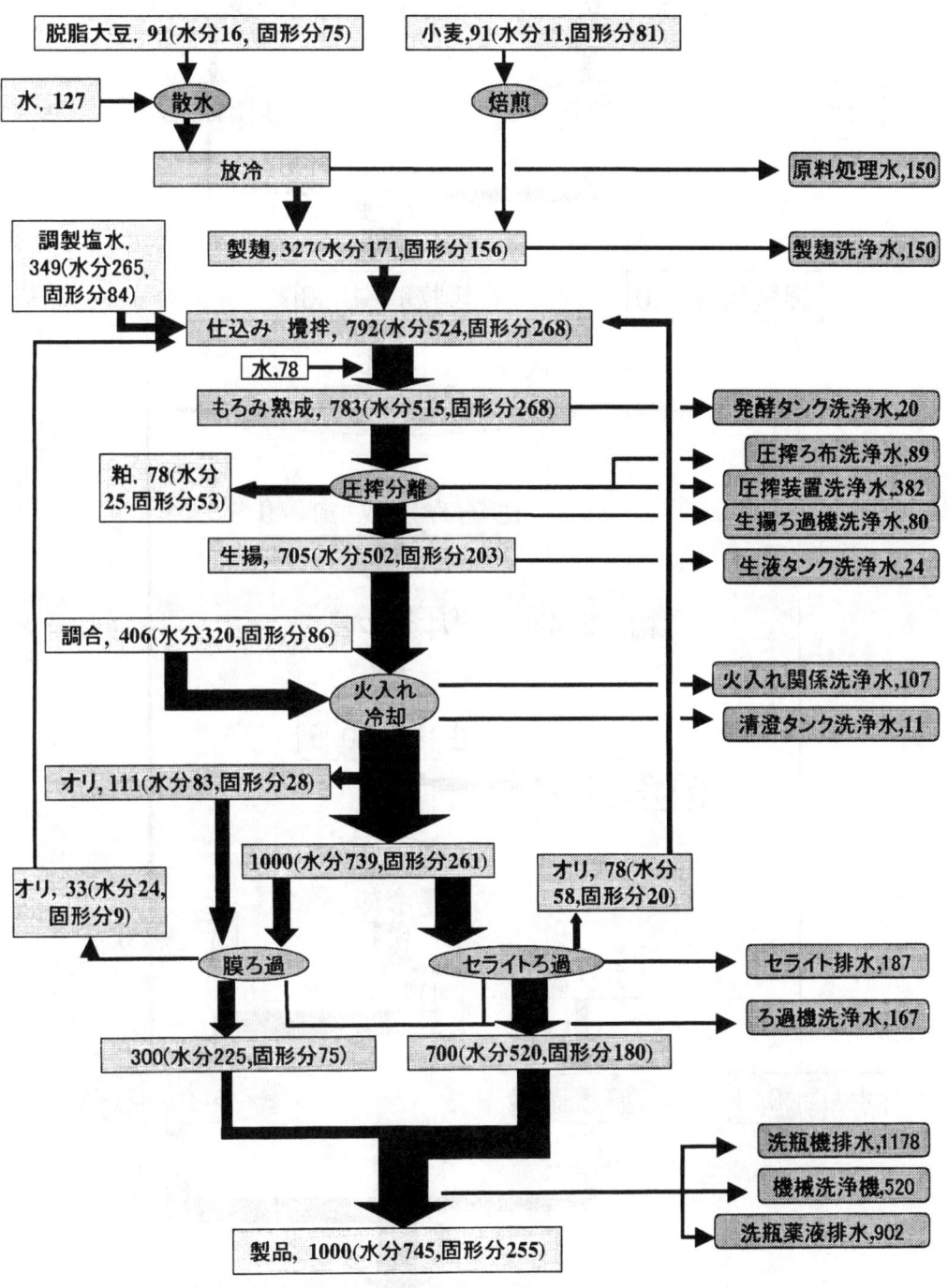

図3 醤油製造プロセスの全物質収支

第1編　ゼロエミッションの考え方

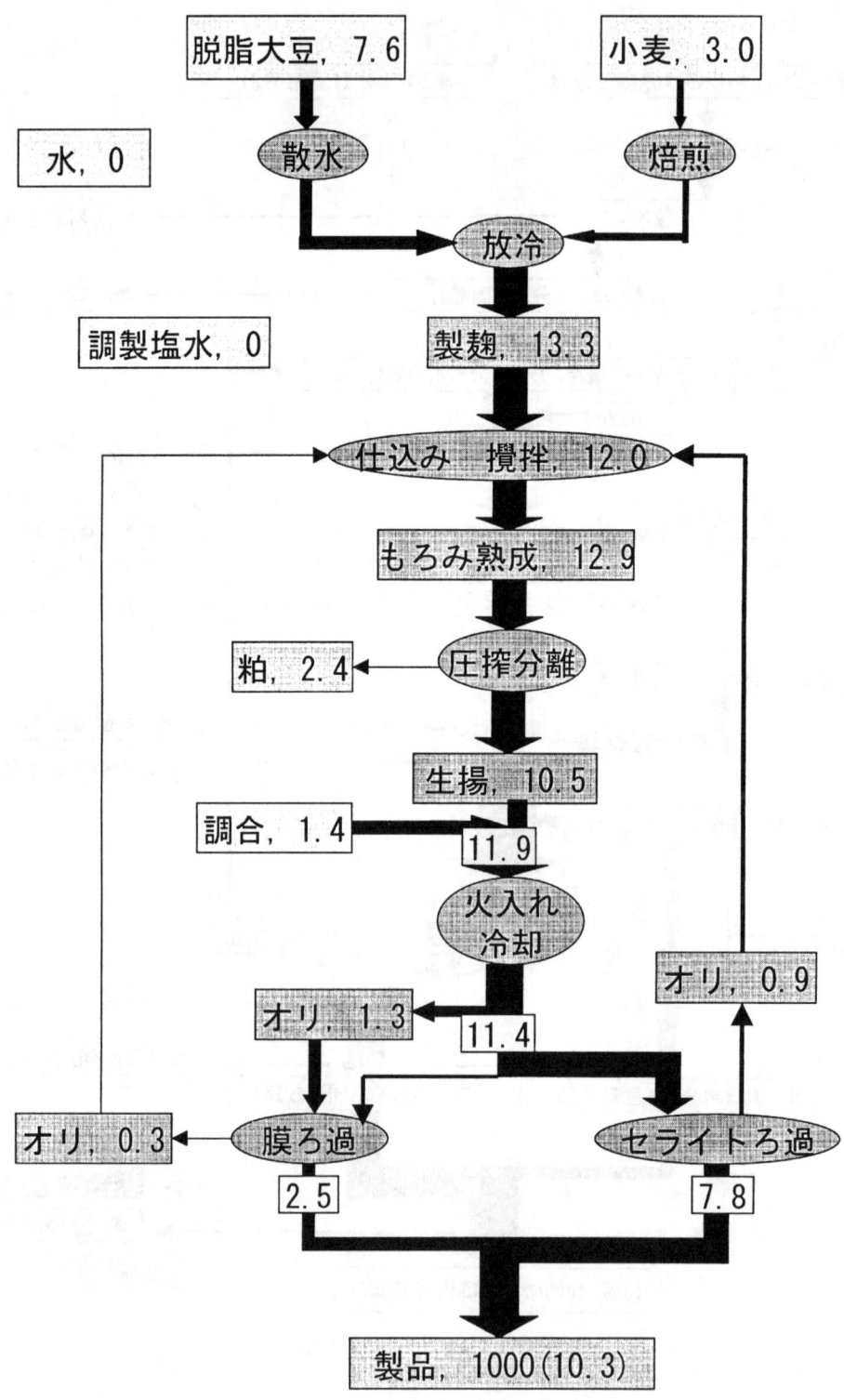

図4　醤油製造プロセスの全窒素収支

7 ゼロエミッションに求められる技術のあり方

プロセスにおけるゼロエミッション化を進めるにあたっては，各種要素技術の開発が必要となる。これらは，新しい反応操作や画期的な分離操作である。また，従来はコスト的に採用困難であった高度な技術でも，他のプロセスや産業との間でネットワークを形成することによってエミッションの総量が大きく低減できるような場合，実プロセスへの採用の可能性が出てくる。このように，従来の個別プロセス開発に求められていたものとは全く異なる価値観での技術開発が，ゼロエミッションでは必要となる。

まず求められる技術は，クリーンプロセスをめざすうえで必須のものである。個別生産プロセス内の副生物を減少させる（reduce）技術，副生物を再利用（reuse）する技術，および再生利用（recycle）可能とする技術などが考えられる。また，前述のようなゼロエミッションの趣旨から，再利用可能な有価物を副生物から回収する（recovery）技術，個別のプロセスから排出される副生物に付加価値を与え，他のプロセスで原料化できるような変換（conversion）技術，などが挙げられる（鈴木，1998）。

これらの技術開発においては，単に新しい技術を開発するだけでなく，従来の市場原理の下で破棄されてしまった古い周知の技術が再度登場することもある。また，既存の技術が，全く異なる生産現場で用いられることもありうる。最近，超臨界操作や加圧熱水抽出，炭化を始めとして，多くのプロセスがエミッションの再資源化技術として提案されている。これらの中には，エネルギー使用量などの点で，綿密な評価を必要とするものもある。また，各種の既存技術を複数組み合わせたシステムも，多く提案されている。大切なことは，これまでの極めて狭い価値観，即ち個別のプロセスだけの利益追求ではなく，より広い，総合的な価値観での技術の判断がなされるべきであり，また，それぞれの技術が物質循環の全体システムの中で位置づけられていることである。

8 おわりに

以上，プロセスゼロエミッション化における物質フロー解析ならびに要素技術開発の重要性について，概略を述べた。各プロセスについて作成された物質フローデータを利用しやすいデータベースに納めること，および各プロセス間や産業間にデータベースを用いてゼロエミッションネットワークを形成していくことが次の課題である。なお，本稿ではエネルギーについて触れていないが，物質とともにエネルギーのフローを解析することも必要である。ただ，現時点でのエネルギー的な制約をあえて考慮せず，まずエミッションを低減するネットワークの形成をめざすことによって，新たな産業クラスターの創造につながる可能性が期待できると考えられる。

第1編　ゼロエミッションの考え方

文　　献

1）鈴木基之，化学工学沖縄大会基調講演（1998）
2）中西準子，"水の環境戦略"，pp.52，岩波新書（1994）
3）羽野　忠，化学工業，Vol.50, No.2, pp.96（1999）

第2章 ゼロエミッションのための産業ネットワークの形成

吉田弘之[*]

1 はじめに

　21世紀に向けて，地球に優しく安全で快適かつ持続可能な人間活動および生産活動を創生するためには，環境への排出，すなわちエミッションをできるだけゼロに近づける社会・産業・生産システムを構築していく必要がある。そのためには，あるプロセス（例えば工場）からの排出をできる限りゼロに近づける従来の考え方に加えて，一つのプロセスからの廃棄物を"未利用副産物あるいは未利用有価物"と考え，それらを他のプロセスの"資源（原料）"として利用することで，産業間および人間社会の間でネットワークを形成し，廃棄物の積分値を限りなくゼロに近づけるいわゆるゼロエミッション型の社会（資源循環型社会）の構築が不可欠である。

　筆者らは，文部省科学研究費補助金特定領域研究「ゼロエミッションをめざした物質循環プロセスの構築」において，業種を越えた生産プロセス間のネットワーク形成によるゼロエミッション化の検討を行った。これまでに，多数の工場に対しアンケート調査を実施し，ネットワーク形成に必要な基礎データとして物質およびエネルギーの流れ，すなわち，工場の外からのインプット，工場内での物質とエネルギーの流れおよび工場からのアウトプット（製品，副産物（有価物，廃棄物，排水，排ガス））などの調査を行った。また，今までに得られた調査結果をデータベース化するとともに，異業種間ゼロエミッションネットワークを形成するためのシミュレータの開発も行った。さらに，ネットワーク形成に必要な資源化技術の開発研究を上記の研究と平行して進めた。

2 生産プロセス間のゼロエミッションネットワーク

　図1にゼロエミッションネットワークの概念を示した。一つのプロセス（工場など）内で廃棄物の資源化が無理な場合，そのプロセスから出る廃棄物を全て"副産物あるいは有価物"と考え，それらを他のプロセスの"資源（原料）"として利用し，図1のようなプロセス間のネットワークを構築することにより，地域内における廃棄物量を積分値として限りなくゼロに近づけることを目指す。

---

[*] Hiroyuki Yoshida 大阪府立大学 大学院工学研究科 教授

第1編　ゼロエミッションの考え方

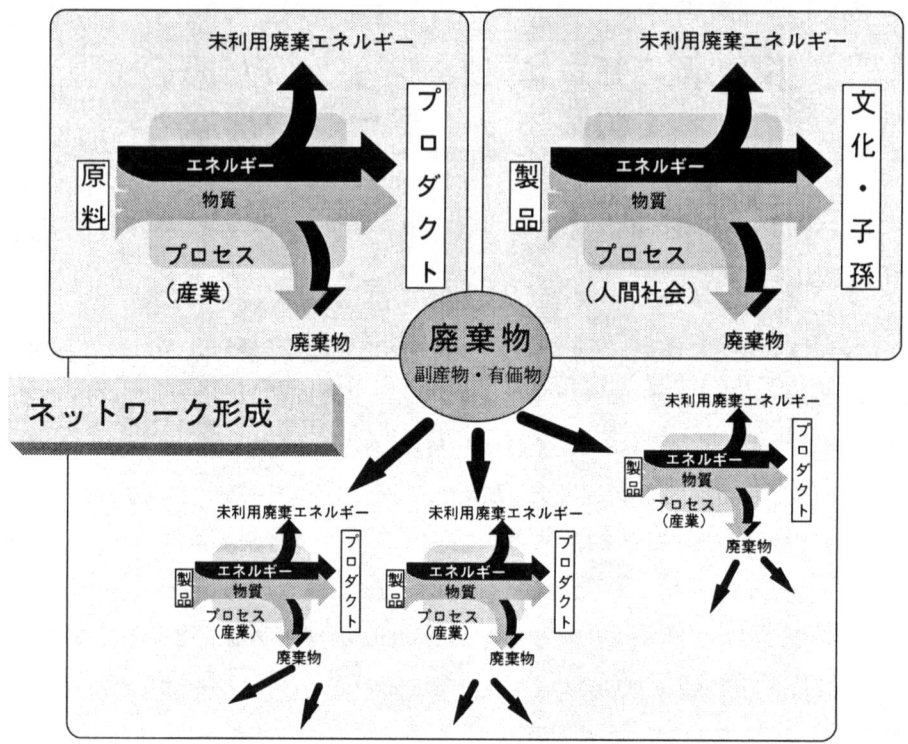

図1　産業間ゼロエミッションネットワークの概念

　ネットワークの形成にあたって考慮しなければならないファクターとしては，廃棄物が他のプロセスの原料としてそのまま利用できる場合（図2①），輸送のための距離，コスト，時間が問題で，プロセス間の結合距離はできるだけ短いこと，また，廃棄物の排出量，排出が連続的か間欠的か，また，受け入れ側の受け入れ可能量，受け入れが連続的あるいは間欠的か，なども検討する必要がある。

　廃棄物が他のプロセスの原料としてそのまま利用できない場合，上記のファクターに加えて，廃棄物の資源化技術をコンバータとしてプロセス間に設置することが必要となる。例えば，図2②に示すように反応プロセス，もしくは分離技術の導入などが考えられる。このような資源化技術は，従来の公害防止技術や廃棄物の減量化技術とは全く異なり，①最少の物質とエネルギーを加えることにより，できるだけもとの機能を残すかあるいは機能をより高めて資源化を行うこと，②バージン資源との間に質において差が見られないこと，また，価格においては同程度かそれ以下であること，③設置することにより利益を生み出しうること，などを最終目標とする。以上のコンセプトに基づいた資源化技術が開発されていくと，これをコアにした新規産業群が発生し，既存産業群との間にゼロエミッションネットワークが形成されていくことが期待できる。

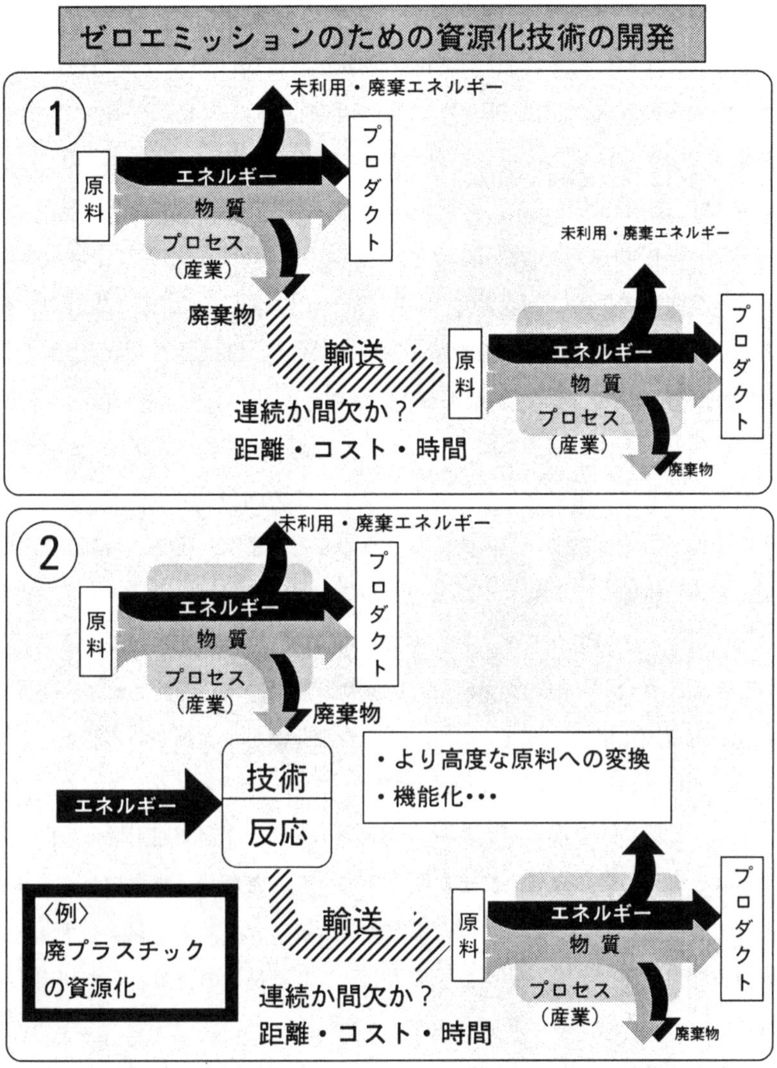

第2章 ゼロエミッションのための産業ネットワークの形成

図2 ゼロエミッションのための資源化技術

なお,以上のゼロエミッションネットワークを構築する際,単に現状の廃棄物の資源化のみを考えるのではなく,受け入れプロセスにとってより良い資源となりうるような廃棄物を出すように,上流にさかのぼって,排出側のプロセスそのものを改良するための提案を行うことも研究目的の大きな柱の一つとしている。

3 ネットワーク形成のための個別プロセスにおける物質・エネルギーの流れの現状調査とデータベースの構築

まず,産業間のゼロエミッションネットワークの形成のために必要な,各種生産プロセスにお

第1編　ゼロエミッションの考え方

ける物質およびエネルギーの流れの調査研究（アンケートおよびヒアリング）を実施した。

　主な質問項目は，①原材料・外部調達品の入荷状況，②製品および梱包材の現況，③副産物（有価物・廃棄物）の発生状況，④排ガス，排水の状況，水のリサイクル率，⑤エネルギーの使用状況，⑥製品の全国生産量に占める割合，などである。回答は 154 工場（化学工業 35，一般機械器具 22，食品 12，金属製品 11，輸送機械器具 11，プラスチックス 9，電気機械器具 9，窯業・土石製品 7，他 12 業種）から得られ，このうち，88 件が物質収支などネットワーク形成に必要なデータが含まれている。回収率は，1～16％と極めて低く，情報公開に対する企業の意識の改革，あるいは何らかの行政上の強制が必要ではないかと痛感させられた。

　上記 88 件の使用可能なアンケート調査から，業種ごとのアウトプット―インプットを解析し，結果を表1に示した。ある業種からのアウトプットの中で副産物（廃棄物）がどの業種のインプット（原料，資源）として利用できるか，ネットワークの方向が示唆されている。セメント，非鉄，鉄鋼が多くの業種からの廃棄物の受入先になりうること，また，化学，食品，都市からの廃棄物が多くの業種の原料供給元となりうることがわかる。

　表2に，製造プロセスのアウトプットの中で，副製物（廃棄物）がどのように再資源化されているかを表したデータベースの一例を示した。原料，製品，再資源化されている副製物と量（トン/年），および再資源化用途と量（トン/年），再資源化率が示されている。食品，木材・木材加工，鉄鋼・金属では，再資源化がかなり進んでいること，化学・プラスチック関係では，エチレンプラントにおいて既に完全なゼロエミッションネットワークが関連工場との間に形成されており，廃棄物ゼロとなっていること，などが明らかなった。ただし，廃棄物がそのまま他のプロセスの原料として使用されている場合がほとんどで，今後，ゼロエミッションネットワークを構築する上で，再資源化技術（コンバータ）を導入し，より高価値の資源として利用することが重要と考えられる。

　その他，廃棄物を受け入れている製造プロセスと再資源化製品，各事業所における資源化されていない廃棄物の現状，排水のリサイクルの現状についてのデータベースも構築し，以下の事実が判明した。

① セメント工業が多くの廃棄物の受け入れ先として利用できること，鉄鋼・金属も将来の廃棄物の受入先としてのキャパシティを残していることがわかった。

② アウトプットのうち，資源化されずに廃棄されているものが圧倒的に多く，未利用廃棄物のゼロエミッション化がどのようなネットワークを構築することで達成できるかが，今後の研究のキーポイントとなる。

③ 水のリサイクルはほとんどの事業所で行われておらず，鉄鋼，機械関係でわずかに行われているに過ぎない。例えば，食品工場では，工場内で処理した水を事業所内で全く再使用し

第2章 ゼロエミッションのための産業ネットワークの形成

表1 アウトプット-インプット解析

合口正次氏の解析例にA02班のアンケート調査結果を追加

	セメント	鉄鋼	非鉄	紙	石油	化学	食品	繊維	建設	家電	電力	自動車	機械	エレクトロニクス通信	建材	木材木製品	都市	農業
セメント			○															
鉄鋼	○																○	
非鉄		○				○											○	
紙																○	○	
石油	○	○		○		○	○										○	
化学	○	○		○	○		○		○									○
食品							○										○	
繊維								○										
建設	○	○				○											○	
家電											○	○	○	○				
電力										○							○	
自動車											○		○					
エレクトロニクス通信																		
建材	○	○		○													○	
木材・木製品				○													○	
都市																		
農業						○	○	○									○	○

21

表2 個別生産プロセスにおけるインプット－アウトプット，アウトプット－インプットデータベースの一例

1997年度 A02班 アンケート調査結果より

業種	製造プロセス	原料	量(ton/年)	製品	生産量(ton/年)	副産物(廃棄物)	量(ton/年)	再資源化用途	量(ton/年)	再資源化率(%)	番号
食品関係	米糠原油	米糠	37,800	米糠原油	7,000	小米	420	米菓	420	100	15
	ビール	モルト	7,685	ビール	62,547kl	脱脂米糠	29,400	配合飼料	29,400	100	50
		コーングリッツ	1,098			麦芽糖化粕、ホップ粕	10,804	肥料、飼料	10,804	100	
		コーンスターチ	1,034			汚泥	315	肥料	315	100	
		砕米	205			乾燥酵母	113	飼料	113	100	
		ホップ	80			ラベルかす	10	トイレットペーパー	10	100	
		水道水	6.32×10^{5}m^3			ビニール	9	建築用資材	9	100	
						廃楽P箱	9	建築用資材	9	100	
						ステンレス樽	4	ステンレス原料	4	100	
	植物油	植物油製造プロセス	129,200	食用植物油	128,000	廃白土	1,500	セメント原料	1,500	100	10
		工業用水	4.0×10^{5}m^3			廃油	300	ボイラ助燃材	300	100	
						脱臭抽留物	400	ビタミンE抽出原料	400	100	
						脱水汚泥	450	セメント原料	450	100	
	調味梅干	梅干	2,300	調味梅干	2,300	余剰調味液	1,250	他製品の原料	875	70	17
		調味液	375								
	米糠原油	米糠	27,000	米糠原油	5,000	小米	300	米菓	300	100	14
						脱脂米糠	21,000	配合飼料	21,000	100	
	日本酒	米	3,114	日本酒	?	ぬか	1,214	加工食品・せんべいなど	1,214	100	55
		原料用アルコール	277kl			酒粕	60	加工食品・粕漬け	60	100	
		乳酸	1.26			紙類	80	再生	80	100	
		活性炭素	1.6								
繊維	ベンベルグ裏地・化繊	グリオキサール系樹脂	172	ベンベルグ裏地	2,531	ベンベルグ不良反	90	まくら・クッションのつめ材	63	70	21
		芒硝	428	交織裏地	460						
		苛性ソーダ	597								
		酢酸	124	化繊アウター	757	複合素材不良反	37	まくら・クッションのつめ材	26	70	
		水酸化マグネシウム	400	複合アウター	462						
		硫酸	317								
木材・木材加工	住宅用プレカット材	木造住宅構造用材	4,160	プレカット製品	3545.6	木くず(端材)	425.6	製紙原料チップ	425.6	100	78
						木くず(切削)	212.8	ボイラー用燃料	212.8	100	
	一般製材品	北米産栂	17,423.2	一般製材品	21,808	木チップ	3,665	製紙	3,665	100	85
		ロシア産赤松	17,761.6			木くず	536	合板	536	100	
						バーク	1,400	堆肥	1,400	100	
						丸太の切端	40	チップ	40	100	
	建築用製材品	米国産栂丸太	29,904	建築用製材品	29,904	木反	5,260	バーク肥料	5,260	100	86
						おがくず	7,650	オガライト・炭	7,650	100	
						丸太(米国産材)	12,728	木材チップ	12,728	100	

ていないが，これを鉄鋼，機械，土木・建設などの工業用水として使用することは十分可能である。水も資源と考えたゼロエミッションネットワークの構築が不可欠である。

4 資源化技術の開発

大きく分けて以下の廃棄物を対象に資源化技術の開発研究を行っている。
① 天然有機物の資源化（ロンドン条約の改正により海洋投棄ができなくなった天然有機物の資源化，他）
② 有機性固形廃棄物の資源化
③ 汚泥の資源化
④ 無機系固体廃棄物の資源化

ここでは，筆者らが開発研究を行っている魚あらの資源化技術について述べる。

「魚あら」は入荷量の40～45％に相当し，例えば，1日に大阪府では320トン，東京の築地魚市場では200トン排出される。わが国における魚あらの年間排出量は，約180万トン（大阪府の排出量から推定）という膨大な量になる。これらの処理は，各地方自治体に任されており，1995年まではその大部分は海洋投棄されていた。ロンドン条約の改正により，1996年から魚あらの海洋投棄が禁止されたため，ほとんどの自治体では一般家庭生ごみとして焼却処分しており，自治体および関係業者の負担は膨大なものとなっている。

大阪府では，1日約120トンを岸和田のフィッシュミール工場に集め養鶏飼料を製造しているが，30～40円/kg-製品の赤字を府が財政援助しているのが現状である。

筆者は，魚あらから飼料などの低価格物質を製造するのではなく，付加価値の高い物質を製造することにより，利益を生み出すゼロエミッション型資源化プロセスとして，図3に示す『亜臨界加水分解による魚あらの高速高度資源化技術』を提案している。亜臨界水（超臨界水（647.5 K，22.1 MPa以上の水）より低温，低圧下の熱水）が強い加水分解力を持つことに注目したもので，その特徴は，①魚あらを亜臨界水加水分解することにより，5～10分程度で有機質の部分が液化する。②骨は液体から簡単に分離（固液分離）できる。骨の主成分はリン酸カルシウムであるため，魚の骨から，リン酸を大量生産することが可能である。リン鉱石は極めて近い将来枯渇するため，魚あらの骨からリン酸を製造するプロセスを構築することは，地域産業振興のみならず，国家的，地球的観点からも極めて重要である。③固液分離された液体は油相と水相に分かれる。④水相には高濃度の乳酸，アミノ酸，水溶性蛋白質，リン酸などが生成する。乳酸は生分解性プラスチック（ポリ乳酸）の原料として，アミノ酸や水溶性蛋白質は医薬品，食品，飼料の原料や添加剤として利用できる。⑤油相にはDHAやEPAなどの高価格物質が高濃度で含まれている。これらを分離した後の油は，燃料，食用油，石鹸などの原料として利用できる。以上，

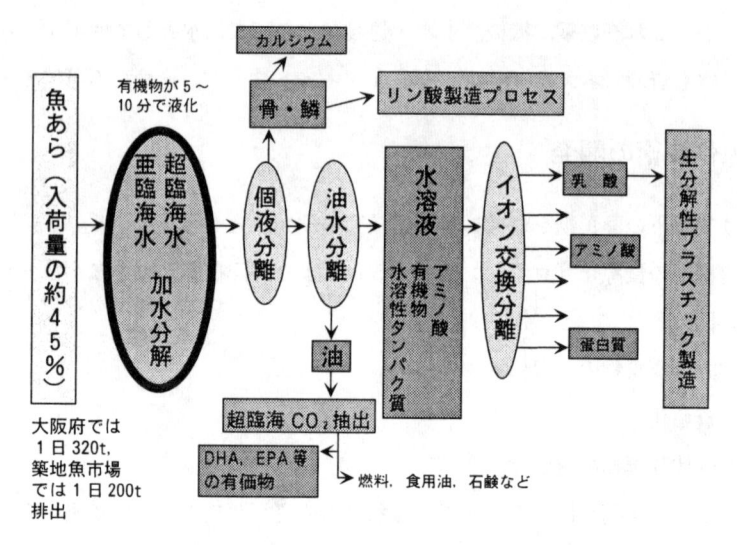

図3 亜臨界水加水分解による高速高度資源化プロセス

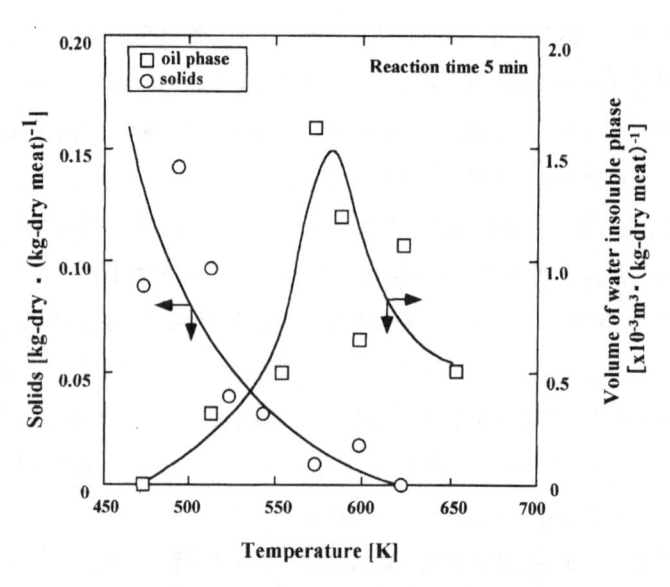

図4 魚肉の分解と油の生成に及ぼす温度の影響

　魚あらを亜臨界水加水分解することにより,全て付加価値の高い資源に転換することができる。
　筆者らは,魚あらの肉の部分,はらわた,骨などの各部位について実験を行ってきた。魚肉(魚としてあじを使用)を亜臨界水加水分解すると魚肉は液化し,油相と水相に分かれた。図4に,魚肉の分解と油の生成に及ぼす温度の影響を示した。反応時間は5分である。温度の増加に伴い魚肉は減少し,500K前後で初期量の約90%が,約620Kで完全に分解している。一方,油

第2章　ゼロエミッションのための産業ネットワークの形成

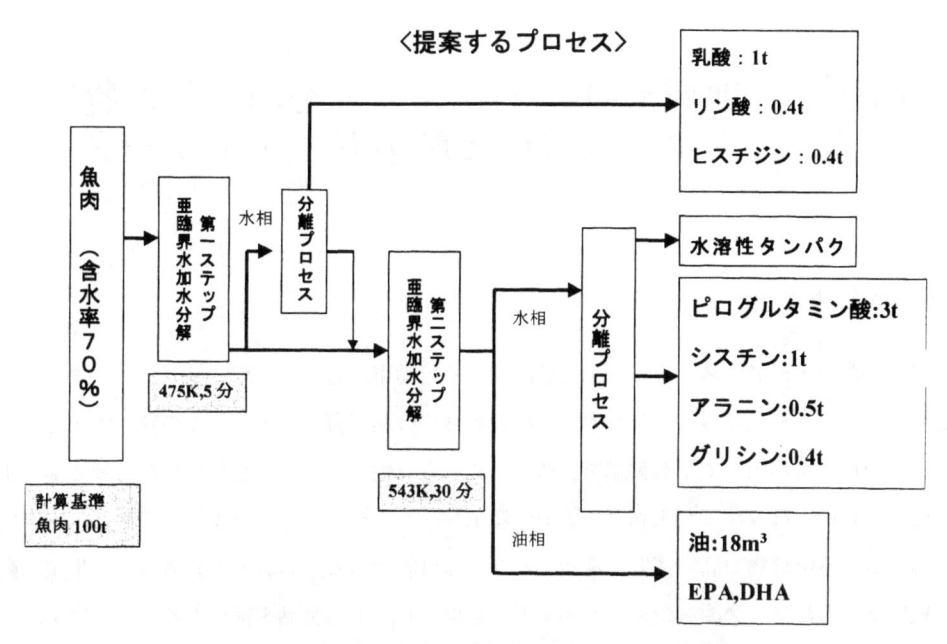

〈提案するプロセス〉

```
魚肉(含水率70%) → 第一ステップ亜臨界水加水分解 (475K,5分) → [水相] → 分離プロセス → 乳酸:1t / リン酸:0.4t / ヒスチジン:0.4t
                                                              ↓
計算基準 魚肉100t                                         第二ステップ亜臨界水加水分解 (543K,30分) → [水相] → 分離プロセス → 水溶性タンパク / ピログルタミン酸:3t / シスチン:1t / アラニン:0.5t / グリシン:0.4t
                                                                                                   → [油相] → 油:18m³ EPA,DHA
```

図5　提案する亜臨界水加水分解プロセスと物質収支

は，470K付近から生成が始まり，570K付近で最大値を示している。この大量に生成した油中にはDHA，EPAなどの高価格物質が大量に含まれていた。有機酸，アミノ酸の種々の温度，圧力における生成量に及ぼす温度の影響および経時変化の実験を行った。それらの結果から，魚肉の亜臨界水加水分解を効率よく行うためのプロセスと物質収支を図5に示した。第1段階で乳酸，リン酸，ヒスチジンを生産，第2段階でピログルタミン酸などのアミノ酸，水溶性蛋白質を生産する。

第3章 地域ゼロエミッションをめざした物質フローの解析と産業間ネットワーク

藤江幸一[*1], 後藤尚弘[*2], 迫田章義[*3]

1 はじめに

わが国の産業・経済システムは，工業製品である自動車，電子機器等を輸出して得た外貨によって資源，エネルギー，食糧などを輸入する相変わらずの加工貿易である。この狭い国土で輸入資源（一次原料）を加工して工業製品を製造し，これらを輸出することを長年にわたって継続すれば，製品に転換されなかった未利用物質や生産工程等から排出された廃棄物，そして国内市場からも排出される廃棄物が高い密度で蓄積することは自明である。わが国の経済および生産活動を支え続けるためには，今後も資源・エネルギーを輸入し，工業製品を輸出するという従来からの状況に大きな変化はないであろう。狭い国土に多大な資源・エネルギーを投入し，高密度の経済活動を維持する一方で，安全で快適な環境を確保するためには，排水・廃棄物・排ガス等による環境への負荷を限りなく削減するとともに，資源・エネルギーが十分量確保できなくなるような事態が将来生じても，これに対応できるような物質循環プロセスを取り入れた社会システムを構築しておかなければならない。

このような資源・エネルギーの有効活用と環境負荷の低減を併せて実現するためには，個々の生産プロセスやライフスタイルでの資源・エネルギー消費削減と廃棄物等の発生抑制が必要であることは言うまでもない。しかし，廃棄物，排水，排ガスの発生をゼロにすることはできないので，これらの無害化，減容化，再資源化等が求められる。しかし，廃棄物や排水にさらに手を加えることは，新たな資源・エネルギーを必要とするので，それらの消費量が大きければ，再資源化は却って環境負荷の増大をもたらすことにもなる。未利用物質の発生源にまで遡り，それらの削減あるいは有効活用できる産業の構築を図るとともに，資源・エネルギーの生産性を向上できる生産システム，社会システムの構築が急務である。

前述したように，物質は保存されるから真に廃棄物をゼロにすることは不可能である。ゼロエミッションとは，廃棄物すなわち未利用物質の発生源にまで遡り，個々の生産プロセスの改良や

[*1] Koichi Fujie 豊橋技術科学大学　エコロジー工学系　教授
[*2] Naohiro Goto 豊橋技術科学大学　エコロジー工学系　助手
[*3] Akiyoshi Sakoda 東京大学生産技術研究所　教授

第3章　地域ゼロエミッションをめざした物質フローの解析と産業間ネットワーク

新たなコンセプトに基づく生産プロセスの導入，一生産プロセスでは完全に利用できなかった物質を他生産プロセスで有効活用するためのネットワークや産業構造の構築に加えて，物流や消費過程での環境負荷を低減しながら生活の質を維持・向上できる社会システムの構築を目指すことである。

　産業および地域社会での環境負荷の低減を実現するには，以下に示す3つのアプローチが考えられる。

① プロセスゼロエミッション化：個々の生産プロセスにおける現状の物質フローの解析を行い，可能な限りクローズドシステム化と廃棄物削減の検討を行う。

② ゼロエミッション化ネットワーク：未利用物質について排出側と受け入れ側を結びつける再資源化技術の開発と既存技術を含めた評価を行うとともに，各生産プロセス等における物質フローの解析結果に基づいて，業種内や業種を超えた生産プロセスのネットワークを行う。併せて，産業における環境負荷低減効果を予測・評価する。

③ 地域ゼロエミッション化：工業生産活動に加えて，農林水産業や運輸・流通等の都市活動を含めた人間活動による地域の物質フローの解析を行い，ゼロエミッション化へ向けたシナリオの策定とゼロエミッション化推進のためのライフスタイル，社会システムを提示し，地域全体の環境負荷低減を目指す。

本稿では，上記③の考え方と手順等について主に述べたい。

2　地域ゼロエミッション化に向けた方策と手順

　生産活動および地域での環境負荷を低減し，併せて資源・エネルギーの有効活用を実現するための手順を図1に示した。

　産業活動における環境負荷低減の手順は，①生産活動における物質・エネルギー収支の解析による未利用物質に関するデータベース構築と個々の生産プロセスにおけるゼロエミッション化の推進，②情報のデータベース化と情報の共有化，③低環境負荷デザインと未利用物質の原料化，有価物化による産業のクラスタリング化，④産業におけるエミッション低減のインセンティブ賦与等が考えられる。一方，地域における環境負荷低減の方策についても，地域に立地する産業については上記の手順に従うものとし，これらに加えて，①地域における物質フローの解析による問題点の抽出，②地域環境負荷低減のためのシナリオ策定と実施効果の評価，③ライフスタイルの提示と住民合意形成，④法体系等社会・経済システムの整備などが必要になる。

　すなわち，地域のゼロエミッション化を目指すためには，生産プロセスすなわち産業のゼロエミッション化に加えて，物流や消費過程における環境への負荷，すなわちわれわれの日常生活からの環境負荷にも着目する必要がある。日常生活からの環境負荷低減にはライフスタイルの変更

第1編　ゼロエミッションの考え方

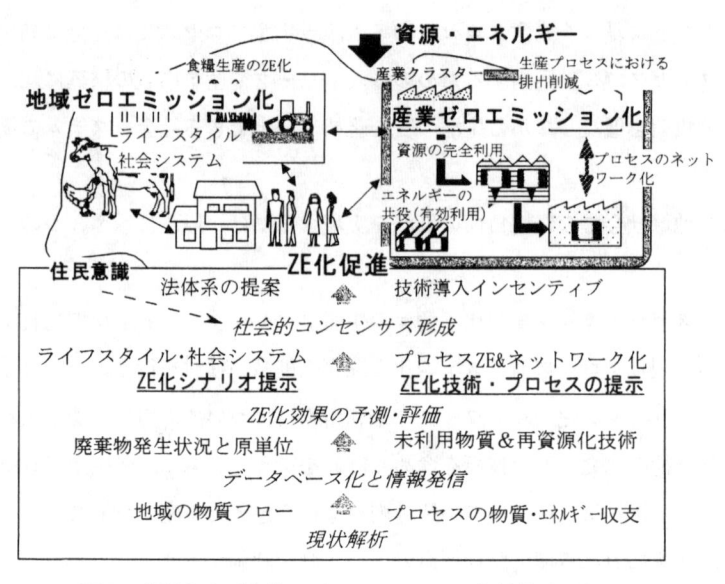

図1　地域および産業のゼロエミッション化対策手順[1]

が必要になる。地域からの廃棄物発生状況と発生源単位等に関する情報をデータベース化して公開し，問題点を広く周知する。併せて，地域のゼロエミッション化を目指す社会システム，ライフスタイルを検討した上で，ゼロエミッション化のためのシナリオを策定・提示する。環境負荷対策のオプションとそれぞれの効果について定量的予測と評価を行い，ゼロエミッション化に向けたシナリオの実施について住民合意すなわち社会的なコンセンサスの形成を行う。法体系の整備や経済的な効果についての評価も必要となろう。

3　生産プロセスおよび地域における物質収支の解析

図1に示すように，個々の生産プロセスにおけるゼロエミッション化および生産プロセス間をつなぐゼロエミッションネットワークの構築を検討するためには，まず各プロセスにおける物質とエネルギーの収支を解析し，生産プロセスへの原料とエネルギーのインプットと生産プロセスからのアウトプットを明らかにすることが必須である。これによって，製品にならずに未利用のまま排出される物質の発生源，その性状と量，共存物質などの情報が得られる。生産プロセスにおける物質・エネルギー収支については，各事業所において情報を収集し，何らかの情報システムを構築することによって，これらを利用するものとしても，地域における物質フローの解析に利用できる公表された情報は極めて限られている。著者ら[2]は，キャッシュフローで記述されている産業連関表をもとに，これを物量表に変換する試みを行っている。産業連関表を物量表に変換するための手順を図2に示した。製品の種類，生産量，単価等を調査して製品重量単価を決定

第3章　地域ゼロエミッションをめざした物質フローの解析と産業間ネットワーク

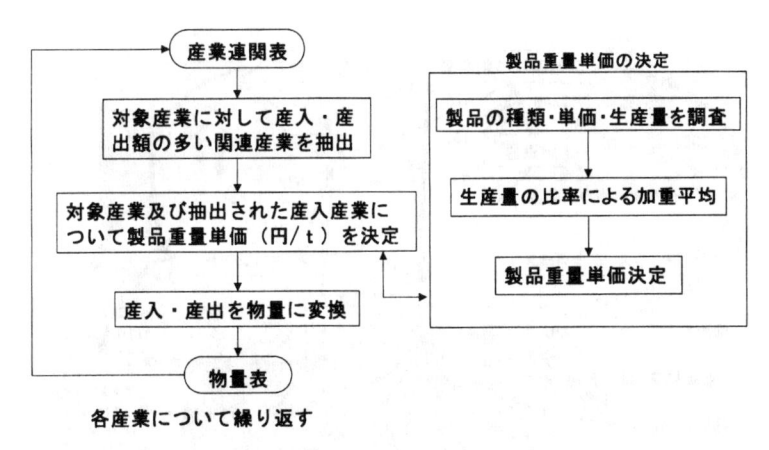

図2　産業連関表から物量表への変換方法[2]

することになる。産業連関表自体がこの逆の手順で作成されていることを考えると，産業連関表を作成するために集積された情報は活用されるべきである。このような作業を地域に立地する全産業・業種について繰り返すことで，対象としている地域，あるいは国全体での物質フローがおぼろげながらも見えてくる。

さて，このような手法で産業連関表から変換された物量表について，確からしさを検証する必要があろう。図2に示す手順によって，着目している産業の投入と産出が求められる。投入と産出の差のうち，エネルギーとして消費された量，すなわち二酸化炭素に変換され大気中に放出された量は，産入量に含まれる化石燃料量から推定できる。投入量と産出量の差から，この化石燃料に相当する量を差し引いた残余が，製品に転換されずに未利用物質として排出された廃棄物であると推定できる。一方，都道府県では廃棄物処理計画の策定を目的に，5年毎の廃棄物実態調査を実施している。抽出した事業所からの調査結果をもとに，全県域での排出量や処理・処分の状況を統計的に推計した結果が，廃棄物実態報告書として公表されている。着目している産業について，上記の手法で推計した廃棄物排出量と廃棄物実態報告書の数値を突き合わせることによって，産業連関表から物量表への変換が概ね良好に行われたかの判断をしている。どちらの情報にも誤差を含む要因があるので，両者が一致したことを以って変換の精度を判断するには疑問の余地が残るものの，本来の物量表が作成されるまでは，やむをえない方法であろう。

このような手順を踏んで，愛知県の主要な産業である窯業・土石製品産業を中心とした物質フローの解析例を図3に示した[2]。窯業・土石製品産業，その他の窯業土石製品産業，さらに住宅建築，自動車・自動車部品，金属産業等との物質のやり取りが示されている。個別の産業間での物質フローの調査結果が得られれば，このようにして作成された物量表の精度をさらに向上できる。廃棄物実態調査結果との突合せや，図3に示す数値と実データとの照合等を繰り返すことで，

第1編 ゼロエミッションの考え方

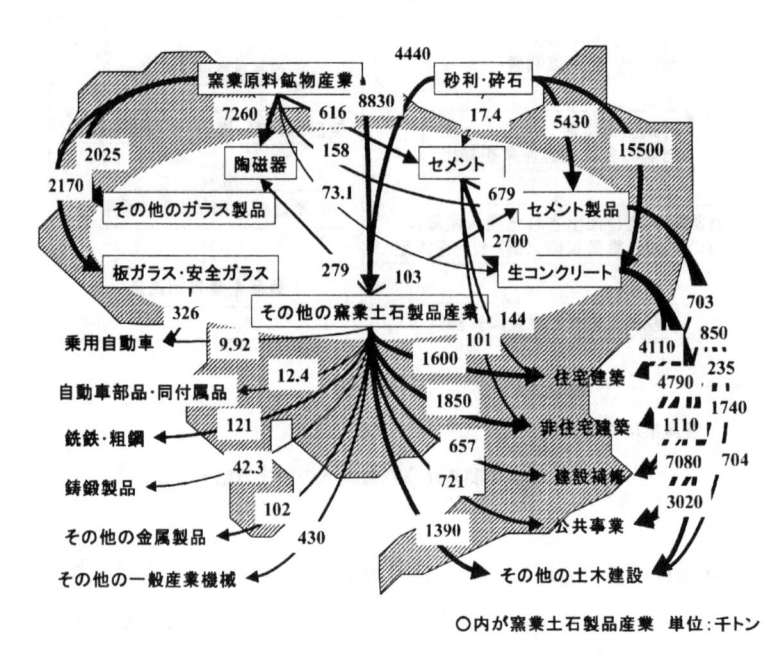

図3 愛知県の窯業・土石製品産業を中心とした物質量に着目した産業連関

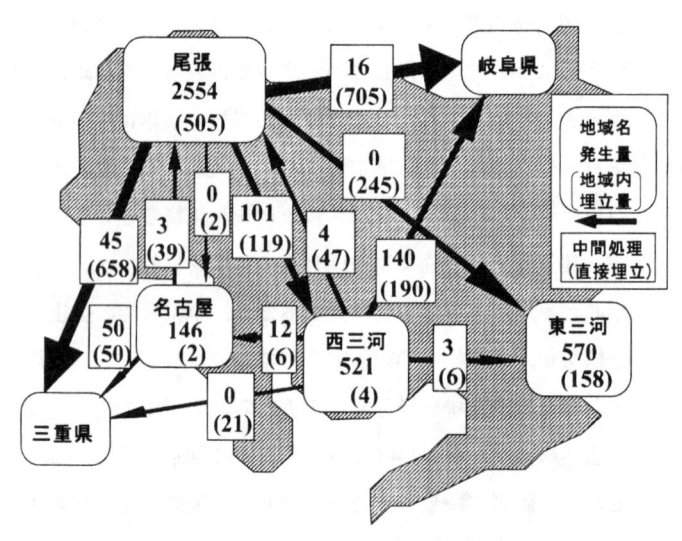

図4 食料品製造業から発生した有機性汚泥の移動量（×10t/年）

製品毎の重量単価，すなわち物量表自体の精度も向上できる。
　このように産業連関表と廃棄物実態調査を利用した検討例の中から，食料品製造業から発生した有機性汚泥について，愛知県内でのフローを解析した結果を図4に示した。食料品製造業由来の有機性汚泥の県内で移動状態が把握できるようになる。

4 ゼロエミッション化のためのデータベースとプロセスシミュレータ

未利用物質を，他の生産プロセスや産業で利用できるようにするための技術に関する情報の集積とデータベースの整備も必要である。これらの情報に基づいて，排出側と受け入れ側が最適なネットワークで結ばれるようなシステムを開発しなければならない。このような発生源における対策やネットワーク化の構築を推進するためのインセンティブについての検討も求められる。

前述したように，各生産プロセスでのクローズド化による未利用物質の削減や，個々の生産プロセスだけでは未利用物質の循環再利用が困難な場合には，業種を超えたネットワークを構築し，これら未利用物質を有価物として使い切ることを目指す。これを実現するには，情報データベースを基に環境負荷を低減する地域内あるいは産業間のネットワークを組み立てる技術，すなわちプロセスをネットワーク化するプロセスシミュレータ等が必要となろう。データベース（Data Base for Networking Technologies：DBNet）は未利用物質とネットワークを構成する要素技術から構成されなければならない。受け手すなわち需要についてのデータベースも必要となる。DBNet の構成項目の例を表1に示す[3]。

情報収集は企業が一般に公開できる内容や各種のメディアを通して収集できる内容から開始される。学術論文，新聞報道，特許情報等についても利用可能であろう。これら DBNet をホームページ等で公開することにより，さらに関連するデータがアップロードされ，情報量が自己増殖的に増大して広く活用されるようになることが望ましい。

5 生産プロセスにおけるエミッション低減を目指したネットワークの構築

生産プロセスからの未利用素材あるいは廃棄物の発生を低減するための優先順位は，まず当該プロセスにおいて発生源対策を行う（Intra-process）ことである。当該プロセスあるいは当該事業場内での原料化等によるエミッションの低減が不十分な場合には，同じ産業内の他プロセスとのネットワーク化による再原料化による未利用素材等の有効利用を図る（Trans-process）。

表1 ゼロエミッションデータベース（DBNet）のデータの階層案

	情報の種類	未利用物質	ネットワーク技術
Level 1 一次情報	一般に入手あるいは提供できる情報	種類，量，発生場所等	種類，対象物質等
Level 2 技術情報	実際に利用や導入の検討を始めるために必要な情報	組成・物性，利用可能用等	操業条件，設置条件等
Level 3 事業化判断情報	導入の決定を行うために必要な情報	精密データ，コスト，利益等	コスト，製品品質，維持管理等

第1編　ゼロエミッションの考え方

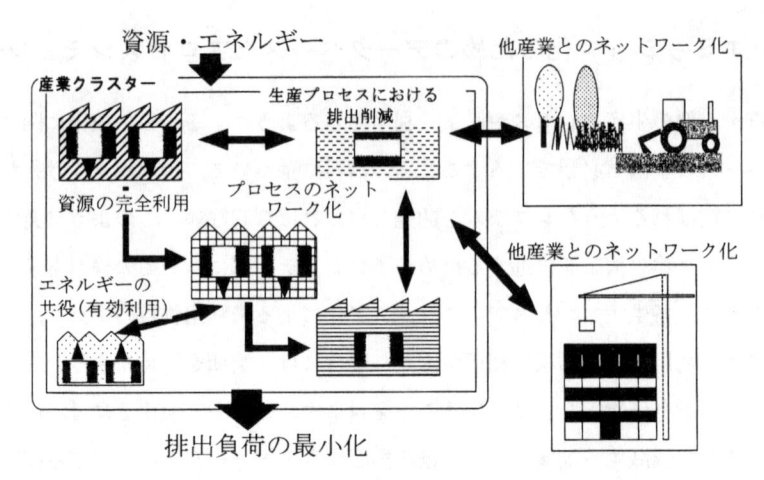

図5　エミッション低減のためのプロセス間ネットワーク化と産業のクラスタリング[5]

さらに物質フローの範囲を広げて，産業間をつなぐことによって原料・資源の完全利用をめざす（Trans-industry）（図5）。資源の有効利用すなわち製品の収率を向上するためには，原料のカスケード利用等に加えて，プロセス間で物質やエネルギーを共役するなどによるプロセスネットワーク化（プロセスのシナジー化，Synergetic process）も検討すべきであろう。すなわち，従来の石油化学コンビナートに見られる原料と製品のフローに基づいて構築されたネットワークに加えて，製品に転換されなかった素材のフローに着目した「ネガティブフローコンビナート」様のネットワークが検討されるべきである。未利用素材について，他プロセスあるいは他産業の原料化あるいは製品化を目指すためには，付加価値をより高めることが優先されるべきである。

図5に例示されたプロセスのネットワーク化や産業のクラスタリングを推進するためには，①物質のフローと収支の解析に加えて，②ネットワーク化あるいはプロセスのクローズド化に向けて利用が期待される従来技術の評価と③従来技術ではカバーできない分野に適用するための新たな技術の開発等が求められる。

6　発生源対策の必要性と手法

生産プロセスや地域において，環境負荷低減の基本は発生源対策であることは言うまでもない。生産プロセスに供給されている原料物質の種類と量が明らかであり，さらに各工程から排出される注目物質の量が把握できれば，排出抑制のための発生源対策は格段に容易になる。日常生活から排出される物質についても同様である。排水，排ガスおよび廃棄物の処理・処分は，それらに含まれる環境汚染物質の分離・分解による除去および減量化であるから，汚染物質が同定・定量されていれば，処理・処分が容易になることは言うまでもない。汚染による生体や生態系への影

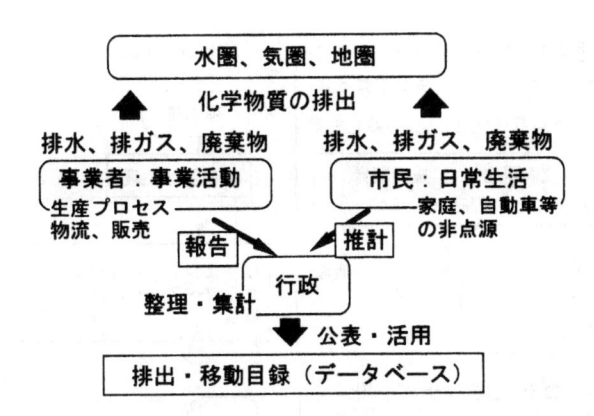

第3章　地域ゼロエミッションをめざした物質フローの解析と産業間ネットワーク

図6　事業者からの報告と非点源の推計による化学物質排出・移動目録の作成と公表

響解析および評価についても同様である。

　化学物質を有効に利用しながら環境生態あるいは生体へのリスクを回避・低減するためには，化学物質の特性と利用形態，生産プロセスや社会の中でのフロー，そして環境への排出に関する精度の高い定量的な情報が求められている。事業活動等から排水，排ガス，廃棄物を通して水圏，気圏，地圏の環境中に排出される化学物質の量を定量的に解析あるいは予測し，そのデータベースを構築して開示するPRTR制度が2001年度から開始される[4]。PRTR制度とは，「環境汚染のおそれのある有害な化学物質の環境中への排出量や，廃棄物としての移動量に関する目録」を作成し，化学物質の環境リスクの管理や環境情報の提供・普及を行うための一手法である。家庭や事業場における入金や出金を把握するために家計簿や経理簿が利用される。これによって，どのような費目でどれだけの出費があるかが明確になり，経費の節減に有用な情報が得られる。PRTR制度では，環境汚染を引き起こす可能性がある化学物質について，家計簿や経理簿をつけるのと同様に，事業場へのインプットとアウトプットを明確にし，これを環境管理に有用に利用しようとするものである。PRTRの仕組みは，①対象となる化学物質毎に，各排出源から大気，水，土壌に排出され，または廃棄物として移動する量を把握・収集する，②把握した情報を目録やデータベースの形に整理・集計する，③作成された化学物質の排出・移動量の目録やデータベースを公表し，広く一般の利用に役立てることである（図6）。

　PRTR制度の確立を待つまでもなく，各事業場では環境を汚染するおそれのある化学物質や未利用素材，廃棄物等のフローと収支に加えて，エネルギー収支を定量的に把握する必要がある。各ユニットプロセス等での状態の定量化に基づく収率向上の実現やエネルギー浪費の解明等の波及効果が大きいと判断される。加えて，生産プロセスで使用される原料，副資材の組成に対する管理が求められる。化学工業製品に含まれる化学物質に関する情報を示したMSDS（化学物質安全データシート）の普及により，生産プロセスで使用する原料，副資材等に含まれる化学物質

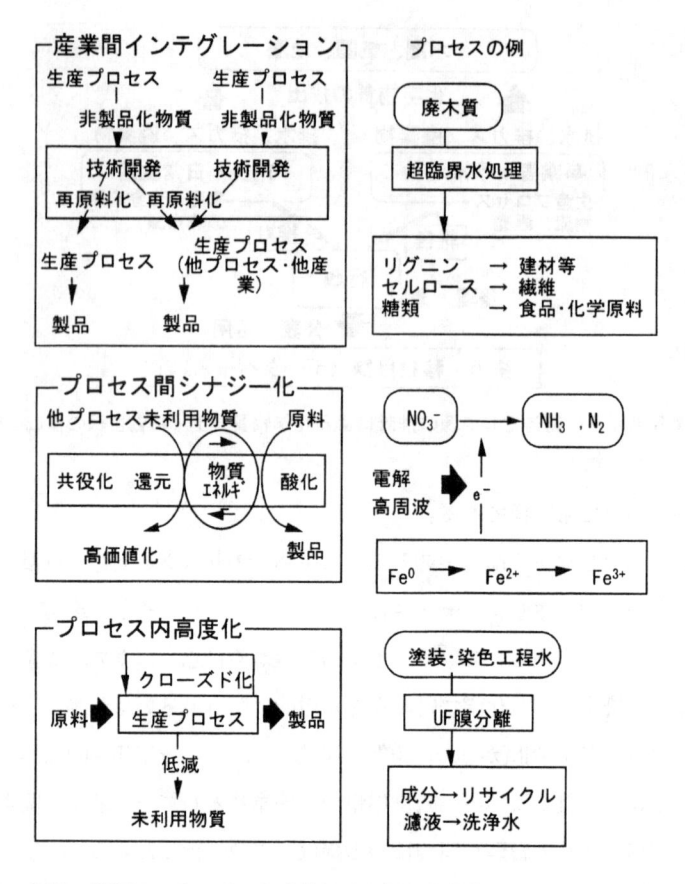

図7 資源・エネルギーの消費削減と製品収率向上のための技術開発[5]

に関する情報が得やすくなっており，生産プロセスで購入・使用する前に，環境へ排出されて汚染を引き起こす可能性がある化学物質や事業場内での処理が困難な化学物質，さらにプロセスネットワーク化による未利用素材のカスケード利用等に支障をもたらす可能性がある化学物質を含むものは，生産プロセスから排除するとともに，各種化学物質が排水，排ガス，廃棄物を介してどの程度排出されているかが把握できるような原料・副資材等の管理システムの構築が求められている[5]。

7 求められる技術開発の方向

環境への負荷低減，すなわち資源・エネルギーの有効利用による使用量の削減を実現するためには，①原料の製品への転換率向上技術（反応収率の向上，分離効率の向上，副資材等の使用削減等に加えプロセスの最適制御を含む），②省エネルギー技術（エネルギーのカスケード利用や転換技術を含む），③未利用素材や廃棄物の他プロセス，他産業への原料化技術（再資源化，再

原料化，再生品化等が容易な素材，製品の開発を含む），④新たな資源・エネルギーの消費を抑えるとともに二次的な汚染を抑制できる処理や再利用技術の開発とともに従来技術の評価と改良が必要になる．図7に示したように，生産プロセスのネットワーク化に基づく産業のクラスタリングを実現するためには，あるプロセスでの非製品化物質を他産業の原料に転換する技術が必要になる．多量に排出される木質系未利用素材からリグニンを抽出して建材化する技術，セルロースを糖化する等して，さらに高付加価値化する技術などが挙げられる．

電子を放出する鉄の酸化と電子を受け取る硝酸の還元反応を共役できれば，フェライトの製造と厄介な水質汚染物質である硝酸の処理を同時に行える可能性がある．プロセスの合成や反応の共役化によって，プロセスを合理化，エネルギー消費の削減などが実現できる組み合わせの検索，実現可能性の検討などが必要である．加えて，クローズド化プロセスを推進するための技術開発が尚一層求められる．

8 地域における生産プロセスネットワーク化による負荷低減

地域でのエミッションを低減することが，地域の集合体である国そして地球規模での環境負荷低減の基本である．発生源での排出削減対策が最優先であるが，地域内で排出された未利用物質については，①直接他事業所や他産業の原料として利用する，②中間処理を経て他事業所，他産業で利用する，③集荷後の中間処理を経て各事業所，産業での原料として利用する，④未利用物質を集荷後，有価物として出荷できる製品を製造する，⑤再原料化，再製品化が困難な物質を最終処分する，等への分類が可能であろう．未利用物質を再原料化，再製品化するためには，大なり小なり新たな資源・エネルギーを必要とする．地域における物質・エネルギー収支を解析することにより，再原料化，再製品化の対象とする物質と，エネルギー回収のためのサーマルリサイクルに適したものを定量化できる．加えて，低品位であっても再原料化，再製品化に利用できるエネルギー量を把握することも可能となろう．このような地域での物質・エネルギー収支の解析結果に基づいて，未利用物質の再原料化，再製品化を目指したネットワーク構築を模式的に図8に示した．十分に地域の物質・エネルギーフローを解析，評価することで，このようなネットワークの構築が可能となる．地域の物質・エネルギー収支のさらなる解析によって，このようなネットワークの導入が，環境へのエミッション低減と資源・エネルギーの消費削減に有効かについての評価も当然必要である．

9 おわりに

プロセスや産業内で完全に利用できなかった未利用素材や廃棄物を他のプロセスや産業とネットワーク化することで，それらを有効利用するための考え方，方法，手順を述べた．繰り返しに

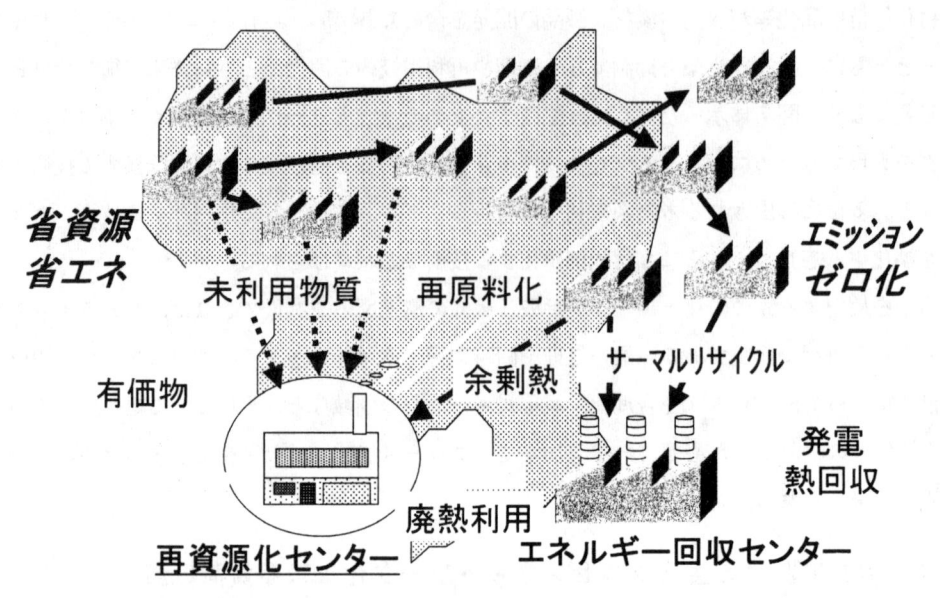

図8　未利用物質の再原料化，再製品化を目指したネットワーク構築の模式図

なるが，環境への負荷低減を実現するためには，まずは発生源での排出負荷削減であり，排出負荷の削減が容易な生産プロセスを構成することが求められる。そのためには，各セクションでの物質・エネルギー収支を定量的に解析し，現状を正しく把握することが必要である。循環型社会の構築が叫ばれているが，単なる廃棄物や寿命が尽きた製品のリサイクルによる利用は，多大な資源・エネルギーの投入を必要とし，リサイクル過程で発生する環境汚染物質等を考慮すると，却って環境負荷の増大や汚染物質の拡散をもたらす可能性もある。循環型社会の構築を検討する以前に，真に資源・エネルギーの消費を低減できる生産プロセス，社会システム，ライフスタイルはどうあるべきかを明らかにすることが求められている。上流側，すなわち生産プロセス，社会システム，ライフスタイルの検証に踏み込まない「循環型社会構想」は破綻をきたすであろう。

　全国大学の教官をネットワーク化して進められている文部省科学研究費補助金特定領域研究「ゼロエミッション」については，ホームページを参照されたい[6]。

文　　　献

1) 文部省科学研究費補助金特定領域研究（A）ゼロエミッション総括班，ゼロエミッションをめざした物質循環プロセスの構築，研究プロジェクト紹介，水環境学会誌，**22**（2），30

第3章　地域ゼロエミッションをめざした物質フローの解析と産業間ネットワーク

　　-31（1999）
2）藤江幸一，地域におけるエミッション低減を目指した物質フローの解析と産業ネットワークの構築，セラミックス，**35**（3），153-160（2000）
3）後藤尚弘，藤江幸一，成瀬一郎，船津公人，ゼロエミッションを目指したデータベースの構築と地域物質収支，化学工業，No.2，89-95（1999）
4）環境庁環境保健部，PRTRパイロット事業中間報告，1998年5月
5）藤江幸一，後藤尚弘，ゼロエミッションプロダクション，「化学技術」の変遷と未来，化学装置別冊，No.10，79-84（1998）
6）文部省科学技術研究費特定領域研究（A）「ゼロエミッションをめざした物質循環プロセスの構築」ホームページ，http://envchem.iis.u-tokyo.ac.jp/ZeroEm/

第 2 編　工場内ゼロエミッション化の実例

第4章 廃棄物再資源化100％の実例
― アサヒビール㈱ ―

宇治原　秀*

1　概要

ビール工場で発生する副産物・廃棄物は，ビールの原料から事務所で使用する乾電池に至るまで，広範囲である。

廃棄物再資源化の基本は，社員全員による徹底した分別である。

2　はじめに

1997年12月，地球温暖化防止会議が京都で開催され，世界的に地球環境への取り組みの強化を図り，より健全な環境状態で子孫へ残していくことが，今生きている我々にとって極めて重要な課題であるという認識と，それへの取り組みが世界及び日本で高まっている状況である。

このような中で，アサヒビールは1993年に「環境保全に関する基本方針」を策定し，環境に関する全社組織を構築し，全社的に5つのチャレンジ目標を掲げ，環境の維持・改善に取り組んでいる。

［チャレンジ目標］
- 全工場廃棄物再資源化100％の達成
- 省エネルギーの推進
- 温室効果ガスの抑制
- 容器リサイクルの推進
- 環境管理システムの充実

このチャレンジ目標の中にある「全工場で工場廃棄物の100％再資源化」を1996年の茨城工場を皮切りに，1997年に福島工場，東京工場，1998年に同年竣工の四国工場を含む全工場で達成することができた。

3　これまでの取り組み

ビールの原料は農作物であるため，ビール工場では昔から再資源化，有効利用が図られてきて

---

*　Sigeru　Ujihara　アサヒビール㈱　生産事業本部　技術部　プロデューサー

いる。代表的なものとしては，製造工程で排出される麦芽の皮等は良質な牛の飼料として畜産農家に利用され，また使用済み酵母は「エビオス」として1928年より医薬品（胃腸消化剤）として使用されている。このようにして「工場廃棄物100％再資源化」を図る以前でも，全体の98％は再資源化し有効利用されていた。

そこで，廃棄物再資源化100％を達成するために問題となったのは，残りの約2％である廃プラスチックや蛍光灯・乾電池・再生できない紙くず等の使い終われば「ごみ」となって処分されているものであった。

4　工場廃棄物100％再資源化の達成方針

(1) 組織を構築し全員参加とする

社員のみならず，工場内の関連会社・協力会社・工事会社・外来者も含める。トップダウンで業務として取り組む。

(2) 現状の把握を徹底的に行う

現状を工程別，種類別に形態・数量の調査を実施し，4Rの観点から再資源化及び減量化を検討する。

[4R]
- リユース　　形を変えずに再利用
- リサイクル　形を変えて再利用
- リデュース　廃棄物発生量の低減
- リファイン　再利用しやすい材料に変更

(3) 再資源化方法を多方面から検討する

あらゆる方法（業界紙・官庁への問い合わせ・電話帳・売り込み）で再資源化会社を見つけ，そこで再資源化の方法，その後の利用先，販路までを確認する。

(4) 誰にもわかりやすく，しやすい分別方法を決め，徹底する

- 分別，収集に極端に作業量が増えない方法とする。
- 発生場所毎に分別容器を設置し責任者を配置する。

5　組織について

工場の組織は工場長を委員長，工場各部の部長を委員とする工場環境管理委員会があり，その下部組織として廃棄物減量化部会・省エネルギー部会があり，各部の委員によって構成されている。

廃棄物減量化部会は，主に「廃棄物100％再資源化活動の推進・継続維持」「廃棄物の減量化」

第4章　廃棄物再資源化100％の実例

「新たな再資源先の調査」を行っており，月1回開催している。また，周知徹底については，この活動の意図するところをトップまたは組織から繰り返し発信・説明を行い理解してもらう。

6　分別収集の仕組みについて

　達成方針の中にある「誰にもわかりやすく，しやすく」を具体的に展開した。
　また，「分別も仕事の一つである」ということの全従業員への意識統一を行った。
・分別容器は品名別にする。
　必要であれば，容器に現物・写真・図を用いることでわかりやすくする。
・分別容器は廃棄物発生場所の近くに置く。
　分別するだけでも初めは大変な苦労なので，分別容器は廃棄物が発生する場所に必要数を設置することが重要である。これを分別ステーションと呼び，ここから分別センターに搬送して個別に再資源化業者に引き渡される。
・責任を明確にする。
　見やすい表示のほかに分別ステーション毎に責任者を決め，分別状況・整理整頓状況の確認を実施している。
・分別作業の簡素化を図る。減量化を図る。
　例えば，洗浄剤は従来ポリタンク（18L）で購入していたが，大型の貯蔵タンクや大型の通い容器を用いることで廃棄物をゼロにした。また技術的には，廃水処理方法を従来の好気性廃水処理から嫌気性廃水処理に設備改造を実施し，発生する汚泥を約1/10に減量することに成功した。
　いずれの活動も，全社員が環境に対する意識を高め，一丸となって取り組むことが重要と考える（図1）。

7　副産物・廃棄物の再資源化，利用方法

　廃棄物のフロー図（図2）を参照されたい。

8　苦労話など

・分別ステーションにおいて，廃プラスチックの分別容器を「PP」「PE」「その他」の3種類設置したところ，わかりにくくすぐに「その他」の容器が一杯になり，混乱した。これを品名別（現場での呼称）に変えたところ，スムーズになり整理整頓にも役立った。
・分別作業は，社員については教育・啓発の効果がありすんなり分別ができたが，トラック運転手・工事会社・納入業者等のスポット的な外来者についてはなかなか協力が得られなかった。対策としては，パンフレットを何回も配布したり，主管部署から依頼文書を出したりしたが，

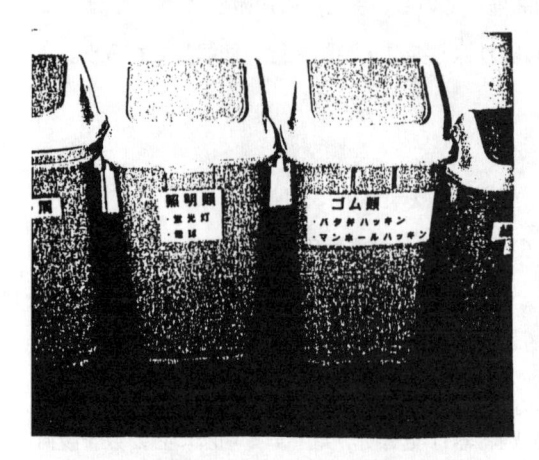

第2編 工場内ゼロエミッション化の実例

分別ステーション（例1） 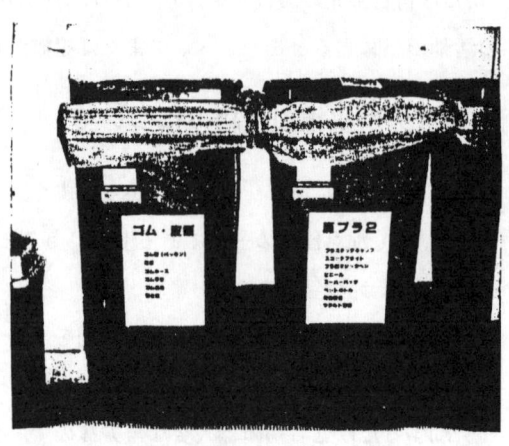 分別ステーション（例2）

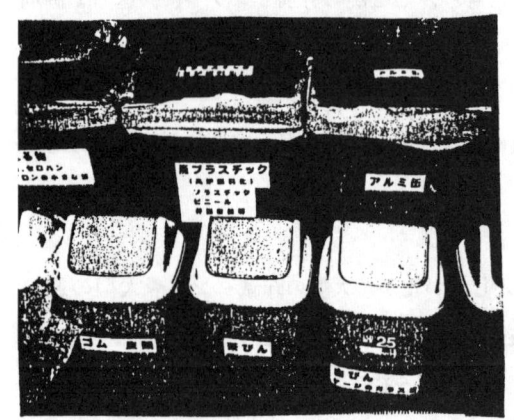

分別ステーション（例3） 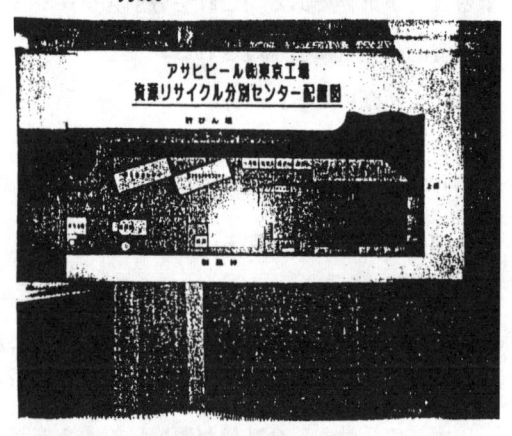 分別センター配置

処理機器表示  集約置場表示

図1 各ステーション表示状況

第4章 廃棄物再資源化100％の実例

工場廃棄物再資源化100％については、1998年11月、全工場にて達成いたしました。今後は、工場における所資源化100％の継続維持はもちろんのこと、2002年度末工場予定の神奈川工場でも埼玉工場より所資源化100％をはかります。廃棄物発生量についても汚泥や廃棄プラスチックなど減量化できるものについては、減量のための取り組みを積極的におこなっています。また、重点拠点として、グループ各社にも展開して位置づけ、グループを挙げて所資源化100％の取り組みを推進してまいります。

【副産物の活用例】

■ アサヒビール工場の副産物・廃棄物の再資源化フロー

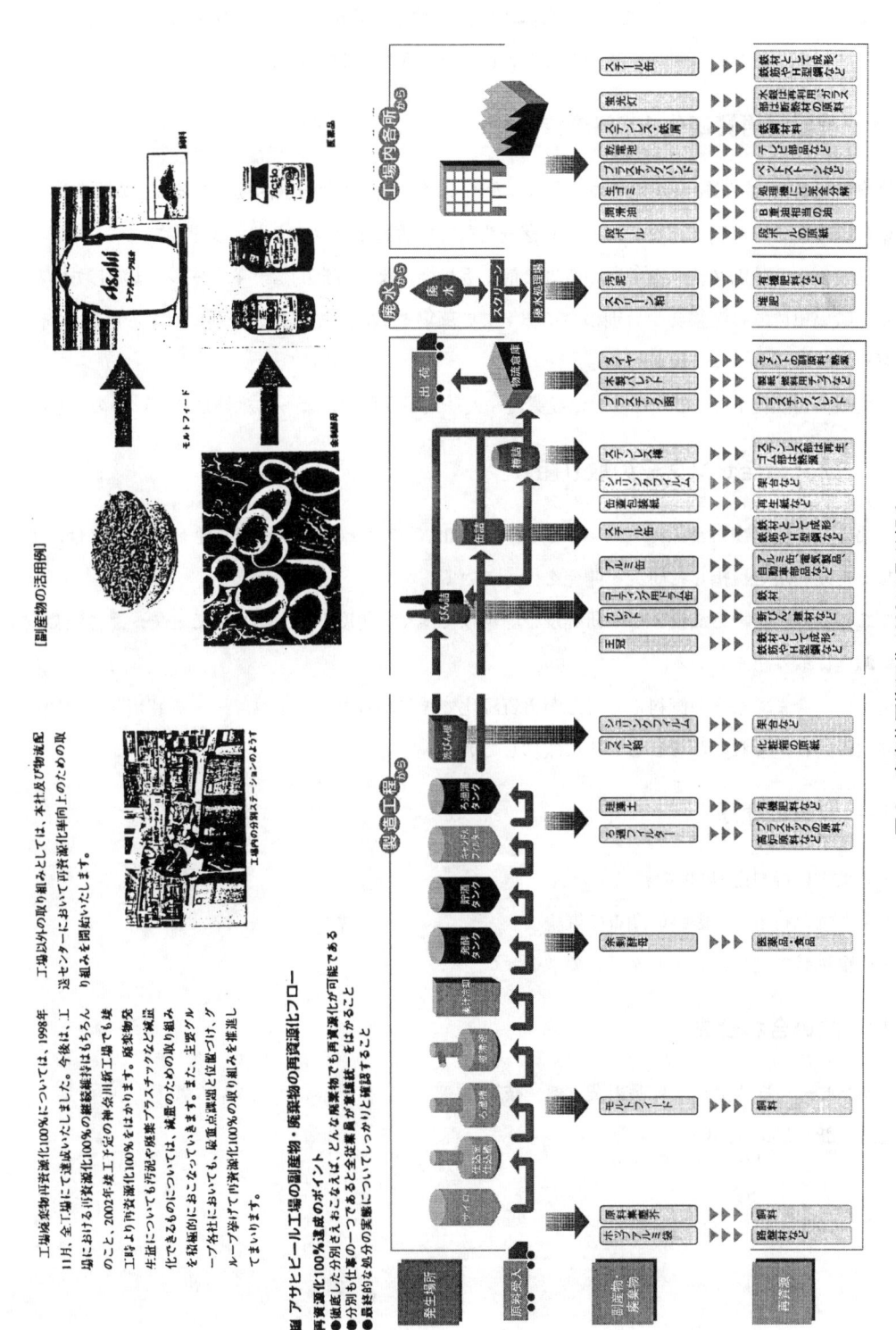

再資源化100％達成のポイント
● 徹底した分別さえおこなえば、どんな廃棄物でも再資源化が可能である
● 分別も仕事の一つであると全従業員が認識し実行すること
● 最終的な処分の実態についてしっかりと確認すること

図2 廃棄物再資源化100％の取り組み

効果が得られなかった。次に，分別容器に写真・現物・図示等を行い，かつ一定期間分別ステーションに部会員が張り付いて指導したことにより，かなり改善された。

9　廃棄物再資源化100％維持

廃棄物再資源化100％達成の決め手となったものは，廃棄物の分別活動である。しかしながら，この分別作業は人が行う行為であるため継続的な維持活動を行うことが大変重要である。

責任者による分別ステーションの管理の他，委員会による定期的なパトロールを実施している。また，職場単位での勉強会や分別のアイディアを募集する等，従業員の分別に対する意識の向上に努めている。

廃棄物再資源化100％は，こうした従業員一人一人の行動力によって維持されているのである。

10　研究開発センターの取り組み

工場での，廃棄物再資源化100％の維持活動に加え，アサヒビール研究開発センターでは，さらなる有効利用を目指した研究・開発を行っている。

ここでは，廃棄物を減量させる研究及び廃棄物を様々な角度から分析することで，より有効な再資源化に取り組んでいる。

例えば，今まで家畜の飼料としてしか再資源化できなかったモルトフィードを利用し，良質の燃料用の炭に生まれ変わらせることに成功している。

11　今後の課題

- 廃棄物再資源化100％の維持・継続
- 廃棄物の利用先，販路の調査の継続
- 廃棄物減量化及びコストダウンの推進

12　問い合わせ先

アサヒビール株式会社　生産事業本部　技術部
電話：03-5608-5213

第5章 ごみゼロ工場の実例
— キリンビール㈱ —

高野慶明*

1 概要

日本のビール工場で初めてごみゼロを達成したキリンビール横浜工場として，その取り組みの背景と，達成より維持していくことの方が難しい「ごみゼロ」の管理技術及び「ごみゼロ」のレベルアップへ向けての取り組みを紹介する。

2 取り組みの背景

キリンビール横浜工場は，1994年に「ごみゼロ」いわゆるゼロエミッションを日本で初めて達成したビール工場である。その取り組みは横浜工場がリニューアルされた1991年より開始され，本格的に挑戦が始まったのは1992年からであった。

1994年に国連大学がゼロエミッション構想を発表する以前に既に取り組みを開始しており，3年かけてようやく1994年に廃棄物100％再資源化を達成した。

この取り組みの背景には，横浜工場のEMS上の立地条件と当時の社会環境が大きく影響している（EMS：Enviromental Management System「環境管理のしくみ」の略）。

2.1 横浜工場のEMS上の立地条件

横浜工場は，日本のビール発祥の地の流れを汲む工場であるが，その立地はEMS的に見ると，
① 首都圏の厳しい公害防止規制地区にある，
② 住居地区と極めて接近している，
③ 環境に関わる関連作業や廃棄物処理等のコストが高額の地区にある，
等，工場を経営していく上で，EMSのレベルを先進的なものにしていく必要があった。

2.2 ビール産業を取り巻く80年代の社会環境

80年代はライフスタイルが変化し，いわゆる使い捨て時代が到来し，ビールにおいても缶ビールの増加，容器の多様化等が促進された。

---

*　Yoshiaki Takano　キリンビール㈱　横浜工場　副工場長　環境室長

一方，これに伴い空缶のポイ捨てやプルタブの野生動物，家畜への被害等が社会問題となってきていた。

プルタブの問題は後にステイオンタブが導入され解決したが，自治体によっては缶のデポジット制が真剣に議論されていた。

以上の2つの背景から，横浜工場としても従業員にとっても廃棄物の問題は社会的責任と工場経営の面で優先課題であった。

幸いビール産業は自然の恵みを活用する産業のため，主要な廃棄物は天然自然のものであることからモルトフィード（ビール粕）等の有効利用は以前から取り組まれており，平均すれば発生廃棄物の90％以上は有効利用できるルートを持っていた。

3　廃棄物100％再資源化達成までの経緯

表1に取り組みを始めた92年当時の廃棄物の発生量と再資源化率を示した。

挑戦を開始した時点で95％の再資源化率であったため，あと5％を何とかすれば良いと考えてのスタートであったがこの5％が難しかった。

一言で言えばこの残った5％の廃棄物をしっかり分別した上で材質・特性に応じて1つずつ有効利用先を開拓していけば100％に到達することになるが，このプロセスに3年の期間を要した。

表1で再資源化できていないものが10品目あるが，スラッジ類・廃プラ・乾電池等扱いの難しいものが最後まで苦労したものである。

4　廃棄物の再資源化の進め方

廃棄物の再資源化は自前で活用するケースは少なく，他分野の産業に活用してもらうことが多いためパートナーを求めることになるが，その際に活用の方向性を整理しておくことが必要である（例えば図1のような整理をする）。

「何かに使えないか」的にやたらに歩き回っても適当なパートナーが効率良く見つかるものではない。

また，当初は比較的活用のフレキシビリティのあるサーマルリサイクルからスタートして，次第にレベルの高いマテリアルリサイクルやリユースへシフトしていく方が取り組みを進めやすい。

どのケースでも再資源化側のパートナーの条件を十分に調査して，許容含水率や保管条件への対応等相方でテストを繰り返し取引条件を固めることが必要である。

机上では材質的に申し分のない原料となる廃棄物でも，運搬やストック時に思わぬ障害が発生することがある。

第5章　ごみゼロ工場の実例

表1　副産・廃棄物の発生及び再資源化量の推移

単位：t

品　　名		92年度			99年度		
		発生量	再資源化	資源化率(%)	発生量	再資源化	資源化率(%)
モルトフィード（ビール粕）		34,114	34,114	100%	41,699	41,699	100
排水麦粕		150	0	0	143	143	100
余剰酵母（乾燥酵母）		484	484	100	265	265	100
*けいそう土スラッジ		1,500	0	0	1,470	1,470	100
余剰汚泥（菌体肥料）		700	700	100	383	383	100
*余剰生汚泥		200	0	0	4,666	4,666	100
上水スラッジ		400	0	0	207	207	100
*壜屑（カレット）		7,370	7,370	100	5,693	5,693	100
*廃棄生ビール樽		2	2	100	12	12	100
アルミ空缶		20	20	100	60	60	100
スチール空缶		25	25	100	13	13	100
古王冠栓		40	40	100	26	26	100
金属屑		42	42	100	109	109	100
*紙屑	ラベル粕	500	500	100	117	117	100
	段ボール	30	30	100	115	115	100
	一般古紙	10	10	100	7	7	100
プラスチックビール箱		370	370	100	1,825	1,825	100
廃棄プラスチック	廃棄梱包材	160	0	0	48	48	100
	濾過筒・Pコップ	10	0	0	11	11	100
古木製パレット		220	220	100	300kg	300kg	100
焼却灰		100	0	0	39	39	100
廃油		10	0	0	5	5	100
古蛍光管		500kg	0	0	690kg	690kg	100
古乾電池		100kg	0	0	300kg	300kg	100
合　計		46,458	43,927	94.55	56,914	56,914	100

（注）＊印は副産物，無印は産業廃棄物

5　横浜工場の廃棄物再資源化の実際

ビールの製造工程から発生する排出物は，原料受入から始まって製品出荷，間接部門まで多岐にわたる。

図2に横浜工場の実状を示したが，図中にゼロエミッション挑戦当初に再資源化できていなかっ

第2編　工場内ゼロエミッション化の実例

廃棄物材質		リユース	リサイクル	
			マテリアル	サーマル
有機質	植物ざんさ			
	紙			
	廃プラ			
	油			
無機質	金属			
	ガラス			
		←制約条件があり難しい	比較的容易→	

図1　廃棄物再資源化方針の整理

たものに斜線を付した。

　排出物各々の発生量と再資源化の推移を表1に示した。

　ビール生産量の増加に伴い全体の副産廃棄物発生量は増えているが、個別に見ていくとゼロエミッション活動に伴い廃プラや焼却灰の減少が顕著である。焼却灰は「要焼却書類、使用済ビール券」等によるものであるが、その灰はエコセメント原料として活用している。

6　廃棄物100％再資源化を維持していく取り組み

　ゼロエミッションは、達成することより維持していくことの方が難しいと言われるが、7年間維持してきてみて、そのポイントと問題点について整理しておく。

6.1　ゼロエミッションを推進・維持する4M

　廃棄物の発生は、生産活動に直結していることから、この問題をイベント的な扱いにしてしまうと達成はできても維持していけなくなる。

　品質向上やコストダウンの取り組みと同等に、工場の経営活動の中にしっかり組み入れることが大切である。

　ゼロエミッションの管理をしていく上で、重要な要素を4つのM

　① 設　備 ; Machines
　② 材　質 ; Materials
　③ 仕組み ; Mechanism
　④ 人　　 ; Manpower

に整理してポイントを検討することが必要である。

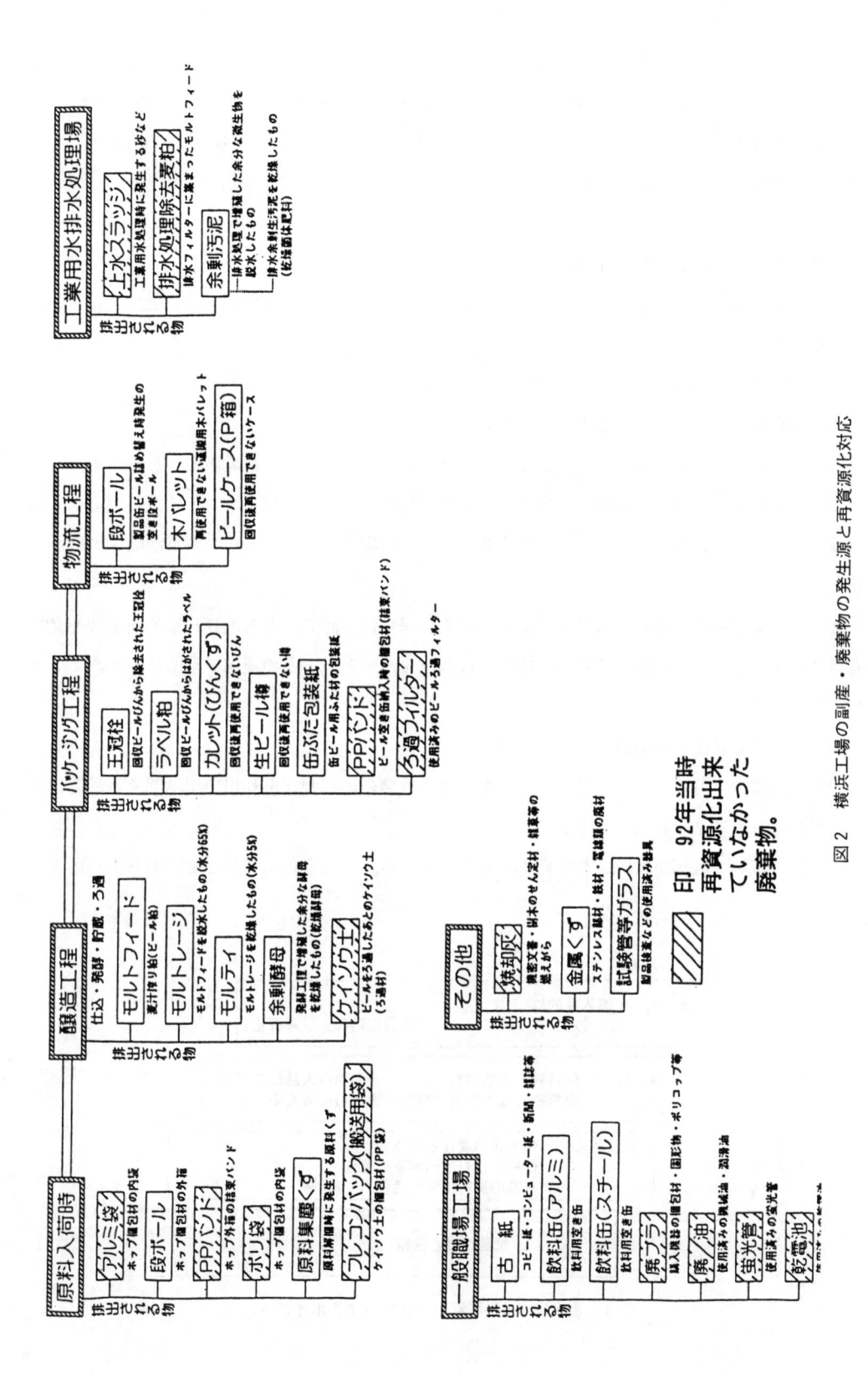

第5章 ごみゼロ工場の実例

図2 横浜工場の副産・廃棄物の発生源と再資源化対応

原料入荷時
排出されるもの:
- アルミ袋／ホップ包装材の内袋
- 段ボール／ホップ包装材の外箱
- PPバンド／ホップ外箱の結束バンド
- ポリ袋／包装材の内袋
- 原料集塵くず／原料粉砕時に発生する原料くず
- フレコンバッグ（搬送用袋）／ケインコウ土の輸送用袋(PP製)

醸造工程
仕込・発酵・貯蔵・ろ過
排出されるもの:
- モルトフィード／麦汁作り始め(ビール粕)
- モルトレージ／モルトフィードを絞ったもの(水分65%)
- モルトティー／モルトレージを乾燥したもの(水分9%)
- 余剰酵母／発酵工程で増殖した余分な酵母を乾燥したもの(乾燥酵母)
- ケインコウ土／ビールをろ過したあとのケインコウ土(ろ過材)

パッケージング工程
排出されるもの:
- 王冠栓／回収ビールびんから除去された王冠栓
- ラベル粕／回収ビールびんからはがされたラベル
- カレット(びんくず)／回収再使用できないびん
- 生ビール樽／回収再使用できない樽
- 缶ぶた包装紙／缶ビール空缶ふた材の包装紙
- PPバンド／ビール空缶納入材の結束バンド
- ろ過フィルター／使用済みのビールろ過フィルター

物流工程
排出されるもの:
- 段ボール／製品缶ビール出荷時の折り畳み時発生の空段ボール
- 木レット／再使用できない運搬用木パレット
- ビールケース(P箱)／回収後再使用できないケース

工業用水排水処理場
排出されるもの:
- 上水スラッジ／工業用水処理時に発生するもの等
- 排水処理除去菜粕／排水フィルターに集まったモルトフィード
- 余剰汚泥／排水処理で増殖した余分な微生物を乾燥したもの(乾燥菜体肥料)

一般職場工場
排出されるもの:
- 古紙／コピー紙・コンピューター紙・新聞・封筒等
- 飲料缶(アルミ)／飲用空き缶
- 飲料缶(スチール)／飲用空き缶
- 廃プラ／購入機器の梱包材・固形物・ポリコップ等
- 廃油／使用済みの機械油・潤滑油
- 蛍光管／使用済みの蛍光管
- 乾電池／使用済み乾電池

その他
排出されるもの:
- 焼却灰／機密文書・出木のせん定材・封筒等の燃えがら
- 金属くず／ステンレス部材・鉄材・電気類の廃材
- 試験管等ガラス／製品検査などの使用済み器具

▨印 92年当時再資源化出来ていなかった廃棄物。

第2編　工場内ゼロエミッション化の実例

各々のMの基本的な考え方は図3に示したが，ゼロエミッションを維持する上でどの要素に問題があるのか見極めて必要な対策を打ち，その効果をISO14001でいう内部環境監査で評価して，新たな目的目標に結びつけるPDCAのサイクルを回すという，地道ではあるが，あたりまえのことを着実にやっていくことが重要である。

6.2　廃棄物100%再資源化の維持活動

これまでの活動を振り返ると，工場におけるゼロエミッションを維持していく上での難しい点がいくつかある。

これらは他の製造分野でも必ず直面するものであり準備が必要である。

(1) 再資源化先パートナーとのマスバランス

自前ではなく他産業に活用していただいて成立しているリサイクル循環が主であるため，ビールの需要動向に伴い増減する廃棄物発生量と再資源化パートナーのビジネスとの波長が必ずしも一致しない。問題は過多の場合だけでなく発生が少ない場合もパートナーの事業活動に影響が出る場合がある。

ビール工場で発生するものは食品廃棄物が多く，保存性が悪いこともあり一定の前処理を発生者側で施すが，多量に発生するものは特に再資源化先パートナーとの連携を緊密にしておくことが重要である。

(2) 非定常で発生する廃棄物対応

一般に定常でコンスタントに発生する廃棄物は，社会の再資源化再利用の用途開発も最近は進んでおり，リサイクルの道はある。

しかし，工場で数年毎に非定常で発生するものもある。これらは出てしまってから再利用先を

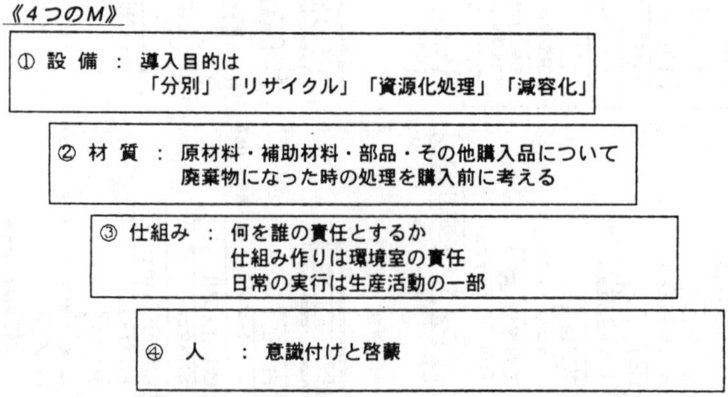

《4つのM》

① 設備：導入目的は
　　　　「分別」「リサイクル」「資源化処理」「減容化」

② 材質：原材料・補助材料・部品・その他購入品について
　　　　廃棄物になった時の処理を購入前に考える

③ 仕組み：何を誰の責任とするか
　　　　　仕組み作りは環境室の責任
　　　　　日常の実行は生産活動の一部

④ 人：意識付けと啓蒙

図3　廃棄物100%再資源化を推進するポイント

第5章　ごみゼロ工場の実例

探すのではなく，事前に予測して幅広く再資源化方法を見つけておく必要がある。

また，材質の面の取り組みで示したように，数年間使うものであってもいつかは廃棄物になることを考えて購入時に材質検討をしておくことが望ましい。

(3) **特殊な材質**

特別管理廃棄物は例外としても，重金属が微量に含まれる蛍光管や特殊なプラスチック等の問題がある。

これらは，徹底した分別により分離した上でそのオリジンの素材メーカーと相談することである。水銀を他の用途に使うことは困難であり，水銀は水銀として使うしかないと考えるべきである。

7　変化してきたゼロエミッション活動（まとめ）

1992年に工場の置かれた厳しい環境条件と社会問題化しつつあった空缶公害対応がきっかけで始まった，廃棄物100％再資源化の取り組みであった。

当初埋め立て処分していた2500トンの廃棄物処理の費用が約5000万円/年であり，このコストは環境面でプラス効果を生むことなく発生していた。

100％再資源化により前処理コスト等が新たに発生したが，この費用は地球環境保全の面ではプラス効果に転換できたことが先ず上げられる。

また，工場EMS全体の推進の大きな原動力となったことも高く評価できる。

しかし，21世紀を迎えこの活動の位置付けは大きく変化してきている。

ビールは自然の恵みによって成り立っている産業である。ビール工場がおいしいビールを造り続けることができるかは自然環境の保全，特に良質の"水"を確保できるかにかかっている。製品ビールの10倍近い水を必要とするビール製造において"水"を他の地域から運んでくることはできない。

廃棄物の埋め立ては土壌汚染の危険がありひいては水資源の汚染に結びつく。ビール工場にとってゼロエミッションの活動は生存していくための必要条件であり，この活動を広げていく使命を強く感じている。

山中湖に源流を持つ相模川水系でビールを造っている横浜工場で良質な水が得られない状況が生じた時は地域の生活そのものが脅かされる時である。

当然廃棄物対策だけでなく，「酸性雨対策」や「水源の森作り」等多面的な対策に取り組んでおり，総合的な水資源対策を展開している。

50年後，100年後も日本のビール発祥の地である横浜でおいしいビールを造り続けていくために，外へ広がる環境保存活動を継続していきたい。

8　問い合わせ先

キリンビール横浜工場　環境室

電話：045-503-8266

第6章 『エコ・ブルワリー（環境調和型ビール工場）』の実現を目指して
— サントリー㈱ —

横山恵一*

1　概要

サントリーでは『人と自然と響きあう』という企業理念のもと，全社をあげてさまざまな環境保全活動に取り組んできている。ビール工場においても，『エコ・ブルワリー（環境調和型ビール工場）』の実現を目指して，創意工夫をこらして環境保全活動に取り組んでいる。

本章では，全社における取り組みの概要，およびビール工場における取り組みの事例について紹介する。

2　はじめに

自然環境については，サントリーでは製品のほとんどが自然の恵みである農産物と水から成り立っていることから，創業の当初より経営資源のひとつとして意識してきた。当社では『人と自然と響きあう』という企業理念のもと，人類共通のかけがえのない財産である地球環境を守り，次の世代に引き継ぐことが私たちの使命であると考えている。そのために『サントリー環境基本方針』を制定し（図1），全社をあげてさまざまな環境保全活動に取り組んできている。当社の

```
●基本理念
　人類共通のかけがえのない財産である地球環境を守り、次の世代に
引き継ぐため、サントリーグループは良き社会の一員として、あらゆる
活動において環境に配慮し、自主的、継続的に環境保全に取組みます。

●行動指針
　1．省資源・省エネルギーに努めます。
　2．廃棄物の減量化・再資源化に努めます。
　3．商品・サービスの開発・提供にあたっては、環境・資源に
　　　十分配慮します。
　4．容器包装のリサイクルを推進します。
　5．自然環境の保護に努めます。
　6．環境意識の向上を図り、社会活動に参画します。
```

図1　サントリー環境基本方針

---

*　Keiichi Yokoyama　サントリー㈱　利根川ビール工場　技師長

第2編　工場内ゼロエミッション化の実例

全てのビール工場（3工場）においても，『エコ・ブルワリー（環境調和型ビール工場）』の実現を目指して，創意工夫をこらして環境に調和した生産活動を展開し，環境保全活動を推進している。ここでは，全社におけるさまざまな取り組みの概要，およびビール工場での取り組みの事例について紹介する。

3　全社におけるさまざまな環境保全への取り組み[1,2]

当社では重点課題について環境目標を設定し，自主的・継続的に取り組んでいる。

(1)　環境に配慮した商品（エコプロダクツ）の開発

当社の『環境に係わる商品設計ガイドライン』に基づき，容器の軽量化，パッケージのコンパクト化などを図っている。国産ワインのグリーンびんを色付きカレットで製造したエコボトルに全面的に切り替えたことも最近の取り組みのひとつである。

(2)　容器リサイクルの推進

ガラスびん，ペットボトル，缶のリサイクルを積極的に推進している。また，ガラス再生タイルを当社の工場や事業所で使用したり，全工場でペットボトルの再生素材を利用したユニフォームの採用など，再生品の需要拡大へのさまざまな取り組みも行っている。

(3)　グリーン調達の推進

オフィスでは環境に優しい事務用品を積極的に利用するほか，購買部門では『サントリーグリーン調達基本方針』を定め，より環境に配慮した調達に努めている。

(4)　省資源・省エネルギーの推進

(5)　CO_2の排出抑制

(6)　副産物・廃棄物の再資源化率100%の推進

(7)　環境マネジメントシステムの構築と実践

(4)～(7)の取り組みについても，全社的に活動を推進しているが，ここではビール工場における取り組み事例を具体的に説明する。

なお，環境マネジメントシステムの構築については，1998年の利根川ビール工場でのISO14001認証取得の実績をふまえ，洋酒・ビール・ワイン・清涼飲料の全14工場で2001年末までに順次ISO14001の認証を取得する予定で進めている。

4　ビール工場における環境保全への取り組みの事例[3]

4.1　環境マネジメントシステムの構築と実践

当社のビール工場では『エコ・ブルワリー（環境調和型ビール工場）』の実現に向けて，ISO14001に基づく環境マネジメントシステムを構築運用することによって，継続的な改善を図っ

第6章 『エコ・ブルワリー(環境調和型ビール工場)』の実現を目指して

ている。特に重点的に取り組むべき課題として，①省エネルギー・省資源を含めた温室効果ガスの排出抑制，②副産物・廃棄物の減量化と再資源化，③自然保護に向けた工場の緑化，④地域社会との交流を掲げ，それぞれに目標を設定して積極的に活動を推進している。

4.2 高負荷型嫌気性排水処理技術の開発導入による副産物・廃棄物の減量化／省エネルギー[4]

従来から，当社のビール工場では工場内で発生する排水の処理には特に力を注いできた。例えば，利根川ビール工場では場内で発生する排水をBOD（生物学的酸素要求量）で1 mg/Lまで浄化して排出しており，農繁期には工場周辺の農業用水としても利用していただいている（図2）。ただ，従来の処理方法では好気性の微生物を利用してきたため，通気に多くの電力を消費することと，増殖した微生物が多く余剰となる（当社では有機肥料として全量を再資源化している）ことが短所であった。そこで，新たにメタン醗酵法と呼ばれる嫌気性の微生物を利用した

図2 排水処理設備と工場近隣の田園地帯（利根川ビール工場）

図3 高効率型嫌気性排水処理設備と回収バイオガス燃焼ボイラー（利根川ビール工場）

処理方式(UASB方式＝Upflow Anaerobic Sludge Blanket)を採用することとし,さらにそれを改良した「高負荷型UASB方式」を排水処理メーカーとともに共同開発し,1998年に導入した(図3)。

その結果,従来と比べて消費電力が約1/2,排出汚泥量が約1/3に大幅に削減できると同時に,発生したバイオガスを回収しボイラー用燃料として有効利用を図り,工場の燃料の約10％をまかなっている。

4.3 副産物・廃棄物の再資源化100％達成と維持向上

1998年12月に全ビール工場で副産物・廃棄物の再資源化率100％を達成し,1999年以降もそのしくみに沿って実践している(表1)。また,生産発生する副産物・廃棄物総量も前述の活動などによって削減してきている。

発生する副産物・廃棄物総量のうち約99％は生産系の副産物・廃棄物が占めており,それぞれ飼料,肥料,再生原料(ガラス,段ボール,アルミほか)などとして再資源化している。

一方,事務系の廃棄物は,量は少ないが種類が多い。そのため,工場内に36種類,約400個の分別回収箱を設置し,固有番号を登録して管理している。場内のパソコンネットワークには約260品目の廃棄物リストを掲載して,何をどの回収箱に入れればよいかが誰にでもわかるしくみにしている(図4)。また,このしくみは従業員が全員参加して,1人ひとりがきちんとごみ分別のルールを守ることと,それを着実に継続することが大切である。そのために,例えば従業員の手作りで分別回収箱を作ったり(図5),電子メールを使って全員へ情報の伝達や共有化を行うなど,いろいろな工夫をこらして活動を進めている。その結果,現在ではごみ分別のしくみを

表1 副産物・廃棄物の発生量,再資源化率および用途(全ビール工場)

	1990年	1996年		1997年		1998年		1999年		主要用途
	トン	トン	％	トン	％	トン	％	トン	％	
植物性残さ (糖化粕など)	85,365	70,191	100	77,052	100	75,312	100	69,690	100	飼料・肥料
汚泥(余剰汚泥など)	25,644	22,066	92.2	25,969	98.4	16,892	100	11,278	100	肥料
ガラスくず	6,503	5,164	100	5,266	100	5,720	100	4,550	100	ガラス原料
木くず(パレット)	1,029	2,617	100	2,120	100	2,651	100	1,466	100	合板原料
紙くず(ダンボール, ラベル粕など)	229	1,097	74.2	1,302	76.3	1,035	72.1	989	100	再生紙
金属くず (アルミ,鉄)	143	305	100	252	100	291	100	524	100	アルミ,スチール原料
廃プラスチック類	80	710	14.6	696	22.6	733	93.7	690	100	パレット
その他	2,389	1,236	80.5	1,373	82.6	740	66.5	65	100	
合計	121,382	103,386	97.2	114,030	98.7	103,374	99.4	89,252	100	

第6章 『エコ・ブルワリー（環境調和型ビール工場)』の実現を目指して

図4 廃棄物リスト（一部）

第2編　工場内ゼロエミッション化の実例

全員が身近に感じて習慣となっている。

4.4　エネルギー有効利用システムの導入による炭酸ガスの排出抑制／省エネルギー

1989年，ビール業界で先駆けて武蔵野ビール工場の仕込工程に，ガスタービンを利用したコジェネレーション，VRC（排蒸気再圧縮再利用設備）および蒸気タービン冷凍機を組み合わせた省エネルギーシステム（TEMS：Total Energy Management System）を導入し，省エネルギー・炭酸ガス排出量削減効果をあげている（図6）。

このほか，利根川ビール工場では高温水による熱供給システムや潜熱蓄冷システム，京都ビール工場ではコジェネレーションなどの省エネルギーシステムを導入し，工場のエネルギー利用の特性に合った省エネルギー化を促進している。

図5　手作りダンボール分別箱

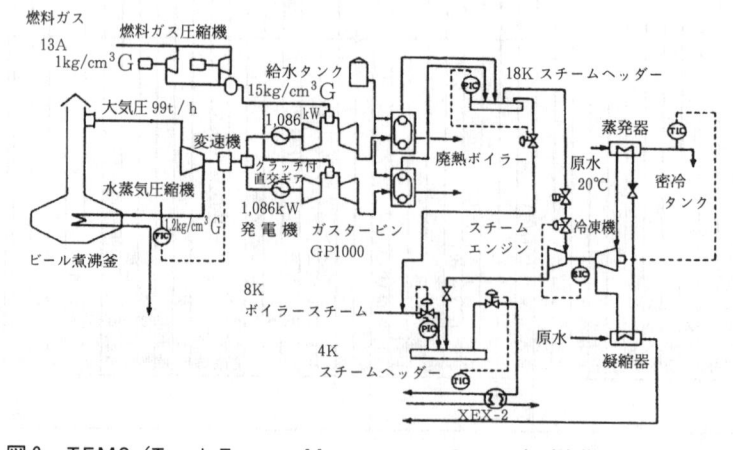

図6　TEMS（Total Energy Management System）（武蔵野ビール工場）

第6章 『エコ・ブルワリー(環境調和型ビール工場)』の実現を目指して

4.5 多彩な活動

このほか当社では,資源の有効利用に向けて,ウイスキー貯蔵樽の樽材応力緩和技術を確立して,空樽を家具・インテリア・オーディオスピーカーへ利用することも行っている。

また,自然環境の保護に向けて各工場での緑化活動の積極的な推進や,工場周辺の清掃・地元の公園等での空缶拾いなど環境美化に向けたボランティア活動,地域で開催されるいろいろな催しへの参加など幅広く活動に取り組んでいる。

5 今後に向けて

これからも『循環型経済システムの構築』に貢献できるよう,より一層積極的に取り組み,『人と自然と響きあう』サントリーを実現していきたい。

6 問い合わせ先

サントリー㈱　生活環境部　環境室
電話：03-3470-5116

文　　献

1) サントリー株式会社,"環境レポート2000"
2) 光琳,「食品工業」, Vol. 42, No. 18, p. 36, 1999
3) オートメレビュー社,「産業と環境」, Vol. 312, No. 11, p. 51, 1998
4) 吉岡ら, Master Brewers Association of the Americas, 印刷中

第7章　NECの廃棄物ゼロ運動
－日本電気㈱－

小川久夫*

1　概要

　NECグループでは，廃棄物の削減と再資源化を目的に「廃棄物ゼロ運動」を1985年から全社活動として展開し，発生量の抑制と100％再資源化を目指し15年間継続して活動している。1999年度時点では，再資源化率は94％となり，28拠点でゼロエミッションを達成している。NECの「廃棄物ゼロ運動」の概要と，再資源化事例を紹介する。

2　NECの「廃棄物ゼロ運動」

　1980年代半ばから，半導体が大量に使用されるようになり，増産に伴う廃棄物の排出量が急増した。この結果，廃棄物排出量の伸び（22％増/年：1984年）が売上高の伸び（12％増/年）を大幅に上回るようになった。このため，処理費用が増大し事業活動への影響が大きくなり，社内に危機感が生じると共に緊急の対策を迫られた。そこで，NEC（6事業所，3研究所）および国内生産会社29社一体となり削減目標を設定して，適正処理を確認しながら，廃棄物の発生量抑制と再資源化促進活動を開始した。

2.1　活動展開内容と主な施策
【パートⅠ（'85年～'89年）の活動】
　以下のような廃棄物対策の基本的な考え方や仕組みを形成し，創意工夫・技術活動として廃棄物ゼロ運動を展開した。
① 廃棄物は極力出さない（製造工程の変更により再資源化できない薬品などの代替化，資材の有効活用・使用量の最適化・薬品の寿命管理，分別回収を徹底し薬品などは購入状態に近い状況で回収・再利用，化学物質は新規導入時に再資源化方法まで検討し再資源化できないものは導入しない）。
② 再資源化できない廃棄物は減量化・減容化し，適正処分。

---

　*　Hisao Ogawa　日本電気㈱　事業支援部　田町支援部　環境管理推進センター　環境エキスパート

第7章　NECの廃棄物ゼロ運動

③　連動帳票制度（現在のマニフェスト伝票と同等の仕組み）を定め，法規制以前より，適正処分を確認（'80年～）。
④　全員参加による活動（教育・啓発活動の仕組み作り，管理ツール整備）。
⑤　現地確認制度を定め，廃棄物処理業者に出向き処分状況を確認（'88年～）。

【パートⅡ（'90年～'95年）の活動】
①　分別回収の更なる徹底（新工場建設時は分別回収を可能とするエコファクトリーを構築，化学薬品は高濃度・低濃度廃液を個別に回収）。
②　源流対策の更なる徹底（化学薬品の長寿命化による使用量低減，化学薬品の種類の統合化）。
③　再資源化技術の開発（セメント業界とモールド樹脂のセメント原料化を共同開発，フッ酸排水処理での汚泥発生量低減技術を社内開発）。
④　廃棄物低減・再資源化技術をNECグループ内で水平展開（技術論文大会，環境フォーラムで全社情報を共有化）。

【パートⅢ（'96年～2000年）の活動】
①　廃棄物の定義を明確化（社内規程化）・廃棄物削減の方向付け。
- 再資源化：排出物の一部または全てが再資源化（サーマルリサイクルを含む）されること。
- ゼロエミッション：全ての排出物を再資源化すること（廃棄目的の排出物をゼロとすること）。

※　NECグループでは，生活系廃棄物を含む全ての排出物を対象に「廃棄物ゼロ運動」を行っている。唯一，糞尿汚泥のみ活動の対象外としているが，これは下水道整備の有無により廃棄物発生有無が決まるため，自主活動活性化の妨げとなることを防ぐためである。

②　再資源化が困難な廃棄物への取組み（廃棄プラスチックのRDF化・高炉吹き込み，紙系廃棄物のミックスペーパ化，厨芥類の生ごみ処理機によるコンポスト化）。
③　マテリアルリサイクルを優先する再資源化。

2.2　活動結果

パートⅠ～パートⅢにわたる15年間の活動により，NECグループの廃棄物削減活動は，'99年度時点で以下の成果を挙げることができた（図1）。
- 事業系一般廃棄物の廃棄量を'90年度比で86％削減（2000年度目標85％）
- 産業廃棄物の廃棄量を'90年度比で95％削減（2000年度目標90％）
- 産業廃棄物の埋立処分量を'90年度比で96％削減（2000年度目標95％）

第2編　工場内ゼロエミッション化の実例

図1　NECグループの廃棄物削減実績

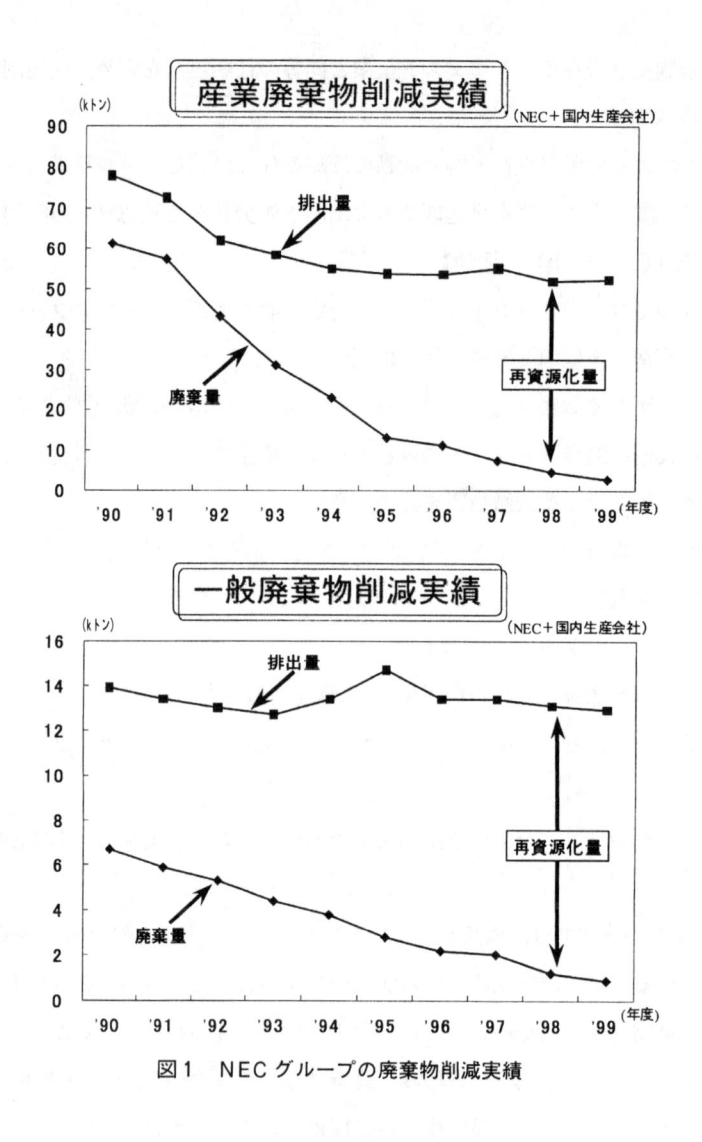

3　半導体拡散工場における再資源化事例

　半導体生産では硫酸やフッ酸（フッ化水素酸）などの酸や，レジストやレジスト剥離液などの溶剤を多量に使用し，廃酸・廃油などの廃棄物を発生する。また，廃酸を中和処理することにより相当量のスラッジ（汚泥）を発生する。このため，NEC九州（熊本県）で当時最新鋭の第8工場の建設（'94年）にあたっては，設計段階から産業廃棄物ゼロを目標としたエコファクトリー・コンセプトのもと，廃棄物の徹底分別と原料リサイクルに取り組んだ。

　従来の工場では，廃酸などは種々の酸をまとめて中和処理していたが，第8工場建設にあたり，表1のように分別回収・再資源化する仕組みとした。半導体製造は，0.1ミクロン単位の加工を

第7章　NECの廃棄物ゼロ運動

表1　半導体工場の再資源化事例

	排出物名	再資源化先	再資源化用途
廃酸	硫酸	社内再利用 化学薬品会社	排水中和処理 硫酸バンド原料
	リン酸	化学肥料会社	肥料原料
	フッ酸	化学薬品会社	フッ素製品原料
	フッ酸・アンモニウム混液	化学薬品会社	氷晶石原料
	フッ酸・硝酸混液	金属精錬会社	ステンレス洗浄
廃油	レジスト	鉄鋼精錬会社	助燃材
	イソプロピルアルコール	セメント会社	助燃材
	剥離液	社内再利用	再生し再利用
	機械油	セメント会社	熱回収
その他	スラッジ	セメント会社	セメント原料
	金属屑	金属精錬会社	金属精錬原料
	廃プラスチック	セメント会社	助燃材
	ウエス（繊維）	セメント会社	熱回収
	石英ガラス	窯業会社	窯業原料

行うため高純度（ゴミが極度に少ない）の薬品の使用が不可欠であり，使用済みの薬品でも一般的な意味での劣化はほとんどない。従って，分別排出を徹底することで，その薬品本来の性質を利用した再資源化が可能となる。

分別回収後，他業界のご協力により，以下の再資源化を行っている。

① 廃酸

廃硫酸は硫酸バンド原料に，廃バファードフッ酸（フッ酸とフッ化アンモニウム混液）は氷晶石原料に，廃燐酸は肥料原料に，廃フッ酸は工業用フッ酸の原料に，廃フッ酸・硝酸混液はステンレス洗浄用として，それぞれ利用が可能となった。

② 廃油類

廃レジスト剥離剤は鋼鉄精錬の助燃材として，また塩素を含む溶剤は金属不純物除去（カドミウム，亜鉛，鉛などを除去し，鉄の純度を高める）として，石油系・アルコール系溶剤は塗料などのシンナーとして，それぞれ再生利用されている。

③ フッ素系排水の中和処理によるスラッジ

酸排水に含まれるフッ素は，消石灰・硫酸バンドを使い沈殿処理している。発生したスラッジはカルシウム・アルミニウムなどを含むため，セメント原料として利用されている。

NEC九州第8工場では文字通り「ゼロ・エミッション」が実現でき，産業廃棄物の大幅削減に対し評価を受けて日本経済新聞社より優秀最先端事業所賞（'95年）を戴いたが，業際的なご協力がなければ不可能な成果であった。国内6カ所の拡散工場の中でも，NEC九州で早期にゼ

ロ・エミッションを達成できた背景には北九州工業地帯に隣接した工場立地が決め手となったと言えよう。

尚，分別回収の副次効果として，排水処理施設の小型化が図れたこと，中和処理に要する薬品使用量の削減が図れたことがある。NEC九州第8工場の建設以降，NECグループの半導体・液晶パネル生産工場の新規建設は，同様のコンセプトで行っており，再資源化を促進している。

4 フッ素系スラッジの削減事例

半導体生産などで使用するフッ素系薬品の排水処理は，フッ素濃度規制の強化と共に，カルシウム処理に加えアルミニウム塩を使った高度処理が必要となり，発生するスラッジも増加している。このため，スラッジ削減技術の開発を行った。

(1) 従来の排水処理方法

一次処理と高度処理による2段処理及び最終処理（キレート処理）を実施していた。この方法ではスラッジが大量に発生することが問題点であった。最終処理前のフッ素濃度は約3mg/L。

(2) 一次改善（汚泥循環法）

汚泥循環法を採用した。これは一度沈降したスラッジを再度反応槽へ循環返送するもので，沈降スラッジ中に含まれる未反応カルシウムを有効利用するものである。これにより，スラッジの発生量は半減できたが，最終処理前のフッ素濃度が不安定となった（フッ素濃度は約20mg/L）。原因は排水中のホウ素・シリカなどの錯体形成化合物や，ナトリウム・塩素などの高濃度塩類が凝集沈殿処理の阻害要因となっていることがわかった。また，重金属が排水中に含まれる場合，重金属処理に適するpH値とフッ素処理に適するpH値とが異なることもわかった。

(3) 2段pH処理方法の開発

1段目の重金属処理はpH＝9で処理し，2段目のフッ素処理はpH＝11で処理する方法に変更した。これにより，スラッジの発生量は汚泥循環法と同等ながら最終処理前のフッ素濃度（約8mg/L）を安定させることができた（図2）。

5 モールド樹脂屑の再資源化事例

半導体装置のパッケージとして使用しているモールド樹脂は，エポキシ系樹脂と二酸化シリコン粉末を主原料とし，半導体装置使用時の発火防止のため臭素系難燃剤とアンチモン粉末が少量添加されている。二酸化シリコン粉末を含む樹脂のため，二酸化シリコン粉末を再生使用する再資源化方法としてセメント原料化を採用している。セメント原料化にあたっては，セメントメーカーと共同で再資源化方法と安全性の検討を行い，実用化を図った。

第7章　NECの廃棄物ゼロ運動

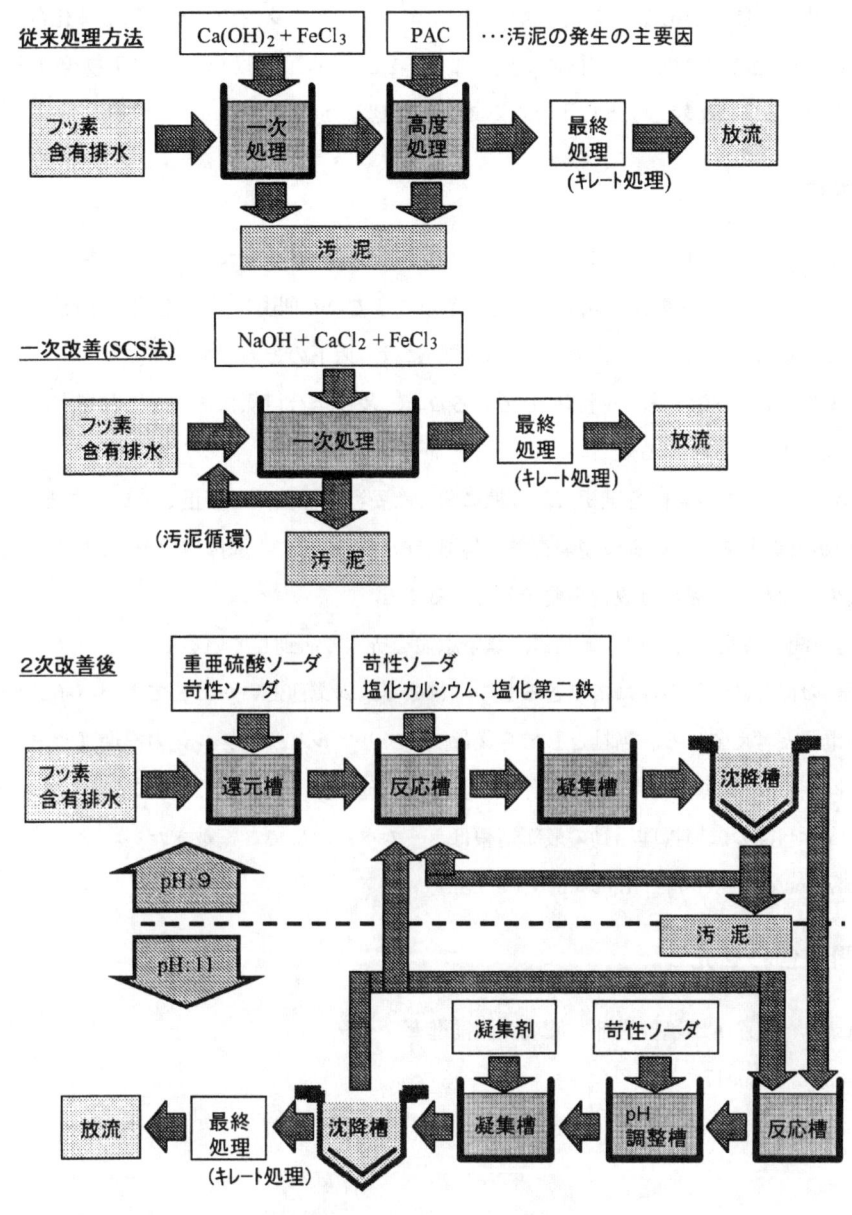

図2　フッ素系スラッジの削減

(1) アンチモンの溶出濃度の確認

セメントの製造量に対するモールド屑投入量比率を検討し，0.14％以下に制限することで，アンチモン溶出濃度が法定以下となることを確保した。溶出濃度は，継続的に確認を行っている。

(2) 臭素系ダイオキシンの確認

塩素系ダイオキシンに比較すると有害性は低いが，臭素も燃焼方法により排気ガス中にダイオ

キシンを発生する懸念がある。排気ガスの分析によりダイオキシンのフラン類似体化合物が検出されたが，この化合物は有害性が極めて低いこと，2,3,7,8TCDD 換算では廃棄物焼却炉に適用される 0.1ng/Nm3 に比較し 1/5 以下となることを確認した。

6 まとめ

99 年度末時点で，6 事業所・3 研究所・19 国内生産会社でゼロ・エミッションを達成したが，NEC グループにおいて廃棄物削減が効果的に運用できている理由は，自主活動を促進する仕組みができていることにあると考えている。具体的には，以下のとおりである。

① 廃棄物削減の全社目標を明確にしていること，及び全社目標にあわせて各拠点が自主目標を作成して活動していること。
② 毎年，全社の削減実績を確認し，実態に即した妥当な目標値に修正していること。
③ 本社が毎年実施している環境監査で，各拠点の目標に対する進捗状況を確認し，目標の未達成や問題がある場合は改善を要求していること。
④ 各拠点間で情報交流を行うと共に，競争意識を持って活動していること。

再資源化の促進は自社のみにてできるものではなく，異業種といかにして太いパイプを作っていくかが重要と考えている。当社として今後は，マテリアルリサイクル化の推進（サーマルリサイクルの抑制），再資源化費用の削減（持続可能な再資源化）を目指し，更なる活動を行う予定である。尚，当社の環境管理活動の最新情報はホームページにてご覧戴きたい。

　　　http://ipc.nec.co.jp/japanese/profile/kan/

7 問い合わせ先

日本電気㈱　生産・環境推進部　環境企画推進センター
電話：03-3798-6617

第8章　事務機械製造工程における廃棄物削減技術
－キヤノン㈱－

内藤喜美子*

1　概要

キヤノンは，「共生」の理念の基に環境を経営の重要な柱としている。そして，「循環型社会」における企業の役割が，「環境」と「経済」の完全一致であると認識し，「ものづくりにおける資源効率の最大化」を最重点課題として取り組んでいる。特に「省資源」「省エネルギー」「有害物質排除」をテーマに掲げ，なかでも「省資源」活動は，廃棄物の発生抑制，再使用，再資源化の技術及びシステムの開発をキヤノングループとして組織的に取り組むことによって，実効を上げてきた。ここでは，主にキヤノングループの廃棄物の削減技術及びシステムの一部を紹介する。

2　廃棄物削減の経緯

1970年代より，廃棄物による環境汚染防止，廃棄物処理コストの削減を目的に，廃棄物の無害化及び減量化を実施してきた。

1990年代には，「廃棄物」＝「資源」の基本認識の基に「資源生産性の向上」をテーマとして，キヤノングループ全体で専門委員会を設置し，「発生抑制」，「再使用」，「再資源化」の観点から，推進・実効を挙げてきた。

また，廃棄物対策の評価においても，法規制遵守に加えて，LCA（Life Cycle Assesment）による環境影響評価や環境会計の導入による省資源効果（貨幣単位による効果）を算出している。

3　キヤノングループの廃棄物削減目標

キヤノングループにおける環境の基本思想は，「EQCD」である。

「EQCD」方針とは，E（Environment）は，QCD（Quality, Cost, Delivery）をすべての経営活動において総合的に追求することにより達成されるものであり，キヤノンはE＝作る資格と位置付け，"Eに問題のある製品は作らない"，"Eに問題のある工場では生産しない" との姿勢を徹底している。

そのなかで，廃棄物削減の基本目標は，「原材料＝製品」を究極の姿として『国内全事業所で

---

*　Kimiko　Naito　キヤノン㈱　環境技術センター　環境技術部

第2編　工場内ゼロエミッション化の実例

表1

区分	実績（t/年）		比率
	90年（基準年）	99年	99/90
総発生量	43,085	58,759	1.4
総排出量	35,321	30,063	0.85
減量化量	0	17,102	
廃棄物量	35,321	1,926	0.055
再資源化物量	0	28,137	
有価物量	7,764	11.594	1.5
省資源効果（金額換算：億円）		69.65（累計）	

廃棄物ゼロを達成する』ことにある。

4　廃棄物削減実績

1990年と1999年におけるキヤノングループの廃棄物削減実績を表1に示す。

1990年の廃棄物は約35,000トンであったが，廃棄物の再資源化及び有価物化の技術検討やリサイクルシステム検討の結果，1999年実績は，総発生量が1990年の1.4倍の増加にもかかわらず，廃棄物量約2,000トンと1990年の約5％に削減した。計画終了年の2003年には，国内全事業所で埋立廃棄物ゼロを達成する見込みである。

グラフ1は，国内廃棄物の総発生量とその内訳及び1990～1999年の廃棄物削減実績と2002年までの計画を表している。

グラフ2に，1990～1999年における廃棄物の再資源化による省資源効果を，貨幣単位で評価した結果を示す。過去10年間の「廃棄物削減」活動での「省資源効果」は約70億円である。

図1に廃棄物削減の実施例をフローで示す。

5　廃棄物削減事例

5.1　硝子研磨スラッジの削減

世界ではじめて量産したガラスモールドの非球面レンズ生産のなかで，プレス成形の精度・品質の公差を見直すことによって，加工取代の大幅削減につなげた。

従来は，レンズ製作時に，研削/研磨の取代を片面0.6～0.7mm設けて所望の球面精度を得ていたが，研削/研磨スラッジの工程内削減を技術検討した結果，片面取代0.3mmで球面の高精度を安定的に確保できるようになり，発生スラッジを1/2に削減した。その技術ポイントは，

①　ブランク成形プロセスのシャーマークレス技術の開発

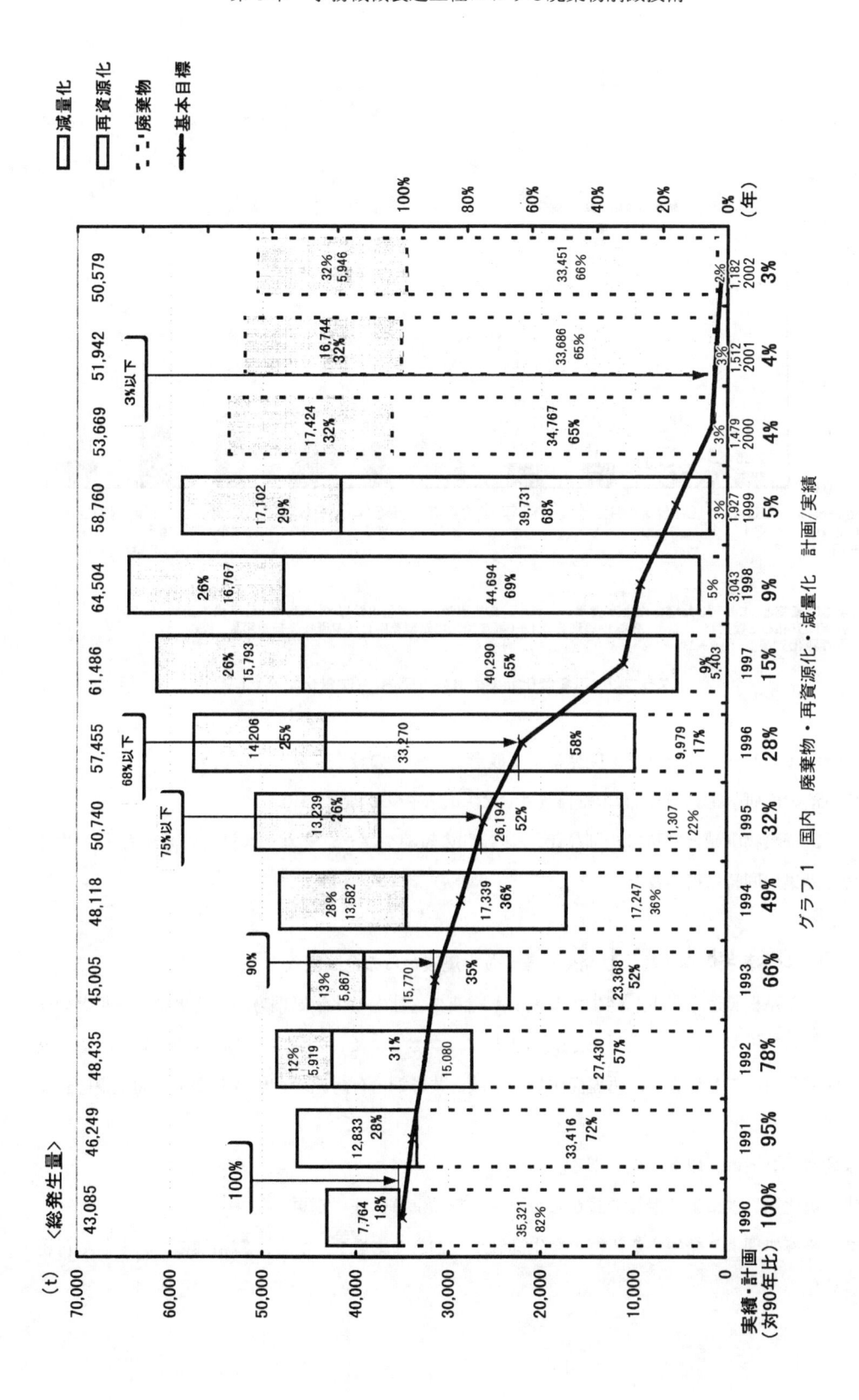

第8章 事務機械製造工程における廃棄物削減技術

グラフ1 国内 廃棄物・再資源化・減量化 計画/実績

年	総発生量(t)	減量化	再資源化	廃棄物	実績・計画(対90年比)
1990	43,085	7,764 (18%)	—	35,321 (82%)	100%
1991	46,249	12,833 (28%)	—	33,416 (72%)	95%
1992	48,435	5,919 (12%)	15,080 (31%)	27,430 (57%)	78%
1993	45,005	5,867 (13%)	15,770 (35%)	23,368 (52%)	66%
1994	48,118	13,582 (28%)	17,339 (36%)	17,247 (36%)	49%
1995	50,740	13,239 (26%)	26,194 (52%)	11,307 (22%)	32%
1996	57,455	14,206 (25%)	33,270 (58%)	9,979 (17%)	28%
1997	61,486	15,793 (26%)	40,290 (65%)	5,403 (9%)	15%
1998	64,504	16,767 (26%)	44,694 (69%)	3,043 (5%)	9%
1999	58,760	17,102 (29%)	39,731 (68%)	1,927 (3%)	5%
2000	53,669	17,424 (32%)	34,767 (65%)	1,479 (3%)	4%
2001	51,942	16,744 (32%)	33,686 (65%)	1,512 (3%)	4%
2002	50,579	5,946 (32%)	33,451 (66%)	1,182 (2%)	3%

基本目標: 1991年 100%、1993年 90%、1995年 75%以下、1996年 68%以下、2001年 3%以下

凡例: □減量化 □再資源化 ┆廃棄物 —●—基本目標

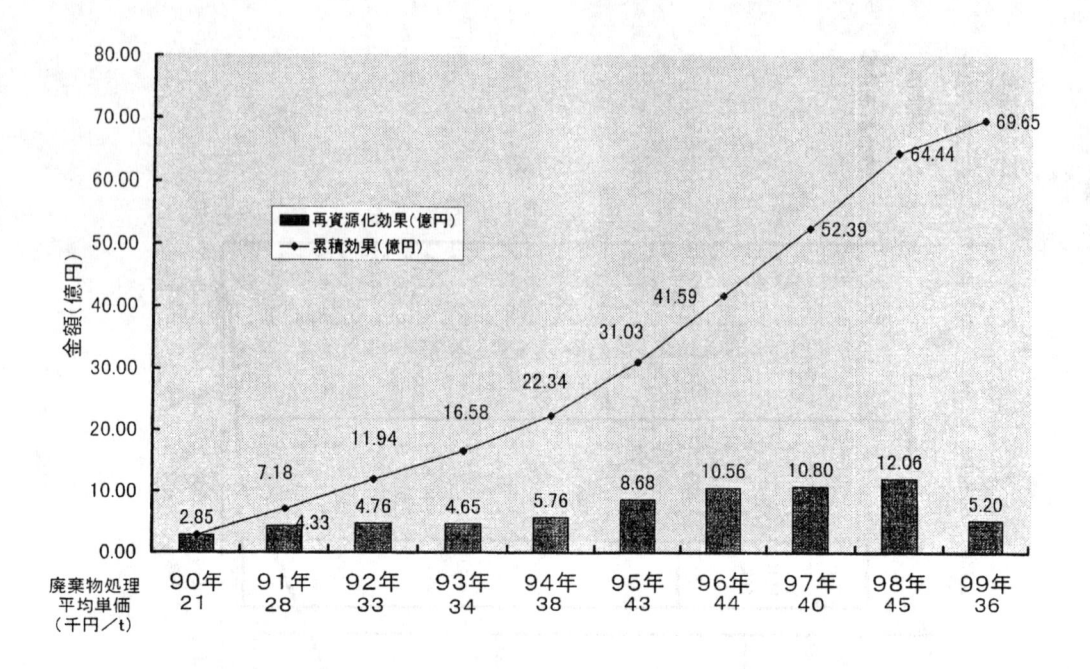

第2編　工場内ゼロエミッション化の実例

グラフ2　再資源化効果の推移（国内）（減量化を除く）

[全て廃棄物として処理した場合の推定費用]：A＝（[総排出量]－[減量化量]）×[廃棄物処理平均単価]
[実際に支払った費用]：B＝[廃棄物処理費用]＋[再資源化物処理費用]－[有価物売却費用]
[再資源化効果]：A－B

② シミュレーションソフト開発による成形スペックの設定
③ 溶融面研削工具/研削面の細目（さいめ）化技術の開発

であり，廃棄物削減と同時に研削/研磨加工時間の短縮やブランクガラス材料の減少など，生産面での効果が同時に得られた。

5.2　プリント基板製造工程より発生するメッキ廃液からの金属回収

プリント基板製造工程より発生するメッキ廃液を，社内の化学処理方法の変更による汚泥の発生抑制から，汚泥中の銅含有量を15％以上にアップさせ，その汚泥を，銅精錬の原料とする技術を開発した。これにより，汚泥発生量の半減と共に銅含有汚泥の有価物化から400万円強/年の効果を得た。

技術ポイントは，以下の点である。
① 塩化第二鉄による凝集方式からキレート剤による処理に変更
② 廃液処理より発生する汚泥の発生抑制から銅含有率をアップし，銅精錬の原料として再資源化

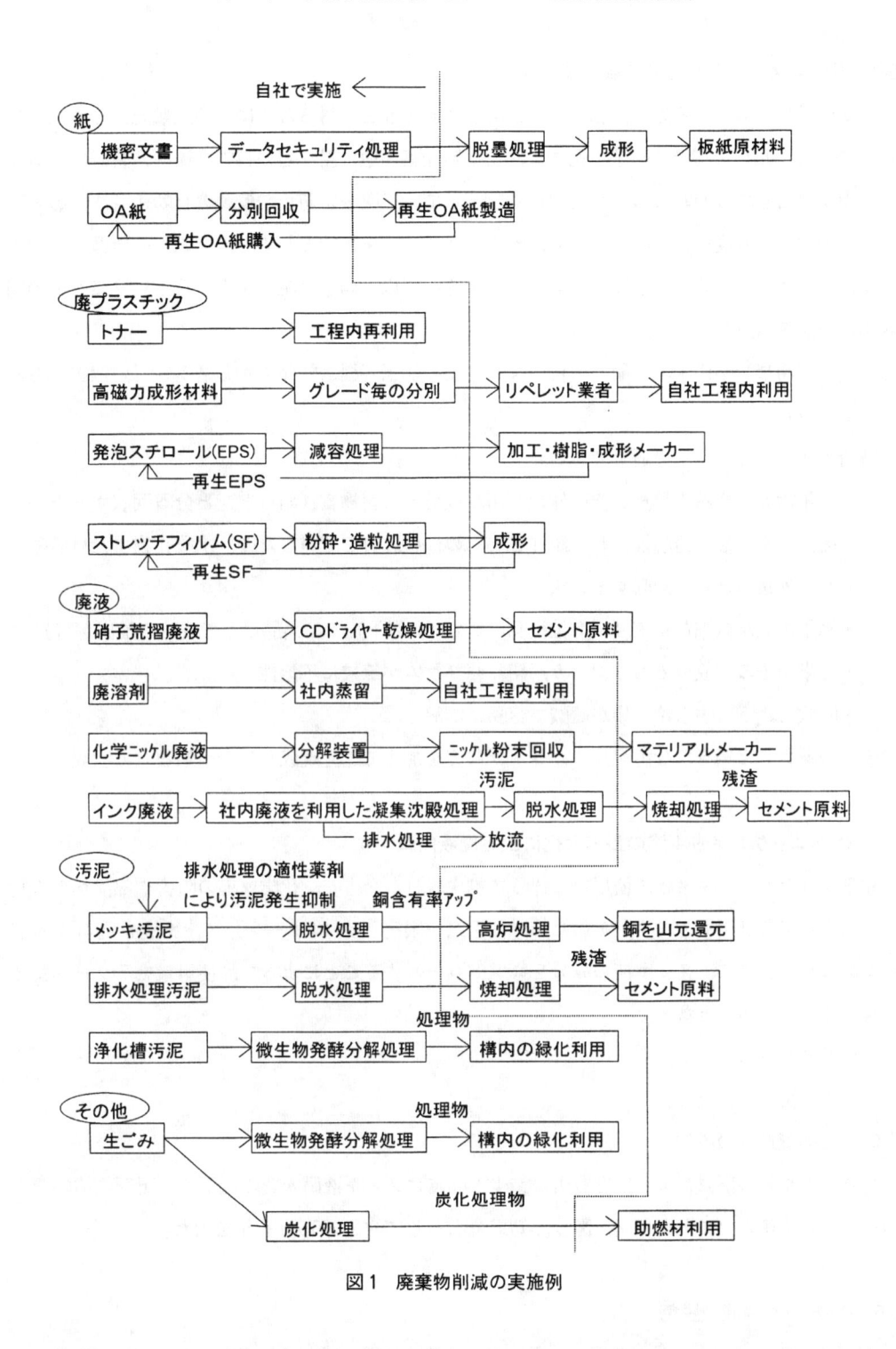

第8章　事務機械製造工程における廃棄物削減技術

紙
- 機密文書 → データセキュリティ処理（自社で実施）→ 脱墨処理 → 成形 → 板紙原材料
- OA紙 → 分別回収 → 再生OA紙製造
- ← 再生OA紙購入

廃プラスチック
- トナー → 工程内再利用
- 高磁力成形材料 → グレード毎の分別 → リペレット業者 → 自社工程内利用
- 発泡スチロール(EPS) → 減容処理 → 加工・樹脂・成形メーカー
- ← 再生EPS
- ストレッチフィルム(SF) → 粉砕・造粒処理 → 成形
- ← 再生SF

廃液
- 硝子荒摺廃液 → CDドライヤー乾燥処理 → セメント原料
- 廃溶剤 → 社内蒸留 → 自社工程内利用
- 化学ニッケル廃液 → 分解装置 → ニッケル粉末回収 → マテリアルメーカー
- インク廃液 → 社内廃液を利用した凝集沈殿処理 →(汚泥)→ 脱水処理 → 焼却処理 →(残渣)→ セメント原料
  - └ 排水処理 → 放流

汚泥
- 排水処理の適性薬剤により汚泥発生抑制
- メッキ汚泥 → 脱水処理 → 高炉処理（銅含有率アップ）→ 銅を山元還元
- 排水処理汚泥 → 脱水処理 → 焼却処理 →(残渣)→ セメント原料
- 浄化槽汚泥 → 微生物発酵分解処理 →(処理物)→ 構内の緑化利用

その他
- 生ごみ → 微生物発酵分解処理 →(処理物)→ 構内の緑化利用
- 生ごみ → 炭化処理 →(炭化処理物)→ 助燃材利用

図1　廃棄物削減の実施例

5.3 ガラススラッジからの有価金属回収

　光学硝子は，通過する光を高屈折かつ低分散させる性質を得るために，希土類元素を多量に含有している。しかし，光学硝子汚泥には，希土類元素の他に鉛などの有害金属を含有しているため，廃棄物として扱われるのが現状である。そこで，二次公害防止や資源の有効利用の観点から，光学硝子中に高濃度に含まれる希土類元素のリサイクルを目的として，光学硝子の研磨・洗浄工程及び付帯する排水処理より発生する光学硝子汚泥（以下硝子汚泥）から，希土類元素を分離回収する方法を検討した。

　また，同時に光学硝子中の鉛レス化により，その加工工程より発生するスラッジの無害化も並行して達成した。

　技術ポイントは，以下の通りである。

① 硝子汚泥から希土類及びその他の有用な成分を有害物質（鉛など）と分離回収する方法
② 硫酸で希土類を溶解抽出し，鉛などとその他の成分を分離した後，水酸化物または硫酸ナトリウム複塩として回収する方法
　・硝子汚泥が微細な粉末（平均粒径0.5ミクロン以下）で，薬品などで成分の抽出が容易
　・光学硝子の主成分であるシリカ，鉛，バリウムが硫酸に不溶性
　・回収しようとする希土類が硫酸で容易に溶解
③ 分離された鉛を含む汚泥は，カーボンなどを加えて還元焼成し，金属鉛として回収

5.4 化学ニッケルメッキ液の長寿命化による廃液削減

　化学ニッケルメッキ液は，使用量に伴って副生成物が発生し，化学反応の阻害や部品への異物付着による品質低下を起こす。そのため，使用量を限定して（4ターン）メッキ液を更新する必要があった。そこで，メッキ液の成分をコントロールすることによって，使用量を7ターンまで延長することが可能となった。

　技術ポイントは，
① 主成分の成分比率変更
② 反応促進剤の添加

であり，廃棄物の削減による処理費用の減少と同時にメッキ液購入費の低下や，更新作業時間の短縮により生産のコストダウンを図り，効果金額として約2,000万円/年を得た。

5.5 BJインク廃液の脱色

　BJ（バブルジェット）式プリンター用インク廃液中の着色成分の脱色法について，安定性と経済性の両面を考慮した脱色技術を開発した。

第8章 事務機械製造工程における廃棄物削減技術

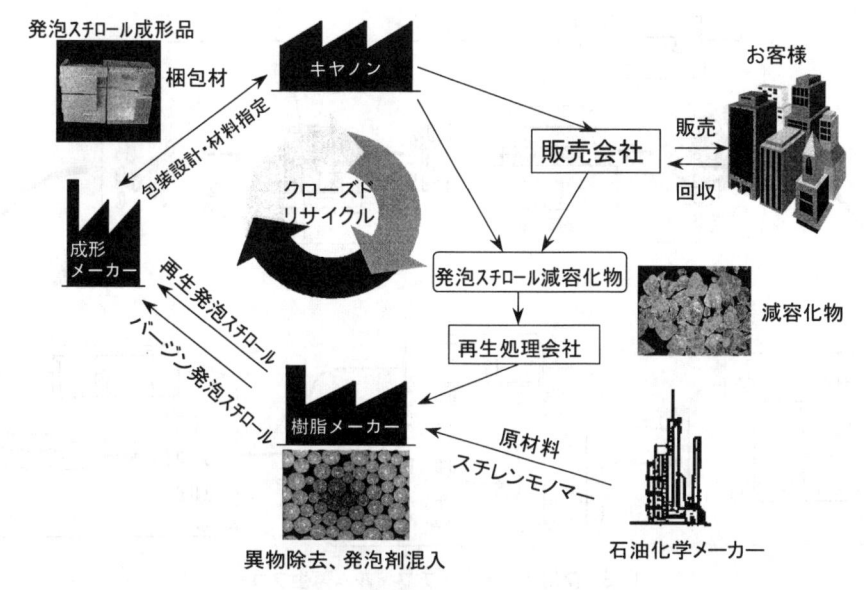

図2 キヤノンの発泡スチロールリサイクル

また，色汚染度連続監視システムを開発し，処理水の色汚染度測定による水質管理を実現した。技術のポイントは，
① インク廃液の電気化学的な特質に着目し，他工程より発生するカチオン系廃液による凝集脱色技術の開発
② 凝沈汚泥のセメント原料化
③ 光の透過率により色汚染度を連続的に自動測定し，基準オーバー時は原水槽へフィードバックするシステムの開発

インク廃液の処理は，従来の減圧濃縮による減容化から上記方式に切り替えたことによって，2,000万円/年の効果金額を得た。

5.6 発泡スチロール（EPS）のクローズドリサイクルシステムの確立

EPS は，緩衝材として優れた機能を有し多方面で用いられ，キヤノンでも製品の梱包資材に利用している。そうしたなかで，使用済みの EPS は，流通コストの問題から他の廃棄物との混載で搬送し，焼却またはカスケードリサイクルされてきた。そこで，高度な再生資源化（同一グレードへのリサイクル）と容器包装リサイクル法への対応を目的として，EPS の減容化，再生 EPS 製造プロセス，再生 EPS 用途などの技術検討を行い，梱包資材としての再利用技術を確立した。

技術ポイントは，

第2編　工場内ゼロエミッション化の実例

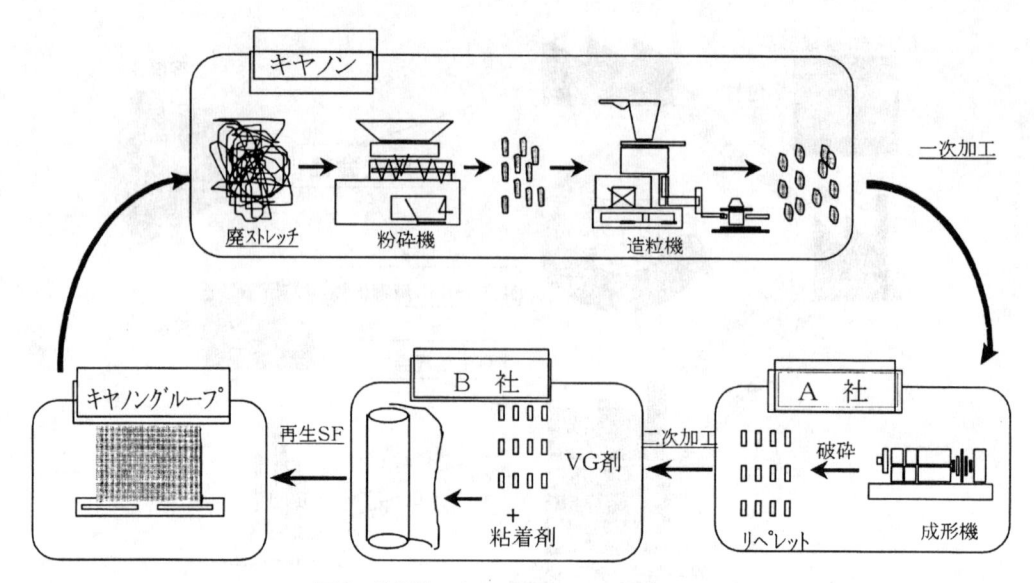

図3　使用済ストレッチフィルム再生フロー

① 摩擦熱減容方式の採用による樹脂の熱劣化防止
② 再生EPS適正混入率設定

であり，再生EPSをバージンEPSと同等の品質及び低コスト化を実現し，使用済みEPSの廃棄をゼロとした。クローズドリサイクルフローを図2に示す。

　このリサイクルシステムは，環境負荷が新品の40％で，溶剤溶解方式と比べると低コストとなり，また，可燃性溶剤を使用しないことで二次災害・公害などのリスクのないものである。システム導入による効果金額は，2,500万円/年である。

5.7　ストレッチフィルム（SF）のクローズドリサイクルシステムの確立

　部品や製品の荷崩れ防止にSFを使用しているなかで，使用済みSFは擬木や低品位樹脂材料などのカスケードマテリアルリサイクル，固形燃料などサーマルリサイクルされてきた。しかし，樹脂の劣化が少なく，資源循環の観点からカスケードではなく，再度SFに利用することを目的に技術検討及び循環システムの検討を実施し，再生利用システムを構築した。

　技術ポイントは，
① 摩擦熱減容方式の採用による樹脂劣化防止
② 再生SF材の適正混入率設定
③ 品質管理技術の確立
④ 複層構成によるフィルム強度改良

第8章 事務機械製造工程における廃棄物削減技術

であり，再生SFをバージンSFより低コストで製造する技術及びSF循環システムを確立した。クローズドリサイクルフローを図3に示す。

このリサイクルシステムは，環境負荷が新品の78％で，導入による効果金額は860万円/年である。

6 廃棄物削減の動向

6.1 実施上の問題点と打開策

廃棄物再資源化の大半は第三者に委託して実施しているのが現状で，排出事業者が再資源化費用を支払うケースが多い。また，再資源化したものの用途を第三者に頼るために，その需要が不安定である。

これを打開するために，排出事業者内の再生循環利用が環境負荷，コスト両面で現状より優位にできる技術開発の検討・実施を方策とした。

6.2 将来構想

製品の軽量・短小化を進め，製品に使用する原材料を極小化する（環境配慮設計の徹底）。並行して，事業活動（研究・開発，製造，販売の行為）においては，原材料などの循環利用技術等の開発・導入を行い，「投入原材料＝製品」を究極の目標とする。

7 資料

特許の番号	特許の名称
特願平10-250434	レンズ等の光学素子の製造方法
特公平5-116	廃液処理方法
特開昭61-161191	重金属イオン含有液の処理方法
特願平11-304018	再生ストレッチフィルム及びその製造方法
特開平8-245218	レアアースメタルの分離方法
特開平11-50168	光学ガラス汚泥からレアアースメタル成分を回収する方法

8 問い合わせ先

キヤノン㈱　広報部
電話：03-5482-8483

第9章 「ごみゼロ工場」への挑戦
—㈱リコー—

海野修敏*

1 概要

リコーは1936年創業以来，OA機器総合メーカーとして全世界のお客様にその商品を提供している。現在は，オフィスの生産性向上に必要なプリンター，ファクシミリ機能を融合した新世代デジタル複写機「IMAGIO MF（マルチファンクション）」シリーズ等をお客様に提供しており，顧客満足度No.1の評価を頂いている。また，環境保全は我々地球市民に課せられた使命と認識し，環境保全を経営の重要な柱の一つとしてとらえ，環境保全と経済的価値観の追求は企業経営として同一であるという"環境経営"を目指している。

2 沼津事業所の概要と環境保全の取り組み

1961年よりジアゾ感光紙から事業を開始し，当社のOA機器関連消耗品（トナー現像剤，有機光半導体ドラム，サーマルペーパー，TCフィルム）のマザー工場として研究・開発，生産を行っている。現在は，5,500品目を超える各種サプライ製品を生産し，取り扱う原材料は化学物質が多く，排出物も3,120種類と多岐にわたり，また廃棄物の排出量はリコー全社の半分近くを占めている。

沼津事業所は，リコー環境綱領，環境行動計画に基づき，「省資源・リサイクル」，「省エネルギー」，「汚染予防」の3つの領域に対して，事業所と製品の各々に自ら高い目標を定め，活動を展開している。

省資源・再資源化活動においては，①「環境にやさしい商品設計・リサイクル設計」，②「ごみを買わない活動」，③「廃棄物の減量化」，④「廃棄物のリサイクル」を活動の柱として，自らが排出する全ての排出物を有効活用する循環型生産工場造りを目指して活動を進めている。

3 沼津事業所の「ごみゼロ工場」への挑戦

沼津事業所では，単にリサイクルするだけでなく，TPM活動の基本であるロス「ゼロ」に基づいた"ごみ"の発生源対策（生産プロセスから始まり，取引先までも巻込んだ"ごみ"の元

---

* Nobutoshi Unno ㈱リコー 化成品事業本部 管理部 環境安全課

第9章 「ごみゼロ工場」への挑戦

を買わないスルー活動）にまで活動を展開した結果，当初目標「ごみゼロ工場」の2000年度末達成より2年2カ月早い，1999年2月に「ごみゼロ工場」を達成した。

当初は，一般的に言われているように設備等に大変な金額が掛かるものだと考えていたが，事業所員全員が参加したことによる知恵と工夫で大半を解決することができた。逆に，環境に関わるコスト削減につながる効果を上げると同時に，職場の体質改善にも貢献できた。

3.1 「ごみゼロ」定義

活動にあたり，「ごみゼロ」の定義が明確でないと活動到達目標が不明確となることから，リコーでは100％再資源化する対象を以下のように分類し，レベルを3段階に定めている。

「ごみゼロⅠ」：産業廃棄物を再資源化する。
「ごみゼロⅡ」：産業廃棄物及びジュースの空き缶，食堂残飯等の事業所一般廃棄物を再資源化する。
「ごみゼロⅢ」：生活系廃棄物（し尿汚泥）を含めて，事業所の全ての排出物を再資源化する。

3.2 活動の推進体制

活動の推進体制としては，メンバー14名（全員兼務）からなる委員会を設けた。委員会の名称をルネス委員会（ルネッサンス－復活－を捩った名前）とし，下部活動組織として「リサイクル検討グループ」，「ごみを買わない検討グループ」，「分別排出検討グループ」，「仕入先ISO支援グループ」を設置し，2回/月の頻度で委員会を開催した。

委員会では，問題となっているごみの現物を持ち寄ることにより課題の明確化，アイディア出し等を行った。

3.3 活動内容

リサイクルというと，まず分別排出の徹底と思われがちだが，本格的活動開始前に分別排出テストを行い，本当にそうなのかを検証した。

1,500人以上の人が喫食する食堂で，下膳時の箸とティッシュ等その他の物に2種類の分別試行を行った結果，分別表示，分別の容器の投入口の形状を改善するなどの工夫を講じても分別排出が軌道に乗るまでに3カ月も要したことから，いかに分別排出の徹底が難しいかが体験できた。このことから，活動の進め方として，次の5つのキーワードを基本的な考え方として活動を展開した。

① リサイクル化の流れを可視化

排出物それぞれの再生品を展示する。

② 複数のルート探索

ごみゼロを維持するため，道筋を複数確保する事が重要。

③ リサイクル品の種類を少なくせよ

分別は大変な作業となるので，極力分別せずにリサイクルする方法を検討する。

④ 入口を監視せよ

廃棄物を処理するだけでなく，購入しない工夫が必要。

⑤ 道筋完成後に分別の全面展開

これらが，後から振り返ると大きな活動の特徴となっている。

(1) 「リサイクルの流れを可視化」（排出物のそれぞれの再生品を展示）

リサイクルの検討において，例えば薬品袋と一口に言ってもその材質は紙，ラミネート加工，樹脂袋と多種多様なものがあることから，現物を見ることにより何が問題なのかが明確になる。

そこで初めて，改善策の検討が可能となるばかりか，全従業員（社員，パート，請負，構内協力企業）への分別排出教育や，環境保全意識の高揚を図るための大きな教材になる。従って，各職場からの排出物がどのようにリサイクルされるのか一目で判るよう，排出物→中間処理品→リサイクル品を分別単位毎に陳列した環境コーナーを設置し，目で見て判りやすいような工夫を凝らした（図1）。

職場から出る全ての排出物（名称，どの工程から，排出量をカードに記入，現物に添付）を持ち寄り，既にリサイクルされている物は，リサイクルルートに合わせて展示し（図2），リサイクルルートがなく展示できない物についてはルネス委員会でリサイクル方法等を検討した。

このように，現物展示や活動を可視化したことにより，各部署からも種々のアイディアが寄せ

図1 環境コーナー

第9章 「ごみゼロ工場」への挑戦

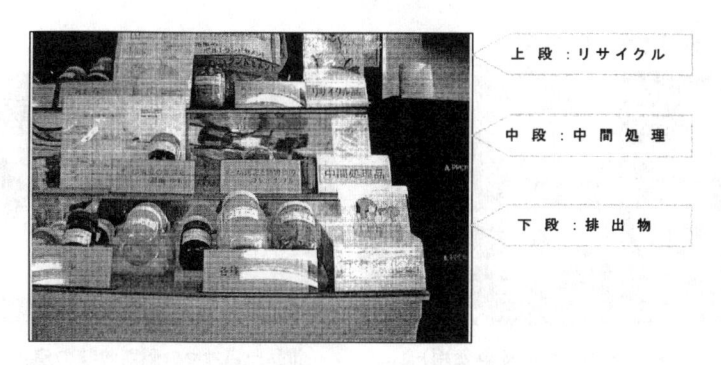

図2　リサイクルされている物の展示

られるようになり，「ごみゼロ工場」実現が加速されることになった。

(2) 「複数のルート探索」（リサイクルルートを確立）

原材料メーカーも廃棄物処理を行っているはずなので，まず，その原料材料購入先にリサイクル方法を尋ねた。その情報を共有化することによって，リサイクルルートを確保できるかなど，少なくとも何らかの手がかりがつかめた。

その他の情報としては新聞情報，処理業者，産業廃棄物展，他社見学情報を活用した。困っている排出物に類似したリサイクル情報を入手したら，サンプルを持参しリサイクルテストや適正処理の確認等，一つ一つ足で稼ぐ地道な情報収集活動により，リサイクルルートの確立を図った。

自社で発生する特殊な排出物で，新たな処理方法が必要になる場合もある。例えば，廃液や汚泥のセメント原料化では，製造・技術部門やセメントメーカーとのスルーな活動により，汚泥の成分分析，中間処理工法の検討，そして最終品の評価までのリサイクル技術開発を行った。

また，「ごみゼロ」を達成するためには常に複数のリサイクルルートを確保することが必要になる。これは，適正なコストを把握するとともに，ルートが途切れた場合のリスクヘッジにもなる。

(3) 「リサイクル品の種類を少なくせよ」（分別作業を簡素化）

リサイクルルート確立に際しては，出来る限り分別排出が容易にできるよう，現状の「複数の排出物が混じった状態」でリサイクルできないかを検討した。例えば，通常，ガラス類はリサイクルガラスに戻そうとするとガラスの色別に分別し，キャップ等を外さなければならない。しかし，色別に分別しなくても良い状態で溶融スラグ化し，路盤材にするリサイクルルートを確立した。その結果，3,120種類の排出物を55種類に分別するだけで，リサイクルすることが可能となった。

(4) 入口を監視せよ（発生源対策）

リサイクルを，出口だけの問題でなく入口の問題としても捉え，原材料・資材購入段階で事業

第2編　工場内ゼロエミッション化の実例

①そのまま使用できないか　　　　　　②ムダな包装はないか

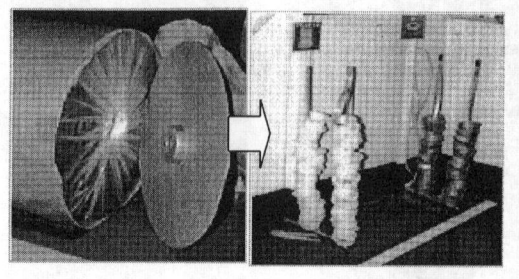

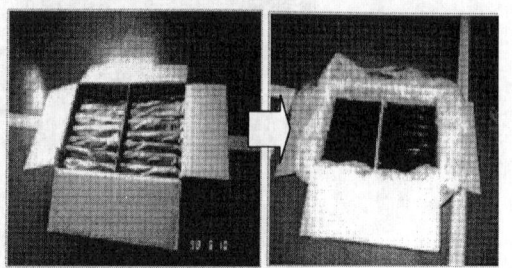

紙管のコア栓の再使用（メーカーへ返却再使用）　　部品一点々々の個別包装の廃止

図3　ごみを買わない改善例

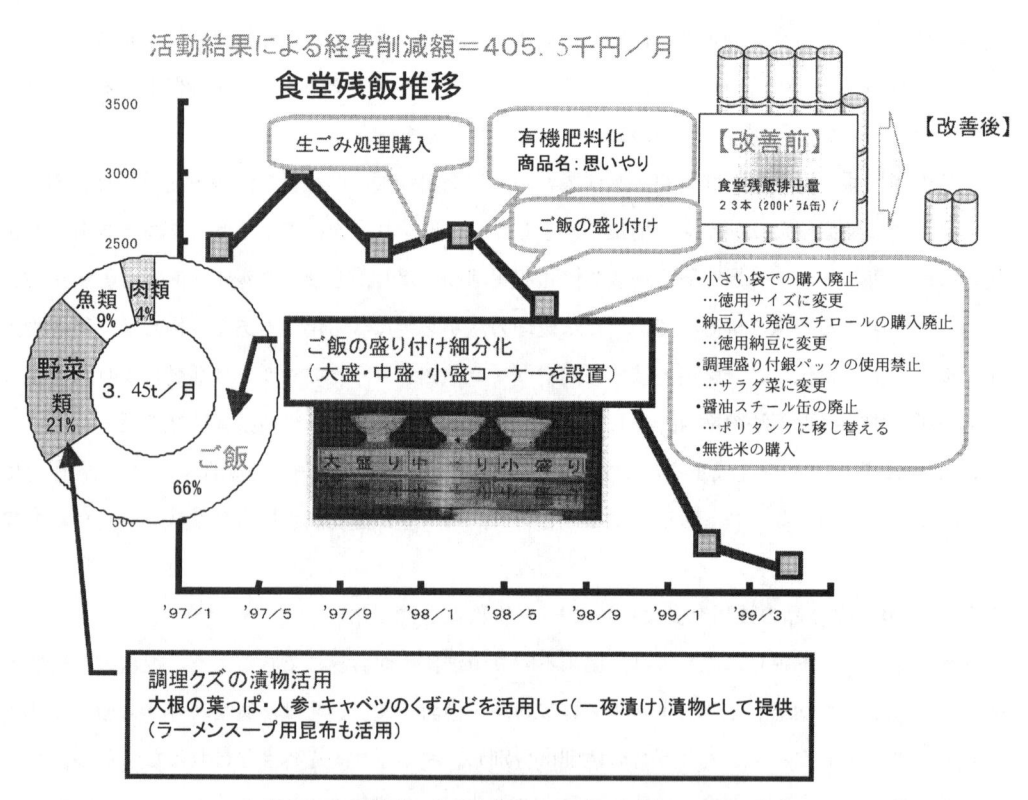

図4　改善事例：食堂廃棄物の削減とリサイクル化

所内に入ってくるごみになるものの量を少なくすると共に，リサイクルしやすい材質に変えていくことが重要となる。入口を監視する「ごみを買わない活動」（図3）として，事業所の購入原材料全てを次の改善着眼点をもとに，納品形態の見直しを行った。

第9章 「ごみゼロ工場」への挑戦

① そのまま使用できないか．
② ムダな包装はないか。
③ 小さな容器から大きな容器へ変更できないか。
④ リサイクル容易な材質へ変更できないか。
⑤ 材質の統一はできないか。
⑥ 再資源化できないか。

例えば，部品の内装個別包装をなくす。薬品の購入単位を，18L缶→ドラム缶→タンクローリーへ変更する。または，リサイクルしやすい材質への変更等の改善を，購入品全てについて購入先と一緒になって改善を実施した。その結果，排出物の抑制と同時に，リコー及び購入先双方にとってコストダウンが図られる成果が得られた。現在は，この活動により蓄積された原材料の包装・梱包ノウハウを「グリーン調達ガイドブック」として購入先に配布し，水平展開している。

また，食堂の残飯は有機肥料化などのリサイクル化はもとより，発生源対策として残飯の中身を調査した。その結果，ご飯の食べ残しが多いことが判ったので，ご飯の盛り付けを大，中，小3種類の器を用意する等の食べ残しが出ない工夫や，野菜調理屑を一夜漬けにする等，ごみを出さない工夫を行った。その結果，当初200Lドラム缶で23本/月あった残飯が2本/月に減少するなどの成果を上げ，食堂関係だけでも40万円以上/月の処理費用をコストダウンすることができた（図4）。

(5) 道筋完成後に分別の全面展開（楽しい全員参加の分別）

「ごみゼロ工場」を実現するためには，やはり分別排出が要（かなめ）となる。分別推進委員会（各部署安全衛生委員が兼任）を設置し，分別推進パトロールにより分別排出状況チェックを定期的に行っている。

分別排出は，一人一人の分別意識が鍵となるが，人は強制的雰囲気に対して反発感情が生まれやすいことから，全員が参加しやすい"遊び心"的な雰囲気づくりが必要と考えた。分別排出教育は，環境コーナーで現物を見て理解してもらうと共に，各職場で「容器の現物展示，容器の色別管理，バス停を捉った回収ステーション」などの，目で見て楽しい分別ステーション造りを推進した（図5）。

そして，分別の習慣付けのために個人のごみ箱を廃止した。これは，後で分別するわずらわしさをなくすと同時に自然に分別の徹底が図れるなどの効果が得られた。また，分別ステーションには排出時に迷った時の"迷い子BOX"を設置し，分別推進委員が朝礼等を活用して排出区分，排出方法を徹底する活動を展開している。

これらの分別排出徹底の根底には，以前より取り組んでいるTPM活動における8S思想（5S＋3Sの「整理，整頓，清掃，清潔，躾，しっかり，しつこく，信じて」）の，社員一人一人

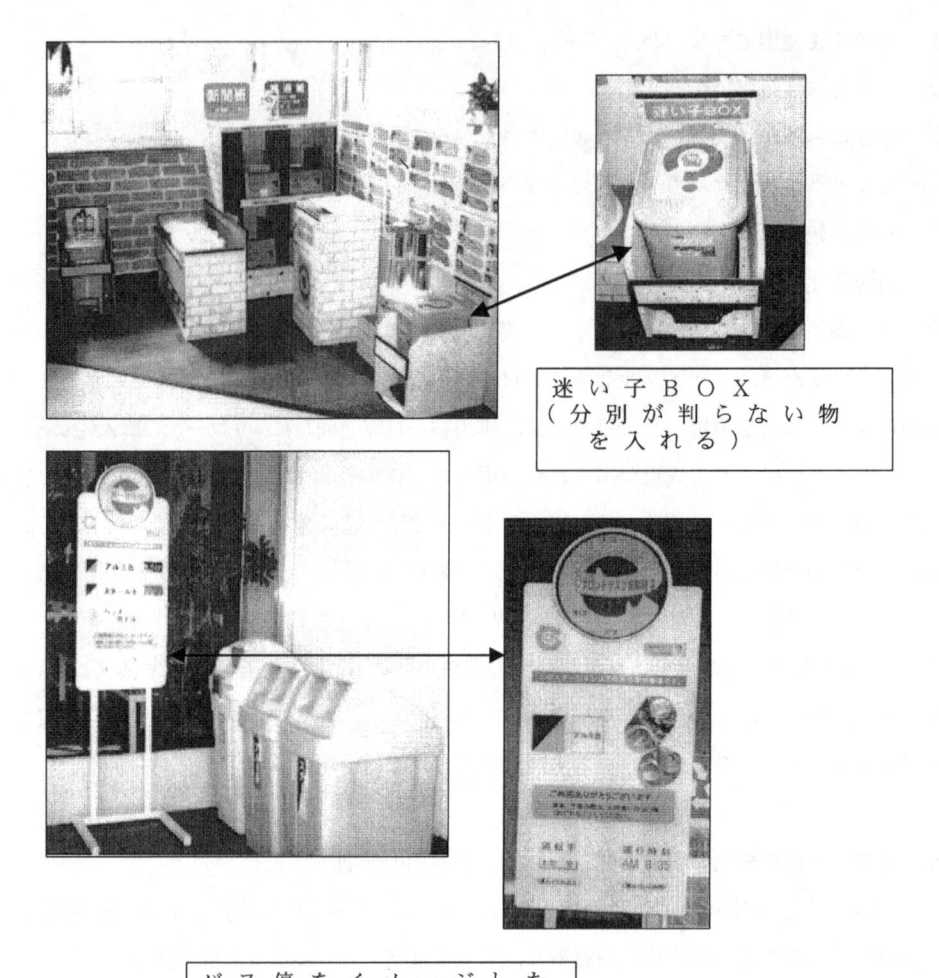

第2編　工場内ゼロエミッション化の実例

迷い子BOX
（分別が判らない物を入れる）

バス停をイメージした
アルミ缶回収

図5　各部署，フロアーの遊び心を取り入れた分別ステーション

への浸透があげられる。

4　活動結果

「ごみゼロ工場」へ取り組んだ結果，事業所から排出された「ごみ」がリサイクルされて再び事業所へ返るという循環型リサイクル率も30%に向上し，廃棄物処理委託費の削減，分別による有価物のより高額での売却，ごみを買わない活動による原材料購入コストの削減等が図られ，排出物処理総コストは'96年度比6,300万円減の実質経済効果を生み出すことができた（図6）。

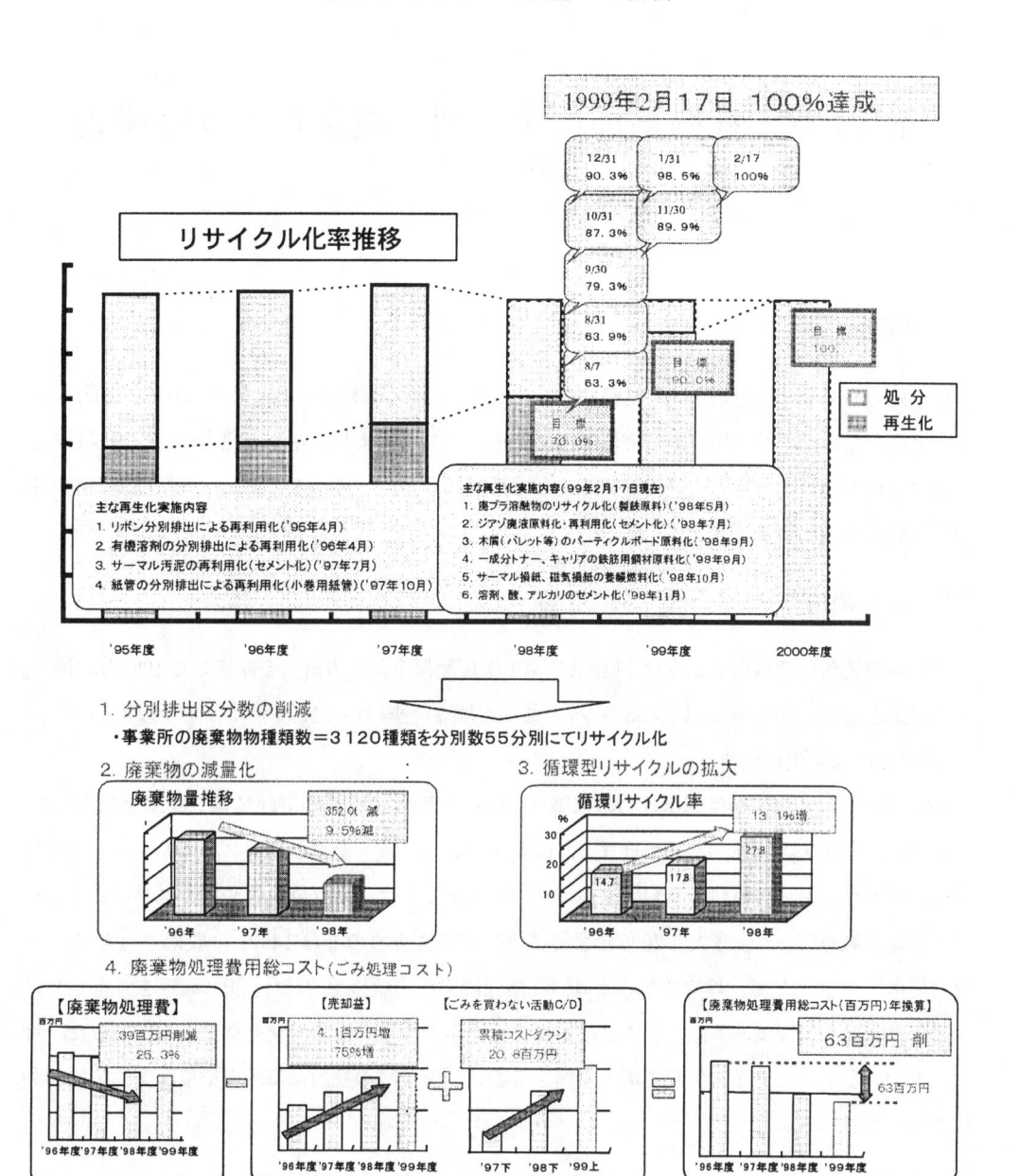

第9章 「ごみゼロ工場」への挑戦

図6 活動結果

5 問い合わせ先

㈱リコー　化成品事業本部　管理部　環境安全課

電話：0559-20-1021

第10章　社内循環による埋立廃棄物ゼロの達成
—㈱INAX—

川合和之*

1　概要

埋立処分していた廃棄物をHT長石，Z長石という名前の原料に再生した。これらの再生原料を，社内全てのタイル工場，衛生陶器工場で使用することにより，産廃の埋立ゼロを達成した。

再生原料の技術的特徴と，循環しやすくした仕組みについて述べる。また，異業種廃棄物の利用についても説明する。

2　はじめに

当社の環境負荷低減の取組みは，「INAX第1次環境保全基本方針」を制定した1992年に溯る。その成果として，1992年には2,655トン/月あった埋立廃棄物が，1996年には1/3以下の787トン/月までの減量化に成功した。

1997年には図1に示す循環型社会の構築への取組み強化として，「INAX第2次環境基本方針」を制定し，生産・設計部門だけではなく，販売・物流・回収・廃棄の各システムをトータルに見直し，インプット（原材料や燃料エネルギー等）とアウトプット（廃棄物や排ガス）の両面にわたる大幅削減を定めた。また，2000年までに全生産事業所でのISO 14001の取得をはじめ，原材料使用量の10％削減，埋立廃棄物ゼロ，二酸化炭素排出量の1990年比20％減等を宣言した。

本年が「第2次環境基本方針」における総決算の年であり，既に埋立ゼロ工場も誕生した。埋立廃棄物の多かったタイル生産工場の事例を中心に，廃棄物の社内循環，異業種廃棄物の原料利用について述べる。

3　廃棄物の社内循環

図2に，タイルの生産工程を示す。タイルの生産では，施釉工程や成形工程で釉薬残さ，成形不良等の汚泥が発生し，焼成後に陶磁器くずが発生する。「第1次環境基本方針」の活動では，徹底した分別と自工場内のリターンにより，前述した通り埋立廃棄物を787トン/月まで減らすことに成功した。逆の見方をすると，工場個々の活動では787トン/月の埋立廃棄物が残ってし

---

*　Kazuyuki Kawai　㈱INAX　技術統括部　環境推進室　再資源化担当課長

第10章　社内循環による埋立廃棄物ゼロの達成

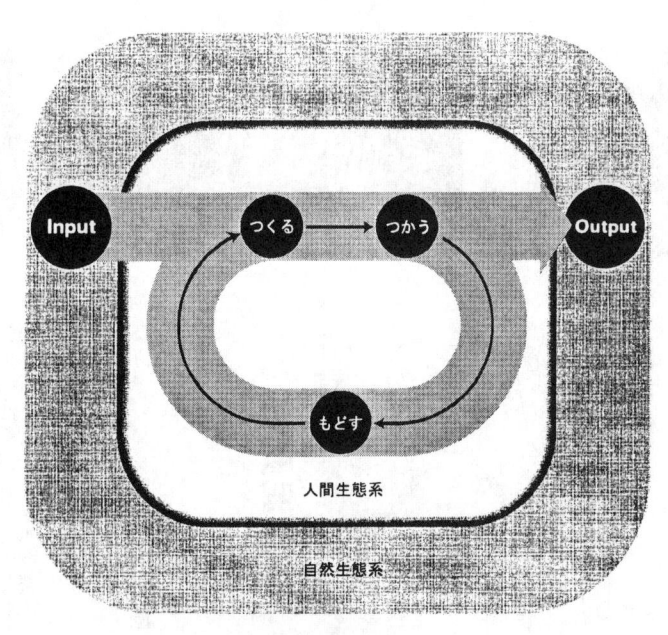

図1　循環型社会のイメージ

まったとも言える。

　工場個々の埋立廃棄物削減活動に対して，「第2次環境基本方針」の活動では他の工場の廃棄物を原料として使いこなす技術開発と仕組みを作り上げ，埋立廃棄物ゼロを達成した。その代表例である，HT長石とZ長石について述べる。

3.1　HT長石

　HT長石とは蝋石，石灰，粘土を出発原料とした陶器質内装タイルの不良品であり（図3），生産工場である本社タイル工場（現在は常滑工場）の頭文字を取り，HT長石と命名した。主要化学成分はSiO_2，Al_2O_3，CaOからなり，生産過程で幾度も品質管理を受けているため，天然原料以上の高い成分の安定性を有する。

　長石は，陶石や粘土と同様に陶磁器生産には欠かせない原料であり，調合中の30〜60％の割合を占める。通常，粘土や陶石と共に数十μmに粉砕され，焼成時に溶融してガラス相を形成し，タイルの寸法精度，曲げ強度，熱膨張等に大きな影響を及ぼす。一般に，陶磁器原料に用いられる長石はK・Na-長石であるが，HT長石はCa-長石であり，熱的に安定で，低熱膨張性の結晶を含有するため焼成時の変形の抑制，製品の低熱膨張化が得られた[1]。

　この特徴を生かして，衛生陶器工場である榎戸工場や，外装タイル工場である伊賀工場を中心に使用している。

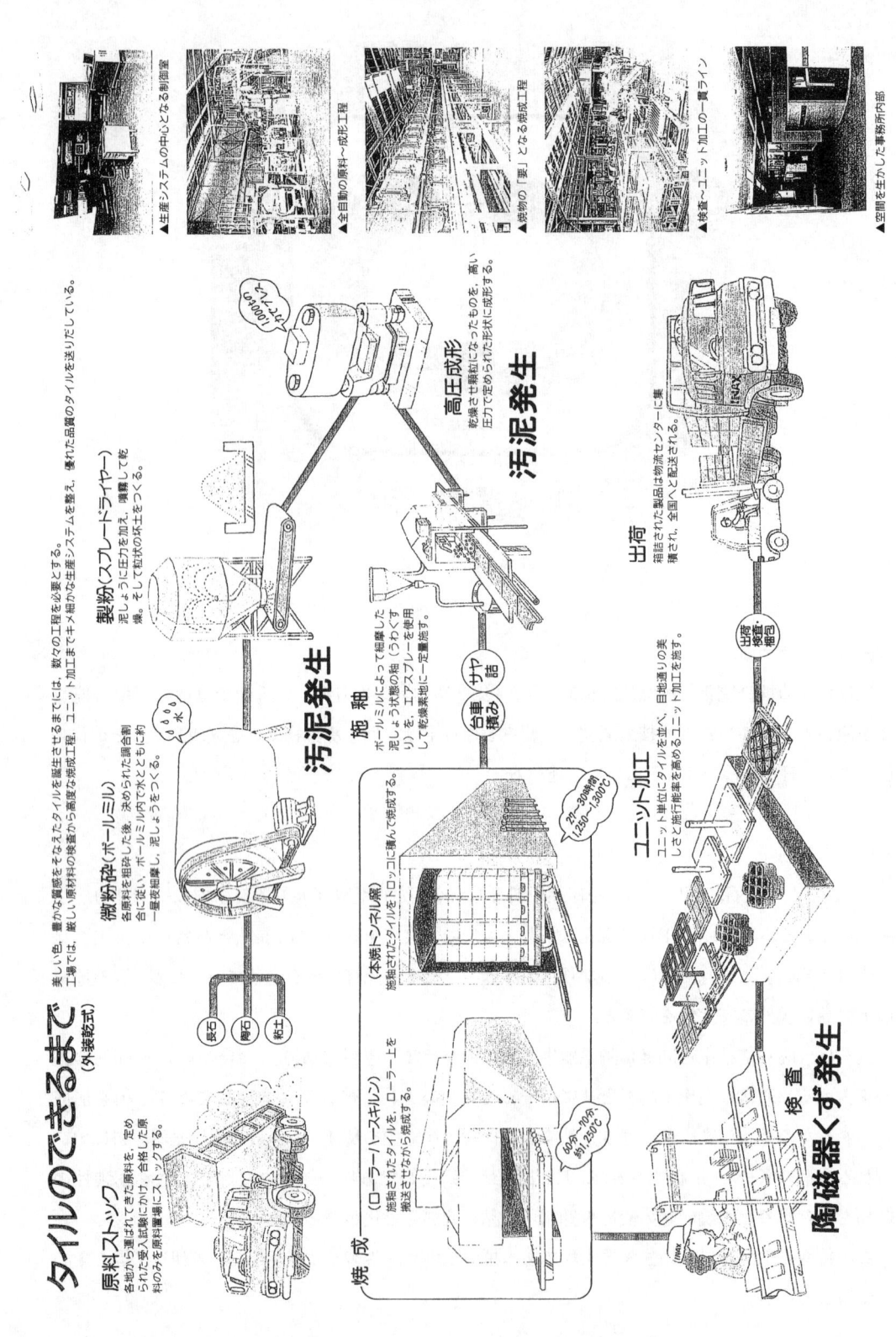

第2編　工場内ゼロエミッション化の実例

▶生産システムの中心となる制御室
▶全自動の原料～成形工程
▶焼物の「華」となる焼成工程
▶検査～ユニット加工の一貫ライン
▶空間を生かした事務所内部

タイルのできるまで
（外装乾式）

美しい色、豊かな質感をそなえたタイルを誕生させるまでには、数々の工程を必要とする。工場では、厳しい原材料の検査から高度な焼成工程、ユニット加工までキメ細かな生産システムを整え、優れた品質のタイルを送りだしている。

原料ストック
各地から運ばれてきた原料を、定められた受入試験にかけ、合格した原料のみを原料置場にストックする。

微粉砕（ボールミル）
各原料を粗砕した後、決められた調合割合に従い、ボールミル内で水とともに一昼夜粉砕し、泥しょうをつくる。

製粉（スプレードライヤー）
泥しょうに圧力を加え、噴霧して乾燥、そして粒状の坏土をつくる。

汚泥発生

高圧成形
乾燥させ顆粒になったものを、高い圧力で定められた形状に成形する。

汚泥発生

施釉
ボールミルにより粗砕した泥しょう状態の釉（うわぐすり）を、エアスプレーを使用して乾燥坏地に一定量施す。

焼成
（ローラーハースキルン）
施釉されたタイルを、ローラー上を搬送させながら焼成する。

（本焼トンネル窯）
施釉されたタイルをトロッコに積んで焼成する。

60分～70分・約1,250℃
27～30時間・1,250～1,300℃

ユニット加工
ユニット単位にタイルを並べ、目地通りの実として施行性能を高めるユニット加工を施す。

検査
陶磁器くず発生

出荷
箱詰された製品は物流センターに集積され、全国へ配送される。

図2　タイルの生産工程図

第10章　社内循環による埋立廃棄物ゼロの達成

図3　HT長石（内装タイル不良品）とその粉砕物

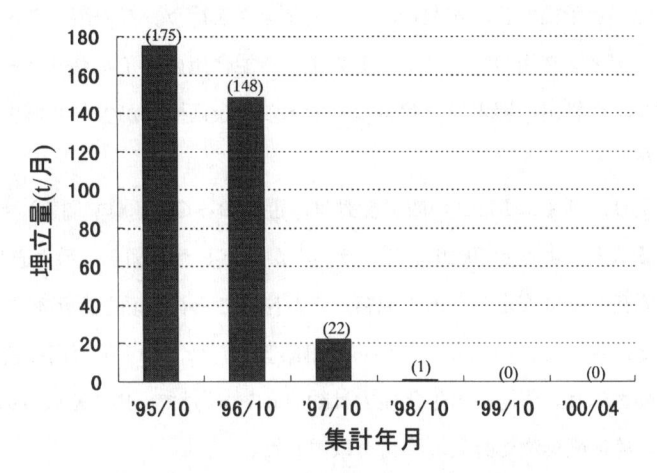

図4　タイル不良品の埋立処分量の推移

　仕組み的には，廃棄物のイメージを払拭するためにHT長石というネーミングにしたこと，排出側である常滑工場が全て費用負担して，利用側の榎戸工場や伊賀工場は無料で原料を得ることができるようにした。即ち，排出側は高価な埋立処分費の替わりに榎戸工場や伊賀工場までの運賃負担だけで済み，榎戸工場や伊賀工場は平均5,000円/トンする長石の替わりに，コストゼロで原料が得られる仕組みにより，排出側と利用側双方にメリットを供与できたことが，円滑な社内循環を支えている。

　また，廃棄物を利用する場合には，排出側の発生元対策による供給量減少への備えが必要である。HT長石の供給がストップしても，枯渇の恐れが少ない天然の長石に置換可能な技術を保有し，安定生産性を確保している。図4に示す通り，多いときには数百トン/月もの量を埋立処分していた陶器質内装タイル不良品がHT長石として原料に生まれ変わり，全量が再利用されるに

第2編 工場内ゼロエミッション化の実例

至った。

3.2 Z長石

HT長石が焼成後廃材の利用であるのに対して，Z長石は焼成前廃材の利用である。焼成前廃材には，施釉時に発生する釉薬汚泥と，成形時に発生する成形汚泥がある。

発生量の2/3は原料へリターンしているが，残り1/3の数百トン/月は焼成時に発色するFe_2O_3，CuO等の着色材や顔料が添加されていることに起因する呈色変動や，製品毎で変わる使用原料の違いに起因する成分変動のために，埋立処分していた。汚泥を，焼成呈色及び成分が安定な工業原料に再生する方法として，鉄鋼業で実績のある鉄鉱石のベッディングによる混合法を試みた。

図5に汚泥の再生工程を示す。タイル工場及び衛生陶器工場の計6工場の汚泥を1カ所に集約し，秤量して天日乾燥と予備混合，本混合，ベッディングを行う。この汚泥の再生に必要な設備は，乾燥・混合・ベッディング用のコンクリート製土間，混合用のホイルローダー，ベッディング用のパワーショベル，保管用の屋根付き倉庫のみであり，設備投資が少なく再生のエネルギー消費も少ない特徴を有する。

ベッディングにより，例えばMgOの成分変動は，混合のみのs（標準偏差）＝0.40に対して，ベッディングをすることによりs＝0.19までバラツキが低減した。図6に示す通り，製造ロット間においても天然原料並みに安定した再生原料を作り出すことに成功し，汚泥の最後の再生方法と位置付けZ長石と命名した。1999年5月から岐阜県笠原町に，約1千万円投資して「INAX再資源化施設」を稼動させた。汚泥の再生化能力は約500トン/月で，INAX以外の陶磁器メーカーの汚泥を再生するために廃棄物処分業の許可も取得した。

成分的特徴は，天然長石に比べてK，Naのアルカリ金属以外にCa，Mgのアルカリ土類金属を多く含む。このため低温焼成が可能で，MgOの作用により急溶性の少ない，広い焼成温度域を有する[2]。

Z長石の工場への販売価格は，100円/トンである。この安価さと，高い成分安定性がZ長石を使用しやすくしている。安価な理由は，設備投資の負担が少ないこと，及び汚泥の排出工場は再資源化施設へ埋立処分量と同額の再生委託料を支払っているためである。即ち，発生元対策を停滞させないように排出側には高い費用負担を義務化し，その委託料で安価にZ長石を供給できるルールを運用している。

Z長石は，ほぼ全てのタイル工場で2～15％の割合で使用している。当社でも，汚泥の再利用はセメント業界にかなり依存していたが，再資源化施設の稼動によりセメント業界に依存する割合が減りつつある。

第10章　社内循環による埋立廃棄物ゼロの達成

汚泥再資源化のフロー

余分なエネルギーを使わずに天然原料以上の成分安定性を確保した。
工場から排出された汚泥は再資源化施設に集められ、乾燥、混合、堆積、縦切りの操作で原料に生まれかわる。
コンクリート製の広い乾燥・混合・堆積場とホイルローダー、パワーショベルしか必要ない。

搬入
- 受入れ検査

再資源化施設

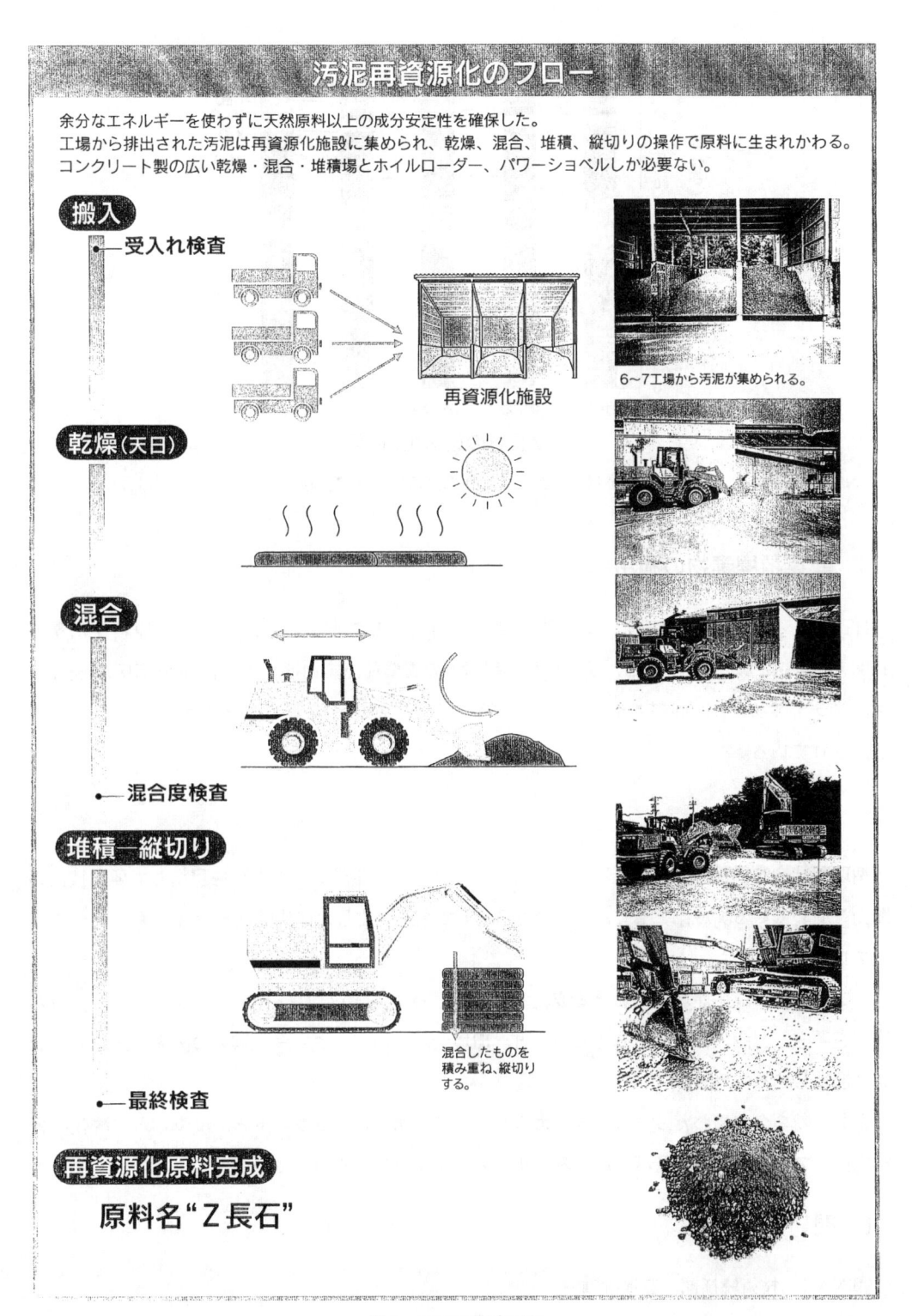

6～7工場から汚泥が集められる。

乾燥（天日）

混合
- 混合度検査

堆積─縦切り

混合したものを積み重ね、縦切りする。

- 最終検査

再資源化原料完成

原料名 "Ｚ長石"

図5　汚泥の再生工程

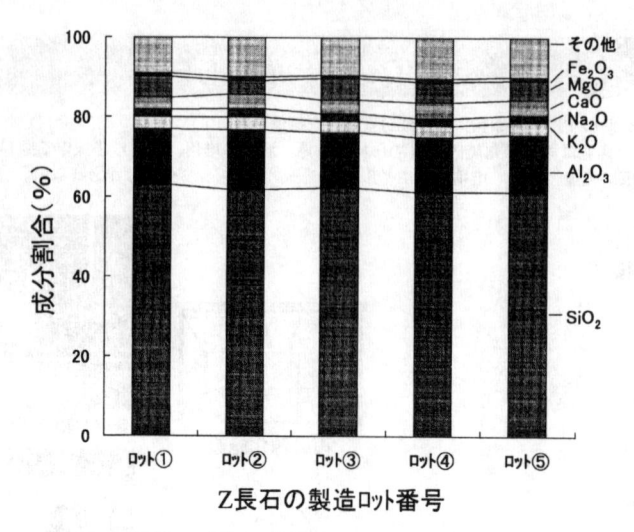

図6 Z長石の主要成分のロット間変動

4 異業種廃棄物の利用

HT長石，Z長石のみならず，異業種廃棄物を利用することにより，バージン原料使用量を1996年比で12.2%減らすことに成功した。利用中の異業種廃棄物は，下水汚泥焼却灰，廃ガラス，フライアッシュ，砂利スラッジ，瓦くず等であり，20以上の商品がエコマーク商品として認定されている。

5 まとめ

循環型社会を構築していく上で，図7に示すクローズド生産システム[3]を目指して要素技術の開発を進めている。成果として，土を200℃以下で水熱固化した非焼成タイル（ソイルセラミックス）を商品化した。

ここでは特に，生産場面における取組みを強調したが，「つくる」・「つかう」・「もどす」の各段階を考慮した商品作りはもちろんのこと，環境会計の導入やグリーン購入の拡大等，新しい課題に挑戦し始めている。

企業活動の全てにわたっての資源，エネルギー使用量等のインプットと，廃棄物，二酸化炭素排出量のアウトプットの低減に取組み，新しい企業価値創造を行っている。

6 問い合わせ先

㈱INAX　技術統括部　環境推進室
電話：0569-43-3760

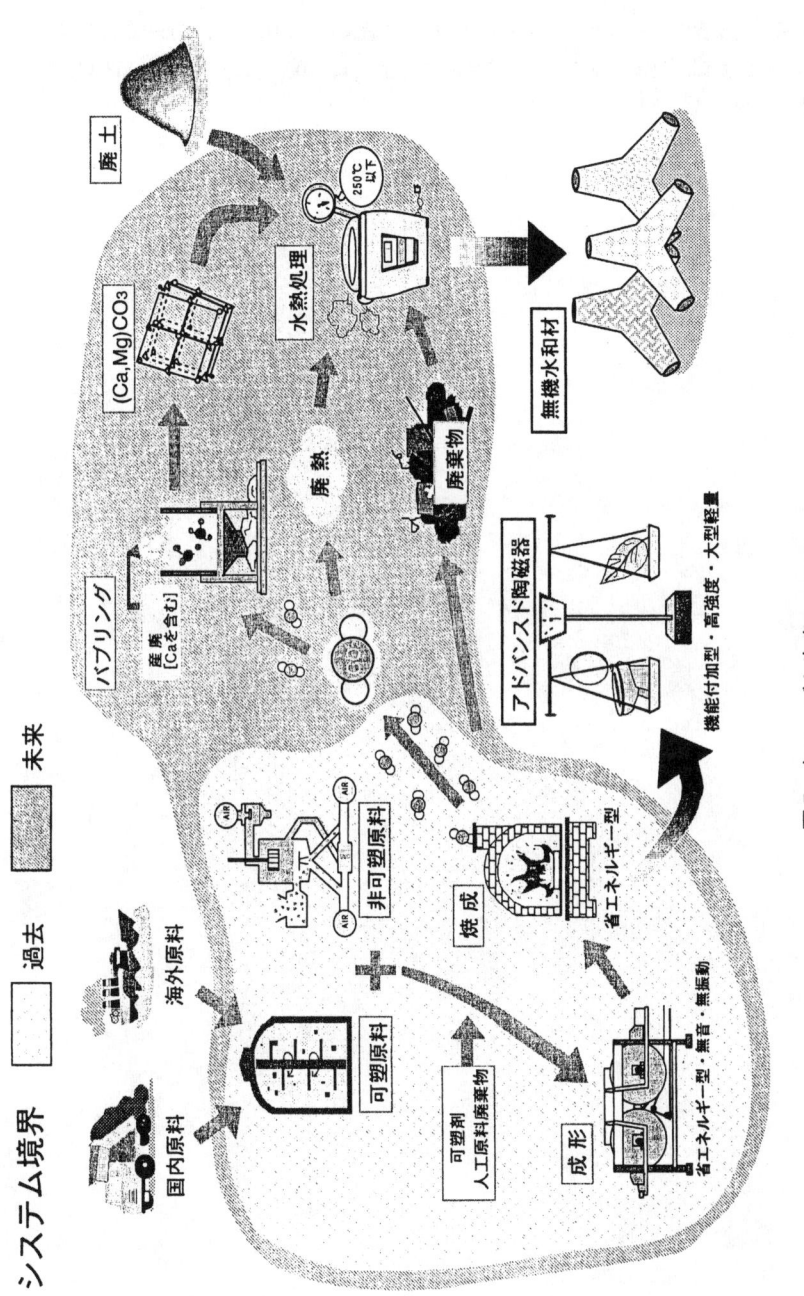

第10章 社内循環による埋立廃棄物ゼロの達成

図7 クローズド生産システム

第2編 工場内ゼロエミッション化の実例

文　　献

1) 川合和之，石田秀樹，大津賀望，日本セラミックス協会協学術論文誌，101，[3]，305-308（1993）
2) 渡辺修，平岡泰典，石田秀輝，日本セラミックス協会協学術論文誌，100，[12]，1448-1452（1992）
3) 石田秀輝，化学装置，39，[1]，66-70（1997）

第11章 積水化学工業グループのゼロエミッション取り組みについて
―積水化学工業㈱―

沼田雅史*

1 はじめに

1994年，東京に本部のある国連大学は，産業界が21世紀において生き残るためには，製造工程の再設計，再生可能な原材料の優先的活用，そして最終的には廃棄物ゼロを目指さなければならないと述べ，いわゆる『ゼロエミッション研究イニシアティブ』を発表した。ある産業にとって廃棄物であっても，別の産業にとっては資源となる可能性があり，そのような産業連関の輪を作り上げ，廃棄物を出さない産業構造を創造しなければいけないと，示唆している。

積水化学グループでは環境問題への対応を事業経営の最重要課題と位置づけ，環境問題に対する行動指針を定めた環境中期計画（STEP-21，図1）を策定し，1998年度をベンチマークとして4カ年計画で環境課題取り組みの強化を図っている。その取り組みの中における最重要課題の一つとして廃棄物のゼロエミッション活動を推進している。

2 ゼロエミッション化計画の概要

当社は住宅事業，環境・ライフライン事業，高機能プラスチック事業及び新規事業の4つの事業からなり，傘下に24の事業部がある。住宅からプラスチック成型品，化学品，医薬品に至るまで様々な事業分野で製品，サービスを提供している。このため，使用する原材料の種類が多種多様であり，様々な廃棄物が発生する（図2）。

ゼロエミッションを進めるに当たり，対象とする30事業所を3つにグループ分けを行った。
積水化学グループ生産工場から発生する廃棄物の縮図となるモデル事業所から最初に取り組みを開始し，その活動結果を他の事業所に水平展開を図るためである。グループ分け及びスケジュールを表1に示した。

---

* Masashi Numata　積水化学工業㈱　環境安全部　環境推進室　主任技術員

第2編　工場内ゼロエミッション化の実例

(STEP-21: Sekisui Total Environment Plan for 21st Century)

狙いと方針

★当社の環境問題への中期的取組姿勢を事業戦略として明確に位置付け全社的な推進を図る。
- Policy 1（環境保全）：全事業所でゼロエミッション化と環境ネガソフトシステムの構築を目指す。
- Policy 2（環境創造）：製品の回収・リサイクルと環境に対応した製品開発を進める。
- Policy 3（情報開示）：環境課題への対応、自然保護活動、情報開示を進める。

P.3. 環境課題への対応と自然保護活動、情報開示

1. 環境課題に対する対応

★環境教育の低減に努める。
★事業、国、行政と協力し正しい知識の普及に努める。

1) 環境パフォーマンス：①省エネルギー活動の活性化と設備、プロセスの技術開発を進める。
   ②営業車：ハイブリッド車など省エネルギー車への採用を促進する。
   ③環境汚染物質の管理システムをつくる。（ゼロホルマリン住宅上市済み）
2) シックハウス：VOC対策を強力に推進する。
3) ダイオキシン：①VEC（塩ビ工業・環境協会）に協力し塩ビの正しい知識の普及に努める。
   ②2002年法対応焼却炉の改造を速やかに実施する。
4) 環境ホルモン：①国や日本化学工業協会等の活動に協力し情報収集に努め、的確に対応する。
   ②可塑剤日本工業協会による研究活動の成果にもとづき、ユーザーや流通段階への積極的な安全性アピールを実施する。
5) 有機塩素系溶剤：全廃をめざし、スケジュールに向け実施策を明確にして推進する。
6) 容器包装材対応：2000年4月完全実施に向け使用実態を把握し、省梱包・材質表示の取り組みを早める。
7) 製品の環境影響評価：①環境ホルモン、PRTR（環境汚染物質排出・移動登録）などの状況変化に対応、製品評価の充実を図る。
   ②環境に配慮した梱包仕様の改善を促進する。

2. 自然保護活動

★自然保護に関する活動の支援・実践を通じて、自然を大切にする心を養い社会に貢献する。
①経団連の自然保護基金とタイアップした国際的規模の環境保護活動を支援する。
②各工場、事業所所在地域を中心に自然保護の環境保護活動を支援する。
③積水化学自然塾を通じ社内の人材育成に努める。

3. 情報開示

1) 1999年から環境レポートを発行するとともに、インターネットのホームページ (http://www.sekisui.co.jp) に掲載する。
2) 消費者に分かりやすい環境CMを提供する。

背景

ダイオキシン、環境ホルモン、有機塩素系溶剤等次々と環境問題が提起され、これらへの的確な対応が企業の重要課題になってきております。一方環境物質対策、省エネルギー活用、リサイクル等、環境に優しい製品づくり等、環境対応活動を公表することが重要になってきております。

P.1. ゼロエミッション化と環境マネジメントシステムの構築

1. ゼロエミッション化

★30工場で2002年度目標にゼロエミッション化を必達する。
1) モデル工場（滋賀水口工場、九州工場、横浜多賀工場フィルム西日本栗東工場）は2000年度にゼロエミッション化を達成する。
2) 12の水平展開工場は2001年度にゼロエミッション化をめざす。
3) 残りの15工場は2002年度にゼロエミッション化をめざす。

2. 環境マネジメントシステムの構築

★34工場・研究所および住宅工事会社にISO14001の認証を取得する。
1) 積水化学の工場、名古屋地区は1998年度に認証を取得、九州地区は1999年度に認証を取得する。
2) 樹脂加工会社はフィルム3生産会社は1999年度に認証を取得する。
3) 研究所は1999年度に認証を取得する。
4) 住宅工場は2000年度に認証を取得する。
5) 住宅工事会社は2002年度までに認証を取得する。

P.2. 製品の回収・リサイクル化と環境対応新製品の開発

1. 回収・リサイクル

★主力製品の回収・リサイクルシステムを構築し再資源化率の向上に努める。
①住宅事業
②環境配管
　塩ビ管・継手
　雨樋・FRP製浄化槽
③高機能ポリエチレンパイプシステム事業
　農業用ポリエチレンパイプシステム

2. 環境対応新製品の開発

★環境対応新製品の開発に積極的に取り組み、快適環境の創造に貢献する。

炭酸ガス排出抑制と自然エネルギー活用	・ハイブリッド太陽光エネルギー利用システム ・太陽電池利用換気システム	・省エネ、高気密熱住宅 ・自然エネルギー活用住宅
リサイクルと産業廃棄物処理の促進	・オレフィン系床材 ・リサイクル建材利用システム ・高度水浄化システム	・発泡三層構成形住宅 ・膜分離合併処理
人と環境に配慮した製品づくり	・オレフィン系壁皮材 ・健康配慮住宅	・ラップフィルム ・屋上緑化システム

図1 「21世紀の環境創造型企業を目指して」環境中期計画 STEP-21
PART1：1999-2000　PART2：2001-2002

第11章　積水化学工業グループのゼロエミッション取り組みについて

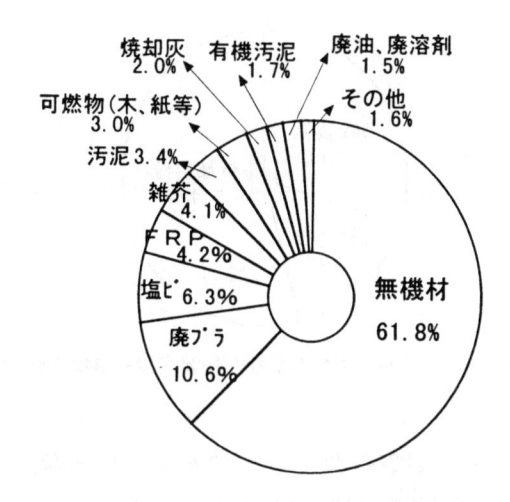

図2　ゼロエミッション対象事業所の廃棄物実態（96年度）

表1　ゼロエミッション化へのスケジュールと対象事業所

☐：2000年3月ゼロミッション達成事業所

グループ	1999	2000	2001	2002	対象事業所
モデル事業所		達成			滋賀水口工場, 九州積水工業㈱, 積水フィルム西日本㈱多賀工場
第2グループ事業所					滋賀栗東工場, 群馬工場, 奈良工場, 東京工場, 新田工場, 尼崎工場, 武蔵工場, 堺工場, 岡山積水工業㈱, 東京セキスイ工業㈱, 関西セキスイ工業㈱, 西日本セキスイ工業㈱
第3グループ事業所					北日本セキスイ工業㈱, 東日本セキスイ工業㈱, 関東セキスイ工業㈱, 中部セキスイ工業㈱, 中国セキスイ工業㈱, 北海道積水工業㈱, 東都積水㈱, 積水テクノ成型東日本㈱, 積水テクノ成型㈱, 徳山積水工業㈱, 四国積水工業㈱, 積水フィルム北海道㈱, 積水フィルム東日本㈱, 積水フィルム九州㈱, 積水化工㈱

3　積水化学グループゼロエミッションの実現へ

3.1　ゼロエミッションに至る背景

　従来，段ボール，鉄くずなどの廃棄物はリサイクルし，また，塩ビ以外の廃プラ類は内部焼却により減量化を行っていたが，大半は外部処分業者による焼却や埋立で処理していた（図3）。
　当社では従来から環境への負荷低減を考えて，内部焼却による減量化，リサイクル，原料戻しなどに積極的に取り組み，埋立などの外部委託処分量の削減に努力してきた。
　1991年より廃棄物半減化活動をウエイスト50活動と名づけ，外部委託処分量の90年度比半

第2編　工場内ゼロエミッション化の実例

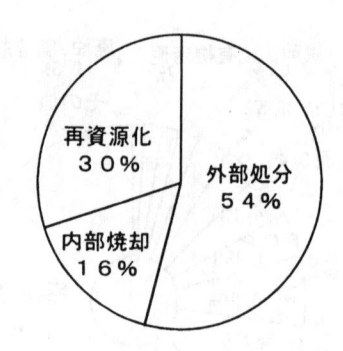

図3　ゼロエミッション対象事業所の1996年度廃棄物処理実態

減化を強力に進めた。群馬工場に住宅外壁材のリサイクルセンターを設置，武蔵工場と尼崎工場に発泡樹脂の減容設備を導入，滋賀栗東工場と堺工場に焼却炉を導入など，発生量削減と減量化を進めた。また，滋賀水口工場ではヒート・リサイクル・センター（HRC）を設置し，関西地区の事業所から発生する雑芥，産業廃棄物を収集，焼却し，廃熱を工場蒸気として回収するサーマルリサイクルをスタートするなど，先駆的な取り組みも開始した。このようにして原料戻し，リサイクル，内部焼却による減量化によって廃棄物削減を推進することにより，計画通り93年度に外部委託処分量の半減化を達成することができた。

この取り組みを基盤とし，活動をレベルアップするため，1998年に経営トップで構成する環境委員会において，関係会社を含む全30事業所のゼロエミッション化への取り組みを決定した。

3.2　ゼロエミッション活動の進め方

全30事業所（積水化学工業9事業所，樹脂加工品生産会社8事業所，フィルム生産会社5事業所，住宅生産会社8事業所）をモデル事業所，第2グループ，第3グループの3つのグループに分けた（表1）。

モデル事業所は住宅外壁から化学品までを生産し，全30事業所の中で最も廃棄物の発生量，種類が多い滋賀水口工場，塩ビパイプ，塩ビ-FRP複合物の再資源化困難物が発生する九州積水工業㈱，フィルム生産工場として98年度に新設し，建設計画段階からゼロエミッション工場として位置づけた積水フィルム西日本㈱多賀工場の3事業所とした。

3.3　積水化学グループにおけるゼロエミッションの定義

ゼロエミッションを進めるに当たり，当社ゼロエミッションの定義を「事業所から出る製品以外のものを全て再資源化すること」とした。ゼロエミッションが達成されたと判断する基準は，以下の3点と決めた。

第11章　積水化学工業グループのゼロエミッション取り組みについて

① 外部焼却（サーマルリサイクルは除く），外部埋立，内部埋立をしていないこと。
② 全ての廃棄物の再資源化方法，再資源化業者が明確であり，契約が完了していること。

3.4 対象となる廃棄物

①生産工程で発生する廃棄物，②事務所から発生する廃棄物，③厚生施設から発生する廃棄物，これら全てを対象とする。但し，医務室から発生する医療系廃棄物は法律で廃棄物処理方法が決められており，除外した。

〈例〉
　生産工程：不良品，原料の包材，製品の切れ端など
　事　務　所：使用済みの蛍光灯，紙くずなど
　厚生施設：食堂の生ごみ，ジュースの空き缶など

3.5 モデル事業所の取り組み事例

3つのモデル事業所（表1）は98年4月から取り組みを開始し，発生する廃棄物のリストアップ，発生量削減，分離・分別の徹底，リサイクル方法の検討を進め，計画より1年早く，2000年3月にゼロエミッションを達成した。

以下に各事業所の具体的な取り組み事例を紹介する。

(1) 滋賀水口工場の取り組み

生　産　品　目：合わせガラス用中間膜，液晶用微粒子，接着剤，住宅外壁など
廃棄物発生量：年間約10,000トン
主たる廃棄物：汚泥60%，廃プラスチック16%，廃外壁17%，廃油4％など

滋賀水口工場は積水化学グループ30事業所の中で廃棄物の発生量，種類が最も多く，廃棄物種類をリストアップしたところ，約1200種類にのぼった。生産工程から発生する廃棄物の発生抑制，工程内再利用に注力しながら，1200種類の廃棄物に対して再資源化方法を考え，一つ一つ取り組んできた。その中での代表例を以下に示す。

① 廃外壁

発生量の最も多い廃棄物に廃外壁がある。廃外壁はセメントと木片の複合体であるため，大きな比重差がある。そこで，破砕，粉砕後，風力選別する設備を導入し，セメントと木片を分離する技術を開発した。これにより，セメントはセメント原料として，木片は外壁の原料として再利用することができるようになり，大幅に再資源化率の向上が図れた。

② 事務用品

従来使用していた文具を廃棄時にリサイクルしやすくするために，プラスチックと金具を分離

第2編　工場内ゼロエミッション化の実例

しやすいファイルなどへ変更した。また，各部署で不要になった事務用品は決められた場所に集め，必要な部署が再利用できるようなルールを決めた。

③　サーマルリサイクル

滋賀水口工場は工場内に熱回収センターを持ち，廃棄物を燃やして発生した熱は蒸気に変換して生産工程，暖房に再利用している。但し，発生する焼却灰はゼロエミッションの対象であり，再資源化しなければならない。そのために，焼却するものの中で，注意しなければならないものがいくつかある。

その中のひとつとして安全靴がある。通常，皮なめし材に3価クロムが使われているため，燃やすと6価クロムが発生する。また，靴の先端に鋼材を使用しているため，焼却すると金属が残り，再資源化する際に困難となる。そこで，3価クロムを使用せず，また先端を鋼材でなく強化プラスチックを使用する特別仕様の安全靴に変更した。また，塩ビはもちろん，重金属含有物など，焼却してはいけないものを細かくリストアップし，焼却前の分離・分別を徹底することにより，焼却灰はセメントメーカー，セメント2次製品製造メーカーと提携し，再資源化が行えるようになった。

(2) 九州積水工業㈱の取り組み

生　産　品　目：塩ビパイプ，塩ビ管継手，マンホール蓋，小型合併浄化槽，塩ビ-FRP複合管など

廃棄物発生量：年間約200トン

主たる廃棄物：塩ビ系15％，FRP系49％，木，生ごみ，紙など36％

九州積水工業は塩ビ系廃棄物，FRP系廃棄物，塩ビ-FRP複合廃棄物のリサイクルが最大の課題であった。塩ビ系廃棄物及び塩ビ-FRP複合品廃棄物は，破砕した後コンクリートと固め，路盤材として道路の下地に再利用できるようにした。その他，発泡スチロールは油化により重油に，樹脂の原料袋は段ボール中芯の原料に再生，水銀灯・蛍光灯は専門業者にて金属・ガラス・水銀に分け，それぞれに再資源化ルートを見つけた。食堂から出る生ごみはコンポスト化して，場内の樹木の堆肥に使用するようにした。このようにして100％再資源化を達成した。

(3) 積水フィルム西日本㈱多賀工場の取り組み

生　産　品　目：汎用包装フィルム，サニタリーフィルム，シュリンクフィルムなど

廃棄物発生量：年間約760トン

主たる廃棄物：廃プラスチック79％，金属・木など15％，原料用資材3％など

1998年新設の工場であり，建設計画段階からゼロエミッション工場として位置づけ，生産工程から出る廃棄物はできる限り社内で再利用可能となるよう設計を行った。また，焼却炉を導入しない煙突のない工場として設計しているので，全ての廃棄物にわたって徹底した分別を行い，

第11章　積水化学工業グループのゼロエミッション取り組みについて

内部再利用，外部再資源化を図る努力を行った。

廃プラスチックは極力工程内再利用を心がけるが，工程内に戻せないものは園芸ハウス支柱，道路舗装材，タイル原料などへ再資源化業者を通じ，マテリアルリサイクルを行った。

以上のようにして，モデル3事業所はそれぞれの事業所から出る廃棄物全ての再資源化に取り組み，計画よりも1年早く2000年3月にそろってゼロエミッションを達成することができた（図4）。各事業所から出る廃棄物とその再資源化方法を図5に示した。

4　今後の展望

今後は，残された第2グループ及び第3グループの合計25事業所がゼロエミッション前倒し達成に向けて一層注力すると共に，達成事業所の継続，廃棄物総量削減に努める。また，現在推進中の廃プラスチックの骨材化技術，多層押出しによる廃プラスチック利用技術などゼロエミッションに役立つ新技術開発や，当社が販売した製品の回収・リサイクルシステムの構築（建築廃材，雨樋，FRPバスコア，農ポリ，LP管・継手など）を積極的に推進する。

さらに，リサイクル建材利用住宅，新たな廃プラスチック再利用技術などといった，リサイクル・環境対応新技術を生み出し，これまで以上に社会の快適環境創造に貢献していきたいと考えている。

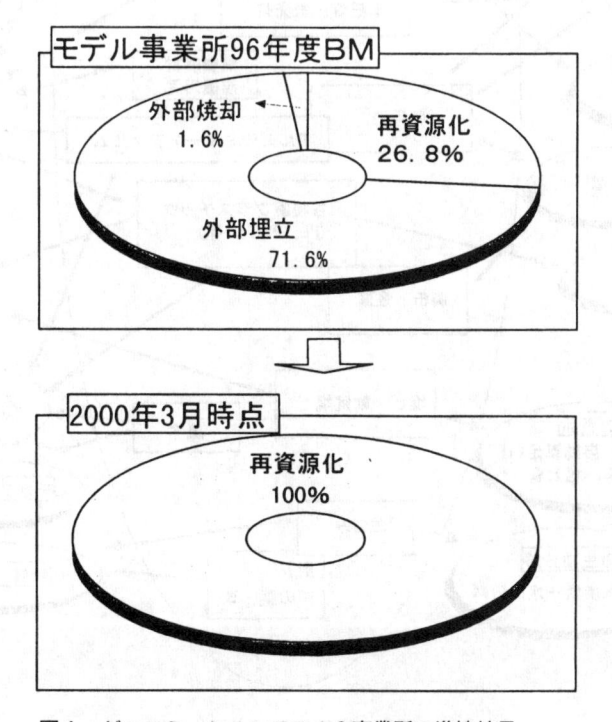

図4　ゼロエミッションモデル3事業所の進捗結果

5 問い合わせ先

積水化学工業㈱　環境安全部　環境推進室
電話：06-6365-4151

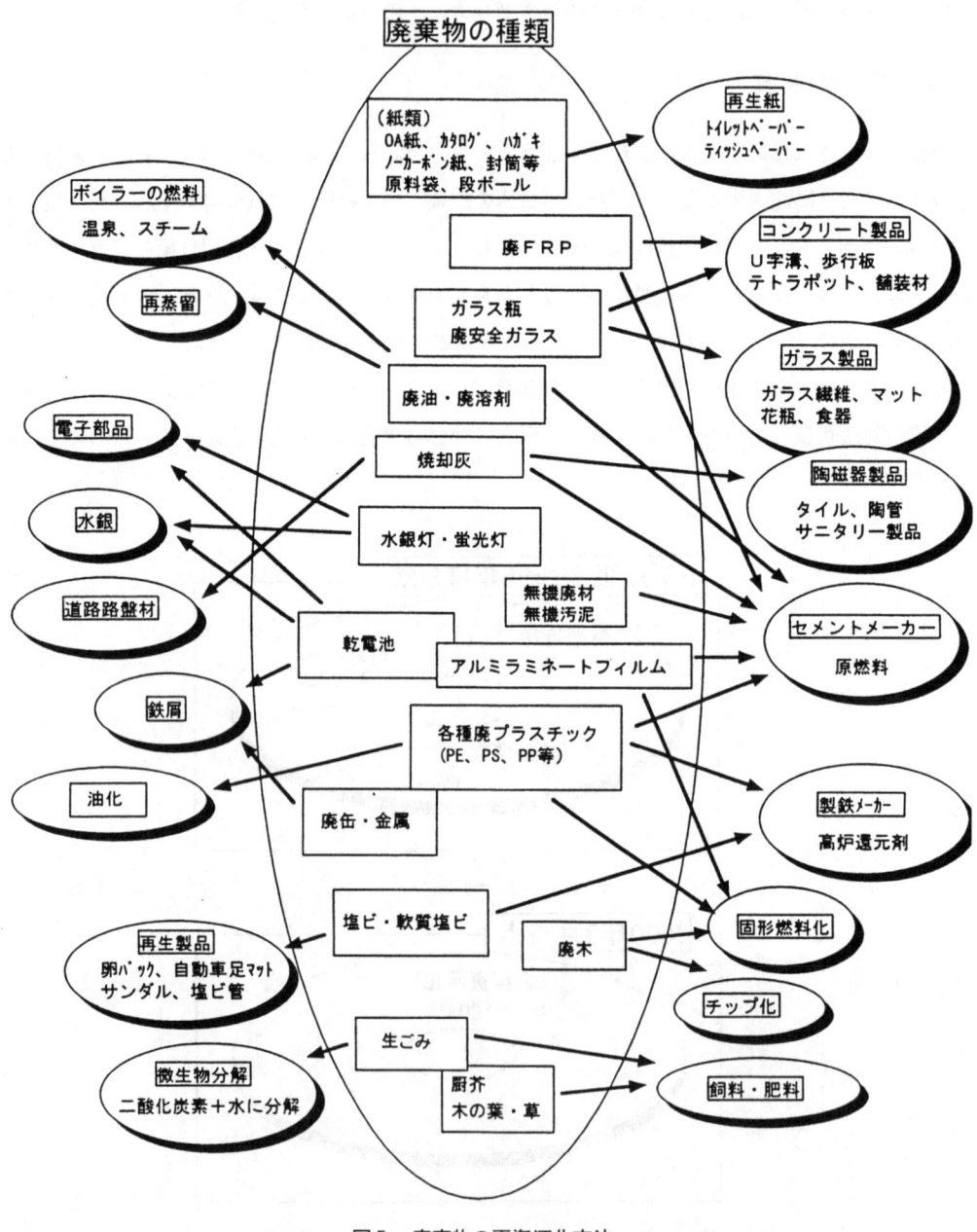

図5　廃棄物の再資源化方法

第3編　再資源化システムの実例

世界の陶磁器デザイン史

第12章　資源循環型社会に適した燃料電池
— ㈱東芝　電力システム社 —

白岩義三*

1　概要

　21世紀に向け，環境破壊・エネルギー枯渇をいかに防ぐかが人類の最優先課題である。この地球環境問題の解決策として，これまで廃棄されていた資源を再資源化・再利用する資源循環型社会作りが急速に進んでいる。その中で，燃料電池発電設備が資源循環型社会に最適なシステムとして注目されている。

　1997年の地球温暖化防止京都会議（COP3）以来，地球環境に対する意識が高まる中，21世紀は地球温暖化防止を最優先した，多種多様な燃料のベストミックス化を重視する時代になると予想される。燃料電池は，その高い効率が二酸化炭素の排出削減に寄与するだけでなく，地球規模において酸性雨の，また地域社会において大気汚染の原因となるNO_x，SO_x，ばいじんの排出がほとんどないクリーン性と静止型発電による静粛性等を備えており，21世紀にふさわしい最適なエネルギー変換装置として期待されている。

　ここでは，りん酸形燃料電池の特徴を紹介するとともに，資源循環型社会に適応した燃料電池を紹介する。

2　りん酸形燃料電池の特徴

　りん酸形燃料電池には以下のような特徴がある。

2.1　高い発電効率

　りん酸形燃料電池では，200kWのような小発電容量であっても，40％（LHV送電端）という大型火力並みの発電効率が得られ，しかも部分負荷運転においても発電効率はほとんど変わらない。

---

*　Yoshimi Shiraiwa　㈱東芝　電力システム社　燃料電池事業推進部　システム技術担当部長

第3編 再資源化システムの実例

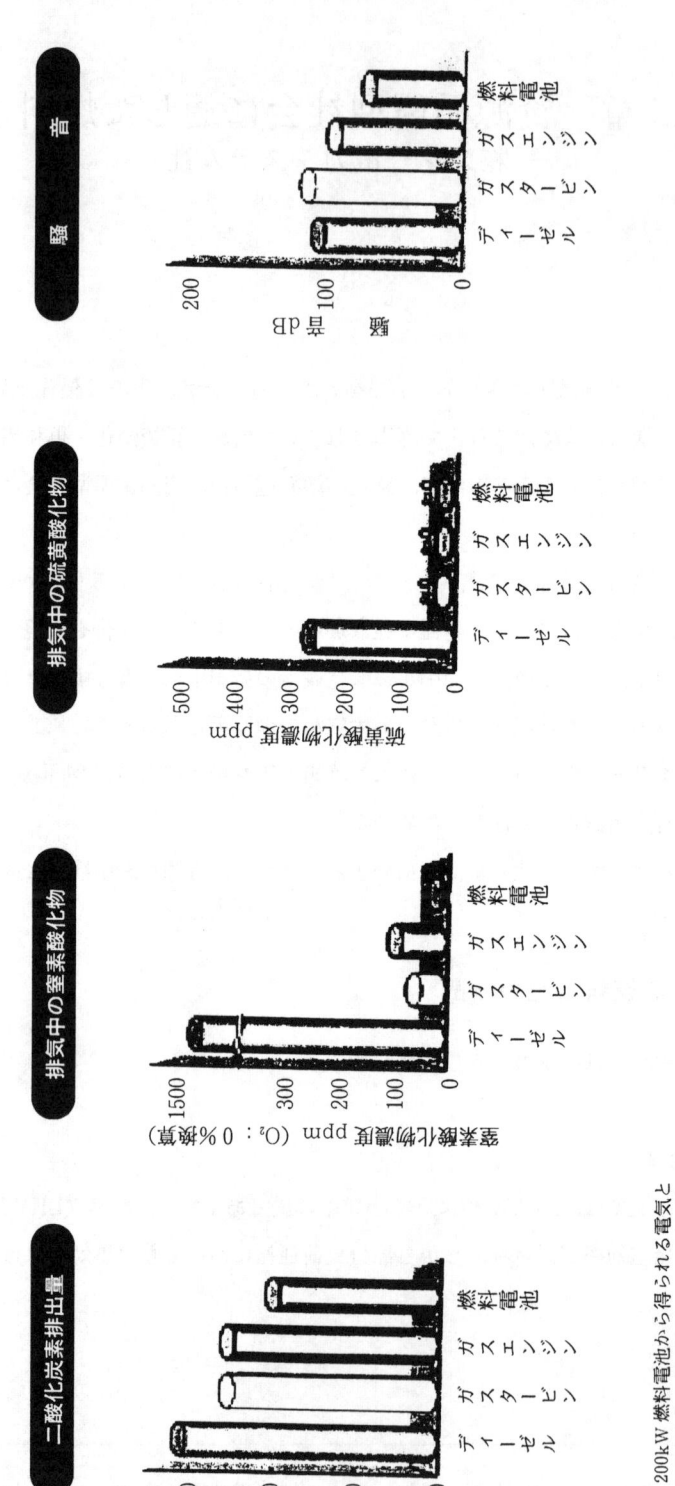

図1 燃料電池の環境性

出典：(社)電気学会 燃料電池運転特性調査委員会, コロナ社（燃料電池は当社実測値）

注1) 200kW燃料電池から得られる電気と熱をベースに比較
注2) ディーゼルは石油燃料、他は都市ガス(LPG)として比較

2.2 優れた環境性

地球環境に大きな影響を及ぼすNO_x，SO_x，ばいじんをほとんど排出せず，その上，発電効率が高いことにより二酸化炭素の排出量も少ない（図1）。下水や糞尿から発生するメタンリッチガス（消化ガス）を用いた燃料電池を導入することにより，排熱を有効に活用すれば，二酸化炭素の排出量を約30％削減することができる（図2）。さらに，燃料電池には大きな回転機がないため，振動，騒音は小さい。

2.3 熱利用の多様化

発電時に発生する熱は，蒸気のほか，高温水，温水の形で取り出すことができる。蒸気は空調（吸収式冷凍機に利用），ボイラ蒸気系統への接続，殺菌消毒用（病院等）などに利用可能である。高温水は空調（吸収式冷凍機に利用），給湯用，暖房用などに利用できる。温水は厨房用，給湯用，暖房用等に利用可能である。

2.4 使用燃料の多様化

燃料として天然ガス，都市ガス，LPGのほか，液体燃料であるメタノール，ナフサなども使用できる。さらに環境循環型社会への適応として，ビール工場などの廃液から発生するメタンリッチガス（バイオガス），消化ガス，半導体工場で半導体基板の洗浄に利用されたメタノールなどを燃料電池の原料として利用することが可能である。

以下に，これら環境循環型社会に適応した燃料電池を説明する。

3 環境循環型社会に適応した燃料電池

3.1 バイオガス／消化ガス適用燃料電池発電システム

ビール等の食品工場排水などの有機性廃棄物を嫌気性処理した際に発生する発酵ガスを一般にバイオガス，下水処理の段階で生成する下水汚泥を嫌気性処理することにより発生する発酵ガスを一般に消化ガスと呼んでいる。これらのガスは，成分がメタン60〜70％，二酸化炭素30〜40％で，低位発熱量は22〜25MJ/Nm^{3}と低く，しかも微量成分として1000〜1500ppmの硫黄化合物，数十ppm以下の塩類，アンモニアが含まれている。メタンは地球温暖化係数が二酸化炭素の約21倍と高いため，そのままでは放出できず，これまではボイラ用の燃料やガスエンジンの燃料として，または単に燃焼させて処理されていた。

これらのガスを燃料として電気と熱を発生させ，環境循環型社会に適応させたシステムが，バイオガス／消化ガス適用燃料電池発電システムである。燃料電池発電設備内の機器の性能を維持させるためには，バイオガス／消化ガス中の微量成分である硫黄化合物，塩類，アンモニアを除

第3編　再資源化システムの実例

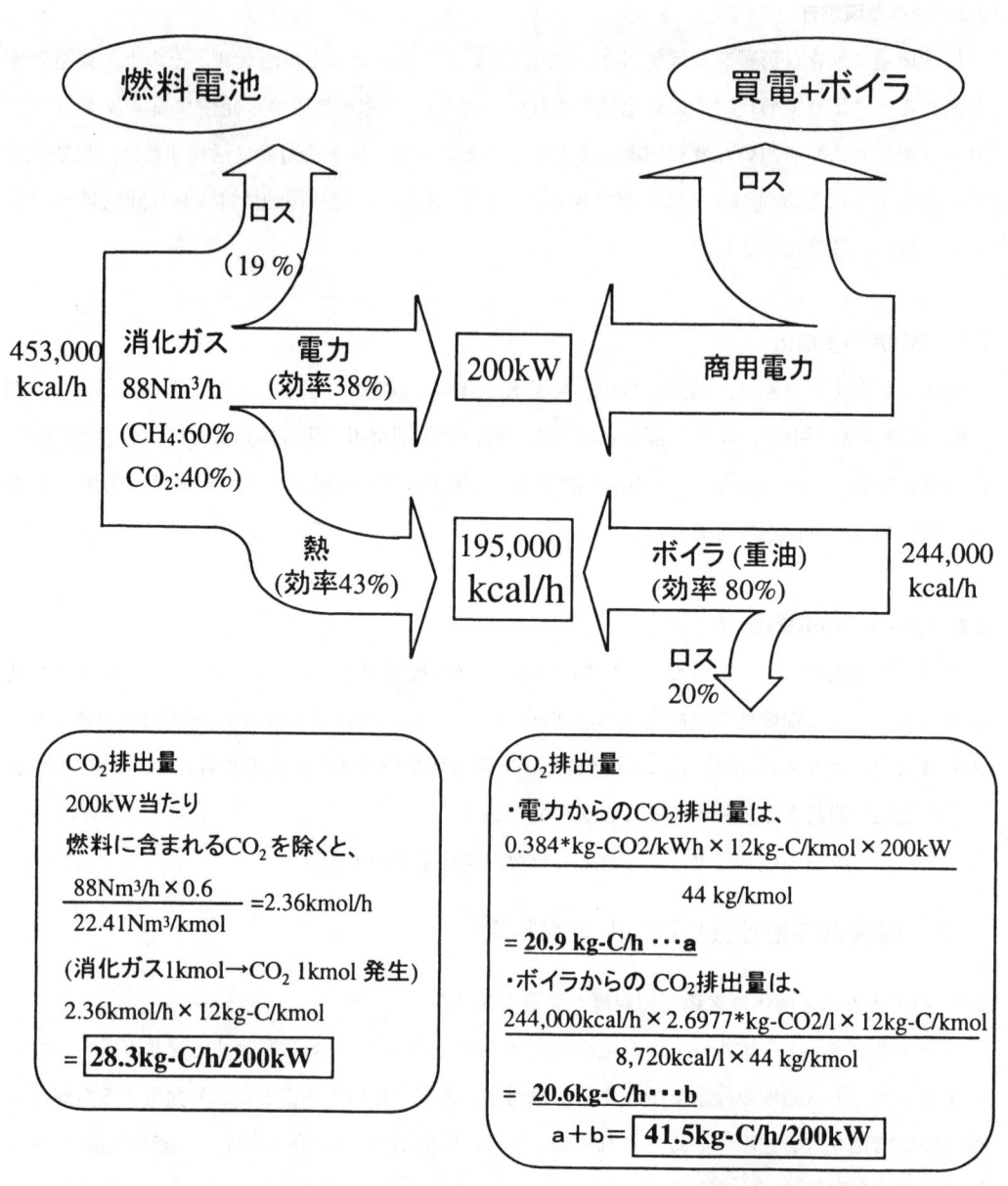

燃料電池

ロス (19%)

453,000 kcal/h

消化ガス 88Nm³/h (CH₄:60% CO₂:40%)

電力 (効率38%) → 200kW

熱 (効率43%) → 195,000 kcal/h

買電+ボイラ

ロス

商用電力 → 200kW

ボイラ(重油) (効率80%) ← 244,000 kcal/h

ロス 20%

CO_2排出量
200kW当たり
燃料に含まれるCO_2を除くと、

$$\frac{88Nm^3/h \times 0.6}{22.41Nm^3/kmol} = 2.36kmol/h$$

(消化ガス1kmol→CO_2 1kmol 発生)

2.36kmol/h × 12kg-C/kmol

= **28.3kg-C/h/200kW**

CO_2排出量
・電力からのCO_2排出量は、

$$\frac{0.384*kg\text{-}CO_2/kWh \times 12kg\text{-}C/kmol \times 200kW}{44\ kg/kmol}$$

= **20.9 kg-C/h** ···a

・ボイラからのCO_2排出量は、

$$\frac{244,000kcal/h \times 2.6977*kg\text{-}CO_2/l \times 12kg\text{-}C/kmol}{8,720kcal/l \times 44\ kg/kmol}$$

= **20.6kg-C/h** ···b

a+b= **41.5kg-C/h/200kW**

* "下水道における地球温暖化防止実行計画策定の手引き" 日本下水道協会より

CO_2排出量削減効果
・買電+ボイラに比べ、32%
・FC(200kW)1台当たり年間 113 ton(炭素換算)

図2　消化ガス燃料電池の CO_2 排出量削減効果

第12章　資源循環型社会に適した燃料電池

去することが必要で，燃料電池発電設備の上流に前処理装置が付加される。

　バイオガス／消化ガス中に含まれる微量成分はユーザー毎に異なるため，前処理装置は，その組成や処理流量に基づいて最適設計を行い，ユーザーのニーズに合ったものが要求される。

　まず，バイオガスを適用した燃料電池の，排水処理システムを含めた全体システム構成例を図3に示す。約80Nm^3/hのバイオガスから200kWの電力が得られ，その電力は工場内で系統連系している。また，熱（60℃供給，27℃戻り，737MJ/h）は排熱処理システムの加温用や工場内での熱利用設備への熱源として利用できる。

　1997年にバイオガス適用燃料電池発電システムを導入したサッポロビール千葉工場では，ビール1kl製造に要する使用電力を約6％削減でき，燃料電池にて電力と同時に発生する熱の利用により，ビール1kl製造に要する石油燃料を約2％削減できた。

　これまでに，バイオガス適用燃料電池発電システムは，サッポロビール千葉工場のほかに，アサヒビール四国工場，キリンビール栃木工場に導入されている。

　次に，消化ガスを適用した燃料電池を紹介する。1994年から1998年にかけて実施した横浜市下水道局と燃料電池メーカである東芝が共同研究を行い，1996年2月には，世界で初めて消化ガスによる燃料電池発電に成功した。

　これまで，消化ガスは消化タンクの加温や汚泥焼却炉の補助燃料として利用され，1980年代にはガスエンジン発電機の燃料に使用されてきた。

　従来のガスエンジン発電に比べ，エネルギー効率や環境面で優れている消化ガス適用燃料電池発電システムが，国内初の実用機（200kW機）として，1999年11月に横浜市下水道局北部汚泥処理センターに導入された。

　下水処理システムの一部を含めた全体システム構成例を図4に示す。

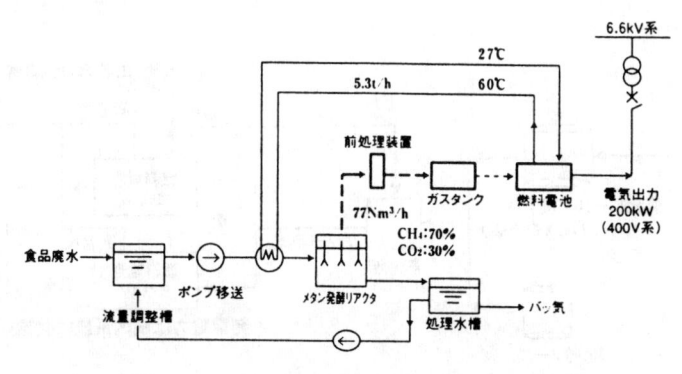

図3　バイオガス適用燃料電池のシステム構成例

第3編　再資源化システムの実例

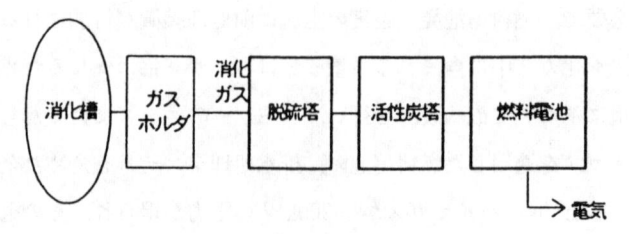

図4　消化ガス対応燃料電池システム

3.2　排メタノール適用燃料電池発電システム

　半導体などを製造する電子材料メーカでは，製品の洗浄や乾燥にメタノールやイソプロピルアルコールを使用している。それら使用済アルコールは，これまで産業廃棄物として，産業廃棄物業者にて有償で処理されたり，電子材料メーカにて焼却炉の助燃材として使われていた。

　これらの排メタノールなどには，約50％の水分と，若干の不純物が含まれているが，燃料電池発電設備の上流に前処理装置を設置することにより，燃料電池の燃料として十分利用可能である。

　この排メタノールなどの有効利用により，廃棄物の削減・再資源化とともに，二酸化炭素や大気汚染物質の排出量の低減などの環境面にも効果があり，まさに環境循環型社会に適したシステムである。

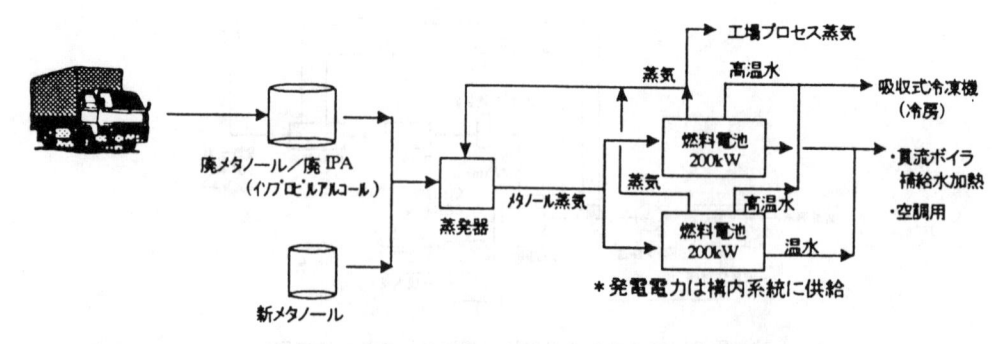

　1998年，セイコーエプソン豊科事業所に導入された排メタノール適用燃料電池発電システム（200kWを2台，計400kW）の概略フローを図5に示す。発電した電力は系統連系し，工場内にて利用されている。また，同時に発生する熱のうち，蒸気（155℃）は工場蒸気ヘッダーに接続され，高温水（85℃）は吸収式冷凍機に供給され，工場の空調に利用され，また温水（60℃）はボイラー給水予熱や工場の空調に利用されている。

　排メタノール適用燃料電池発電システム（200kWを2台，計400kW）を導入することにより，

図5　セイコーエプソン豊科事業所に導入された排メタノール適用燃料電池発電システム

第12章 資源循環型社会に適した燃料電池

従来の買電とA重油焚ボイラーによる供給と比較して，原油換算 337kl/年のエネルギー削減となった。同時に二酸化炭素排出量は 14.5％（100トン/年）削減でき，NO_x 排出量は 1/15 に低減，SO_x 排出量はほぼゼロにすることができた。

4 おわりに

このように燃料電池が環境循環型社会において，地球環境改善に対する非常に有効な手段であることが理解いただけたと思う。

今後，国内ばかりでなく，全地球的な規模で燃料電池が普及し，さらに多くの燃料電池が環境循環型社会において活用され，全地球上の生物が安心して暮らすことのできる地球環境に改善されることが望まれる。

5 問い合わせ先

㈱東芝　電力システム社　燃料電池事業推進部
電話：03-3457-3624

文　　献

1) 小川雅弘，燃料電池による食品工場排水からのエネルギー回収，食品工場長 10 月号，pp16-17 (1998)
2) 第 2 回（平成 9 年度）「21 世紀型エネルギー機器等表彰」（新エネバンガード 21）受賞機器・導入事例一覧表，㈶新エネルギー財団，pp12
3) 篠崎功ら，下水道分野における燃料電池の適用，第 7 回燃料電池シンポジウム予稿集，燃料電池開発情報センター（2000）
4) 竹村雅志，第 7 回燃料電池シンポジウム予稿集，燃料電池開発情報センター（2000）
5) 第 4 回（平成 11 年度）「21 世紀型エネルギー機器等表彰」（新エネ大賞）受賞機器・導入事例一覧表，㈶新エネルギー財団，pp14
6) 白岩義三，燃料電池とは，建築設備と配管工事 1 月号，pp9-15 (2000)

第13章　ビール粕からの有機質肥料の再資源化
― サッポロビール㈱ ―

八木橋信治[*]

1　概要

　ビール粕を原料として発酵中の好気性や水分条件を最適化し，安全性が高く特徴ある有機質肥料の開発に成功した。開発肥料は，普通肥料として登録でき，有機栽培に安定的に供給可能な肥料として期待される。

　本技術は，食品産業において大量に排出される有機性廃棄物のリサイクルループ構築の一助になると思われる。

2　はじめに

　世代を越えて人々に楽しみと喜びを与えてきたビールの製造には，自然からの恵みの産物である大麦，ホップ，酵母，それに水や副原料が使われている。ビール製造で発生する副産物の約70％を占めるビール粕は，その特性より古くから飼料や肥料として再利用されてきた。

　我が国では，年間約100万トンのビール粕が発生し，その80％以上は家畜等の飼料として利用されている[1]。

　ビール粕飼料は，主たる酪農や畜産地域である北海道，東北や九州地域で利用されているが，ビール消費地に近い都市部の工場は，飼料消費地からは遠く，年々その輸送費用が上がり，再利用のための費用は増加する傾向にある。飼料価格は，輸入飼料の安値等の影響を受けやすく，支障なくビール製造を行うために，飼料化とは別の再利用法の確立が必要な状況であった。

3　なぜ有機質肥料化なのか

　大量に発生するビール粕が問題なく再利用されるには，再資源化した製品が継続的に滞ることなく使用され，かつ，事業的にも成立可能となる条件を満たす必要がある。

　多大な輸送費の低減のためにも発生量の多い都市圏の工場の場合，処理，利用する地域は，できる限り近いところが望ましく，飼料以外の効率の良い再資源化製品の可能性を調べた。

　その結果，最近になり食物に対する安全性や健康志向から有機農産物の需要増加につれて有機

---

　[*]　Shinji Yagihashi　サッポロビール㈱　醸造技術研究所　マネージャー

第13章　ビール粕からの有機質肥料の再資源化

栽培農家が徐々に増え始めてきており[2]，栽培に必要な安全性の高い有機質肥料としての需要が見込めた。

ビール粕は，食品製造の副産物であり，安全性が高く，植物繊維質が豊富である上に，年間を通してほぼ均一な成分である。

これらの状況から，ビール粕を原料とした都市近郊型農業に提供可能な有機質肥料化技術の開発を行うことにした。

4　工業的に安定した肥料製造方法の開発

ビール粕から製造した堆肥は，我が国では明治時代から利用されてきている[3]。関連技術も多々あるが，その内容は堆肥化する微生物の選定等が大部分であり，製造期間も比較的長く，工業的な生産に対応したものではなかった。

開発に先立ち，有機性廃棄物の肥料化製造法に関する調査，検討を行った[4〜10]。

その結果，目標とする有機質肥料は，
・作物に対して肥料効果がある，
・作物や環境に対して安全である，
・環境保全や土壌管理に有用な物質を有している，
等が要件であり，有用な肥料開発の技術目標を以下に定めた。

① 品質が安定した再現性のある製造技術を開発する。
② 栽培植物や環境に安全な肥料を開発する。
③ 工業的にかつ短期間で肥料化する。

5　製造条件の選定

有機性廃棄物の肥料化では，好気性菌や嫌気性菌が主に使われている。

好気性発酵では，有機性廃棄物中の易分解性物質であるタンパク質やデンプン，脂肪分などがより低分子のアンモニアや低級脂肪酸までに，さらにセルロース，リグニン等の難分解物が分解され，その過程で微生物菌体が増殖し安定な状態へと変化する[4, 5, 10]。

一般的に嫌気性発酵は，好気性発酵に比較して分解時間が長い。

本開発では，製造期間の短縮化や品質の均一化を達成するために好気性発酵法を採用した。

6　好気性発酵法によるビール粕肥料の製造
ビール粕の組成

ビール製造の仕込み工程では，麦芽中のデンプンは糖化され水溶性のタンパクなどともに麦汁

液としてビール原液となる。

麦汁が濾しとられた後，溶解していないタンパクやデンプン，脂肪などが難分解物である大麦の籾殻とともにビール粕として発生する（表1）。

6.1 原料水分の適正化

発生直後のビール粕は水分を多量に含んでおり，輸送や発酵には適さないのでスクリュープレス式脱水機等で脱水し，含水率を65％ほどに落とした。

6.2 好気性条件の適正化

ビール粕を発酵させ短期間で安定物質へ変換するためには，好気性菌が活発に活動できる状態にする必要がある。好気性菌は，雰囲気酸素濃度が10％以上維持されていれば十分な発酵が行えるとの報告[3,7]があるが，発酵をより促進するため，発酵中も層内に十分に空気を送り，層内の酸素濃度を17％以上に維持した（図1）。

表1　ビール粕の構成成分

項目	分析値（％）	項目	分析値（％）
粗タンパク	22.5	全窒素	3.6
粗脂肪	11.4	セルロース	17.2
粗繊維	13.2	リグニン	8.4
粗灰分	3.8	β-グルカン	11.4
水分	8.4	デンプン	1.9

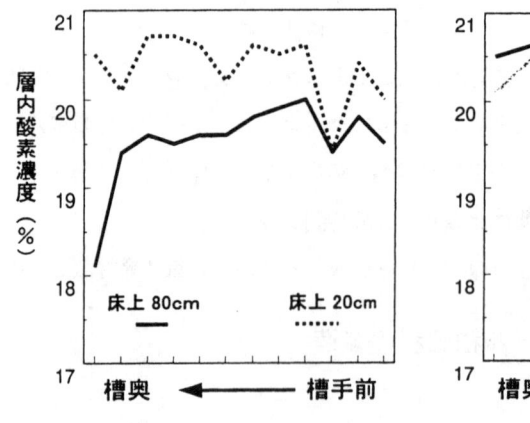

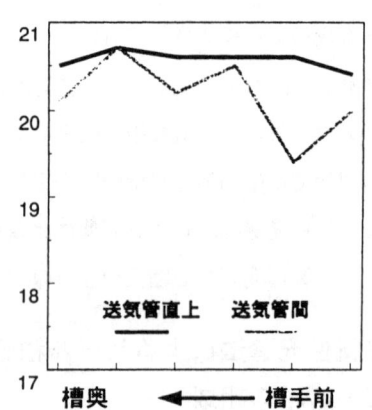

図1　発酵中の層内酸素濃度

第13章　ビール粕からの有機質肥料の再資源化

6.3　発酵中の水分の適正化

発酵当初は主にバクテリア等の働きと増殖により高温状態が続き，発酵層から大量の水分蒸散が起こる。最適な活動[6]を維持するために，発酵中の水分を55%～65%に調整した。

6.4　攪拌による均一化

固相発酵における発酵状態の不均一化を改善するため，発酵中は回転式攪拌機で連続攪拌した。
以上の発酵条件を満たしながら好気性発酵をすると，発酵開始当初から2週間程は70℃を超える状態が続き，pHは7.0を超え，易分解性のタンパクやデンプンさらに脂肪などが分解されて，アンモニア，アミンや低級脂肪酸の生成，消長が認められた（図2）。

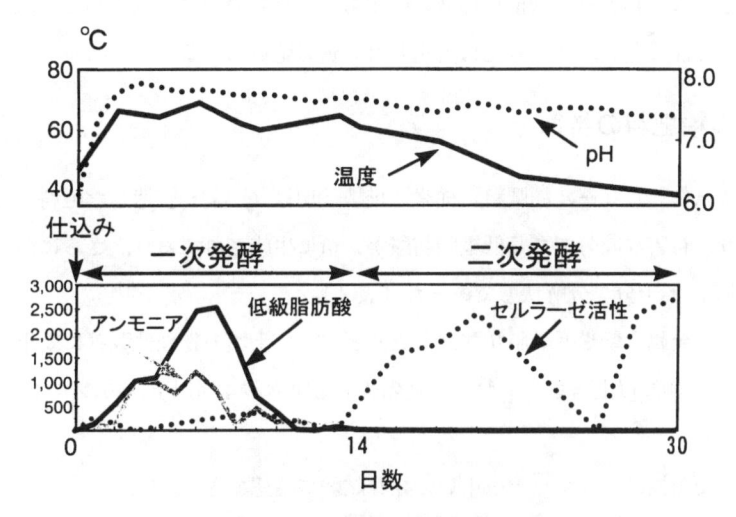

図2　ビール粕の好気性発酵経過

図3　ビール粕肥料の形状

この時期には，僅かにセルラーゼ活性が観察されることから，一部の高分子セルロースやヘミセルロースの分解[14]もあると推察される。

長期間の高温状態により，メイラード反応が進み発酵物は徐々に濃褐色に変化した。

この頃から白色の糸状菌等が観察され，放線菌特有の臭いが感知でき，菌叢の転換が認められた。

発酵2週間目以降は，アミン，アンモニア類がほとんど発生しなくなり，発酵温度も徐々に降下した。

発酵物のセルラーゼ活性は温度の低下とともに上昇し，転換した菌群により，難分解物であるセルロース類が分解される。

セルラーゼ活性の上昇とともに攪拌作業の影響も加わり発酵物は粒状となり（図3），発酵は，開始後約1ヶ月で沈静化し，ビール粕は安定した品質の肥料になる。

7　ビール粕肥料の特徴

約1ヶ月間で試作したビール粕肥料と従来の堆積，切返しにより製造した肥料とを比べると，従来法では作物に有害な成分である低級脂肪酸が大量に生成されており，さらに分解の指標となるC/N比も高く，不十分な分解状態であった（表2）。

試作肥料は，重金属含量や低級脂肪酸がほとんどなく，土壌の物理性改善に効果があるとされている腐植質[13]が40％以上含まれており，肥効成分も窒素が4％以上，リンも2％以上を含有していた（表3）。

植物に対する安全性は，コマツナを用いた発芽試験で確認できた。

牛糞バーク堆肥を対照としてコマツナを用いた肥効特性試験の結果では，ビール粕肥料は，施

表2　発酵法による成分比較

（無水物換算）

項　目	好気性発酵法	嫌気性発酵法
低級脂肪酸（ppm）	0	71,000
全窒素量（％）	5.1	4.8
リン（P_2O_5）（％）	3.4	1.7
C/N比	11.2	16.0
セルラーゼ活性	3,200units	250units
灰分（％）	10.1	7.7
pH	7.3	5.6
電気伝導度（mS/cm）	1.89	3.87

※発酵開始後1ヶ月目のサンプルを分析

第13章　ビール粕からの有機質肥料の再資源化

肥量の増加とともに生体重の増加があり，4倍区は3倍区に比べてやや劣るが大量に使用しても障害のないのが確認できた（図4）。

牛糞堆肥の方は，4倍区では明らかに他の試験区に比べて生育が劣り，大量施用による障害が認められた。

また，ビール粕肥料は，1倍区でも牛糞堆肥区の最大区（3倍区）を上回っており，少量でも施肥効果が大きいことが確認された[14]。

その後，野菜，花卉などの栽培農家において実栽培に試用して頂いたが，扱いやすく，生育が

表3　ビール粕肥料の成分組成

項　目	単　位	分析値
全窒素	%	4.4
リン（P_2O_5）	%	2.5
カリ（K_2O）	%	0.6
砒素	mg/kg	0.5 未満
水銀	mg/kg	0.012 未満
銅	mg/kg	32
亜鉛	mg/kg	170
腐植質	%	48.5
pH		7.2
水分	%	18.7

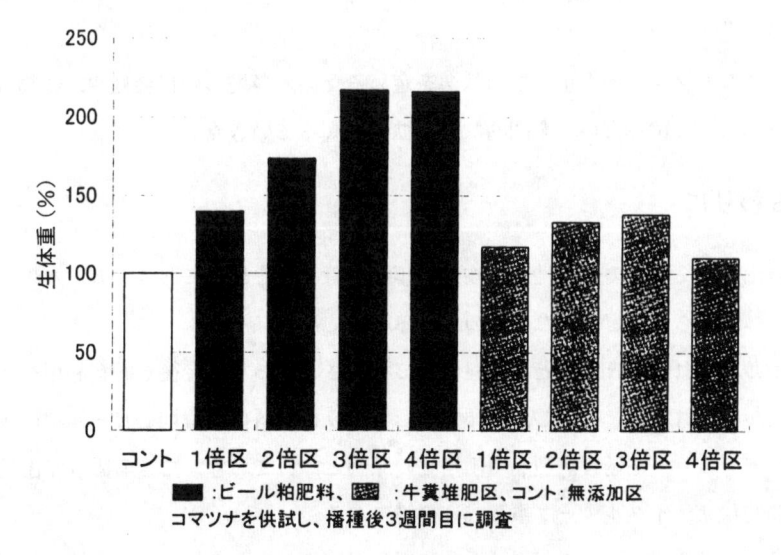

■：ビール粕肥料、▨：牛糞堆肥区、コント：無添加区
コマツナを供試し，播種後3週間目に調査

図4　ビール粕肥料と牛糞堆肥の比較

良いとの好評を得ている。

8 開発肥料の普及に向けて

次に栽培試験の結果を踏まえて,開発肥料の普及について検討した。昨今,有機性廃棄物を原料とした肥料が種々販売されており,大部分は,特殊肥料という位置付けである。

肥料取締法では,肥料成分を保証した普通肥料とそれ以外の特殊肥料に大別される[11]。

普通肥料は,普通肥料間の混合による成分調整をして様々な作物に適した肥料として製造,販売できるが,特殊肥料はそれができない。

試作肥料の普及拡大のため,肥料取締法の肥料規格に照合したところ,普通肥料の副産植物質肥料に適合したので,静岡県農林水産部の指導を得て1999年7月に肥料登録をした。

因みにビール粕を原料とした普通肥料登録は,我が国最初である。名前は,ビール粕に因み「モルトスター」と命名した。

最近の有機栽培農産物の増加に対応して,農林水産省はガイドラインを策定し,2000年より施行されることになっている。

有機栽培がどこまで広がるか未知の部分もあるが,有機質肥料を上手に使うことにより,土壌の保全や改善[10, 12, 13],さらに化学肥料の過剰施肥による環境への障害拡大等を抑制する効果が期待される。

このたび開発したモルトスターは安全性が高く,他の有機質肥料にはない特徴をもっており,環境保全型農業推進の一助となるのを大いに期待している。

モルトスターは,開発してから日が浅く,多種の作物栽培における施肥方法を確立したとは言えない。

今後は,モルトスターの適正な使用基準を定めるため,各地の肥料会社や,作物栽培などの試験機関と協力して試験を行い,全国的な普及拡大を図っていきたい。

9 おわりに

全国で排出される種々の有機性廃棄物は,年間1億トンを越えており,ビール粕は,高々100万トンと全体量からすると微々たるものである。

ビール粕は,これまでほとんどが飼料として利用されており,今後も飼料利用を図るべきとの見方があるかも知れない。しかし,冒頭で述べたように飼料の消費地とビール粕の産出地は必ずしも近接していなく,輸送費が製品の価格高の原因となっており,できる限り産出地近くでの再利用が永続的なリサイクルループ事業成立の鍵である。

筆者らは,大量のビール粕を工場の近くで再利用できないかを検討し,有機質肥料を開発して

第13章　ビール粕からの有機質肥料の再資源化

都市近郊型の農業に利用できる可能性を見出した。

　本肥料開発により得られた知見は十分なものではないが，日本の農業に貢献できる産業廃棄物の再資源化技術として利用されれば幸甚である。

10　問い合わせ先

　サッポロビール㈱　醸造技術研究所

　電話：054-629-7989

　最後に，ご協力を頂いた㈱微生物農法研究所の皆様と，肥料登録に際してご指導頂いた静岡県農林水産部の皆様に心よりお礼申し上げる。

文　　献

1) 小林富二男, 畜産コンサルタント3月号, 10 (1998)
2) 山田泰三, 有機流通ビジネス, ダイアモンド社, (1997)
3) サッポロビール120年史, サッポロビール社 (1996)
4) 大阪府立農林技術センター, 農林水産省補助事業「再生有機肥料安定供給事業」研究中間報告 (1995)
5) 藤田賢二, コンポスト化技術, 技報堂 (1995)
6) 金子, 藤田, 土木学会論文集, 369, II-5 (1986)
7) 金子, 藤田, 都市清掃, 43, 177 (1990)
8) 永井達夫ら, バイオサイエンスとインダストリー, 54 (4), 264 (1996)
9) 北脇, 藤田, 衛生工学会論文集, 20, 175 (1984)
10) 西尾, 藤原, 菅家, 「有機物をどう使いこなすか」, 農文協 (1995)
11) ポケット肥料要覧, 農林統計協会 (1998)
12) 小林達二, 「根の活力と根圏微生物」, 農文協 (1995)
13) 山根一郎, 「土と微生物と肥料のはたらき」, 農文協 (1995)
14) Shinji Yamashita et al. Proceedings, 25th Convention of the institute of Brewing-Asia Pacific Section (1997)

第14章　ウイスキー蒸留残液の嫌気処理システム
— サントリー㈱ —

徳田昌嗣*

1　概要

　ウイスキー製造工程では副産物として大量の蒸留残液が発生し，その処理には多くのエネルギーが必要であった。サントリー㈱では，大学との共同研究により環境負荷低減型の蒸留残液嫌気処理システムの開発を行い，白州蒸留所と山崎蒸留所に導入した。

2　技術開発の狙い

　ウイスキーや焼酎等の蒸留酒は，原料である穀類の澱粉を糖に変換した後に酵母を添加しアルコール発酵させ，蒸留によりアルコール分を分離して貯蔵したものである。このうち，蒸留工程からはアルコール1に対して約10倍量の蒸留残液が副産物として発生する。

　従来は，この蒸留残液を濃縮機により約10倍まで濃縮して飼料として売却を行ってきた。しかしながら，円高の影響から海外の安い飼料が輸入されることによりその飼料価値が下落し，それに従って濃縮処理そのものの経済性が崩れた。一方で海外に目を向けてみると，蒸留残液の海洋投棄が環境保護の立場から規制されるようになった。このように，国内外を問わず経済的かつ環境保全的に優れた新しい蒸留残液処理方法の開発が迫られた。

　新規開発の蒸留残液処理方法のコンセプトを，図1に模式的に示す。ウイスキーの原料である大麦は，土壌中にある栄養素が太陽光エネルギーを利用して生物的に合成されたものである。そこでコンセプトの基本に据えたものは，原料からウイスキーを得て，残りは天然のリサイクル系に返還することである。即ち，蒸留残液中に含有されているリン成分は結晶物として回収し肥料化して土壌へ還元し，窒素成分は窒素ガスとして大気に直接還元する。また，有機物は嫌気性処理により分解してバイオガス化し，そのエネルギーを利用して固形物を乾燥して飼肥料とする。この新規プロセスを経ることにより，蒸留残液中に含有される有機物は気体，固体の形で自然界に還元され，結果的に仕込工程で使用された水に戻り，これもまた河川に還元することができる。

　サントリーでは，これらのコンセプトを元に大学との共同研究を行ってシステムの基本構成を作り上げた。さらに，水処理メーカーと共同現場パイロット実証テストを実施して実用の処理性

---

　* Masatsugu Tokuda　サントリー㈱　エンジニアリング部　課長

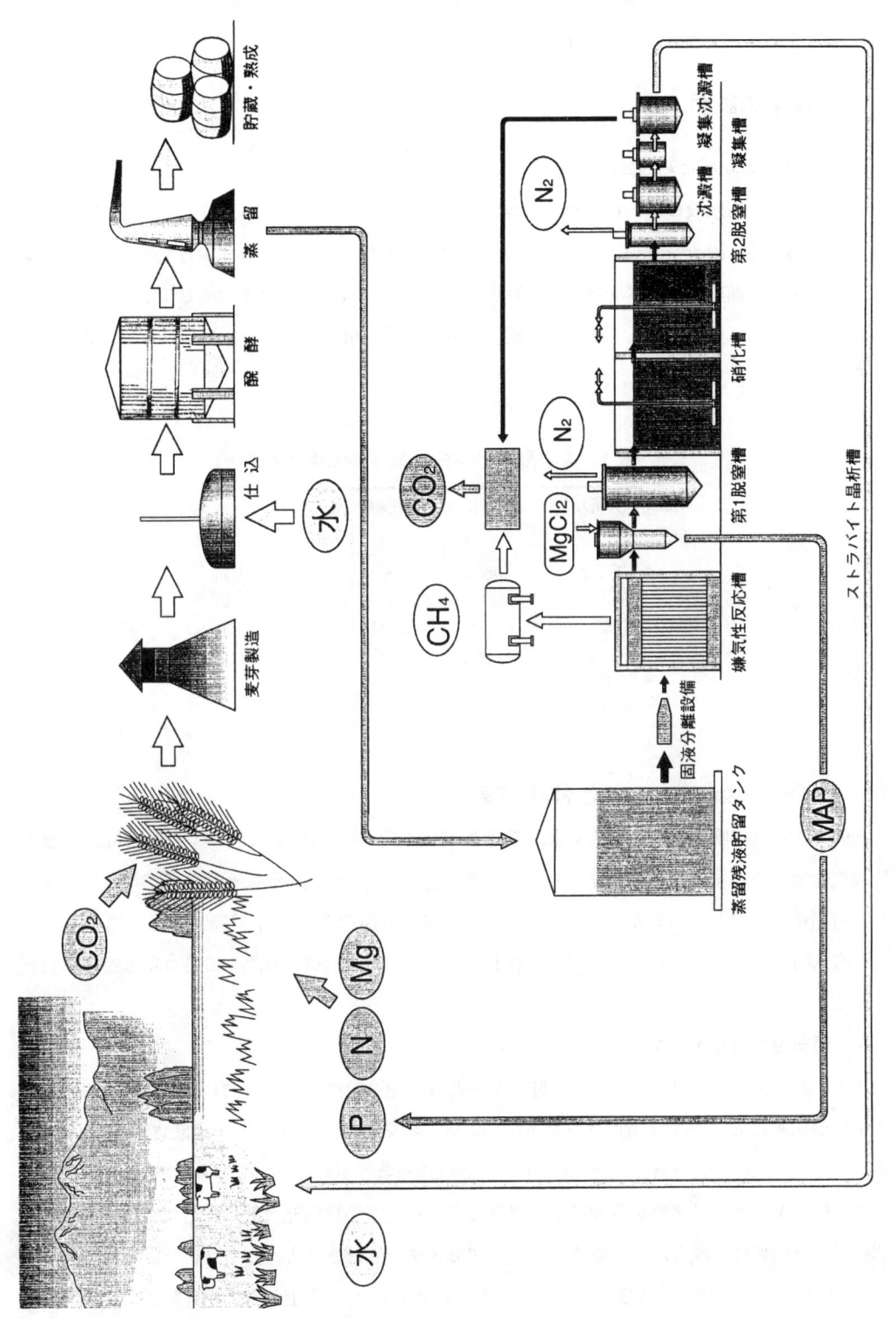

第14章　ウイスキー蒸留残液の嫌気処理システム

図1　蒸留残液処理システムのコンセプト図

能を確認し，初めに白州蒸留所（山梨県北巨摩郡白州町），続いて山崎蒸留所（大阪府三島郡島本町）にそれぞれ実機を導入して稼動に至った。

3 技術の説明

3.1 蒸留残液の組成と処理目標水質

ウイスキー蒸留残液は茶褐色の酸性の液体で，蒸留終了後に高温で排出され，残液中には溶解性の有機物の他に酵母や凝固蛋白質などの固形分が含まれている。これらの有機物は，嫌気処理を中心とする一連のシステムを経て分離除去された後，他の工場排水と合流してさらに活性汚泥処理され，河川に放流される。表1に，蒸留残液の水質分析値とシステム出口における処理目標水質を示した。

表1 蒸留残液の水質分析値と処理目標水質

分析項目	単位	蒸留残液	処理目標
pH		3〜4	6〜8.5
CODcr	mg/L	60,000	—
BOD	mg/L	33,000	<20
全窒素	mg/L	2,300	<170
全リン	mg/L	1,000	<8
浮遊固形物	mg/L	7,500	<30
色度	度	—	<50

3.2 サントリー白州蒸留所における設備概要

1996年に，白州蒸留所において好気性排水処理装置の一部を改造し，一日当り100m^{3}の蒸留残液処理能力を有する嫌気性処理システムを導入した。約2年間の運転を通して処理水質はすべての目標値を満足していることが確認され，1999年より能力を一日当り200m^{3}まで増強した。初期導入時の設備フローシートを図2に示すとともに，構成設備それぞれの持つ特徴を以下に概説する。

(1) 嫌気性処理リアクター

排出された蒸留残液は，一旦貯槽に貯えられた後に遠心分離機により含有固形分が除去され，さらに冷却水にて約36℃に調節された後に固定床式嫌気処理リアクターに送液される。リアクター内部にはHerding GmbH社製（ドイツ）の特殊充填剤が装填されており，その表面には嫌気性分解に関与する微生物が多種多量に棲息している。この特殊充填剤の利用により，高濃度の蒸留残液は前処理の酸発酵を経ることなく高速でメタン発酵される。リアクター内の滞留時間は約2.5日あり，この間に高濃度に含まれていた有機物の約80％以上が微生物分解され，メタンを

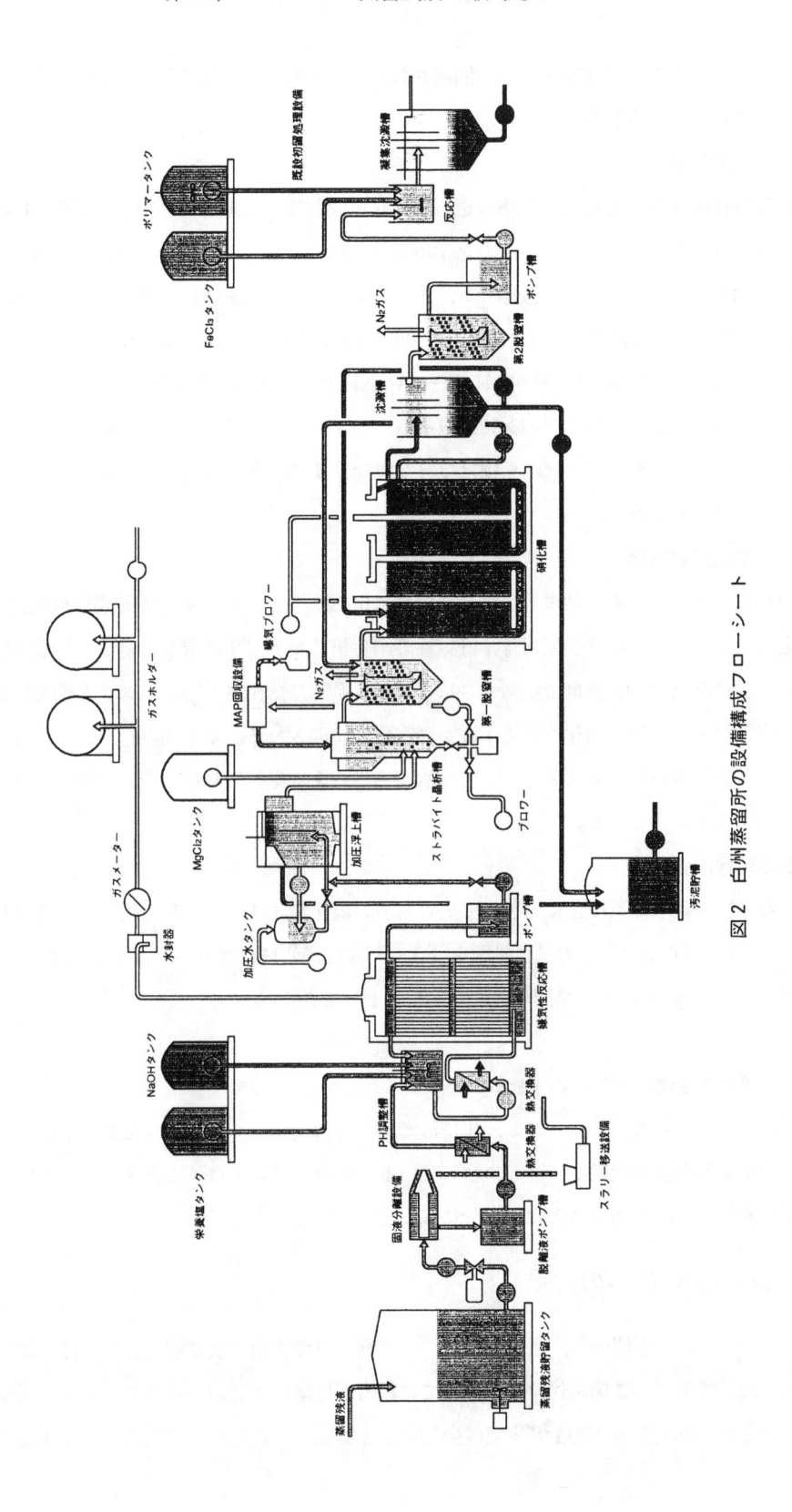

第14章 ウイスキー蒸留残液の嫌気処理システム

図2 白州蒸留所の設備構成フローシート

主成分としたバイオガスに変換される。回収されたバイオガスは，前処理で遠心分離された固形物の乾燥用燃料として再利用される。

(2) リン除去設備

嫌気処理液は引き続いて加圧浮上槽に送られ，浮遊固形物を分離された後にMAP晶析槽で連続脱リン処理される。本設備では，次の化学量論式に従ってアルカリ性の条件の下で塩化マグネシウムを添加することによりリン酸態リン，及びアンモニア態窒素はリン酸マグネシウムアンモニウムの結晶物（略称MAP）となり，1.0～2.0mm の球状固形物として同時回収される。

$$Mg^{2+} + NH_4^+ + HPO_4^{2-} + OH^- + 6H_2O \rightarrow MgNH_4PO_4 \cdot 6H_2O + H_2O$$

MAP晶析槽内ではリン酸態リンの90％以上が，アンモニア態窒素の約20％が結晶物として系外に除去され，得られたMAP結晶物は良質な緩効性リン安系肥料として有効利用され，再び土壌の栄養源に還元される。

(3) 生物学的脱窒設備

脱リン処理が終了した水は循環式生物脱窒設備に自然流下し，残留する窒素成分が窒素ガスとして除去される。アンモニア態窒素は，好気性の硝化槽において生物酸化を受けて硝酸態窒素に変換され，次に嫌気性の脱窒槽で窒素ガスに転換され系外に排出される。システム構成上は脱窒，硝化の順序になっており，硝化反応終了液が脱窒槽に循環される。この組み合わせにより，脱窒反応で外部から供給必要なメタノールなどの水素供与体を嫌気処理時に生成した残留有機酸で代替することを可能としている。

(4) 脱色処理設備

最終工程では処理水が茶褐色に着色しているため，塩化第2鉄を使用した凝集沈殿処理を施して目標色度である50度以下まで脱色処理を行う。凝集沈澱処理により，わずかに残留していたリン酸態リンも1mg/L以下まで同時に取り除くことができる。

3.3 新蒸留残液処理システムの運転コスト

白州蒸留所に導入した新システムの，単位液量当たりの運転コストを設備償却費が除かれた形で，従来の濃縮処理法と比較し，図3に示している。新システムではエネルギー費と人件費の大幅な削減が奏効して，全体コストは約半分になっている。

4 地球環境保護への貢献

表2に新システムの水使用量，電力使用量，副産物・廃棄物量，及び要員数を濃縮処理法と比較して示した。特筆すべき環境保全効果としては電力使用量が半分以下になり，また工場から搬出される副産物・廃棄物量が約1/5まで減少したことである。これらは，間接的には発電所や輸

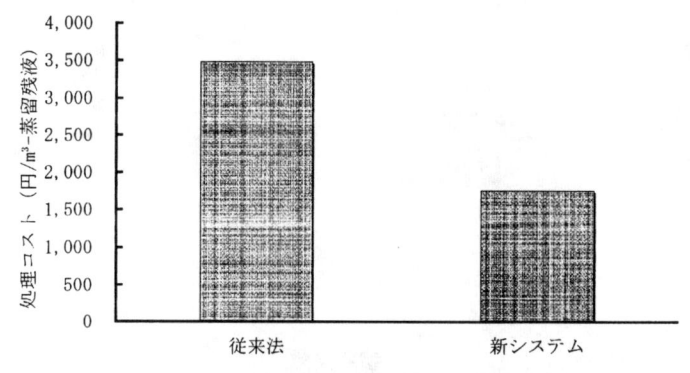

第14章 ウイスキー蒸留残液の嫌気処理システム

図3 運転コストの従来法との比較
(設備償却費除く)

表2 新規システムの環境負荷低減効果
(1997年度,100m³/D処理)

評価項目	(単位)	導入前	導入後	削減率
水 使 用 量	千t/年	114	23	80%
電 力 使 用 量	Mwh/年	6,216	3,444	45%
副産物・廃棄物量	t/年	4,100	900	78%
要 員 数	人	11	2	82%

送トラックにおける燃料の使用,及び炭酸ガスの排出削減に貢献していることになる。

さらに,本システムは嫌気性処理工程において蒸留残液中に含まれている有機物からバイオガスを燃料として回収することができる,創エネルギーシステムである。発生するバイオガスを重油に熱量換算すると,100m³当たりの蒸留残液処理から約1kLの重油に相当するエネルギーが生み出されたことになる。

このように,微生物を利用した蒸留残液処理は物理的な蒸発濃縮法と比較して経済的であることは言うまでもなく,環境保全面においても極めて優れた処理システムと言える。

5 展望と結言

ここで紹介したシステムは,ウイスキーや焼酎などの蒸留残液処理への利用にとどまらず,天然物を原料としたあらゆる発酵産業に応用可能である。特に嫌気性処理による副産物からのバイオガス回収技術は,地球規模でのバイオマスエネルギーの有効利用につながる。今後,広範囲に本技術が展開されることが期待される。

6 問い合せ先

サントリー㈱　エンジニアリング部

電話：06-6346-1379

参考文献

1) 「ウイスキー蒸留残液のメタン発酵を主体とする高度処理プロセスのパイロットプラントによる実証試験」，第30回日本水環境学会年会講演集，P432，平成8年3月
2) A new system for Whisky Pot Ale treatment using anaerobic digestion, Proceedings of the fifth AVIEMORE conference, Institute of Brewing, P386-P389
3) Pilot plant test for removal of organic matter, N and P from whisky pot ale, *Process Biochemistry*, **35** (1999) 267-275

第15章　焼酎蒸留残さの処理と灰分の有効利用
― 宝酒造㈱ ―

西尾修治*

1　はじめに

　近年，地球規模での環境保全が叫ばれる中，当社においても全社的に環境保全活動への取り組みを展開している。環境負荷の削減，とりわけ廃棄物の削減と再利用化の促進はその重点課題である。

　1996年度に全社的な環境保全プロジェクト「エコチャレンジ21」を発足させ，全社目標のひとつにゼロエミッションを挙げている。当時最大の廃棄物が焼酎の蒸留残さであり，年間約3万トン排出していた。そして，この残さを当時一般的に認められていた海洋投入によって処分していた。しかし，ゼロエミッションの目標を達成するためには，蒸留残さを低コストで処理し，かつ有効利用を図ることが最大の課題であった。以下に業界に先駆けて導入を果たした，当社の濃縮―焼却法とその産物である灰分のセメント原料への利用について紹介する。

2　背景

　宝酒造㈱高鍋工場は宮崎県中央部海浜地に位置し，当社の基幹商品である焼酎の原酒製造に特化した工場である。即ち，「純」「純レジェンド」等の甲類焼酎用の樽詰め貯蔵原酒と本格焼酎（乙類焼酎）原酒を製造している。

　この高鍋工場のある南九州地方は乙類焼酎の本場であり，生産場は149場（1997醸造年度：7月～6月）に及んでいる。この地域の焼酎製造に伴って排出される蒸留残さは年間39万6000トン（1997醸造年度）である。かつてはこの残さは田畑へ肥料として還元することで処理されていたが，近年の焼酎ブームによる焼酎生産量の増加，また田畑への還元についての規制強化等により海洋投入による処分が増えていた（表1）。

　しかし，海洋汚染に対する国際的批判が高まり，「廃棄物その他の物の投棄による海洋汚染防止に関する条約」いわゆる1980年のロンドン条約の締結により，海洋投入処分が原則的に全面禁止されることになった。ただし，焼酎蒸留残さは例外物質として現在も海洋投棄が認められている。

---

*　Syuji　Nishio　宝酒造㈱　技術・供給本部　環境保全推進室長

第3編　再資源化システムの実例

表1　焼酎蒸留残さの処理状況（南九州：4県）
1997醸造年度

処理法	蒸留残さ量 （千トン）	比率 （％）
海洋投棄	166	42.0
特殊肥料	93	23.5
飼　　料	53	13.3
そ の 他	84	21.2
計	396	100

特殊肥料：肥料として田畑への還元

（熊本国税局資料より引用）

当社においては，蒸留残さを1989年までは田畑へ肥料として還元処理，1989年以降は海洋投入による処分を行ってきた。しかし，海洋汚染に対する批判の高まりに応じて，1994年より陸上処理の検討に着手し，1998年より濃縮―焼却法に切り替えた。

3　焼酎蒸留残さの処理方法の検討

陸上処理に向けて比較検討した処理方法の主なるものは，①微生物分解法，②コンポスト法，③濃縮―飼料化，④濃縮―焼却法である。

ここで，考慮すべき問題は当高鍋工場の生産物の特殊性であった。原料の種類が多い，発酵法・蒸留法が異なっている等で極めて性状の異なる蒸留残さが出てくることである。これに期間変動が加わることで一層処理方法の選定が困難になった。即ち，使用原料面から見ると，米・麦・トウモロコシ・コーンスターチ・甘藷を主原料として使用し，前処理や発酵方法が焼酎原酒のタイプによって異なる。

次いで蒸留法から見ると，単式蒸留（常圧），単式蒸留（減圧），連続式蒸留を使い分けている。これらの結果，排出される蒸留残さの性状が大きく異なっている。

実際に排出される蒸留残さの一般分析値例を表2に示した。

このように性状の大きく異なる蒸留残さが期間変動を伴い排出されることを考慮し，以下の処理方法を検討した。①微生物処理は嫌気発酵と活性汚泥法の組み合わせを検討したが，大型の処理設備が必要になり，また負荷変動が大きく安定運転が困難なため不可能と判断した。②コンポスト化は宮崎県工業試験場が中心となり検討されていたが，当社の排出残さは有機物濃度が極めて希薄であるため高度の濃縮が必要であり，また一時に大量排出されることがあり，コンポスト化には広大な敷地が必要となってくる。民間企業として経済的にクリアすることは困難であると考えられた。③焼酎蒸留残さの処理方法として，飼料化を目指す方法の検討を行った。焼酎は穀物を原料としており，その発酵・蒸留残さを飼料として利用することは非常に有望でかつゼロエ

第15章　焼酎蒸留残さの処理と灰分の有効利用

表2　蒸留残さ分析値

蒸留残さ	pH	固形分 （％）	排出量 （トン/日）
A	3.9	8～10	20
B	3.8	8～12	15
C	4.0	2～3	100
D	3.9	5～6	300

ミッションの見地からも有効であると考えられる。

　実際，一部の乙類焼酎メーカーにおいては飼料化し，商品化されている。しかし，当社においては原料が絶えず異なり，残さの性状も異なるため，飼料としての必要要件である品質の安定化が困難である上に安定供給も危惧された。また，エネルギー的には必ずしも有利ではなく，飼料としての有価性を加味しても処理に高コストを要した。これらの理由から，④濃縮―焼却法の検討を重点的に実施した。しかし，単純にこの系を組んだときには相当量のエネルギーを必要とし，また残さの性状が絶えず異なるため定常運転が困難であった。消費エネルギーを極力抑えかつ運転を容易にすることに主眼を置いて，装置の選択と組み合わせを工夫した。

　まず，排出される残さの固形物量を見ると，大きく3タイプになる（表2参照）。固形分約10％の乙類焼酎蒸留残さ（A，B），2％のC原酒と5％のD原酒の残さである。

　また，1日あたりの排出量もそれぞれ20トン，100トン，300トンとまちまちである。これらが複雑に組み合わされて生産されているのが現状であった。このため，①一時保管のための貯槽，②固形分の多い残さの一次処理としての固液分離機，③熱効率がよく，また高度の濃縮が可能な濃縮機，④安定した連続運転が可能であり，また熱回収が可能，そして今問題となっているダイオキシン発生を抑えた焼却炉，⑤濃縮機のベーパー回収液を処理するための活性汚泥処理装置の設置について検討した。

　選定の主眼は当然のことながら，ランニングコストをいかに抑えるかということであったが，裏を返せば，エネルギーの効率的使用と最終廃棄物として出てくる灰分の有効処理に他ならない。

4　蒸留残さ処理設備の設置

4.1　貯槽

　排出量のばらつきを吸収するため，貯槽の大きさおよび台数を検討した。

　投資を最小限にするため既設の500klタンクを活用し，排出量が小さくかつ固形分の多い廃液用に100klタンクを設置することで，次工程の濃縮装置を大きくすることなく，効率的に活用することが可能になった。

4.2 固液分離装置

固形分の多い廃液については,前処理として固液分離を実施した。固形分側は直接焼却炉へ,液側は濃縮機で濃縮後焼却炉へ導入した。

4.3 濃縮装置

濃縮機は三重効用缶タイプを選定し,熱効率が良く高濃度に濃縮可能なようにした。これは,焼却時にほぼ自燃可能なレベルの固形分量(70%以上)にすることで,焼却時の重油消費を抑えるためである。また,濃縮に使用する蒸気は焼却時の熱エネルギーを回収・利用する,いわゆる廃熱ボイラーによって賄うように設計した。

また,濃縮時のベーパー回収液をブロアにより強制送風し焼却炉に導くことで,後工程の負荷の低減と臭気防止を行った。

4.4 焼却炉

今回の蒸留残さ処理プラントにおいては,焼却炉の選定が大きなウエイトを占めた。様々なタイプの焼却炉があり,それぞれが特徴を持っている。

① 濃縮乾燥法

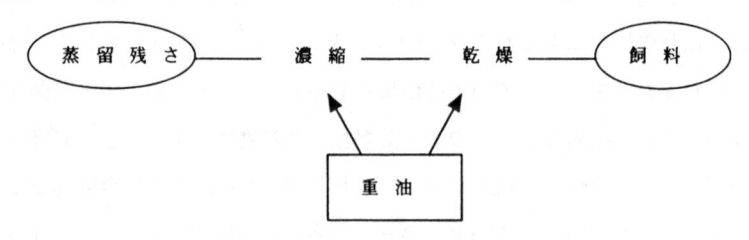

当社の蒸留残さ1トン(固形分5.3%)あたり必要となる重油量は約30kgである。
(自社試算値)

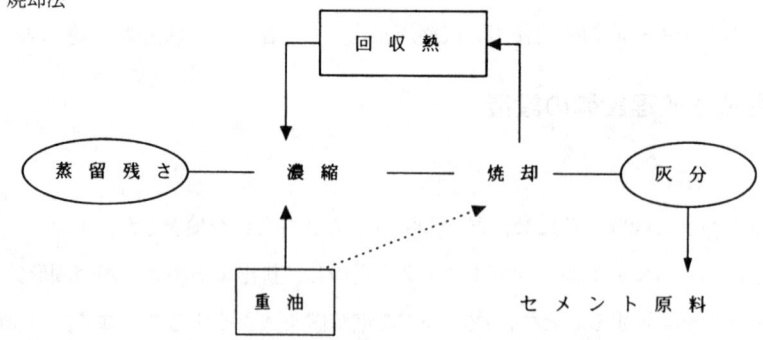

② 濃縮―焼却法

同様に蒸留残さ1トンあたりに要する重油量は焼却回収熱を利用することで約6kgとなる。

図1 濃縮乾燥法(飼料化)と濃縮焼却法の比較

第15章　焼酎蒸留残さの処理と灰分の有効利用

写真1　焼酎蒸留残さ処理設備全景

我々の選定基準として，以下を設定した。
① 維持管理が容易である。
② 操作性が優れている。
③ ランニングコストが安い。
④ 有害物の発生あるいは処理しにくい残さが排出されない。

これらの視点より流動床式焼却炉を採用し，廃熱回収のためのボイラーを組み合わせて省エネルギー化を図った。この結果，濃縮乾燥法による飼料化と比較してエネルギー使用量は格段に優れ，また処理自体を自己完結型とすることができた。

図1に，濃縮乾燥法（飼料化）と濃縮焼却法の燃料使用量からの比較を示した。

また，当社高鍋工場に導入した焼酎残さ処理設備全体（写真1）のブロックフローシートを図2に示した。

5　焼却灰のセメント原料への利用

蒸留残さの焼却により発生する灰分量は年間約100トンである。有効利用法としてセメント原料とすることを検討した。

その分析値例を表3に示す。

現在，焼酎蒸留残さの発生量は約120トン/日であり，焼却により灰が約1トン/日生成されている。原料差・ロット差はあるもののセメント原料として使用する上で特に問題なく，全量がセメント原料としてセメント会社に引き取られている。

第3編 再資源化システムの実例

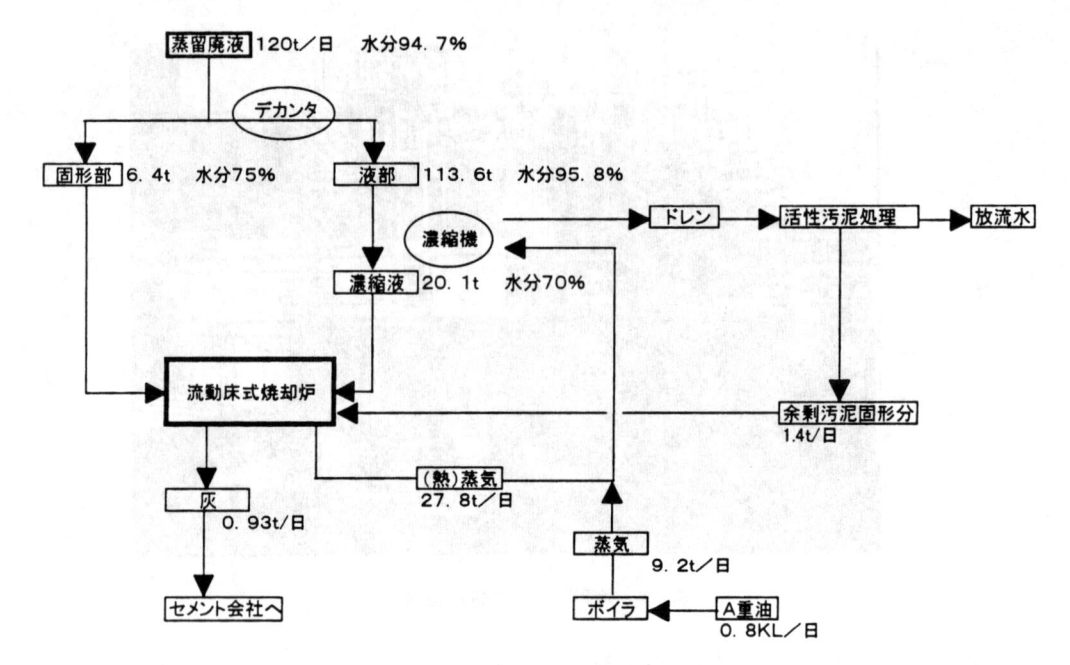

図2 宝方式蒸留廃液処理

表3 焼却灰の成分組成例（%）

	含有率（%）
SiO_2	19.3
Al_2O_3	0.6
Fe_2O_3	1.0
CaO	1.8
MgO	32.4
SO_3	7.6
P_2O_5	18.2
Na_2O	2.0
K_2O	11.5
その他	5.6

（蛍光X線分析）

6 おわりに

　当社における焼酎蒸留残さの処理法について紹介した。これが地球環境の保全の見地から最善であったかはわからない。しかし，企業としてコストを抑えつつ自己完結型の処理を目指した結果，濃縮―焼却法を採用するに至った。

　しかし，この方式以上にベストな方法の模索を今後も続けていかねばならないと考えている。

第15章　焼酎蒸留残さの処理と灰分の有効利用

7　問い合わせ先

宝酒造㈱　技術・供給本部　環境保全推進室
電話：075-241-5186

第16章　魚あらの資源化
　　　　－岸和田フィッシュミール㈱－

田中正敏*

1　概要

　水産物資源の消費過程で発生する魚あらを煮沸，圧搾，乾燥，粉砕し，無公害で安定的に良質の畜産用フィッシュミール等の飼料を製造している。

2　技術開発のねらい

　当組合は網元として大阪湾で漁業を営んでおり，その一環として鯛，はまちの養殖場を経営していた。

　1975年当初より大量の多獲性魚のいわしが水揚げされ，その安定的な販路としてフィッシュミール処理を検討していたところ，大阪府及び大阪市行政より当時各地に小規模工場が点在し，大きな悪臭公害問題に発展していた食品残渣の魚あらの処理場（化成場）の集約化の話があり，行政と共同で現地に200トン/24時間2系列のプラントを建設した。

　当時大阪府下の魚あらの発生量はおおむね80トン/日で，そのほとんどが公害対策のなされていない化成場で処理され，一部は養豚場のえさとして利用されていた。しかし悪臭公害問題により工場閉鎖に追い込まれるところが続出したため，やむを得ず，都市ごみ清掃工場で焼却処理するようになったが，ここでも悪臭公害の発生と焼却炉の著しい損傷で処理困難となった。そのような背景のもとで当工場が建設されたが，毎日悪臭に対する苦情が入りその対応に追われていた。それまでの脱臭は直接燃焼脱臭炉により216m^3/分で各種機器からの高濃度臭気のみ処理していたが，建屋換気回数を増やすべく突貫工事で800m^3/分の水洗脱臭塔を建設したところ，非常に効果がありかなりの部分で悪臭公害を防止する事ができた。一方，魚あらはスーパー，卸売市場，町の魚屋，すし屋等から排出されるもので，かなりの狭雑物（ビニール，ふきん，包丁）が混入しており，また，季節や天候により鮮度や水分の変動が激しく，これらが処理過程において大きなトラブルの要因となり，機器の磨耗や破損を引き起こし悪臭発生の大きな原因となっていた。そのため排出者や回収業者へ魚あらは資源でありごみを入れないよう協力要請をするとともに，設備的にも検討し各所にそのための改善を行った。これらのことは日々トラブルを経験し問題点

---

　　*　Masatoshi　Tanaka　岸和田フィッシュミール㈱　代表取締役

第16章　魚あらの資源化

を把握している現場の知識ではなく，知恵の結集であると確信してる。それらを総合的に検討して1997～1998年にかけて新しく本フィッシュミール工場を建設した。

3　技術の説明

本プラントは敷地面積6,155m^{2}に2系列の処理ラインを保有している。図1にミール生産ライン，図2に魚油・ソリュブル生産ラインのフロー図を示した。

魚あらの処理は悪臭が発生するので工場に搬入された原料はできるだけ早く処理しなければトラブルが発生し，また，でき上がった製品の品質にも大きな影響を与える。そのため本プラントは2系列だけではなく，ラインをクロスして操業できるように設計している。たとえば，1系のクッカーと2系のプレス，1系のドライヤーといった運転が可能であり，処理が滞ることを回避し安定的に処理することが公害防止の最善の方法であると考えている。また，日常的に発生する小トラブルを速やかに回避するため，ポンプ，パイプライン系統には水，蒸気，温水を配置しワンタッチで洗浄できるよう工夫しており，さらに万一のためにバイパスラインを設けている。また，本プラントの最大の特徴は計装制御設備である。

① 環境条件（高温，多湿，耐酸，耐塩，防爆）を考慮し制御室及び中央監視室は各々単独に設置し各室空調を行い機器保護をしている。
② 計装機器を各所に設置し運転の自動化及び目視点検業務の圧縮を計ると共に，中央監視システムを導入し作業能率（時短対策），作業環境の改善を行っている。
③ 中央監視室において機器の操作，運転状況等々監視をコンピュータグラフィック及びタッチパネルにて行うと同時に，各種データを処理し任意にそのデータをプリントアウトできるシステムを導入している。
④ 計装制御は，制御CPU端末間は全て多重電送方式を採用し，配線工事及びメンテナンスの省力化対策を行っている。
⑤ 主要機器は，インバーター制御を導入し最大電力を圧縮し軽減対策を行っている。

当工場は以下の3系列の脱臭処理ラインを保有している。
① 高濃度臭気，クッカー，プレス，コンベア，ドライヤー及びタンク類からの臭気をステンレスダクトで吸引後，ガスクーラーで冷却除湿したのち直接燃焼法（800℃）にて，完全燃焼分解させて脱臭する。
② 中濃度臭気，主にプラント室内の臭気を回収し，水洗浄，酸洗浄，次亜塩洗浄をへて大気に放出する。
③ 低濃度臭気，主に粉砕及びサイロ室の臭気を回収し，水洗浄，酸洗浄を行い大気に放出する。

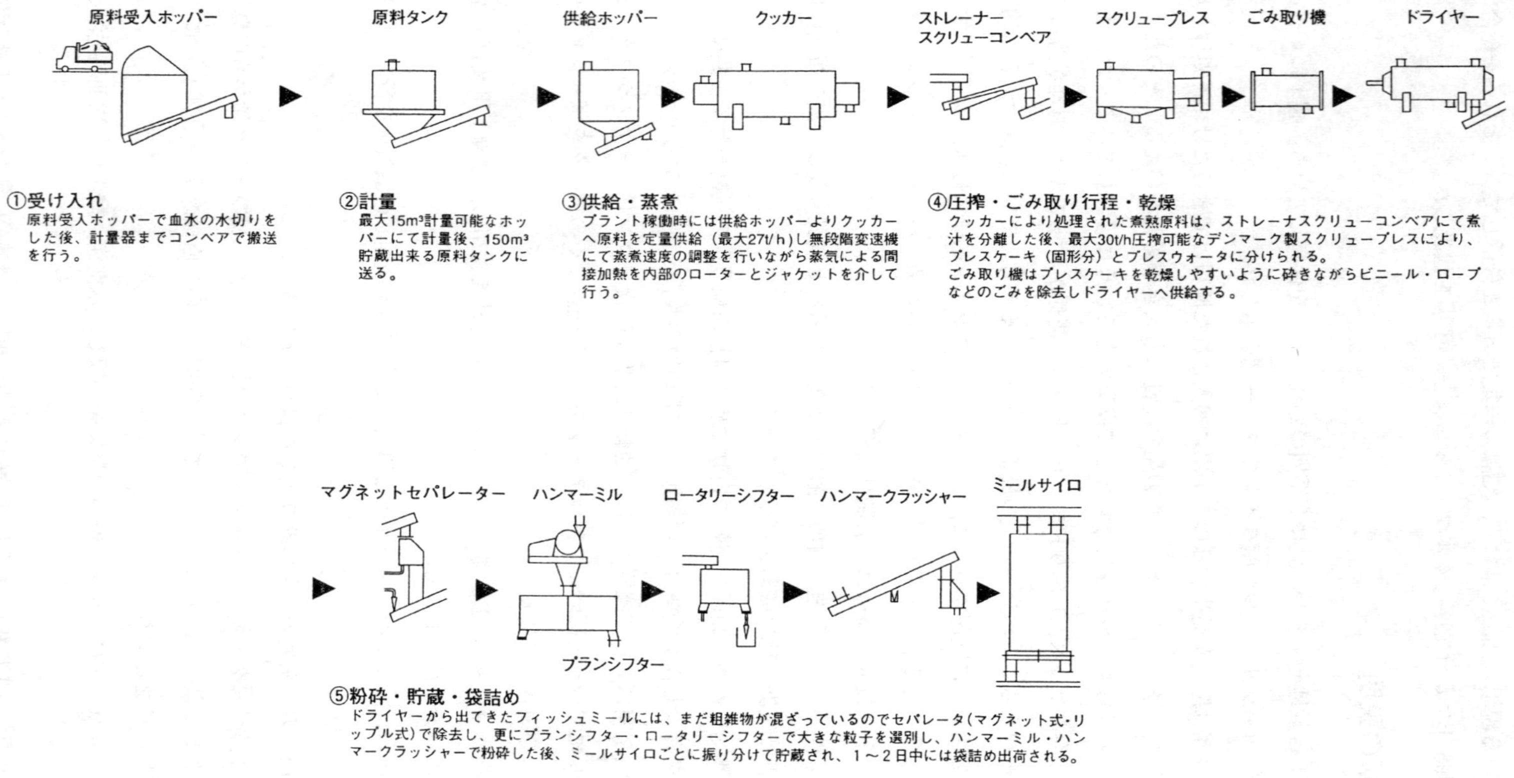

第3編　再資源化システムの実例

① 受け入れ

原料受入ホッパー

原料受入ホッパーで皿の水切りをした後、計量器までコンベアで搬送を行う。

② 計量

原料タンク

最大15m³計量可能なホッパーにて計量後、150m³貯蔵出来る原料タンクに送る。

③ 供給・蒸煮

供給ホッパー　クッカー

プラント稼働時には供給ホッパーよりクッカーへ原料を定量供給（最大27t/h）し無段階変速機にて蒸着速度の調整を行いながら蒸気による間接加熱を内部のローターとジャケットを介して行う。

④ 圧搾・ごみ取り行程・乾燥

ストレーナースクリューコンベア　スクリュープレス　ごみ取り機　ドライヤー

クッカーにより処理された蒸煮原料は、ストレーナースクリューコンベアにて蒸汁を分離した後、最大30t/h圧搾可能なデンマーク製スクリュープレスにてプレスケーキ（固形分）とプレスウォーターに分けられる。プレスケーキは乾燥しやすいように砕きながらビニール・ロープなどのごみを除去しドライヤーへ供給する。

⑤ 粉砕・貯蔵・袋詰め

マグネットセパレーター　ハンマーミル　ローダリーシフター　ハンマークラッシャー　ミールサイロ
　　　　　　　　　　　　ブランシフター

ドライヤーから出てきたフィッシュミールは、まだ粗雑物が混ざっているのでセパレータ（マグネット式・パンブル式）で除去し、更にブランシフター・ローダリーシフターで大きな粒子を選別し、ハンマーミル、ハンマークラッシャーで粉砕した後、ミールサイロごとに振り分けて貯蔵され、1〜2日中には製品の出荷される。

図1　ミール生産ライン

第16章 魚あらの資源化

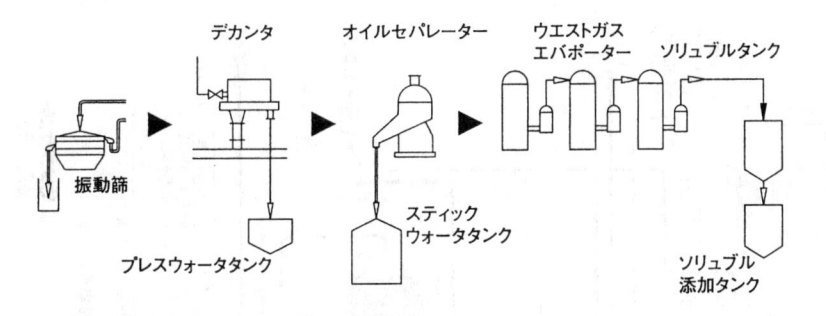

魚油製造・ソリュブル添加
スクリュープレスで分離したプレスウォータは、デカンタ4台でスラッジ（固形分）を取り除いた後、オイルセパレーターで魚油とスティックウォータに再分離し、魚油はボイラーで燃料として使用し、スティックウォータはウェストガスエバポレーター（熱交換濃縮器）で水分を83％程蒸発させ蛋白価の高いソリュブルに精製し、プレスケーキに添加してドライヤーで乾燥させる。

図2　魚油・ソリュブル生産ライン

処理能力は以下のとおりである。

- 高濃度系　　　　　216.3m³/分
- 中濃度系　　　　　1,550m³/分
- 低濃度系　　　　　2,200m³/分

放気臭気濃度は以下のとおりである。

- アンモニア　　　　　　　1.0ppm 以下
- トリメチルアミン　　　　0.005ppm 以下
- 硫化水素　　　　　　　　0.02ppm 以下
- メチルメルカプタン　　　0.002ppm 以下
- 硫化メチル　　　　　　　0.01ppm 以下
- 二硫化メチル　　　　　　0.009ppm 以下

　図3に汚水処理設備フロー図を示した。当工場から排出された汚水は，凝縮水，ろ過器逆洗排水，洗車排水と，床洗浄排水で，洗車排水と床洗浄排水は，自動スクリーンと油分離ピットを設けて排水中の固形物の除去と油分離を行ったのち原水槽へ導入する。また，温排水である凝縮水はプレート式熱交換器で冷却したのち原水槽に導かれ曝気槽に定量供給して，自動制御方式の生物化学的浄化法（連続式散水カラム＋BSCコントローラー付活性汚泥処理方式）にて設計基準まで完全に浄化後，公共下水道へ放流する。

第3編 再資源化システムの実例

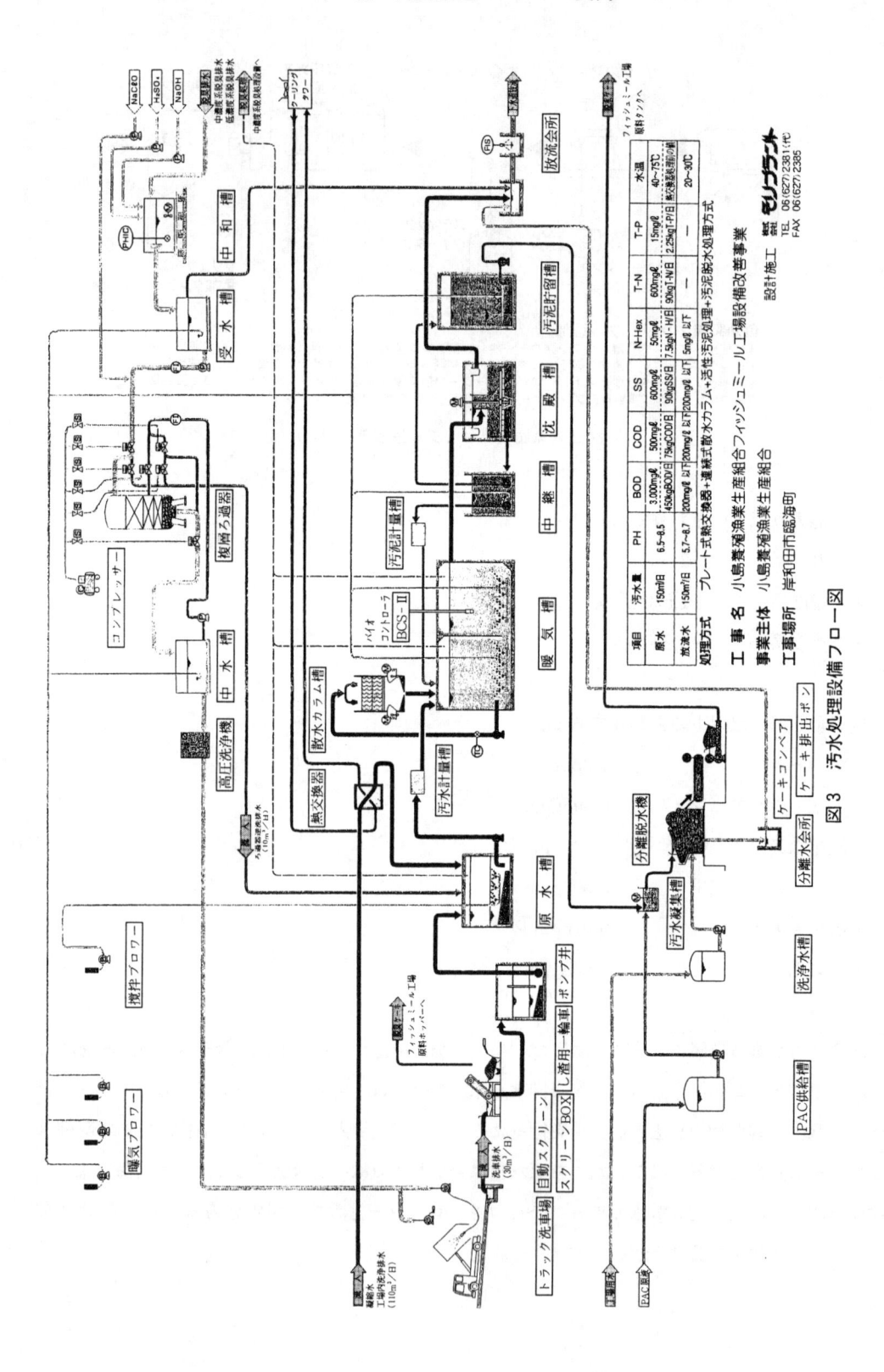

図3 汚水処理設備フロー図

第16章　魚あらの資源化

表1　1999年度　処理量・生産量・製品歩留別の年間データ

データ項目	3月	4月	5月	6月	7月	8月	9月	10月	11月	12月	1月	2月	年間合計	年間平均
搬入処理量/t	3,231	3,159	3,232	3,152	3,071	2,969	3,025	3,339	3,212	3,826	2,870	2,921	38,007	3,167
全製品生産量/t	1,132	1.153	1,142	1,086	1,128	1,088	1,155	1,197	1,134	1,309	1,075	983	13,582	1,132
全製品歩留/%	35%	36%	35%	34%	37%	37%	38%	36%	35%	34%	37%	34%		36%
ミール出荷量/t	686	683	690	663	711	643	772	760	730	799	676	649	8,421	702
ミール歩留/%	21%	22%	21%	21%	23%	22%	26%	23%	23%	21%	24%	22%		22%

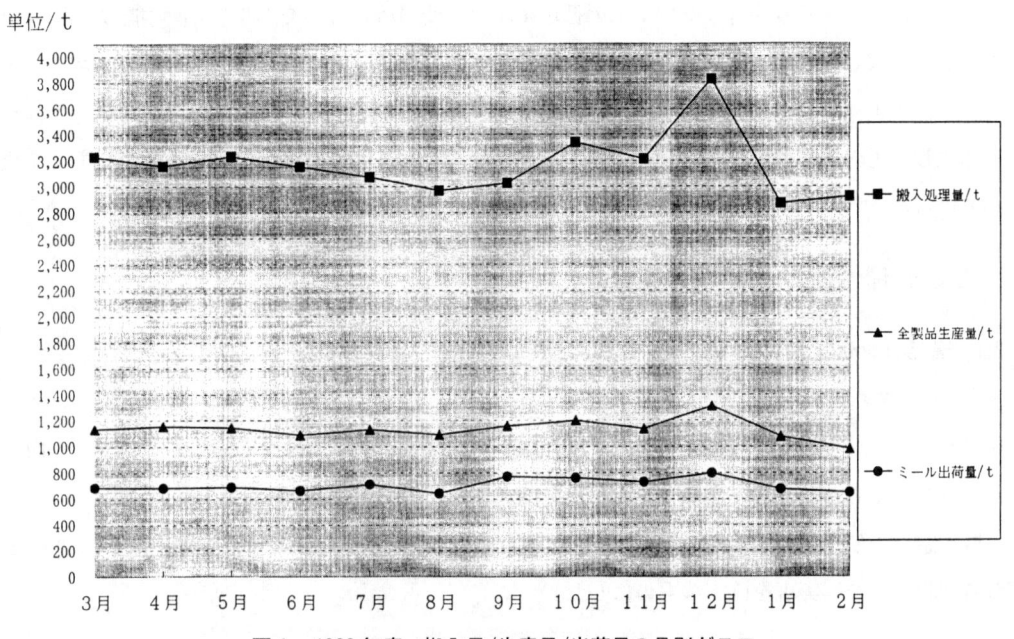

図4　1999年度　搬入量/生産量/出荷量の月別グラフ

表1に1999年度の処理量，生産量，製品歩留まりの年間データを示した。図4に搬入量，生産量，出荷量の月別グラフを示した。

4　問い合わせ先

小島養殖漁業生産組合　フィッシュミール工場

電話：0724-38-6414

第17章　レンズ付きフィルムの循環生産システム
― 富士写真フイルム㈱ ―

栗山隆之*

1　概要

レンズ付きフィルム「写ルンです」の循環生産は，使用済み製品を100％回収可能な商品コンセプト，回収した部品の繰り返しリユースを最優先したシステムコンセプト，およびリユース・リサイクル工程を全自動化した生産技術に特徴がある。生産工程とリユース・リサイクル工程を一体化した世界初の循環生産自動化工場も稼働させ，21世紀型の生産システムとして注目を集めている。

2　循環生産システムの実際

2.1　商品コンセプト

「写ルンです」は，"いつでも，どこでも，誰にでも"をコンセプトに，「フィルムにレンズを付けたら」という発想から生まれた商品で，すべての顧客層の利便性を追求して，フィルム取り出しはラボでしかできない商品コンセプトで開発された（図1）。

販売窓口で使用済み製品を100％回収可能とする商品コンセプトにより，循環生産の入り口となる回収システム実現を確実なものにした。

2.2　システムコンセプト

「写ルンです」の循環生産は，「生産→使用→回収→リユース・リサイクル」を繰り返す製品ライフサイクル閉ループ化により，埋め立てや焼却をしないゼロエミッション型生産を目指したシステムである（図2）。このシステムは，「リユース最優先のライフサイクル閉ループ化」，「リサイクル設計は製品設計の一部」および「リユース・リサイクル工程の自動化の徹底」をコンセプトに開発が進められた。

2.2.1　リユース最優先のライフサイクル閉ループ化

「写ルンです」の循環生産は，環境負荷低減を効率的に実現するため，「リユース」最優先をコアコンセプトに，製品設計とシステム開発が進められた。また，リユースできないユニット部品

---

*　Takayuki Kuriyama　富士写真フイルム㈱　足柄工場　LF部　参事

第17章　レンズ付フィルムの循環生産システム

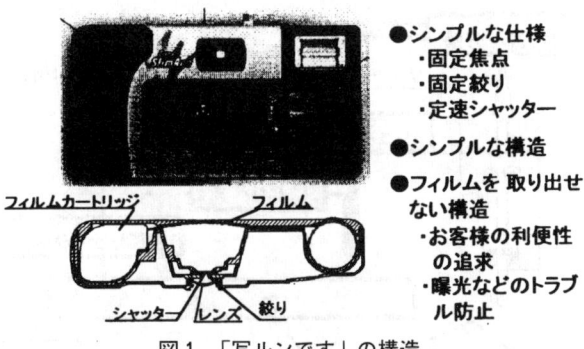

図1　「写ルンです」の構造

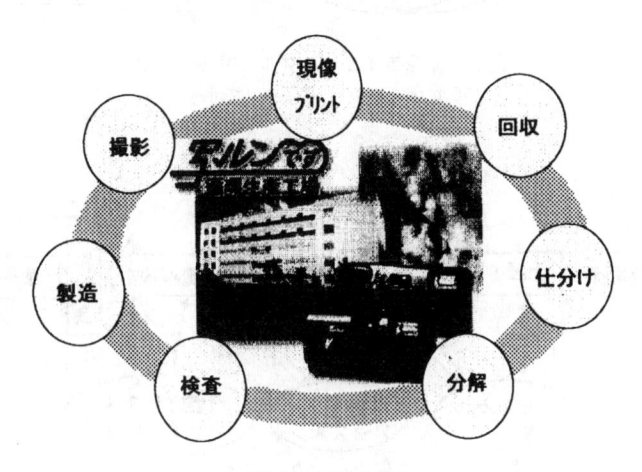

図2　循環生産

は，不具合部品を新品部品と交換する「リペア」により，「リユース」を徹底した。リユースもリペアもできない部品・ユニットは，系内または系外にマテリアルリサイクルする（図3）。こうして，リユースを最優先した100％リユース・リサイクルを目指した。

2.2.2　リユース・リサイクル設計は製品設計の一部

製品のリサイクル適性，特にリユース適性は，製品設計の段階で方向が決まる。このため，商品企画・設計の段階からリユース・リサイクル対応を織り込み，製品設計とリユース・リサイクル設計をコンカレントに進め，リユース・リサイクル適性を徹底して検証している（図4）。

2.2.3　リユース・リサイクル工程の自動化の徹底

多種多様で大量に回収される使用済み製品を，高品質に経済的にリユース・リサイクルするために，自動化を徹底して高精度検査と効率化の実現を目指した。

2.3　循環生産製品設計の実際

資源消費の抑制と環境負荷低減を目指した「写ルンです」の循環生産の製品設計の実際につい

第3編　再資源化システムの実例

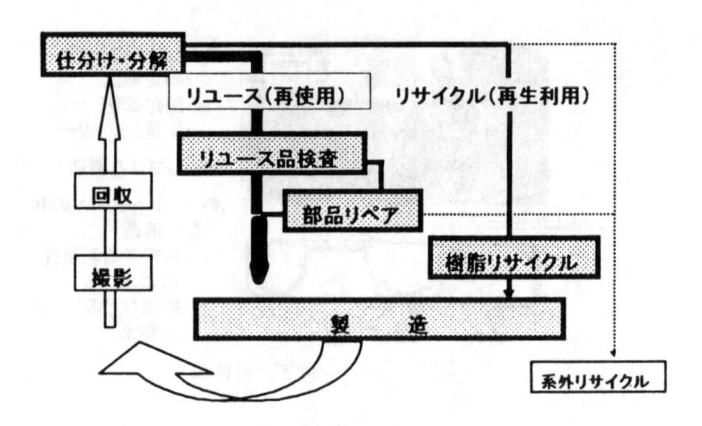

図3　製品ライフサイクルの閉ループ化
——「写ルンです」は「写ルンです」へ——

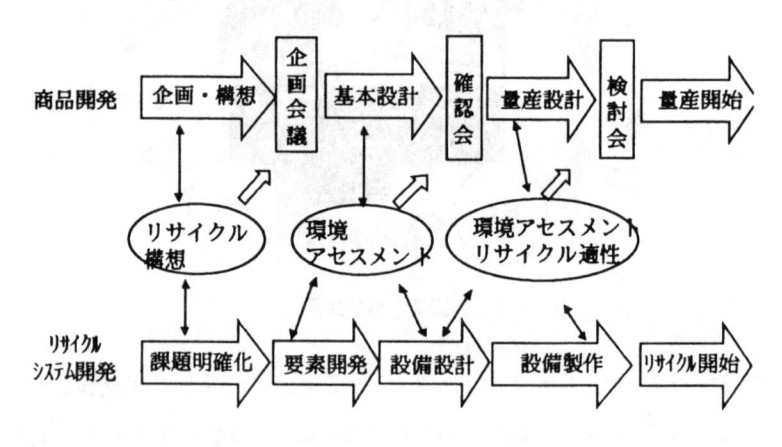

図4　「写ルンです」の商品化プロセス

て詳述する。

2.3.1　省資源製品設計

「写ルンです」の省資源製品設計は，主に「軽・薄・短・小」のダウンサイジング設計による使用材料節減で進めてきた。

　ダウンサイジングは，環境負荷低減の側面だけでなく，軽量・小型化で取り扱い性が改善され，顧客価値の向上にも寄与できる。また，部品材料費や加工費の節減によるコストダウン効果も期待できる。ダウンサイジングは顧客価値の限界まで，徹底して進めるが，より高度な機構設計，構造設計，部品加工法などの技術開発が必要となる。「写ルンです」では，市場に導入して以来，新製品発売毎にダウンサイジング技術を進展させ，特に樹脂，包材を軽量化して，現在では製品重量で当初のおよそ1/2に省資源化した（図5）。

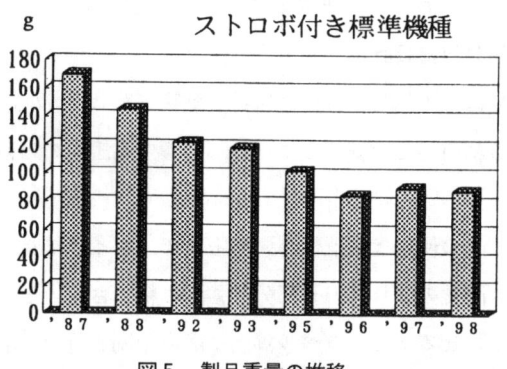

第17章 レンズ付フィルムの循環生産システム

図5 製品重量の推移

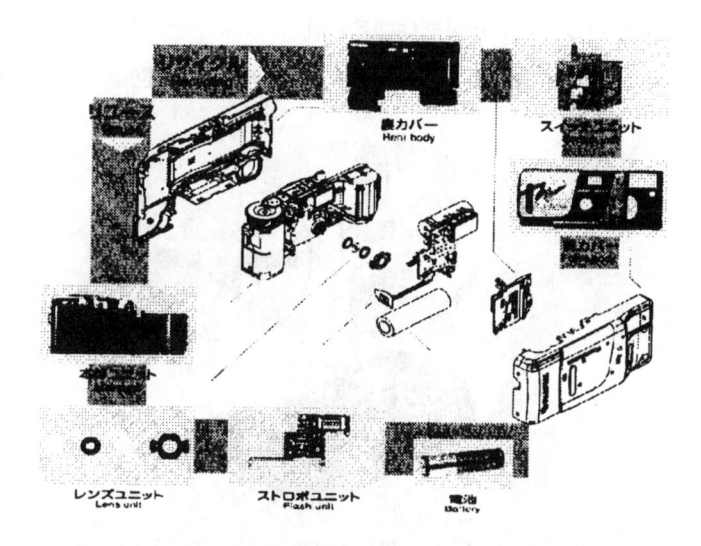

図6 分解容易な製品設計（ユニット化・一方向分解性）

2.3.2 分解容易な製品設計

(1) ユニット化と一方向分解容易な製品設計

「写ルンです」の部品総数（包材，フィルムも含め）は，ストロボ付き製品で60部品前後である。ストロボのユニット化，フィルム給送とシャッター機構を一体化した本体のユニット化により，全部品のおよそ80％前後をユニット化し，分解工数の大幅削減が実現している。

また，分解の自動化をシンプルに効率的に行うために，レンズの光軸方向に全ての部品・ユニットが組立・分解できる構造を基本にしている（図6）。

(2) ワンタッチ分解可能な爪止め機構設計

「写ルンです」の部品・ユニットの結合は，ビスや接着剤は一切使用せず，爪止め方式を採用して，組立・分解適性改善を図った（図7）。例えば，ストロボユニットは1カ所，前カバーは

10カ所の爪で本体に結合し，ワンタッチ自動分解が可能となった。

(3) 化粧包材剥離容易な包材設計

回収した使用済み製品は，本体を包む化粧包材（紙箱またはラベル）を自動剥離した後に部品・ユニットに自動分解する。市場では剥離しにくく，循環生産工場では自動剥離しやすい包材設計が必要となる。

紙箱は，接着剤やテープの使用は剥離性が悪く厳禁で，タイトなラップラウンド包装にする。ラベルは，曲面やラベル両端の張り合わせ部分は強固に粘着させ，その他の部分は粘着性を弱めて自動剥離機適性を向上させるため，ラベル糊面に網点印刷を行い，網点線数により粘着力を自由に調整する手法を開発・導入した（図8）。

2.3.3 繰り返しリユース・リサイクル可能な製品設計

リユース・リサイクルの繰り返しには限界がある。繰り返し多数回のリユース・リサイクルを

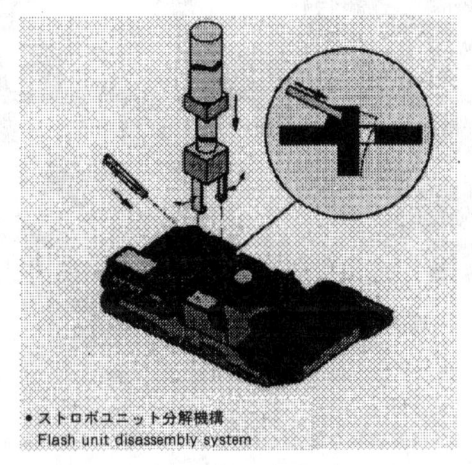

図7 「写ルンです」のリサイクル設計（爪止め方式）

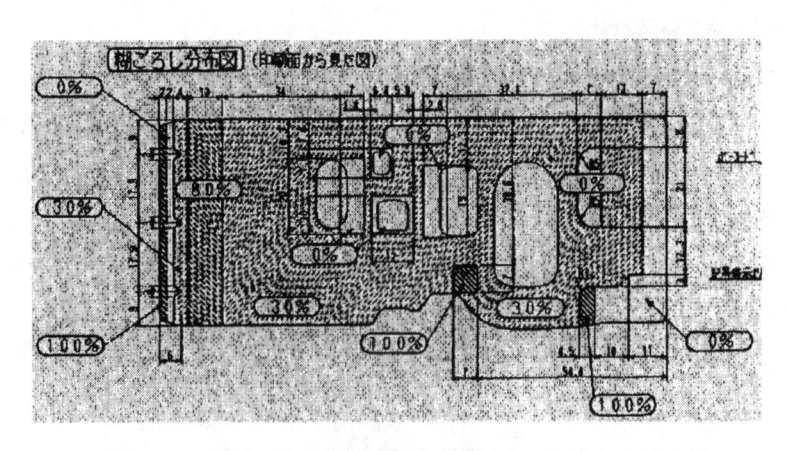

図8 ラベル糊面印刷（糊殺し）

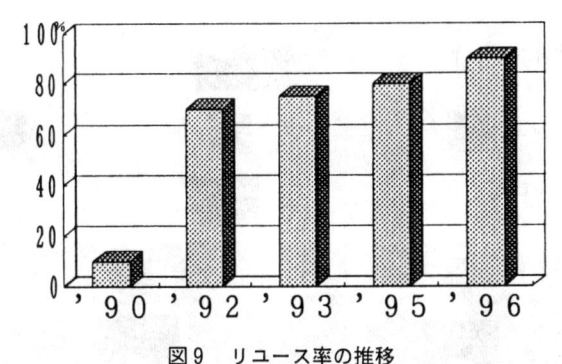

第17章 レンズ付フィルムの循環生産システム

図9 リユース率の推移
(リユース率＝リユース対象部品点数／全部品点数)

実現するためには，機能・性能の耐久性の向上とともに，繰り返し使用できる商品化戦略もまた重要である（図9）。

(1) ロングライフ設計

「写ルンです」の機能・性能の劣化は，繰り返し使用による劣化と，過酷条件下での劣化に分類される。

繰り返し使用による機能・性能の劣化は，部品の磨耗・変形が主な原因で，強化設計を行うとともに，リペアできる構造設計にしておくことがポイントとなる。

過酷条件下での劣化は，耐熱性・耐落下衝撃性・耐震性などの信頼性に関わる問題で，経済性も考慮した適切な品質目標を設定し，過酷条件に耐える製品設計に改善していく。

(2) 編集設計

モデルチェンジや商品ラインアップは顧客価値の維持・向上のために販売戦略上必要である。一方，効率的な生産・リサイクルのためにはロングランや品種統合が望ましい。この対立する方向の両立を目指して，「写ルンです」では編集設計を基本に新製品開発を行っている（図10）。

編集設計では，デザイン部分（カバー部）と機能部分（アンコ部）に切り分け，デザイン部分には自由度を持たせて創造的デザインを可能とし，機能部分は世代・機種を越えて可能な限り共通化し，新機能のみ付加的に許容する。

この編集設計により，世代・機種を越えて部品・ユニットが共通化し，生産・リサイクル設備の改廃も最小限に抑えることができる。

(3) 樹脂統一化

樹脂部品は発売当初からポリスチレン樹脂（PS）に統一しており，旧モデルの再生樹脂が新モデルに転用することができ，世代・機種を越えた樹脂リサイクルが可能となる。

樹脂再生繰り返しによる物性劣化（Izot強度，メルトフローレートなど）は，5サイクルの繰り返しシミュレーションテストではとんど変化は見られず，実用上問題ないことが確認できてい

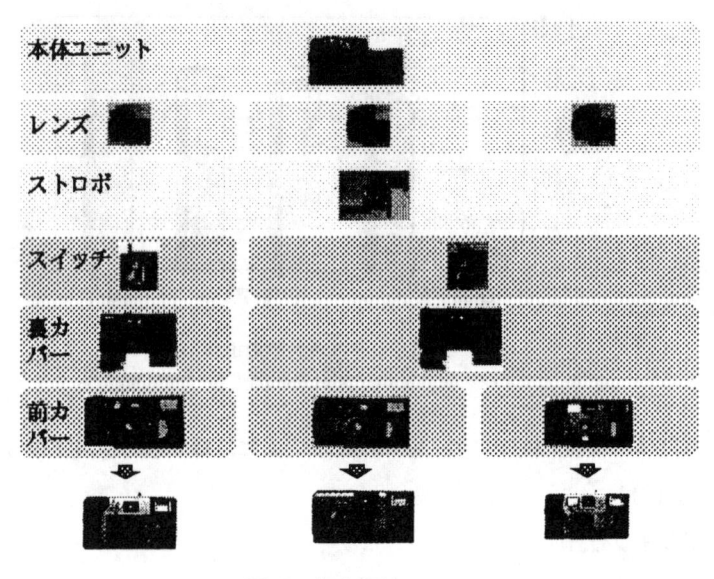

第3編　再資源化システムの実例

図10　編集設計

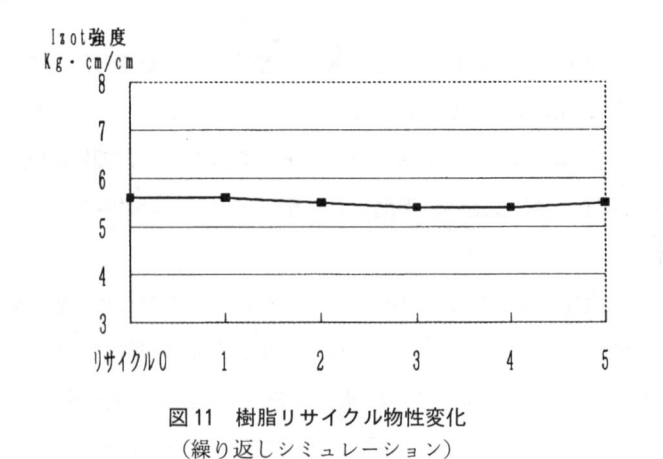

図11　樹脂リサイクル物性変化
（繰り返しシミュレーション）

る（図11）。

2.4　循環生産自動化工場の概要

「写ルンです」循環生産自動化工場は，生産工程とリユース・リサイクル工程を同一建物内に一体化した理想的な循環生産を目指して建設された世界初の全自動工場で，1998年11月に竣工稼働した（図12）。

8階建て建物の下層部はリユース・リサイクル工程，中層部は生産工程，上層部は製品開発機能を含むスタッフエリアとなっている。国内全回収量の処理を可能とする月産300万本の処理能

第17章　レンズ付フィルムの循環生産システム

開発・製造・リサイクルが同一建物内に一体となった世界初の自動化工場
処理能力
３００万本／月
１９９８年１１月稼働

図12　循環生産工場

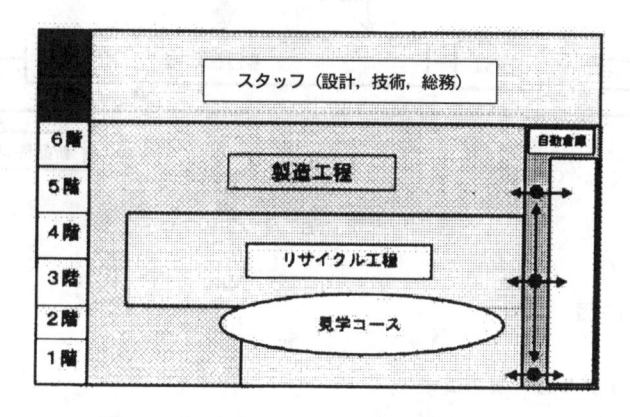

図13　循環生産自動化工場（工場階層図）

力を持っている（図13）。

　回収した使用済み製品は，品種毎に仕分けられ，ボディを包んでいる紙箱やラベルが剥がされる。次に分解行程で，前カバー，レンズ，電池，ストロボユニット，本体ユニット，裏カバーの順に分解される。リサイクル部品である前カバーや裏カバーは，樹脂再生行程で粉砕・ペレット化されて，成形行程で再びカバー類に形成され，生産工程に投入される。ストロボユニット，本体ユニット，レンズなどのリユース部品・ユニットは，それぞれ専用検査機でクリーニングと検査を行い，合格品は生産工程に，不合格品はリペア行程に振り分けられる。こうして，全ての部品・ユニットがリユースまたはリサイクルされて再び製品に組み込まれて，出荷されていく。（図14）

147

第3編　再資源化システムの実例

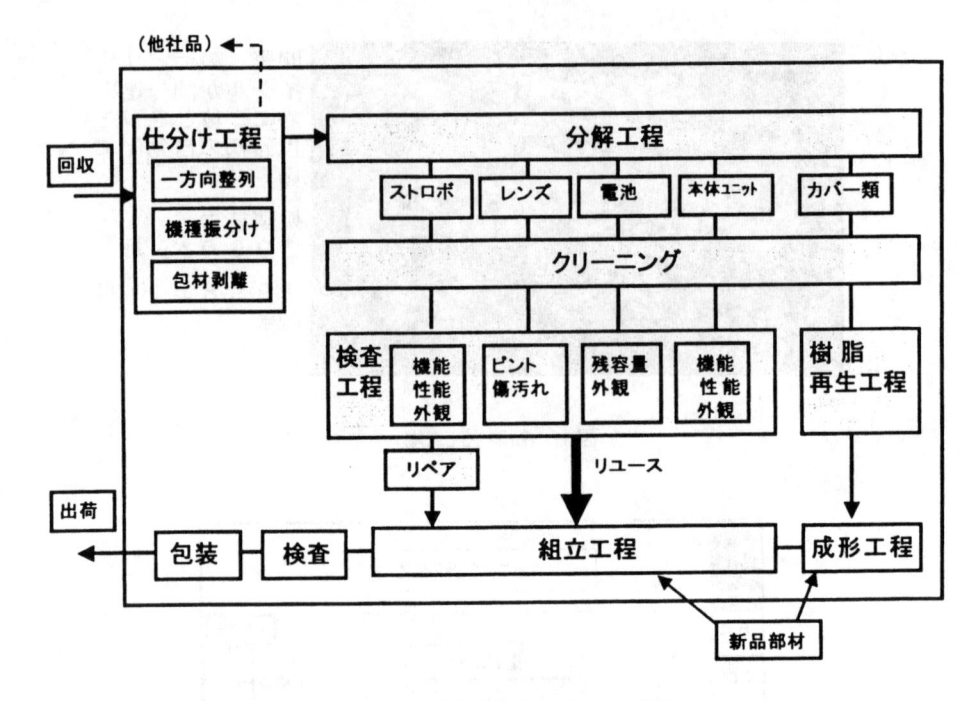

図14　循環生産工場の工程フロー

3　展望と結言

3.1　高品質リサイクルの一層の追求

「写ルンです」の品質保証の基本は，お客様の貴重な撮影シーンを失敗なく確実に記録に残すことである．循環生産で生み出される製品もまた，新品同等の品質を保証することによってはじめて，お客様に安心して貴重な撮影シーンに使用していただくことができる．

「写ルンです」の循環生産で作られた製品は，当初から"新品同等の品質保証"に努力した結果，世界中のお客様に広く受け入れられ，確固たる信頼を得ることができた．この「高品質リサイクル」をより低コストで実現する技術開発を今後も重点課題として進めていくことが，循環生産事業の持続発展につながると考えている．

3.2　環境負荷低減の一層の追求

「写ルンです」の環境負荷（CO_2排出量）は，製造段階で大部分が発生するが，リユース・リサイクルを行うことにより，この段階の環境負荷を大幅に削減することができる．

循環生産の目的は，資源の消費抑制と環境負荷低減にあり，回収率・得率100％の循環生産システム実現を目指して，システム改善を進めていく．

148

第17章　レンズ付フィルムの循環生産システム

4　問い合わせ先

富士写真フイルム㈱　足柄工場　LF部
電話：0465-73-7551

第18章　家電製品のリサイクルプラント
― 三菱電機㈱ ―

松村恒男*

1　概要

　家電リサイクル法は，使用済みの家電品から部品及び材料を分離し，製品の原材料または部品として利用（有償または無償で譲渡）する再商品化基準を定めている。その基準及び一体的に行う事項を満たすために，三菱電機は前段に手解体，後段で破砕と丁寧な選別プロセスをもつ，燃焼や水洗浄のない資源回収プラントを稼動させた。

2　はじめに

　われわれの身近にある家電品は，生活を豊かに，楽しく，便利にしてくれる。購入後，およそ10年ほども使用すると，寿命・故障などからライフエンドを迎え，それらは不要物となって自治体のごみ収集か，販売店に引き取られている。その後，おおよそ半分は直接埋め立てされ，残りは破砕され，一部の金属分の回収がときにあるが，ほとんどは廃棄されてきた[1]。

　家庭から排出される使用済み家電製品の量は，10年ほど前に年間約60万トン，1400万台であった。2000年には約73万トン，2100万台（1997年調査推計）となり，増加傾向となっている（表1，2）[2]。

　一般廃棄物の約1％強に相当するこれら使用済み家電品は，いつまでも埋め立てるのではなく，廃棄物の減量と有用な部品・素材の再利用を図るよう，特定家庭用機器再商品化法（通称：家電リサイクル法）が1998年に公布された。半年後の政令で，テレビ，電気冷蔵庫，電気洗濯機，ルームエアコンの4品目が対象機器となった。法律は3年間の準備期間をおき，家電品の製造業者など及び小売業者に新たな義務を課した仕組み（図1）[1]が2001年4月に本格開始となる。

3　技術の説明

3.1　再商品化率

　本法でいう再商品化とは，①機械器具が廃棄物となったものから部品及び材料を分離し，自らこれを製品の部品または原材料として利用する行為，②機械器具が廃棄物となったものから部品

---

*　Tsuneo Matsumura　三菱電機㈱　リサイクル推進室　企画担当部長

第18章　家電製品のリサイクルプラント

表1　主要使用済み家電製品の排出台数の推移（通商産業省推計）

（単位：千台）

	1997年	1998年	1999年	2000年	2001年	2002年
カラーテレビ	7,937	8,280	8,687	9,031	9,175	9,102
電気冷蔵庫	3,749	3,832	3,940	4,071	4,210	4,331
電気洗濯機	3,925	4,075	4,294	4,530	4,719	4,817
ルームエアコン	2,678	2,666	2,774	3,023	3,378	3,788
4品目計	18,289	18,853	19,695	20,655	21,482	22,038

表2　主要使用済み家電製品の排出重量（通商産業省推計）

（単位：千トン）

	1997年	1998年	1999年	2000年	2001年	2002年
カラーテレビ	198	207	217	226	229	228
電気冷蔵庫	221	226	232	240	248	256
電気洗濯機	98	102	107	113	118	120
ルームエアコン	137	136	141	154	172	193
4品目計	654	671	698	733	768	797

出典：通商産業省　1997年度調査

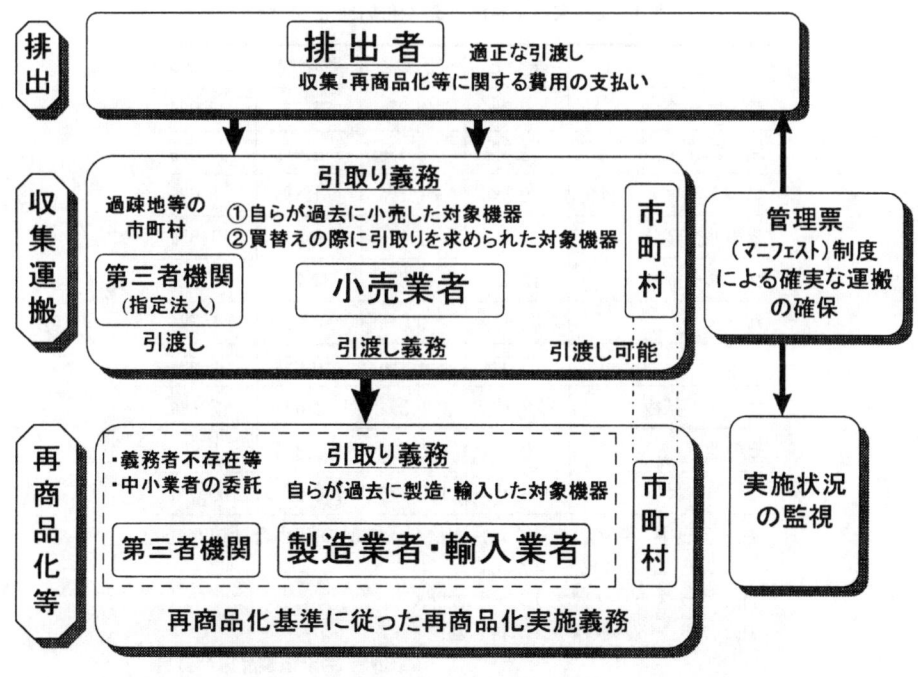

図1　再商品化などの流れ
出典：「特定家庭用機器再商品化法について」厚生省，通商産業省（1999年6月）

第3編　再資源化システムの実例

及び材料を分離し，これを製品の部品または原材料として利用する者に有償または無償で譲渡し得る状態にする行為と定義している。製品の部品または原材料として分離して，これを燃料として利用することは，当初は再商品化に含まない。

製造業者等は，引き取った機器について，少なくとも以下の基準以上の再商品化等を実施することとなっている。

　　エアコン　　60%　　　テレビ　　　55%,
　　冷蔵庫　　　50%　　　洗濯機　　　50%

現行製品の素材構成比（表3）と比べてこれらの基準値が厳しいかどうかを検討しておきたい。表3は，テレビ20機種，冷蔵庫9機種，洗濯機8機種，エアコン10機種（1996年の各社売れ筋商品）を解体実験した平均値である。

テレビのブラウン管ガラスは，鉛なしガラス，鉛入りガラス及び接合部に分類され，再びブラウン管となるカレットとして回収する。ほかには，鉄とわずかの銅線が品位よく分けると売り物になるくらいである。テレビの総質量に占めるブラウン管の質量比は大型機種ほど大きく，小型機種が多い昔の製品ではガラス比率は小さい。

冷蔵庫の鉄と銅は，それぞれ売れるレベルに効率よく回収すれば，合算して基準値を越える。プラスチック比率が徐々に上がってきたので，古い冷蔵庫ほど金属比率が高いはずである。

表3　主要家電4品目の素材構成比（9分類）

	テレビ	冷蔵庫	洗濯機	エアコン
鉄・鉄合金	9.7%	49.0%	55.7%	45.9%
銅・銅合金	1.5%	3.4%	2.9%	18.5%
アルミ・アルミ合金	0.3%	1.1%	1.4%	8.6%
その他合金	1.4%	1.1%	0.5%	1.5%
プラスチック	16.1%	43.3%	34.7%	17.5%
ガラス	62.4%	0.0%	0.0%	0.0%
ガス	0.0%	1.1%	0.0%	2.0%
プリント基板	8.1%	0.3%	1.5%	3.1%
その他	0.4%	0.7%	3.3%	2.8%
計	100.0%	100.0%	100.0%	100.0%

注：上表中の数値のデータは，四捨五入処理のため合計値が100%とならないケースがある。
注：プラスチックはプリント基板除く
注：プリント基板はハンダ付き基板

出所：㈶家電製品協会資料

第18章　家電製品のリサイクルプラント

　洗濯機の分析値は，鉄・鉄合金のみで50％を越え，再商品化基準を越えるのは容易と判断されそうだが，分析した売れ筋商品はステンレス槽の全自動洗濯機である。二槽式洗濯機やプラスチック槽の機種が一緒に処理されると，再商品化基準を越えるかどうかは微妙であるし，二槽式洗濯機比率の高いメーカでは困難な数値かもしれない。

　エアコンの分析値は，室外ユニットと室内ユニットとに分かれたセパレートエアコンで求めたものである。窓に設置するウインド型や床に据置きのタイプもいくらかあるが，品位よく鉄，銅及びアルミニウムを回収すれば，再商品化基準は達成できるようである。

　これらに共通する課題－再商品化基準達成の次の候補材料－はプラスチックで，その構成比が無視できない。プラスチックだけに着目して，製品別にその構成比を表4に示した[2]。4製品とも種類の異なるプラスチックが使われており，材質別に分類したり，売却できる資源になるかどうか，それはリサイクルプラントの経済性に影響する。

　本法に関係深い処理基準等専門委員会報告では，制定後10年頃にはマテリアルリサイクルに必要な条件が整備されるであろうから，プラスチック類全般をリサイクル対象とすべきとしている。

3.2　一体的に行う事項

　再商品化等の実施の際，冷蔵庫とエアコンに含まれる冷媒用フロン・代替フロンを回収して，再利用または破壊をすること，また，テレビの大型プリント基板について，取り外し，金属類を

表4　プラスチックの種類別構成比

	テレビ	冷蔵庫	洗濯機	エアコン
ポリプロピレン	8.9%	24.7%	76.5%	21.2%
塩化ビニル	3.2%	7.9%	5.7%	10.6%
ポリスチレン	84.5%	26.3%	6.2%	31.9%
AS	0.0%	0.0%	0.0%	1.7%
ABS	1.7%	16.3%	3.0%	10.8%
ASA	0.0%	0.0%	0.0%	2.5%
ポリエステル	0.0%	0.0%	2.0%	3.7%
ガラス繊維入りプラスチック	0.0%	0.0%	0.0%	8.4%
発泡ポリウレタン	0.0%	21.4%	0.0%	0.0%
その他	1.7%	3.4%	6.6%	9.2%
計	100.0%	100.0%	100.0%	100.0%

出所：(財)家電製品協会資料

第3編　再資源化システムの実例

再資源化することが義務づけられている。
　先の処理基準等専門委員会報告では，冷蔵庫の断熱材に使用されているフロン類は回収施設が極めて少なく，施設整備の費用が高くて排出者の負担が大きくなる可能性を考慮して，新法の施行当初から義務づけは困難としている。しかし，施行後できるだけ早急にその回収・処理を義務づけることとも書かれている。

3.3　従来のリサイクル

　これまでは，使用済み家電品を初めから破砕し，わずかに鉄屑を選別回収するというリサイクルが主で，手解体を中心とする業者はわずかであった。
　大型の破砕機を使うと，家電品のような薄鋼板や細かい部品類で構成されたものは，ダスト比率が高くなり，質の良い鉄屑がとりにくい。
　㈶家電製品協会は，1/3の国庫補助を受けて，1995年から4年間で使用済み家電品のリサイクル技術開発を行った（表5，図2)[3]。この実証研究は，省力的・安全な工程で効率的にリサイクルを行い，使用済み家電品の受入から有価物回収までの一貫処理システムを運転し，評価した。
　表5からわかるように，製品別に自動仕分け，機種ごとに剛体部分を取り出すように自動切断，剛体は低温脆性を利用した破砕，熱交換器は圧延・衝撃で銅とアルミニウムの分離，金属・樹脂混合物は乾留して燃料化するなど，工程別の技術はそれぞれ先行性があり，全体では資源回収率

表5　廃家電製品一貫処理システム開発の工程別の概要

処理工程・技術	概　要
(1)荷さばき・一次分解工程	家電主要4品目を搬入，識別し，それぞれの製品を分解して特定部品を取り外し。
(2)AI利用システム	AI（人工知能）機能を利用して，作業や全体システム管理を省力化・自動化。
(3)冷蔵庫処理工程	冷蔵庫キャビネットを破砕した後，断熱材ウレタンからフロンを回収。
(4)低温破砕工程	非常に固い金属部品を極低温に冷却して，効率的に破砕・分離し，回収。
(5)常温破砕工程	洗濯機やエアコンのキャビネットなどを破砕し，材料ごとに選別・回収。
(6)銅・アルミニウム分離工程	エアコンの熱交換機に圧延・衝撃を加え，高純度の銅とアルミニウムを選別・回収。
(7)ブラウン管処理工程	ブラウン管を分割した後，破砕・クリーニング・選別し，ブラウン管ガラスの材料として回収。
(8)基板はんだ回収装置	テレビのプリント基板を加熱後，ブラッシングして，はんだを回収。
(9)金属・樹脂混合物燃料化工程	前の工程で回収したプラスチックやダストを熱処理して油を回収し，この工程の燃料として再利用。
(10)全体システム評価	システム全体の有効性・経済性を評価し，システムの普及，実用化に向けての検討を行う

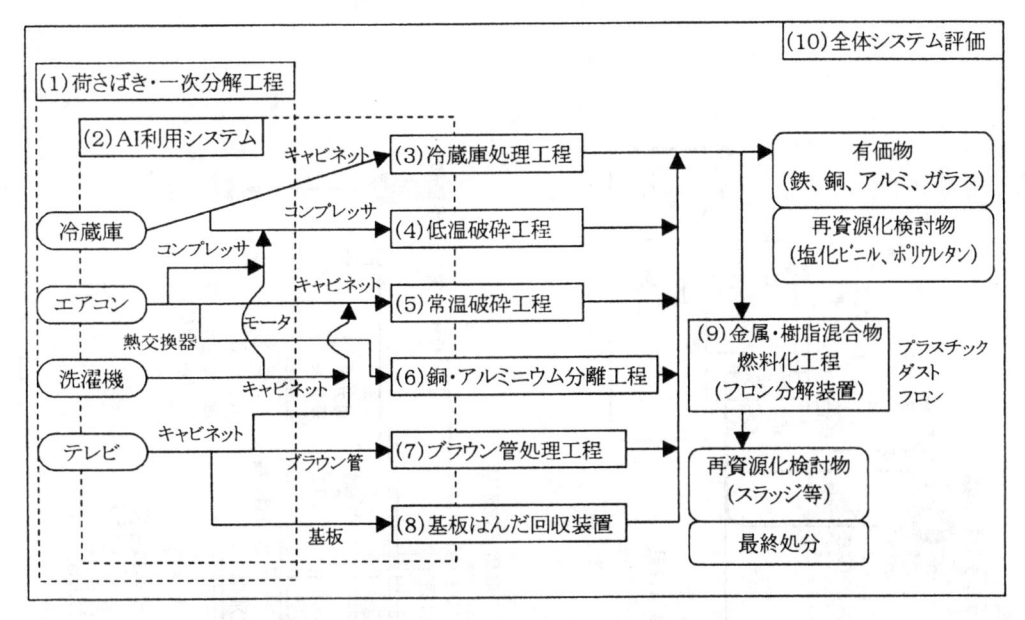

図2 廃家電製品一貫処理リサイクルシステム開発の全体システムフロー

も9割台であった。当社もこの研究細目のいくつかを受託し，所期の目標を達成した。

4 三菱電機のリサイクルプラント

家電リサイクル法の公布後まもなく千葉県市川市の工業専用地域に家電品・OA機器などのリサイクルをするプラントを建設した。このプラントの技術的な特徴は，手解体を前段にし，次に機械的・物理的な破砕・選別工程を配し，工程に焼却や洗浄をなくして，マテリアルリサイクルを主体にしたゼロエミッションを目指している[4]（図3）。

4.1 手解体

家電品及びOA機器の手分解の対象は，次のものである。

① 破砕機にかけられない剛体部品
② そのまま資源として売れる部品
③ メーカに返す部品
④ 環境影響物質として事前取り出しするもの
⑤ 機械設備に有害なもの

これらを取り除いた後に残りを破砕・選別し，いくつかの種類の資源として売却する。

第3編 再資源化システムの実例

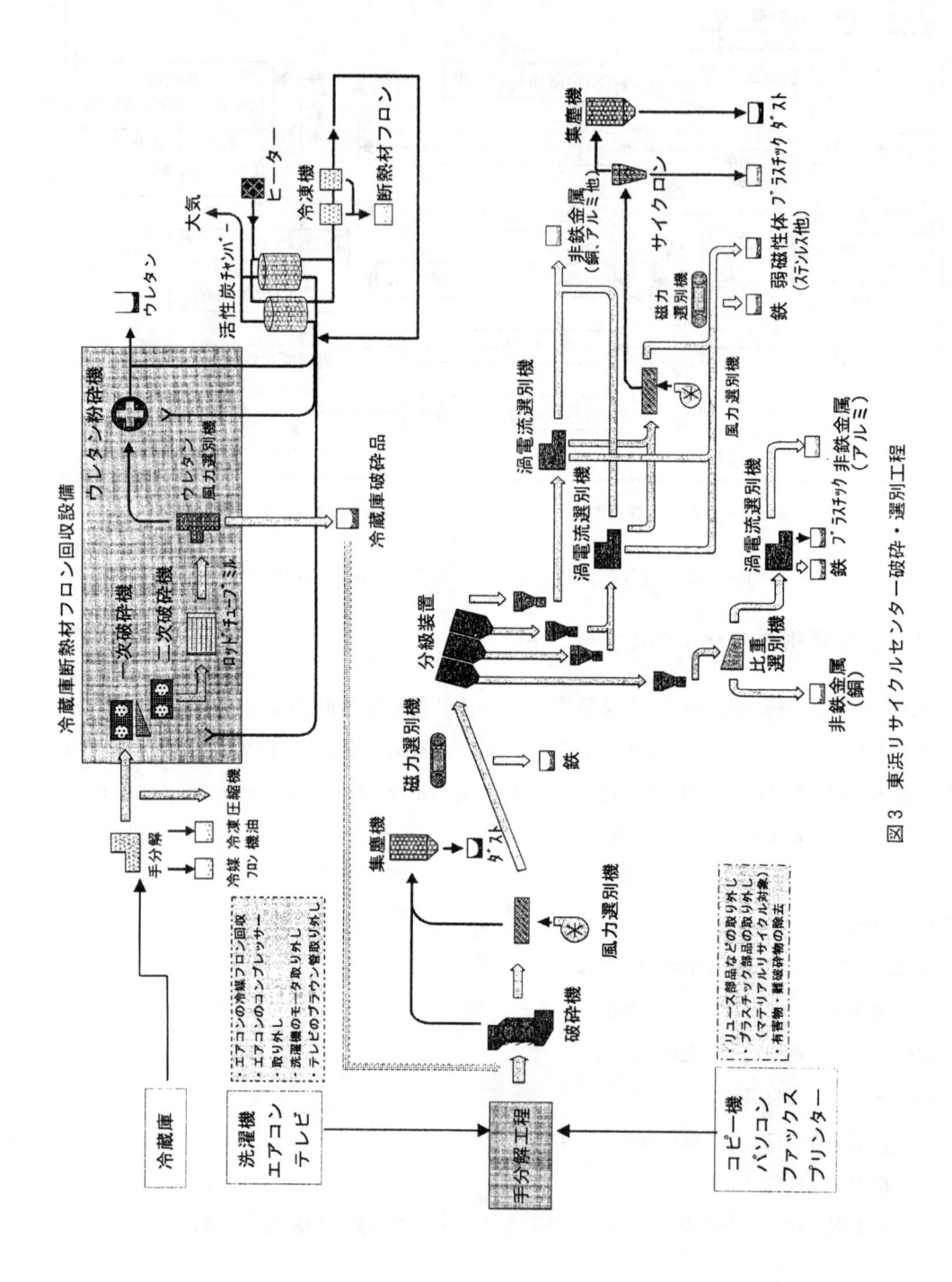

図3 東浜リサイクルセンター破砕・選別工程

4.2 破砕・分別工程

　上記のように特定の部品を抜き取った後は，竪形の衝撃式破砕機へ投入する。家電品に残っていた塵埃や破砕で発生する粉塵の類は風力で集塵機に集める。破砕した際に様々なサイズの破片ができるが，まず磁力選別機で大きい鉄片を回収，残りの破砕片は分級装置で4つの大きさに分類する。この分級装置とは，筒状の円周外壁に3つの大きさの穴が開いている。破砕片をこの中へ入れ，回転させてサイズ別に振り落とす（回転ふるい）ものである。振り落とした小さいサイズの破砕片どうしを比重選別機にかけて銅を分離，さらに渦電流選別機でアルミニウムを分離する。中サイズ，大サイズの破砕片もこのようなサイズ別の分離工程を重ねると，物性の違いから比較的品位よく材質別に分けられる。

4.3 その他

　本法でメーカの設計者はリサイクルの当事者となった。そのために，手解体のしやすさ，解体時間の短縮，回収資源の増加と廃棄物の減量といった配慮が強化され，リサイクル現場を訪れるようになった。ときには量産試作品で回収資源量を測定することもある。リサイクル情報の設計へのフィードバックがプラントの新しい機能といえる。

　回収資源は純度，特に忌避される夾雑物の量で売却価格が異なるから，単純に回収物が重ければよいというものではない。破砕対象製品の材質や構造で衝撃破砕片のサイズが変わるから，運転条件はいつも同じではない。1年間の稼動を経験したが，フル操業となる2001年4月に向けて，最適な条件を見つけるこのようなマテリアルバランスや経済面の検証を続ける必要がある。

　なお，破砕機の直後に出たダスト，分級装置の後ろで風力選別してサイクロンにて集めたプラスチック，最終段の集塵機のダストは現状，売却できるものではない。これらの処分費用を減らすため，プラスチックから塩化ビニルを除き，あるいは基板あたりからの夾雑金属を分別できるように技術開発を進めているところである。プラスチックのバージン材にリサイクル材の混合，RDFや高炉還元剤としての用途拡大，将来の再商品化率の上乗せに対処といった前進を期待している。

5　リサイクルプラントの経済性

　法律で製造業者などの責務となった再商品化等であるが，経済的に実行し，業務が継続できなければならない。そのためには，排出量が大きい関東地域に拠点を置きながら，効率的な輸送の仕組みを作り，排出にシーズン性がある家電品のほかに定常的な排出量があるOA機器なども併せて処理する。薄鋼板に電気部品が多数取り付けられ，プラスチックがかなりある大型の家電品，OA機器や，冷凍サイクルをもつ大型の家電品，清涼飲料水の自動販売機などは，前段に手解体

をするリサイクルプラントが適している。

　プラスチックから塩化ビニルを除き，あるいは夾雑金属を分別することができると，埋め立て処分量が減少し，経済性の改善が大きい。このようなリサイクルプラスチックを活用する仕組みをもたないと，手間をかけて分けても廃棄物であって，ゼロエミッションが遠くなる。汎用材料は天下の回りものであって，クローズドでは使いきれない。

6　展望と結言

　環境に配慮したプロセスで使用済み家電品のマテリアルリサイクルをするプラントを紹介した。法律の本格施行前であるが，すでに自治体からの処理委託やOA機器のリサイクルで，質の良い資源を回収している。将来の再商品化率の強化に対処し，また経済性の改善からもプラスチックのリサイクル技術開発を行い，ゼロエミッションに向けて推進中である。

　金属はそこそこにリサイクルが市場メカニズムで継続するが，プラスチックのリサイクルを家電業界だけが目指しても資源循環の大きな流れを作り得ない。いくつもの業界を横とおしし，素材メーカや成形業者との研究により，リサイクル材の物性を改善し，用途を開き，安心して購入できる規格の整備，リサイクル材を使用した製品の優先購入など，技術開発と共に技術を越える策も実施されなければならない。

　世界に先駆けた家電リサイクル法が資源循環を加速するきっかけになることを期待する。

7　問い合わせ先

　三菱電機㈱　リサイクル推進室
　電話：03-3218-9403

文　　献

1) 特定家庭用機器再商品化法について，厚生省，通商産業省（1999年6月）
2) 環境総合ハンドブック，㈶家電製品協会（1998年3月）
3) 家電リサイクル実証プラント（パンフレット），㈶家電製品協会
4) 松村，家電リサイクルプラントの運転，産業と電気，関西電気協会（1999年11月号）

第19章　半導体工場廃水・廃薬品の循環利用
― ㈱リコー ―

杉山光一*

1　概要

半導体前処理工場における，純水製造及び生産廃水処理において，水の循環利用98％，排水河川放流"ゼロ"のクローズド・ウォーター・リサイクルシステム（Closed Water Recycling System）の稼働実例と，廃薬品（フッ化水素；HF）のマテリアルリサイクルへの展開を述べる。

2　はじめに

半導体前処理工場では，各種薬品と多量の純水を使用しウェハ処理を行う。現在，半導体産業における重要なテーマである"環境保全活動"を展開するためには，水質汚濁防止が大きなテーマの一つである。半導体工場からの廃水は，厳しく規制されており，生産工程で発生した生産廃水は，中和・分離・分解等により処理し，基準水質まで浄化し放流する方式が多い。また，工場で洗浄水として使用する超純水（比抵抗18MΩcm以上）は，製造コスト及びエネルギーが高価・多量であり，純水を有効に利用することが重要である。

リコーやしろ工場では，地域環境保全を優先させ，従来より一歩進んで生産廃水を全く放流しないクローズド・ウォーター・リサイクルシステムを1989年の操業開始から採用してきた。1994年には，更新廃液処理プラントを増設し，無排出水システムとして完成させた。現在，薬品のリサイクル化を進め，システムの大きな改造を進めている。今回は，現状のシステムの説明と今後の展開について述べる。

3　開発の背景

リコーやしろ工場は，兵庫県加東郡に位置し，加古川流域の農業地帯であり，操業開始時点では，公共下水道の未整備地域であった。企業としてリコー環境綱領に地球環境に配慮する姿勢をうたい，環境保全を経営の優先課題の一つとして明文化している。それに基づき，廃水処理を確実に行い，地域の環境保全に貢献をするシステム開発を積極的に行い，現在稼働させている（写真1，2）。

---

*　Koichi Sugiyama　㈱リコー　電子デバイスカンパニー　事業企画室　環境・総務課

第3編　再資源化システムの実例

写真1　工場外観

写真2　プラント

4　クローズド・ウォーター・リサイクルシステム

システム全体のフローを図1に記載する。

4.1　システムフロー全体について

　町水を超純水製造システムにて超純水に変え，生産ラインで使用する。クルーンルーム内の生産装置で使用された純水は，伝導率別に分別廃水ラインにて回収する。希薄排水（二次リンス水）・濃厚排水（一次リンス水）・更新廃液（薬品廃液）の3系統に分別を行う。希薄排水，濃厚排水

第19章　半導体工場廃水・廃薬品の循環利用

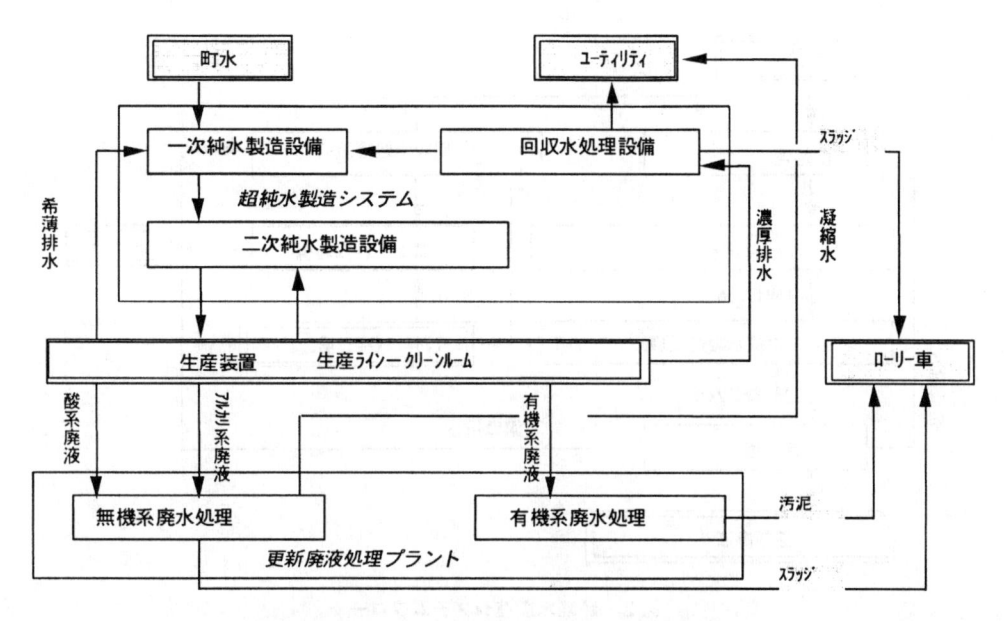

図1　クローズド・ウォター・リサイクルシステム

は再使用、再利用を行う。更新廃液は更新廃液処理システムに送り、含有される化学物質はスラッジとして業者引き取りにより産廃処理を行う。システムにおける排水は使用可能な限り再利用した。工場外へは、無排出水システムであり、河川放流はいっさい行っていない。

4.2　超純水製造システムについて

システムの上流部である、超純水製造システムを図2に記す。原水として町水を使い前処理を行った後、一次純水製造システム、二次純水製造システムの段階を経て超純水「18.2MΩ」を製造ラインに供給する。使用後の排水で希薄排水は純水の原水として再使用する。濃厚排水は回収水処理システムに送られ、イオン交換等処理をしユーティリティ用水（ボイラ用水・冷却棟補給水・スクラバー用水）として再利用する。一部高濃度汚染水は乾燥してスラッジ化して産廃処分を行う。更新廃液は処理システムに送る。

4.3　更新廃液（薬品廃液）処理システムについて

システムの下流側の排水処理である更新廃液処理システムについて記す。システムはステップを経て完成した。

- STEP 1（'89～'93）

　　全量タンクローリー引き取り。廃液状態での場外搬出。

- STEP 2（'94～）

第3編 再資源化システムの実例

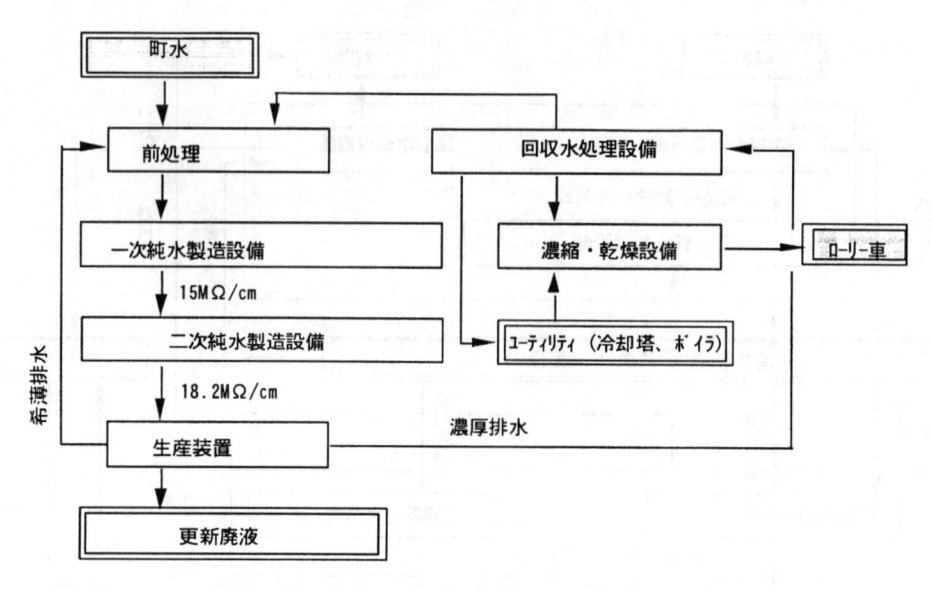

図2 超純水製造システムフロー

更新廃液処理プラントが完成し，運用を開始する。

スラッジ状態での場外搬出。

・STEP 3（'99～）

HF廃液のマテリアルリサイクル開始。

STEP 2の更新廃液処理プラント構築は，最終廃棄物を固形化し場外搬出物の最小化により，環境負荷（処理，輸送他）の最小化を目的で行った。更新廃液処理システムフローを図3に記す。

酸系，フッ酸系，アルカリ系廃液を無機系廃液として，中和/濃縮/脱水/乾燥によりスラッジ化を行う。

現像廃液，有機廃液を有機系廃液として活性汚泥法にて処理汚泥化を行う。廃水の一部はプラント内でリサイクル使用を行う。

STEP 3では，フッ酸廃液を場外プラントにて処理し，HF原料として廃薬品のリサイクルを行っている。現状は，製鉄所の副原料として使用されている。

更新廃液処理プラントの個別主要システムの概要は下記である。

(1) **無機系廃水処理システム**

無機系廃液（酸，アルカリ）は中和/濃縮/脱水/乾燥によりスラッジにする。まず，反応槽でブロア空気により攪拌しながらNaOHを加え中和し，昇温してH_2O_2の分解とアンモニアストリッピングを行う。ガス化されたアンモニアは吸収塔にて濃厚硫安液とし，肥料として再利用を行う。廃液は蒸発タンクにて受けたあと蒸発濃縮装置で濃縮し，ドライヤーにて乾燥させ，含水率10

第19章　半導体工場廃水・廃薬品の循環利用

図3　更新廃液処理プラントフロー

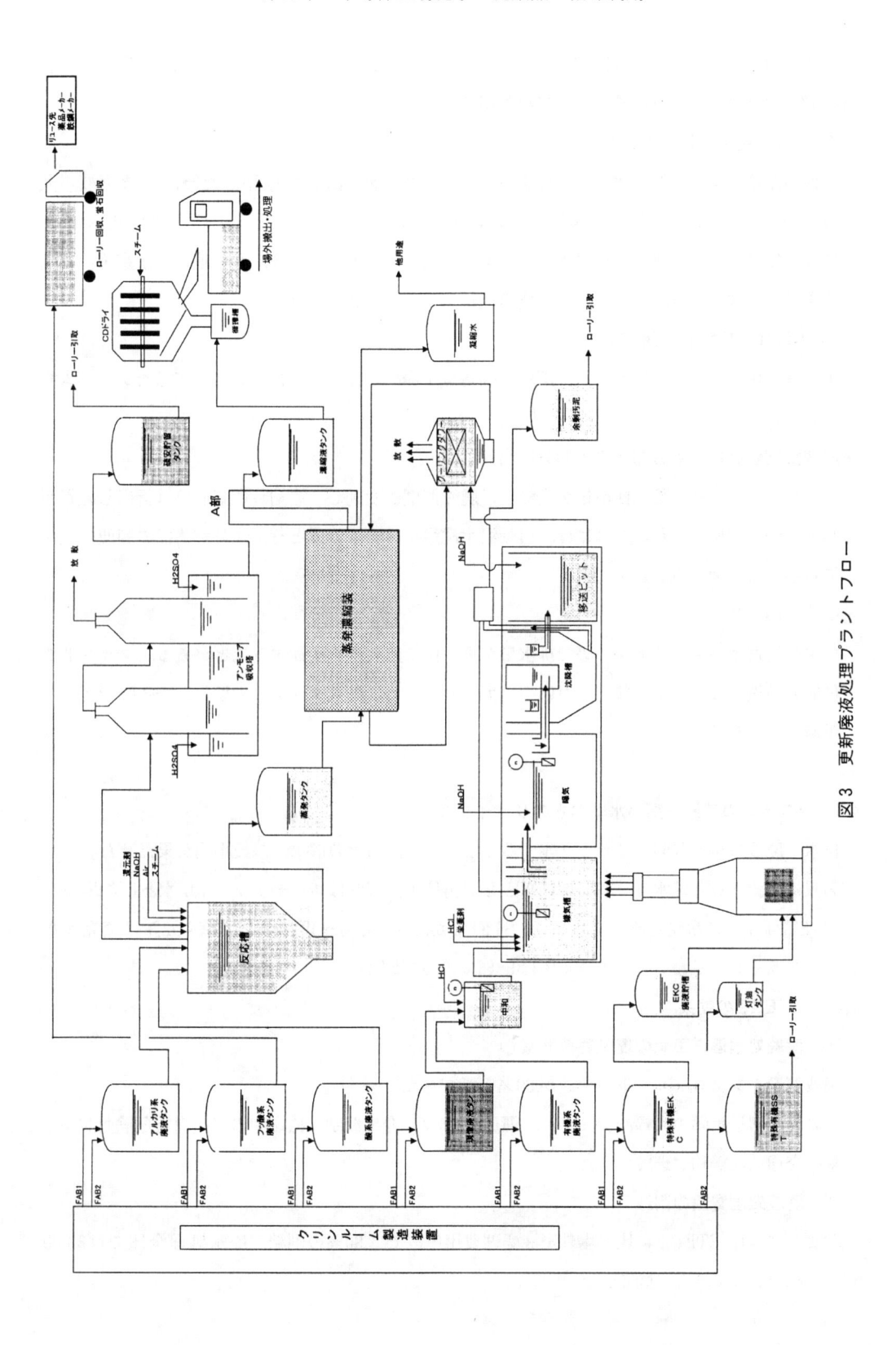

％程度の塩としてスラッジ（NaF, NaCl, Na$_2$SO$_4$）にて，産廃処理を行う。また，蒸発濃縮装置の凝縮水はスクラバー補給水として再利用を行う。

(2) 有機系廃水処理システム

活性汚泥法により汚泥にする。現像廃液（アルカリ）をHClにて中和した後，有機廃液と共に嫌気槽にて一部BOD成分の分解を行い，ばっ気槽にて完全分解を行う。高濃度BOD対策としてばっ気槽から嫌気槽への返送水システムを採用している。その後，沈降槽にて余剰汚泥を引き抜き産廃処理を行う。上澄水は冷却塔の補給水として再利用を行う。

(3) 半導体工場特有の対応策

半導体工場としての特異性として下記の問題点が発生した。現在はこれに対応したシステムを設置している。

・廃液濃度変動による濃縮時の固形分析出対応

プロセスにより，薬品使用量が変動し，廃液濃度が変動し，濃縮時に固形分は析出し配管が詰まる問題が発生した。これには，自動温水洗浄システム設置とパイプ分解清掃の簡便化改造で対応した（図3のA部）。

・廃液量の変動対応

生産量およびメンテナンス等で排水量が日単位では大きく変動することがある。プラント処理能力を過大にすることなく，対応を確実にするため，受入タンクの大型化と一時貯留可能な予備タンクを設置した。

4.4 システムの効果－高い水準の水のリサイクル

排水，廃液は可能な限りリサイクルすることにより，町水の取水量の最小化が果たせた。

装置に供給された純水は，39％は純水として再使用，57％はユーティリティ用水として再利用，4％がSTEP1では産廃処理していたが，STEP2から更に2％を再利用し，残り2％は蒸発乾燥によりスラッジ化した。リサイクル率は98％である（図4）。

4.4.1 STEP2の効果

(1) 産廃処理運送車両の環境負荷低減

廃液運搬タンクローリー車の台数が90％削減できた（図5）。

この廃液搬送車両の大幅減少により，運送時のCO$_2$発生抑制，搬送中の二次災害危険性防止，近隣の交通渋滞緩和が達成できた。

(2) 廃液処理費用の削減

STEP2では，STEP1に比べ場外廃液処理費用単位では90％の削減，廃水処理全体では約80％の削減が達成できた（図6）。

第19章　半導体工場廃水・廃薬品の循環利用

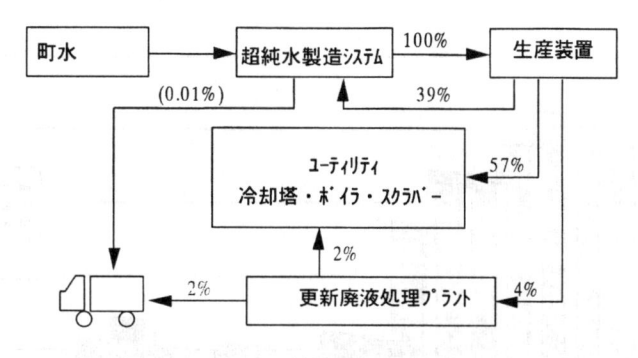

図4　システムの効果：水のリサイクル率

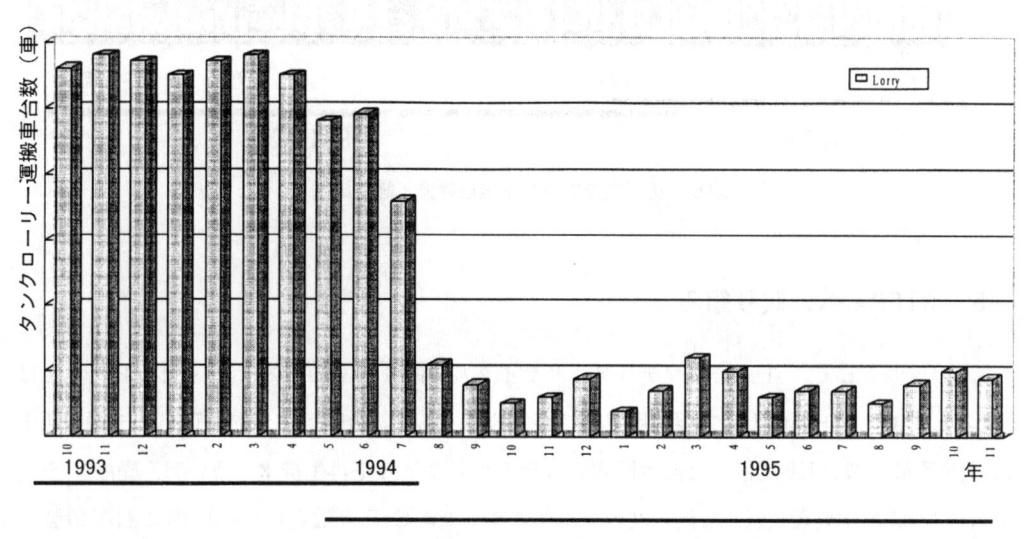

図5　更新廃液プラント稼働効果：タンクローリー運搬車台数比較

クローズドシステムとして，低コスト操業が可能となり，経済性が著しく向上した。

4.4.2　STEP 3の効果

(1) リサイクルへの取り組み

STEP 3では，HF廃液のリサイクルに取り組んだ。これはHF廃液を，産廃メーカーでCaF_2（蛍石）に精製し，HF原料として再度利用しようとする取り組みである。これには，HF廃液の成分管理がポイントであり，システムの改造（HF濃度管理と阻害物質の除外）を行った。現在，精製した蛍石は，鉄鋼メーカーの副原料として利用されている。

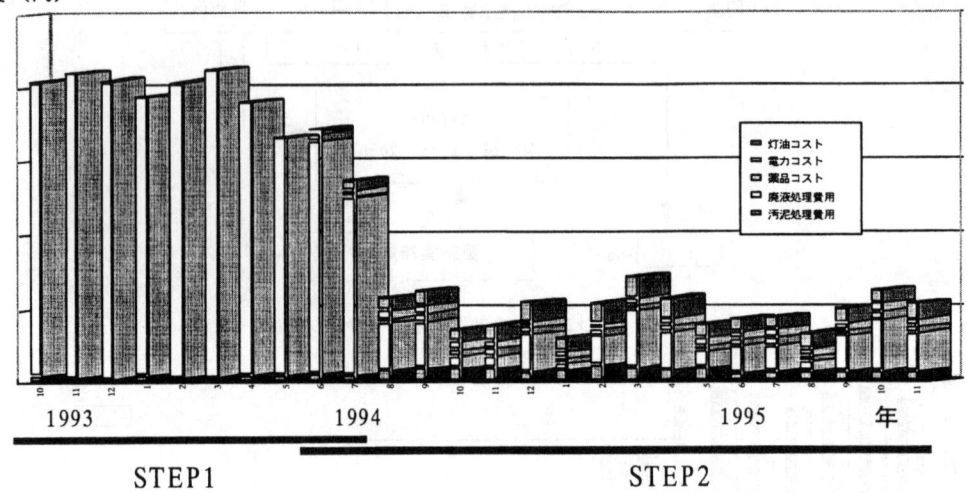

図6　更新廃液プラント稼働効果：経費比較

5　STEP 4への取り組み

次への展開として，STEP 4でマテリアルリサイクルに取り組んでいる。従来は，HF廃液は汚泥としてセメント原料として再利用するのが一般的である。今回は，分別配管システムを活用し，HF廃液（濃いHF廃液）と純水回収システムからのWA塔再生排水（薄いHF廃液）を混合し，フッ素廃水処理装置にて高純度のフッ化カルシウムCaF_2（蛍石）に工場内で回収精製を行う。フッ化カルシウムは，HFメーカーの協力にて，HF薬品の原料としてマテリアルリサイクル化へ展開する。このフッ素廃液処理装置には，晶析法・カルサイト法・凝集濾過法等の技術が利用される。HF濃度管理，反応阻害物質の除外等制約条件が多く，システム設計が重要である。反応式を下記に記す。

晶析法　$CaCl_2 + 2HF \rightarrow CaF_2 + 2HCl$

カルサイト法　$CaCO_3 + 2HF \rightarrow CaF_2 + H_2O + CO_2$

例として，晶析法のフローを図7に記す。高濃度のフッ化カルシウムを回収できるシステムとして最適ではないかと考える。

6　展望と結言

今後の展望として，マテリアルリサイクルの全薬品へ展開が必要である。廃棄物ゼロ宣言が各工場で発表されるようになったが，廃棄物ゼロの内容が今後重要である。単なるリサイクルから，マテリアルリサイクルや再使用にまで，スパイラルアップしていくことが必要であると考える。

第19章　半導体工場廃水・廃薬品の循環利用

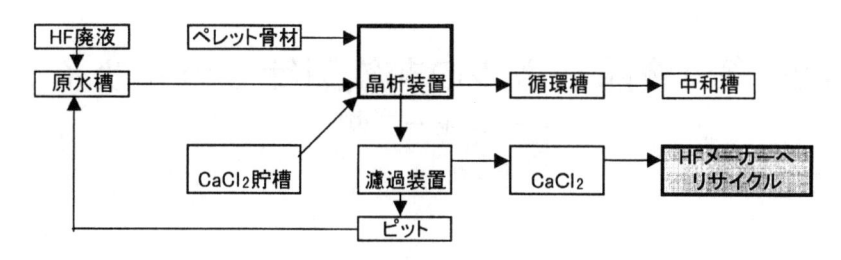

図7　晶析法－フッ素廃水処理装置

　㈱リコーの環境活動の考え方は，初期の環境対応（公害防止）から環境保全をへて環境経営へと進んできている。まさに，河川放流ゼロ（環境対応）から廃棄物リデュース化（環境保全）そしてマテリアルリサイクル化（環境経営）と廃水処理システムが進んできた。マテリアルリサイクル化は，産業廃棄物として処理していた廃棄物を原料として再使用することで，処理費用支払いから原料販売へと変化することを意味する。環境活動が経営活動とリンクする環境経営となる。今後，環境活動全般にわたり，環境保全を進め環境経営へと展開していきたいと考えている。

7　問い合わせ先

　㈱リコー　電子デバイスカンパニー　事業企画室　環境・総総課
　電話：0727-53-5041

文　　献

1）池上里一　他，「超純水の化学」リアライズ社 P161-186（1990）
2）福田善男，「半導体工場における水のクローズドシステム」公害と対策，Vol.24（1988）
3）杉山光一，「環境工学研究」No.194，㈳空気調和衛生工学会発行 P11-18（1996.2）
4）杉山光一，「第2回国際半導体環境安全会議報告書」㈳日本電子機械工業会発行 P92-97（1995.12）

第20章 液晶パネルの非鉄製錬でのリサイクル
－シャープ㈱－

澤江　清*

1　概要

液晶ディスプレイの中で，重量占有率が大きくリサイクルが困難であった液晶パネルについて，安全かつ経済的で大量処理が可能な非鉄製錬でのリサイクル方法と，非鉄製錬での大量処理を可能とする液晶パネルの処理技術について紹介する。

2　はじめに

液晶ディスプレイは，小型・軽量・省エネルギーといった特長から，高度情報化社会の進展と共に広く普及が進みつつあり，中でもノートPC，OA用モニタ，液晶TVなどの大型液晶ディスプレイの増加が著しく（図1，2），5～7年後には，これらが使用済みになると予測されている（図3，4）ことから，リユースやリサイクルについてさまざまな検討が行われている[1,2]。

ここでは，液晶ディスプレイの分解・分別と液晶パネルを非鉄製錬で有効利用する方法につい

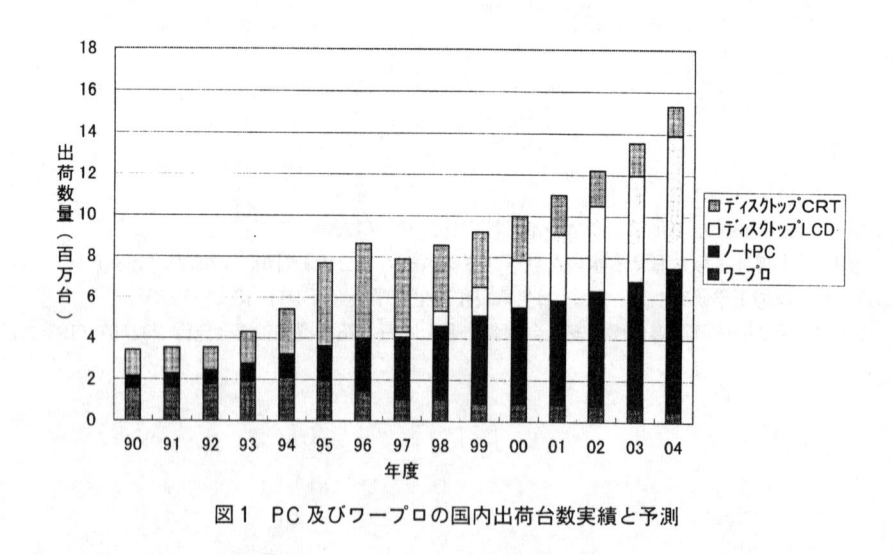

図1　PC及びワープロの国内出荷台数実績と予測

---

* Kiyoshi Sawae　シャープ㈱　液晶開発本部　液晶技術生産センター　生産システム開発部

第20章 液晶パネルの非鉄製錬でのリサイクル

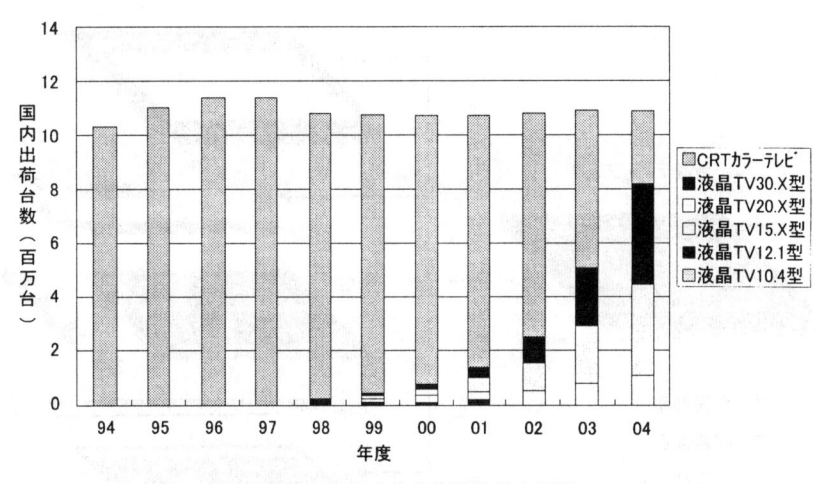

図2 TV国内出荷台数実績と予測

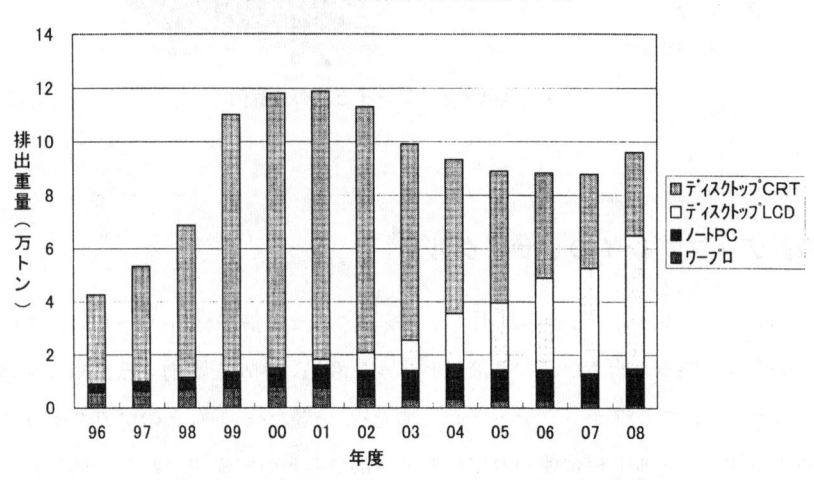

図3 国内の使用済みPC及びワープロ排出重量推移

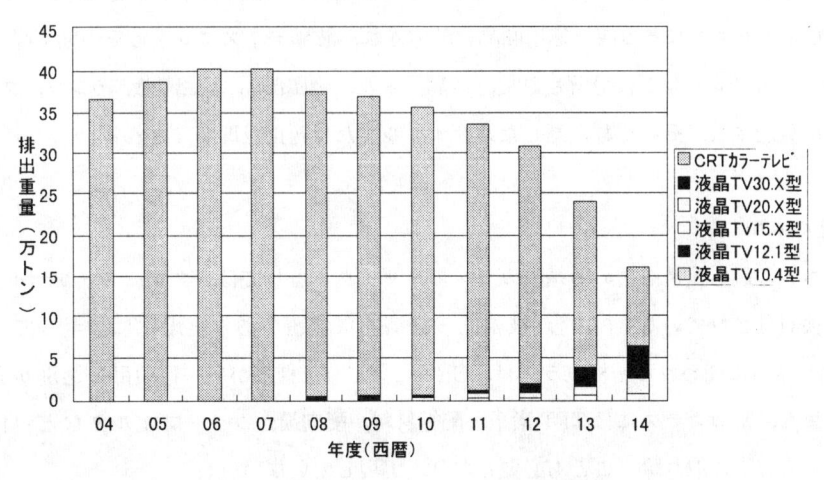

図4 国内の使用済みTVの排出重量推移

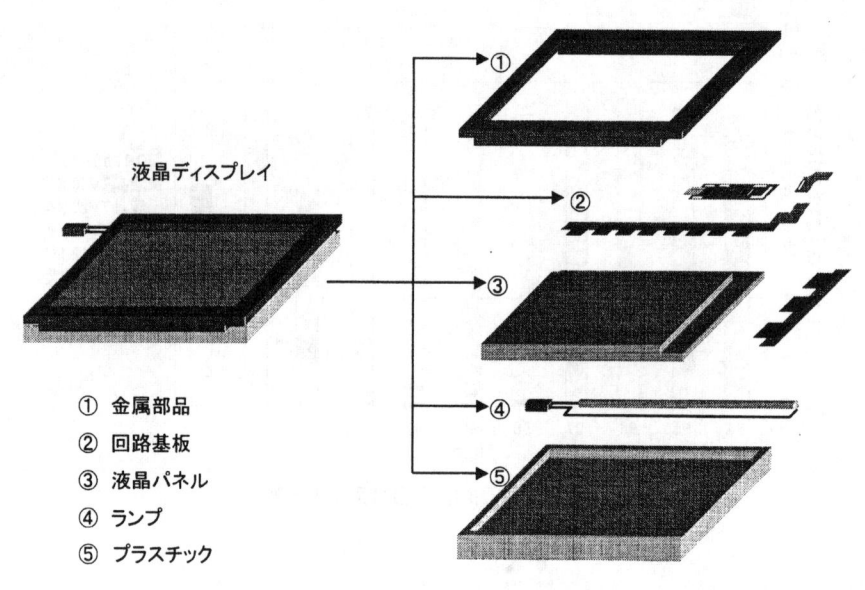

① 金属部品
② 回路基板
③ 液晶パネル
④ ランプ
⑤ プラスチック

図5　液晶ディスプレイとその分解例

て紹介する。

3　液晶ディスプレイのリサイクル

　多くの液晶ディスプレイは，2枚の基板ガラスを貼り合せて液晶材料（4〜6μm厚）を封入し，その両面に偏光板を貼った構造からなる液晶パネル，液晶パネルを駆動するための回路基板，極細管蛍光灯のランプ，プラスチックシャーシ，導光板，拡散シートなどのプラスチック，ベゼルと呼ばれる支持体やシールド板に使われている金属部品の5つで構成される（図5）。
　現在検討されている液晶ディスプレイのリサイクルフローを図6に示す。使用済みとなったノートPCやOA用モニタなどの液晶応用商品は解体され，液晶ディスプレイとその他部品に分別され，液晶ディスプレイは更に分解されて，液晶パネル，金属部品，回路基板，ランプ，プラスチックの5つに分別され，それぞれに適したリサイクルまたは適正処理がなされる。

3.1　液晶パネル

　液晶パネルの最も重量を占める基板ガラスのリサイクルとしては，クローズドリサイクルが望ましく，検討はされているものの[3]，技術的・経済的な課題があり実用化には至っていない。TFT液晶パネルに使われる基板ガラスは，CRTと異なり，種類が多く種類毎の選別が必要となること，また，基板ガラスにはTFT素子，配線材料，配向膜，カラーフィルタなどが付いており，これらを確実に取り除くことも必要となり，実現していない。

第20章 液晶パネルの非鉄製錬でのリサイクル

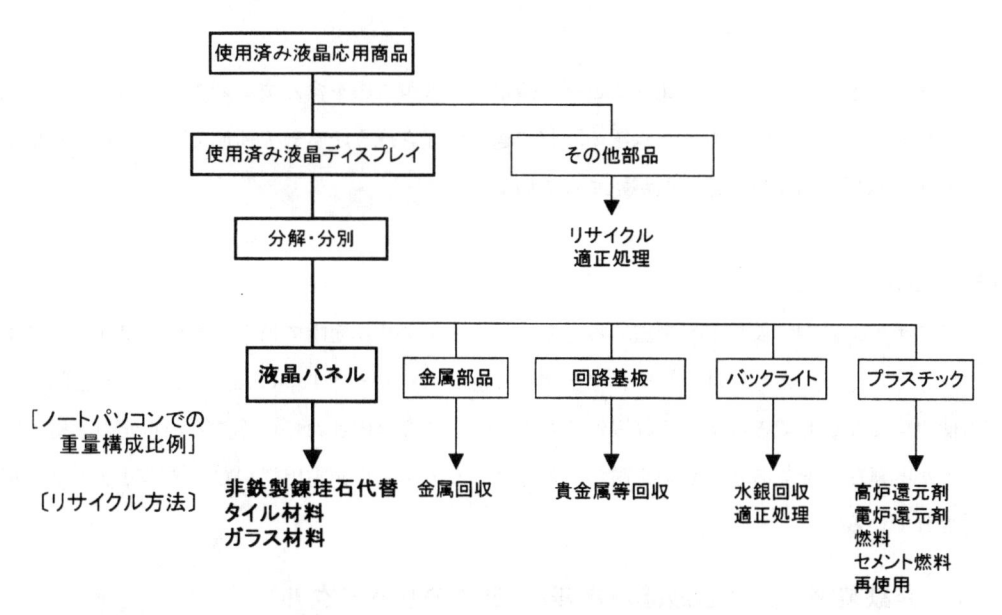

図6 液晶パネル/ガラスのリサイクルフロー

基板ガラスのリサイクルとして，タイル材料へのリサイクル[4]や蛍光灯の建材用ファイバー原料へのリサイクルといった技術が利用でき，前者を利用したリサイクルが，融点の低いSTN用基板ガラスについて一部でなされている。

非鉄製錬における珪石代替材料としての液晶パネルのリサイクルは，偏光板も一緒にリサイクルできる方法であり，経済性に優れている。既に，一部では液晶ディスプレイ組立工程や液晶パネル生産工程から排出される液晶パネルやガラスについて，非鉄製錬での珪石代替材料としての再利用が行われている。

液晶材料は非常に微量であり，10～20種類の混合物であることから，経済的に回収して精製することが難しい。

3.2 金属部品

金属部品としては，メッキ鋼板，SUS，アルミが使われているが，既存の回収ルートがあることから，一部ではあるが，これを利用した回収が行われている。

3.3 回路基板

回路基板については，金，銀，パラジウム，銅といった有価金属を含んでいることから，専門の回収メーカによってこれら有価物の回収が始まっている。

第3編　再資源化システムの実例

3.4　ランプ

ランプは，家庭用の蛍光灯と比べると極く微量であるが水銀を含んでいることから，水銀の回収または適正処理が必要である。水銀の回収や適正処理を行う所も数カ所出てきており，一部ではあるが，水銀の回収や適正処理が始まっている。

3.5　プラスチック

プラスチックの中で最も重量を占める導光板は，メタクリル樹脂であることからポリマーのままペレット化して，あるいは一端モノマー化して再度ポリマー化することでメタクリル樹脂として再使用することもできるが，それ以外のものは高度に複合化されていることから元の素材に戻すことが困難な状況であり，高炉や電炉の還元剤，セメントや発電用燃料などでのリサイクルが検討されている。

4　非鉄製錬における液晶パネル/ガラスのリサイクル[5]

非鉄製錬における液晶パネル/ガラスのリサイクルは，経済的にガラスを有効活用できるリサイクル方法である。ガラスリサイクルに用いられる非鉄製錬の処理フローを図7に示す。

非鉄製錬では，原料の製鋼煙灰などから粗酸化亜鉛とマットを生産する。珪石はスラグの溶融点調整の働きをするフラックス剤として使われるが，液晶パネルのガラスはこの珪石代替材料として使われる。また，ガラス中のSiがFeと化合してその比重を小さくすることで，Feはスラグとして取り除かれ，比重の大きなCuやAgを含むマットが生産される。つまり，ガラスは珪

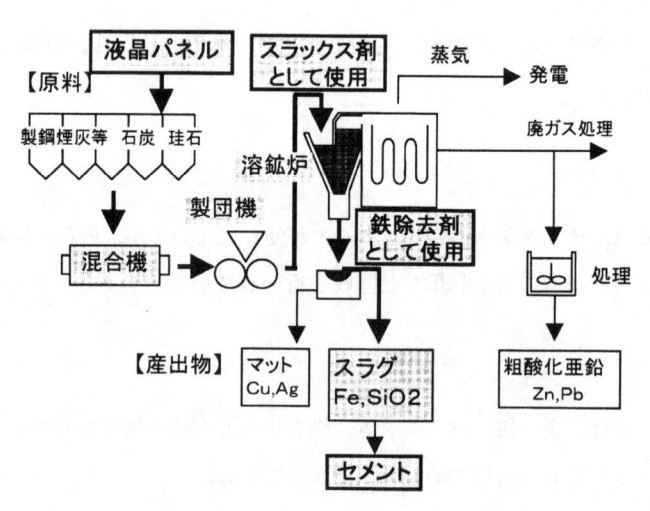

図7　非鉄製錬炉での液晶パネル・ガラスのリサイクル

石代替材料として鉄の除去剤としても利用される。更に，ガラスはスラグとして排出されるが，これもセメント材料として再度有効に使われる。

　溶鉱炉の温度を一定に保持するため，投入物は製団機によって一定の形状に成型される必要があり，ガラスを大量にリサイクルするためには，あらかじめ数mm以下のサイズにしておくことが必要である。

　液晶パネルは，高硬度で脆性体のガラスを弾性体の偏光板でサンドイッチした構造であり，一般に粉砕が難しいが，専用の粉砕装置を開発することで解決した。

　また，偏光板や液晶材料などの有機物は，溶鉱炉の中で約1,300℃の高温に保持されることから，分解処理される。

5　おわりに

　液晶ディスプレイは，省資源・省エネルギーといった特長以外に，易分解性でもあり，今後更にこの特長を生かす製品開発を進める一方で，経済的にリサイクル率を高めるための技術開発や，リユース，クローズドリサイクルの実現に向けた開発を進め，より環境に優しい液晶ディスプレイを提供していきたい。

6　問い合わせ先

シャープ㈱　液晶開発本部　液晶生産技術センター　開発部
電話：0743-65-4075

文　　献

1) 荒川清一：液晶（LCD）産業の環境問題と業界対応，電子ディスプレイフォーラム2000，4-14（2000年4月）EIAJ, SEMI
2) ㈳日本電子機械工業会：液晶ディスプレイの環境に対する影響とリサイクルに関する調査研究報告書，pp18-38，2000年3月
3) 住母家岩夫，岐部穂立：特開平11-197641　ガラス表面の無害化処理方法
4) 秋田勝彦，加藤聡：廃ガラスリサイクルによるタイル再生技術，*ECO INDUSTRY*, 3, No.7, pp36-42, 1998
5) 山本圭三：液晶ガラスパネルのリサイクルについて―リサイクル技術研究発表会講演論文集（第7回），pp69-72，㈶クリーン・ジャパン・センター，1999年10月

第21章　廃家電からの金属・プラスチック回収と製錬原料への利用
　　　　　　－三菱マテリアル㈱－

山口省吾[*1]　星名久史[*2]

1　概要

　廃家電リサイクル処理における重要ポイントは有害物質の拡散防止と高いリサイクル率の確立との認識を持ち，その実現のために一次分解の自動化と非鉄製錬設備の活用を目標としたシステム開発を行ってきた。

2　開発の背景

　2001年4月から「特定家庭用機器再商品化法（家電リサイクル法）」が実施されるため，現在各家電メーカーはその準備に忙殺されているようであるが，弊社は非鉄金属を取り扱う素材メーカーとして，1993年より廃家電リサイクルの問題に取り組んできた。研究開発において，まずは家電品の構成成分に関する調査を実施した。調査結果の例を表1に記載する。

　また，1995年度から4年間にわたって㈶家電製品協会が実施した『廃家電品一貫処理リサイクルシステム開発』（通商産業省国庫補助事業）にも参加したが，そのプロジェクトでは，技術

表1　廃家電品成分分析の一例

区分	鉄	銅	アルミ	樹脂類	硝子類	その他	合計
小型テレビ	9	3	－	20	57	11	100
大型テレビ	12	3	1	6	50	28	100
洗濯機	56	3	3	32	－	6	100
エアコン屋内機	39	19	8	31	－	3	100
エアコン屋外機	62	17	4	9	－	8	100
冷蔵庫	55	5	4	32	2	2	100

---

*1　Shogo Yamaguchi　三菱マテリアル㈱　地球環境・エネルギーカンパニー
　　　　　　　　　　　環境リサイクル事業センター　部長補佐
*2　Hisashi Hoshina　三菱マテリアル㈱　地球環境・エネルギーカンパニー
　　　　　　　　　　　環境リサイクル事業センター　技師

第21章　廃家電からの金属・プラスチック回収と製錬原料への利用

開発とともにプロジェクト全体のとりまとめを担当した。

現在は家電リサイクル法の施行にあわせて実業化の準備を行っており，北海道，宮城県，大阪府において家電メーカーとともにリサイクルプラントの建設準備を進めている。

3　技術開発の要点

家電リサイクルを社会システムとして構築するために必要とされる，最も重要な要件を我々は以下の2つと考えてその開発・研究に取り組んできた。

- 環境影響物質の周囲環境への拡散防止
- 高リサイクル率の達成

上記項目を実現するために我々は，従来より実施されている破砕分別処理を行う前に，環境影響物質が使用されている部品あるいは部品群を取り外し，専門的に処理する対応が必要との認識から「一次分解工程」の設置を計画した。また，プラスチック類と重金属類の混合物を経済的でかつ安全に適正リサイクル処理する方法として，家電リサイクルシステムの構築において「非鉄金属製錬炉の活用」を積極的に推奨してきた。

3.1　一次分解工程

環境影響物質を含有する部品類は，家電品ではプリント基板などの電子部品やフロンガス，冷凍機オイルなどがこれらに相当する。例えばプリント基板の成分は，当然製造年次，サイズ，メーカー種別によって異なるが，テレビの基板では，大雑把には主成分として鉄が約20％，銅が約10％，アルミニウムが5％と把握されている。ただし，我々が実施した調査の結果では，その他少量含有物（0.1～5.0％）としてBa，Br，Ni，Pb，Sb，Sn，Ti，さらに微量含有物（100ppm～0.1％）としてB，Bi，Cr，Mn，P，Sr，Zrが検出確認されており，これらの成分を周囲環境へ拡散させないような処理を行うことが重要となる。

このほかに，一次分解にて除去する部品類としてコンプレッサー，モーターなどの処理困難物が挙げられるが，これは一般的な破砕システムにおいては負荷が大きすぎて専門的に処理を行う方が経済的と考えられるためである。現状では，これらの部品類は有価物として売却されており，その多くは中国などの日本国内より労務費単価の安い国において，人手による分解分別が行われている。

CRTに代表される単素材系の部品類や，比較的有価物としての回収が容易な熱交換器などの部品類は，取り外して専門的に処理を行うことによって大きくリサイクル率が向上する。現在計画中のプラントにおいても，CRTと熱交換器は一次分解において取り外すように計画されている。

第3編　再資源化システムの実例

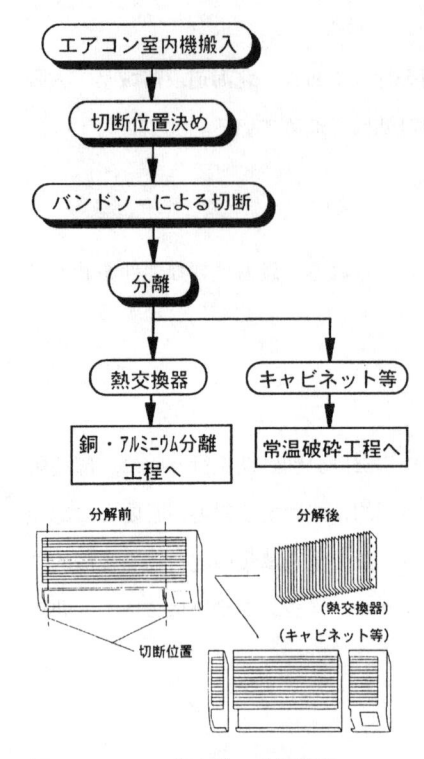

図1　エアコン室内機の分解概略フロー

写真1　エアコン室内機の自動切断実証試験

前記した『廃家電品一貫処理リサイクルシステムの開発』において，データ管理システムと切断機器とを組み合わせて一次分解を自動化する研究開発を実施した。下記に，エアコン室内機からの熱交換器取り外しのフロー（図1）と実証試験の写真（写真1）を記載する。

3.2　非鉄製錬炉の活用

国内の非鉄製錬業界は，銅，鉛，亜鉛をはじめとして金，銀，ニッケル，アンチモン，カドミウム，砒素などを生産しており，銅，鉛，亜鉛の地金生産量は年間約250万トンであり，原料取り扱いは鉱石量換算で年間約900万トンの処理能力を有している。

一方，廃家電品の量は年間約80万トンと予測されており，そのうち銅分は3.2%，アルミは2.5%との報告があげられている。したがって，それら非鉄金属が含有されたシュレッダー類の処理設備としては，充分な大きさを有していると言える。業界全体では中間処分許可証取得済みの事業場所は約40箇所となっており，現在は各種廃乾電池，廃蛍光灯類，廃触媒などのリサイクルを手掛けている。昨年6月，厚生省告示にて廃テレビのプリント基板（電源回路）については，テレビから取り外すことに加えて溶融加工にて金属回収する以上の処理が義務付けられており，これらの処理において我々としては，当初からの方針通り非鉄製錬炉の活用を積極的に行っていきたい。

非鉄製錬所はそれぞれ銅製錬，亜鉛製錬，鉛製錬などの専門の機能を有しており，相互に関連しておりネットワークを形成している。例えば，銅製錬所において鉛成分は鉛灰（ダスト）として濃縮され，鉛製錬所に送られた後に製錬処理されて電気鉛として回収される。また，鉛製錬所

第21章　廃家電からの金属・プラスチック回収と製錬原料への利用

写真2　金属・プラスチック混合物乾留処理試験設備

に入った銅成分は同様に濃縮された後，銅製錬所にて電気銅として回収される。

　アンチモンやビスマスなどの成分は副産物工程にて回収され，最終的に回収されない微量成分についてはスラグとして不溶化された形状で排出され，銅製錬の場合そのスラグはセメントの鉄原料としてや，港湾建設に使用されるケーソンの埋め戻し材料として使用されている。

　一方，プラスチック類は製錬炉熱源としてサーマルリサイクルされる。製錬炉での処理量が増加した場合の対応として，含有塩素分の除去などを目的とした乾留プロセスに関しても研究開発を進めてきた。銅製錬及び鉛製錬の概略フロー（図2，図3）と，乾留プロセスの研究設備写真（写真2）を記載する。

4　今後の展開

　家電主要4品目（テレビ，冷蔵庫，洗濯機，エアコン）から開始される家電リサイクルは，今後その他の家電品（電子レンジ，乾燥機など）あるいはOA機器（パソコンなど）へとその対象品を広げていくことが予想される。また，環境影響物質への配慮やリサイクル率の引き上げも想定される。そのような見通しの中で，さらなる継続的なシステムを構築するためには，経済性検討を重視する必要がある。一次分解における自動化の追求と，分解データ収集の情報システム構築などが当面の開発課題であると考えている。また，リサイクル回収物の用途開発も大きな研究項目と考えており，特にプラスチック類の再使用はリサイクル率向上へ直接関連する。

5　展望と緒言

　1993年から，素材メーカーとして廃家電リサイクルシステムの実現に向けて調査・検討を行ってきたが，家電リサイクル法の施行を1年後に控え，現在北海道，宮城，大阪の3箇所でリサイクルプラントの建設を準備している。今後は電子・電気機器全体を視野に入れ，素材メーカーとしての特色を活かしたリサイクル事業分野での展開をめざしていきたい。

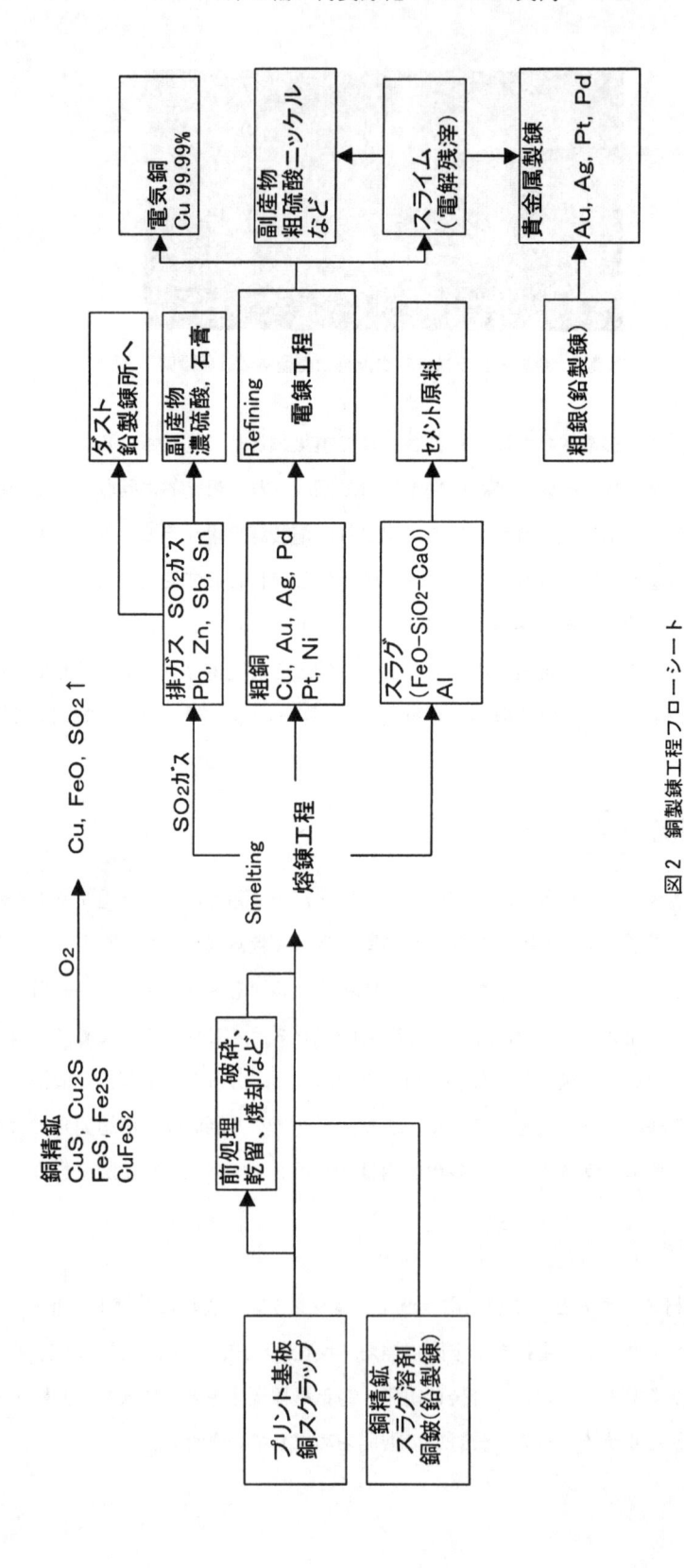

第3編　再資源化システムの実例

銅精鉱
CuS, Cu₂S
FeS, Fe₂S
CuFeS₂

$\xrightarrow{O_2}$ Cu, FeO, SO₂↑

前処理　破砕、乾留、焼却など

プリント基板銅スクラップ

銅精鉱スラグ溶剤（銅鈹(鉛製錬)）

Smelting
熔錬工程

SO₂ガス → 排ガス SO₂ガス Pb, Zn, Sb, Sn → ダスト 鉛製錬所へ
副産物 濃硫酸、石膏

粗銅 Cu, Au, Ag, Pd Pt, Ni

スラグ (FeO-SiO₂-CaO) Al → セメント原料

Refining
電錬工程 → 電気銅 Cu 99.99%
副産物 粗硫酸ニッケルなど
スライム（電解残滓）

粗鈹(鉛製錬) → 貴金属製錬 Au, Ag, Pt, Pd

図2　銅製錬工程フローシート

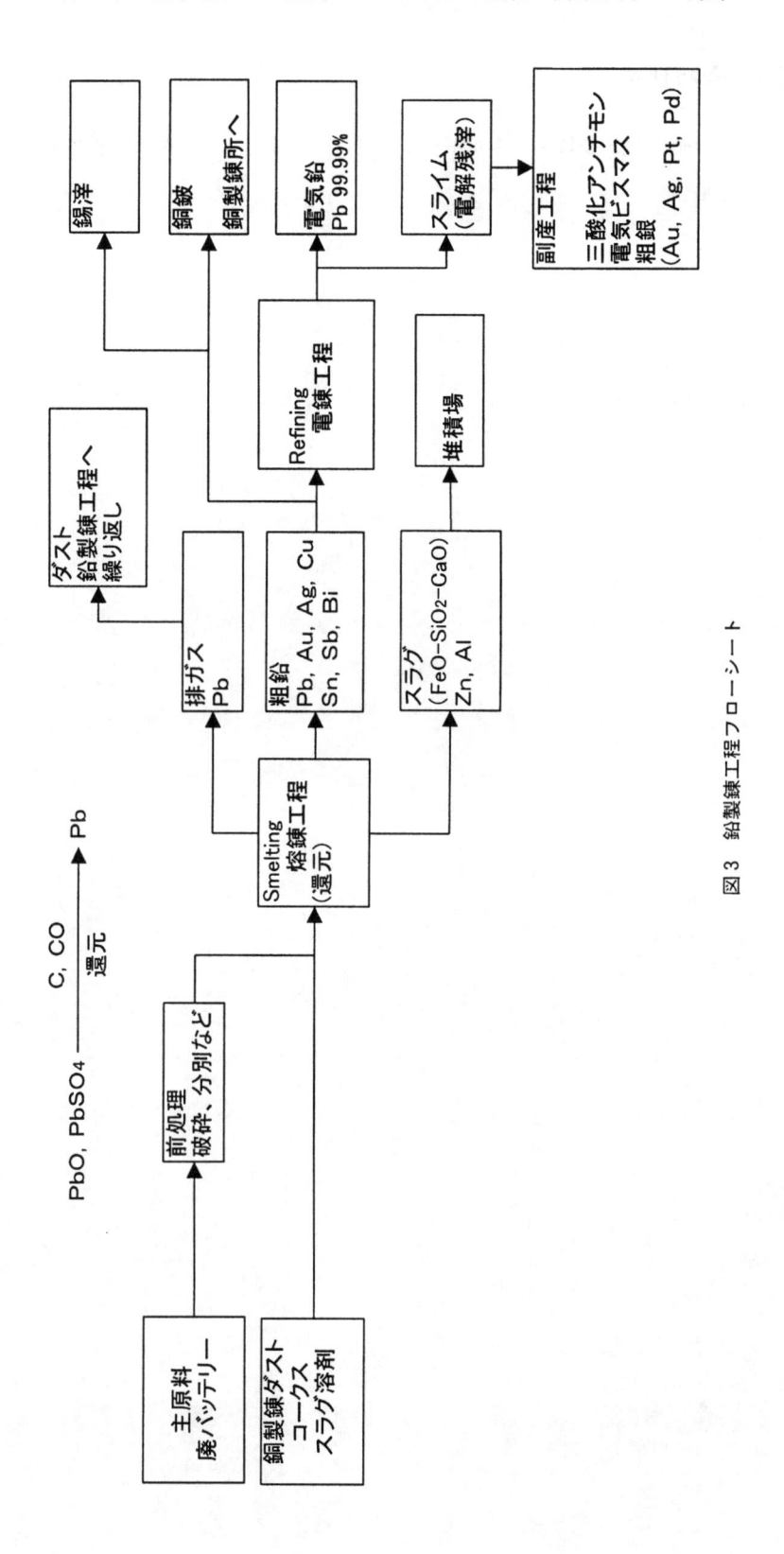

第21章 廃家電からの金属・プラスチック回収と製錬原料への利用

図3 鉛製錬工程フローシート

6　問い合わせ先

三菱マテリアル㈱　地球環境・エネルギーカンパニー　環境リサイクル事業センター
電話：03-5800-9310

第22章 リモネンを利用した発泡スチロールリサイクルシステム
― ソニー㈱ ―

野口 勉[*1] 松島 稔[*2]

1 概要

発泡スチロールリサイクルの課題であった，異種材料の分離，再生材の品質，回収コスト低減などが解決できるリサイクル技術として，"柑橘系植物精油：d/リモネン"を用いた新規なリサイクルシステム（Orange R-net）を開発した。リサイクル率の向上，再生ポリスチレンの用途を拡大し限られた資源の有効利用，環境負荷低減に貢献できる。

2 技術開発のねらい

発泡スチロール（以下，EPSと略称）は，耐衝撃性，保温（保冷）性に富み，軽量，安価であるため，魚箱，食品トレー，家電の梱包材などに年間約42万トン（'98年度）と幅広く使用されている。しかしながら，廃棄物となった時には，体積が10～70倍に膨張されているため，嵩張るごみとして問題視されている。

使用済みEPSのリサイクル手法として，一般的に加熱（摩擦，熱風，加圧水蒸気），圧縮減容化が行われているが，異物混入，あるいは熱劣化による物性低下が生じるため，元の用途に100％リサイクルできないのが現状である[1,2]。

回収したEPSを元の用途に再利用でき，また分別回収コストを低減できるリサイクルシステムとして，柑橘類の皮から抽出されるオレンジオイル，d-リモネンを用いてEPSを溶解・減容し，EPSを溶解したリモネン溶液から高品質ポリスチレンをリサイクルするシステム（Orange R-NET）を開発した[3~5]。次節でリサイクルシステム技術，再生材の特性，及び各リサイクル方式のCO_2排出量比較について述べる。

[*1] Tsutomu Noguchi　ソニー㈱　テクニカルサポートセンター　環境・解析技術部　主任研究員
[*2] Minoru Matsushima　ソニー㈱　ホームネットワークカンパニー　社会環境室　課長

第3編 再資源化システムの実例

3 リサイクルシステム

3.1 システム構成

リサイクルシステムはEPSを溶解減容する装置とリサイクルプラントから構成される。弊社で，移動式の専用回収車（2トントラック）と固定式の減容装置（処理能力：100kg PS/hr.）を開発した。専用回収車は，容積約1000 lの溶解タンク（攪拌装置付）を積載し，約600kgのリモネンで約300kgのEPSを溶解し，回収できる。従来の2トントラックでは，約50kgしかEPS成形品を輸送できないので，専用回収車により回収効率は約6倍向上できる。図1に商品化されている減容装置（専用回収車）の写真を示す。溶解タンク（リモネンが約300リットル充填）の蓋をあけて，EPSを所定量投入する。その際，攪拌機が作動しないよう安全対策が施されている。タンク内がEPSでほぼ一杯になったところで蓋を閉じ，ロックして移動しながら攪拌，溶解する。

図2に専用回収車を使って，家電店から回収する場合のリサイクルシステムの概略図を示す。専用回収車が，各店舗を回り，EPSを溶解減容しながら回収する。濃度約30wt%の溶液をリサイクルプラントに輸送し，EPSの原料であるポリスチレン（PS）とリモネンに分離し，それぞれをリサイクルするシステムとなっている。

このリサイクルシステムの特長として，以下の点が挙げられる。

① EPSを室温で溶解するため，EPSの熱劣化がなく，省エネルギー。
② リサイクルプラントまで効率的に輸送。
③ EPS以外の発泡樹脂（ポリオレフィン系など），EPSに付着したラベル，泥，食品関連異

図1　リモネンカー外観　　　　　　　　タンク内部（攪拌羽）

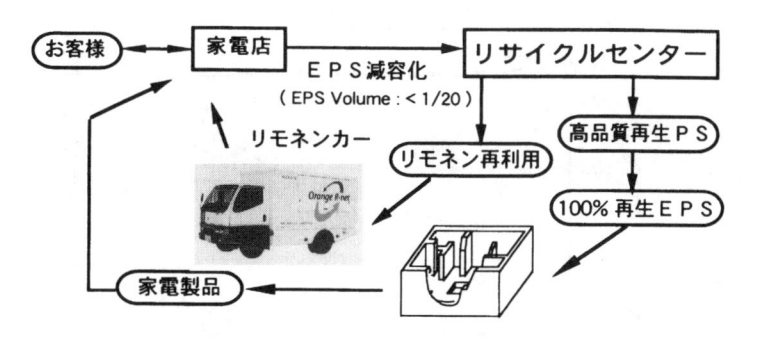

第22章　リモネンを利用した発泡スチロールリサイクルシステム

図2　リサイクルシステム概略図

図3　リサイクルプラント正面写真
幅：6m，奥行き：2.4m，高さ：5.5m

物などはリモネンへの溶解度が低いため，フィルター，吸着剤などで除去可能。

④　リサイクルプラントは，真空蒸発分離方式であり，リモネンの酸化防止機能と相まって，新品材料と同等分子量のPSがリサイクル可能。

3.2　リサイクルプラント

この装置は，EPSを溶解したリモネン溶液から，リモネンとEPSの原料であるポリスチレンとを連続的に分離再生する。弊社一宮工場（愛知県一宮市）内に，PS処理能力：200kg/hr.（年間：400トン，8時間，250日稼動）のプラントを設置し，量産に向けての実証研究，及び食品関連EPSの異物除去研究を進めている（通産省，新規産業創造技術開発支援制度）。分離プロセスは，溶液ろ過（異物除去），真空加熱（リモネン：99.8%以上脱揮），ポリスチレンのペレット化工程からなる。脱揮されたリモネンは，99%以上回収される。図3にEPSリサイクルプラントの写真を示す。

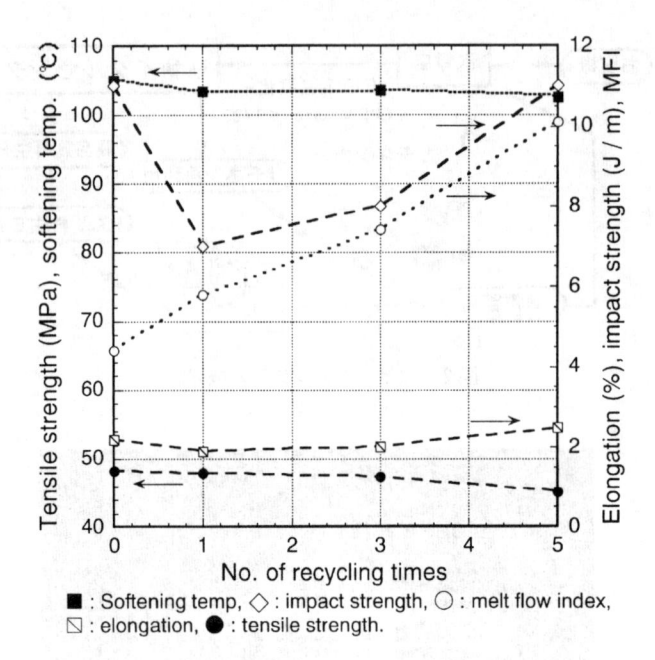

図4 再生ポリスチレンの特性

3.3 再生ポリスチレン（PS）の特性

引っ張り強度，伸び，アイゾット衝撃強度，ビカット軟化点，メルトフローインデックス（MFI）を測定した結果を図4に示す。ペレット中の残留リモネン量は0.1mol%以下である。リサイクル0回のサンプルとして，ほぼ同一分子量のスタイロン683R（旭化成工業㈱製）を用いた。リサイクル1回と5回を比較すると，アイゾット衝撃強度，MFIを除いて，力学物性，耐熱性はほとんど変化しないことがわかった。これは，5回リサイクルしても重量平均分子量低下が12%に抑えられるためである。一方，従来の加熱減容方式（加圧水蒸気）では，1回リサイクルすると約35%分子量低下が起き，例えば引っ張り強度は約30%低下する。リサイクル回数とともにMFIが増加するのは，分子量分布が全体的に約8000ほど低分子量域にシフトしたためである。また，アイゾット衝撃強度が増加しているが，これは真空加熱プロセスを経ているため，再生ペレット中の低分子量成分量（分子量500以下）が減少するためと思われる。

上記再生PSを100%用いたEPSは発泡セルの大きさが新品材より大きく，内部融着率が低いため曲げ強度，圧縮強度が約10%ほど低いが，実用上問題ない100%再生EPSが実現できた。21インチTV用緩衝材を成形し，新品のEPSと同等の衝撃吸収特性，耐クラック強度が得られた。

現在，月約15トンがリサイクルされ，TV，ビデオデッキの包装材として実用されている。

4 炭酸ガス（CO_2）排出量評価

リモネンを用いた EPS リサイクルシステムが他の方法と比較して，CO_2 排出量がどの程度低減できるか，各プロセスの排出量を積算して評価した[5]。評価範囲は，海外の港から，再生もしくは新品 PS を 1kg 得るまでとし，その後の EPS 製造，輸送，廃棄過程は考慮していない。基礎素材，輸送時のデータは「NIRE バージョン 2」（工業技術院資源環境研究所開発）から引用し，EPS 回収，リサイクルにおけるエネルギーは，独自に調査した。

① リモネン方式：ブラジルから日本までリモネンは輸送され，純度 95％以上に蒸留後，EPS 回収に用いられる。EPS 回収は，専用トラックで溶解しながら収集し，100km 走行して約 160kg 回収される（半年間の平均値）。溶解液はリサイクルプラントで脱揮され，再生 PS とリモネンに分離される。リモネンは再利用されるが，10 回に 1 度再精製されると仮定した。

② 熱減容によるリサイクル：EPS の回収は，2 トントラックで成形体のまま回収し，リサイクルセンターに輸送し収縮装置で熱収縮，ペレット化される。

③ 新 PS 合成：中東の石油を原料に，スチレンモノマーを合成し，それを PS に重合するプロセスとした。

図 5 に，CO_2, SO_2 及び NO_x 発生量，エネルギー消費をまとめた。CO_2 排出量について，リモ

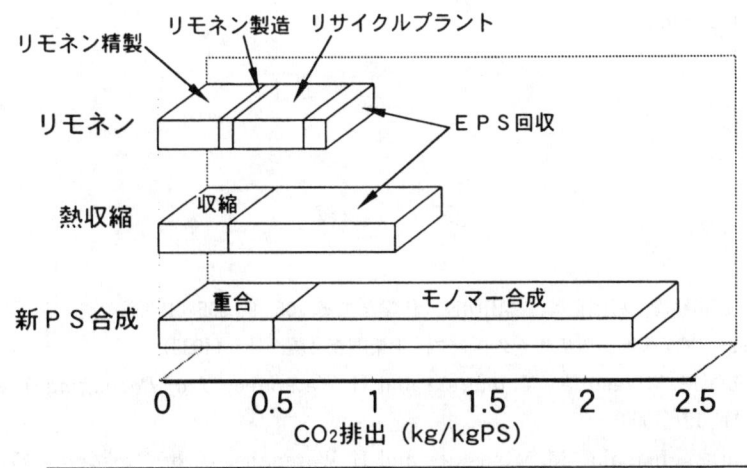

	CO_2排出量／kg	SO_2,NO_x(g)	エネルギー(MJ/kg-PS)
リモネンリサイクル	0.79	0.0042	12.8
熱収縮リサイクル	1.12	0.01	16.1
新ポリスチレン合成	2.23	0.0056	76.5

図 5　CO_2 排出量評価結果

ネン方式が PS1kg 当たり約 0.79kg と最小であり，新 PS 合成の約 1/3 であった。熱収縮では収集の過程で多くの CO_2 排出があり，回収方法の非効率さが反映された。SO_2 及び NO_x では，排出量の多い順に熱収縮，新 PS 合成，リモネン方式となった。これは，主な発生源がトラック輸送に起因することによると考えられる。これら 3 方式のうち，リモネン方式の環境負荷が最小となった。

以上より，リモネンを用いて発泡スチロール 1kg をリサイクルすると新品 PS を用いた場合に比べて CO_2 排出量を 1.5kg 削減できると試算された。

5 展望と結言

本技術は，家電，食品，建材関連など幅広い EPS 廃棄物の高品質リサイクルが可能であり，マテリアルリサイクルの範囲，再生材の用途拡大が期待される。また，従来の熱減容によるリサイクル方式に比較して CO_2 排出が約 30％削減できることから，このリサイクルネットワーク拡大により CO_2 削減が期待できる。

6 問い合わせ先

ソニー㈱　大崎西テクノロジーセンター　ホームネットワークカンパニー　地球環境推進室　リモネンリサイクル事業課

電話：03-3495-3085

文　献

1) 笹尾茂弘，原田敏彦，杉岡正美，福田明徳，科学と工業, **66**, 9, 395 (1992)
2) R. J. Ehrig, プラスチックリサイクリング, 工業調査会編, 155 (1993)
3) T. Noguchi, M. Miyashita, Y. Inagaki and H. Watanabe, *J. of Packaging Technology & Science*, **11**, 19 (1998)
4) T. Noguchi, Y. Inagaki, M. Miyashita and H. Watanabe, *J. of Packaging Technology & Science*, **11**, 29 (1998)
5) T. Noguchi, H. Tomita, K. Satake and H. Watanabe, *J. of Packaging Technology & Science*, **11**, 39 (1998)

第23章 塩ビ製品のリサイクル技術
― ヴイテック㈱ ―

新居宏美*

1 はじめに

塩ビは難燃性，加工性，意匠性，可塑化性など他樹脂にはない優れた特性を有しており，土木建材用途をはじめ様々な分野で使用されている。

一方，使用済み塩ビ製品を焼却処理すれば塩化水素が発生するというマイナス面がある。このようなマイナス面を克服するためにも，また来るべき循環型社会へ対応するためにも，塩ビ業界にとっては使用済み塩ビ製品のリサイクルを推進することが重要課題である。

農業用塩化ビニルフィルム（農ビ）や塩ビパイプなどは既にかなりの程度リサイクルされている。更にリサイクルを推進するために，塩ビ業界では，マテリアルリサイクル促進に注力すると共に，フィードストックリサイクルの技術開発を関連企業と共同研究している。

本稿では，既に実施されているマテリアルリサイクル技術及び開発中のフィードストックリサイクル技術を紹介する。

2 マテリアルリサイクル

2.1 農業用塩化ビニルフィルム（農ビ）

1997年の使用済み農ビ排出量は約104千トンであり，マテリアルリサイクル量は約47千トンである。使用済み農ビの45％以上がマテリアルリサイクルされており，プラスチックリサイクルの優等生である。

現在，全国に十数カ所の再生原料製造（リサイクル）拠点がある。リサイクル拠点で原料化された使用済み農ビは，床材，履き物，土木シートなどへ再利用される。

代表的なリサイクルプロセスを図1に示す。農家より再生拠点へ搬入された使用済み農ビは，まず大きな異物を手作業で取り除いた後，ギロチンカッターで荒切断され荒洗浄される。次に荒切断フィルムを粉砕機にかけ粉砕後，洗浄，比重分離工程を経て，純度の高い使用済み農ビの粉砕品が得られる。更に，脱水乾燥後に得られた粉砕フィルム片（通称フラフ）をミキサーで適度に加熱し，顆粒状（通称グラッシュ）とし，ユーザーへ出荷される。

---

* Hiromi Nii ヴイテック㈱ 技術本部 技術部 環境担当部長

第3編 再資源化システムの実例

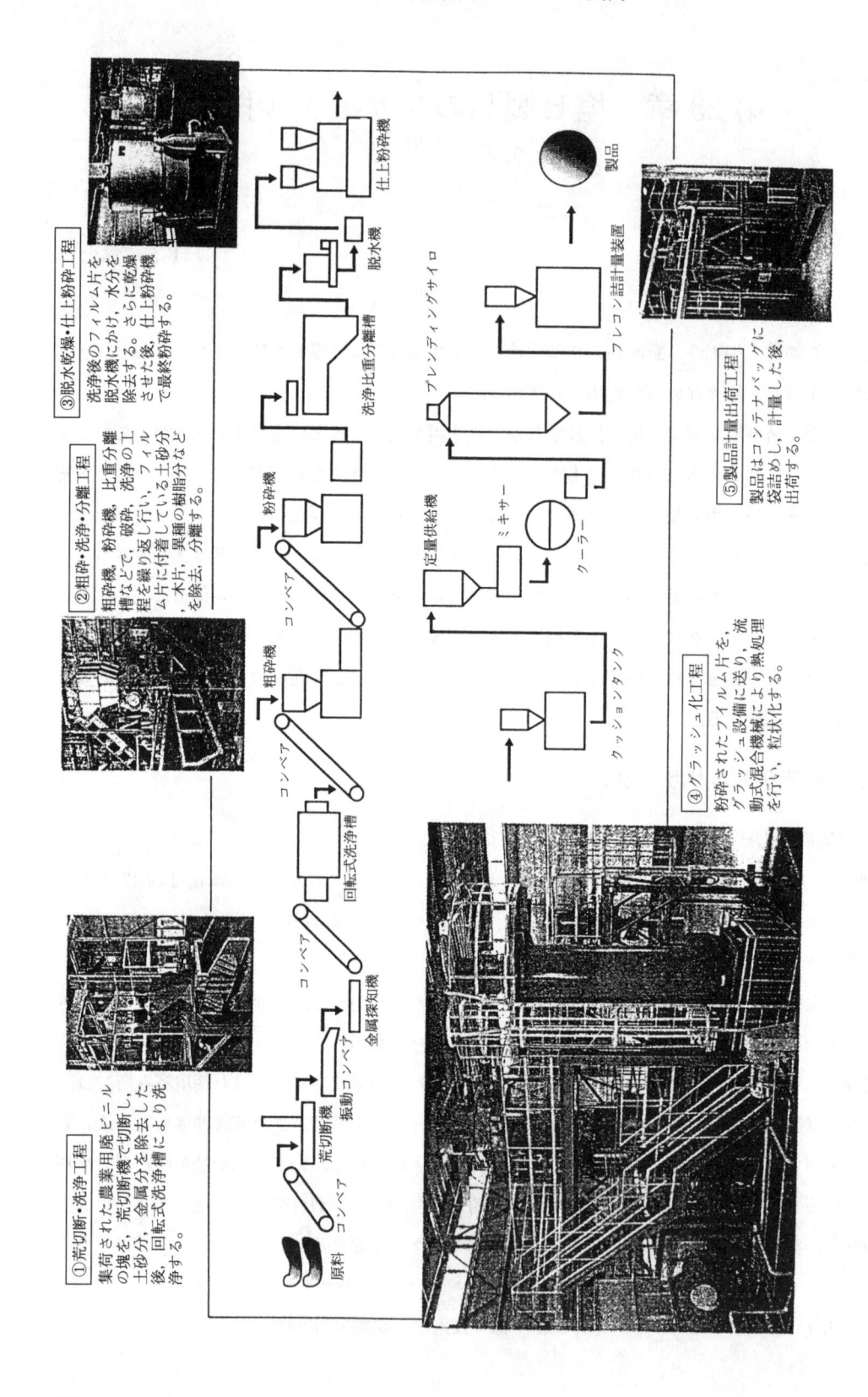

①荒切断・洗浄工程
集荷された農業用廃ビニールの塊を、荒切断機で切断し、土砂分、金属分を除去した後、回転式洗浄槽により洗浄する。

②粗砕・洗浄・分離工程
粗砕機、粉砕機、比重分離などで、破砕、洗浄の工程を繰り返し行い、フィルム片に付着している土砂分、異種樹脂の切断分、木片、異物分などを除去、分離する。

③脱水乾燥・仕上粉砕工程
洗浄後のフィルム片を脱水機にかけ、水分を除去する。さらに乾燥させた後、仕上粉砕機で最終粉砕する。

④グラッシュ化工程
粉砕されたフィルム片を、グラッシュ設備に送り、流動式混合機械により熱処理を行い、粒状化する。

⑤製品計量出荷工程
製品はコンテナバッグに袋詰めし、計量した後、出荷する。

図1 使用済み農業用ビニールのリサイクルフロー

出典：千葉県農業用廃プラスチック対策協議会 資料

第23章　塩ビ製品のリサイクル技術

　農ビ業界は，更にリサイクル率を向上させるために，「農ビリサイクル促進協会（略称NAC）」を設立（1999年7月）し，リサイクル拠点の拡充，用途開発などに取り組んでいる。これらの活動を通じて，リサイクル率を2001年70％，将来的には100％を目標に掲げている。

2.2　パイプ

　塩ビの使用量が最も多いのが塩ビパイプ（塩ビ消費量の1/3以上）である。継ぎ手などパイプ関連製品を含め年間約60万トンが生産されている。廃棄パイプの発生量は1998年で約36千トンと推定されており，そのうち約35％に当たる13000トン程度がリサイクルされている。

　このリサイクルを更に推進するために，1998年12月，業界団体である「塩化ビニル管・継手協会」が中心となって，全国に10カ所のリサイクル拠点を整備した。これらの拠点は既存の再生業者と提携して組織したものであるが，2000年9月時点で全国8カ所となっている。現在，パイプ廃材は粉砕後再びパイプへリサイクルされている。再生パイプの用途拡大を目的に三層パイプ（中間層に再生樹脂を使用する）の開発も進められている。このような技術開発及びリサイクル拠点の整備により，2005年にはマテリアルリサイクル率80％，将来的にはフィードストックリサイクルを含めリサイクル率100％を目指している。

3　フィードストックリサイクル

3.1　製鉄高炉還元剤

　塩ビの場合，事前に脱塩化水素して得られた炭化水素をコークスの代替として利用し，塩化水素は塩酸として回収，製鉄所の酸洗いとして使用，もしくは35％塩酸として販売する。

　1997年8月，塩ビ業界と日本鋼管㈱（NKK）は，この技術開発に関して共同研究を開始した。その結果，ロータリーキルン方式の脱塩化水素装置を開発し，塩ビも他樹脂と同様に高炉還元剤として利用できることが確認できた。概略プロセスフローを図2に示す。

　これらの検討結果を踏まえ，1999年2月，塩ビ工業・環境協会（略称VEC），塩化ビニル環境対策協議会（略称JPEC），NKK及びプラスチック処理促進協会（略称プラ協）は，NKK京浜製鉄所内に，5000トン/y規模の実証設備建設に着手，2000年1月に設備を完成させた。2001年3月に実証研究を終了させ，将来的には実用プラントとしての運用も視野に入れている。

3.2　塩ビモノマーへのリサイクル及びセメント原燃料化

　このプロセスは，使用済み塩ビ製品を脱塩化水素し，得られた塩化水素を塩ビモノマーの原料として再利用すると共に，残りの炭化水素をセメントの原燃料として利用する，というものである。塩ビに含まれる塩素を再び塩ビ原料として利用する点に大いに意義がある。プロセスの概念

第3編 再資源化システムの実例

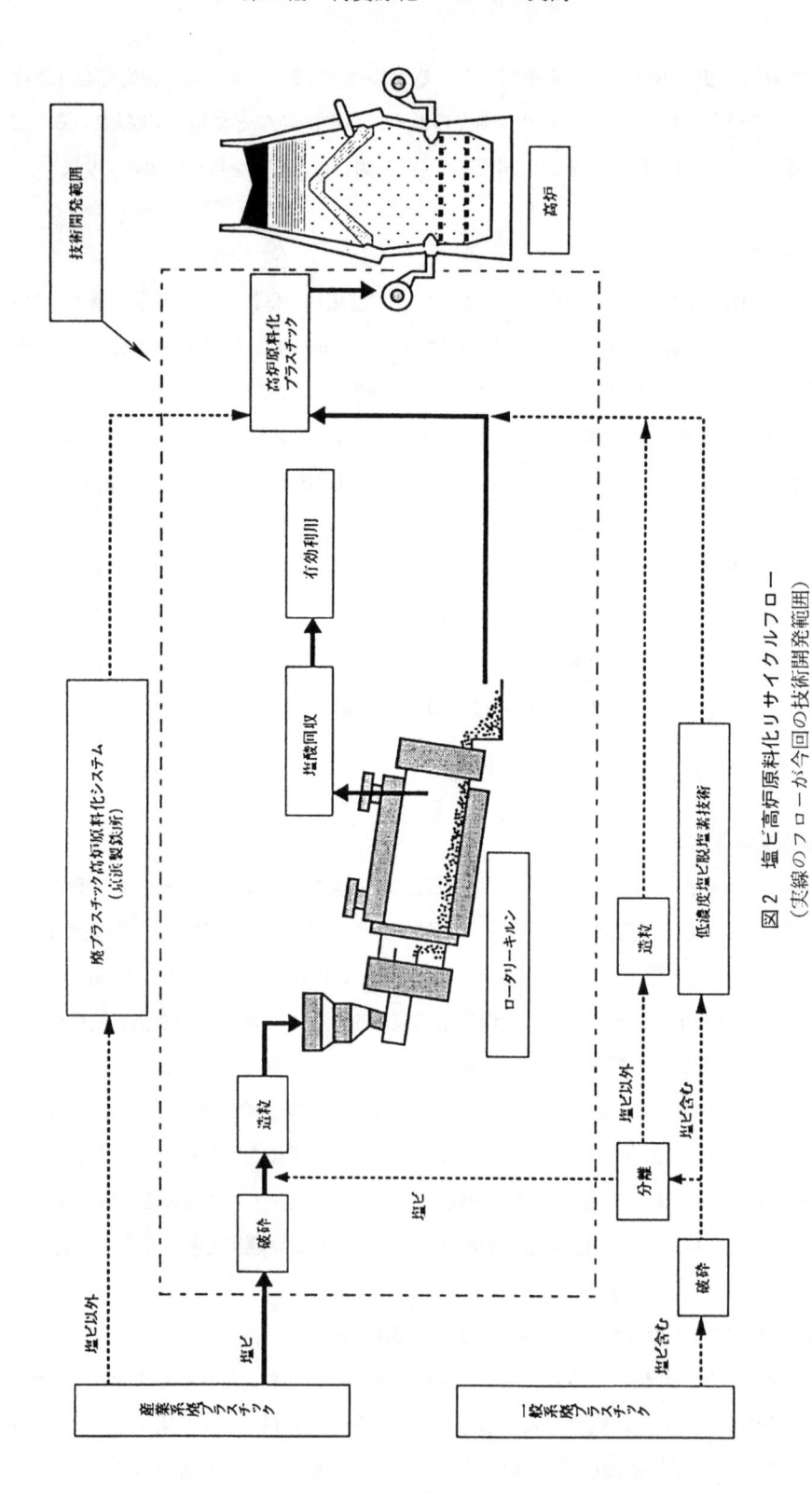

図2 塩ビ高炉原料化リサイクルフロー
（実線のフローが今回の技術開発範囲）

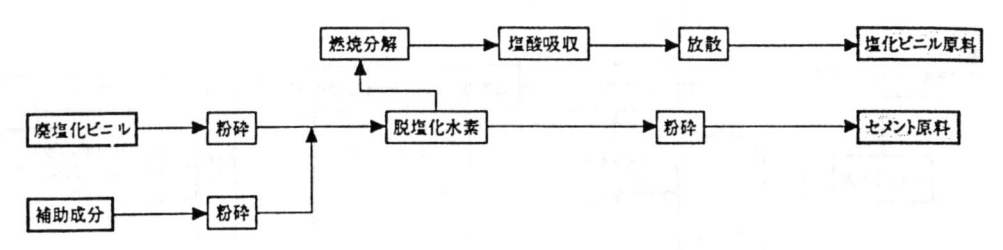

第23章 塩ビ製品のリサイクル技術

図3 塩ビモノマーへのリサイクル概念図

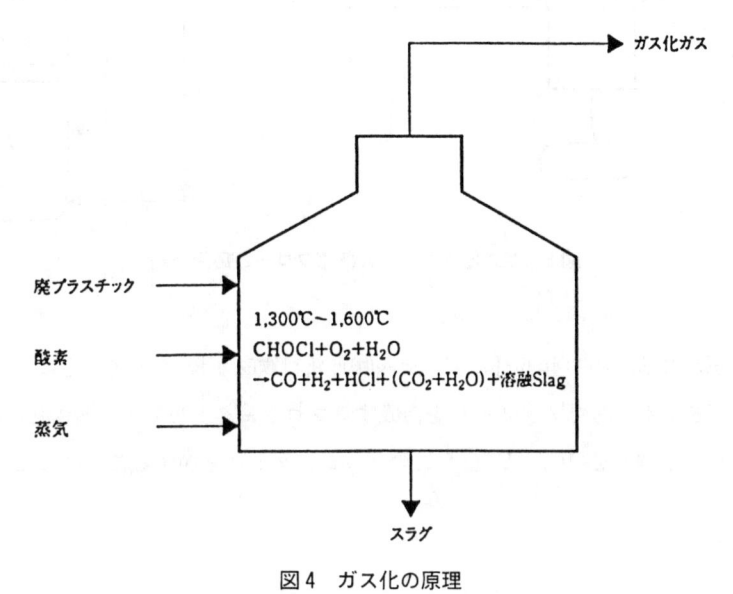

図4 ガス化の原理

図を図3に示す。

1998年5月から，VEC，JPEC，㈱トクヤマ及びプラ協で共同研究を開始した。1998年10月，小規模実験を終了し，1999年7月，スケールアップ研究のため，㈱トクヤマの徳山事業所内に，500トン/y規模の設備を完成させた。

2000年度中に研究を終了させ，実用規模の設備建設を目指している。

3.3 ガス化原燃料化

鉄鋼メーカーなどにより，廃プラを高温で部分酸化し，一酸化炭素や水素などの有用ガスを製造する技術が開発されつつある。

塩ビにこの技術を応用すると，一酸化炭素，水素及び塩化水素が得られる。これらのガス成分は合成化学原料あるいは燃料としても利用できる。図4に原理図，図5に概略フローと応用分野を示す。本法は事前の脱塩化水素工程が不要であり，塩ビのフィードストックリサイクルとして

第3編　再資源化システムの実例

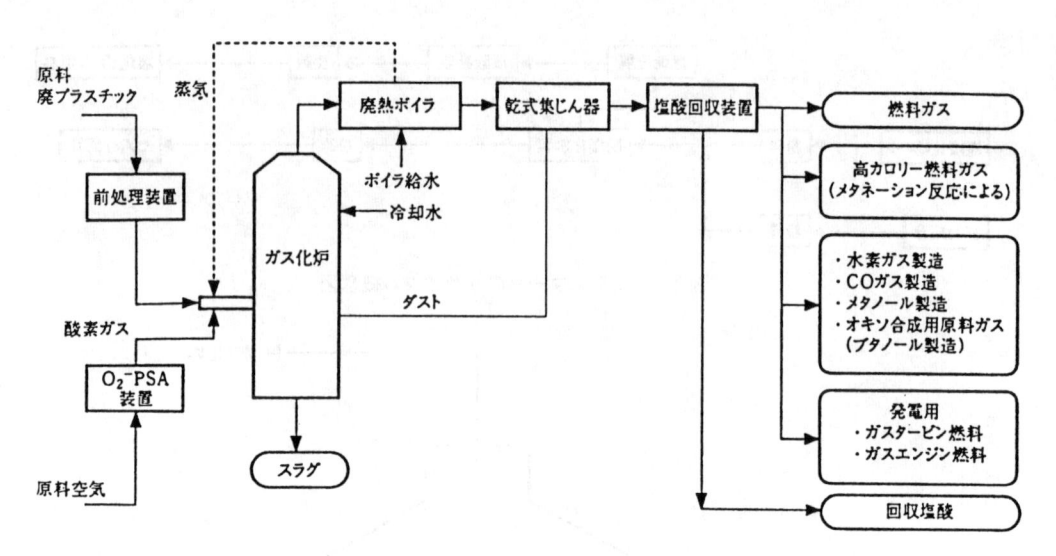

図5　ガス化プロセスの概略フローと応用分野

　優れた手法と思われる。2000年5月にダイセル㈱と新日鉄㈱が廃プラガス化により得られた一酸化炭素と水素を原料としてメタノールを合成するプロジェクトをスタートさせた。使用済み塩ビ製品のガス化技術開発を目的にVECもこのプロジェクトに参加することにした。

4　まとめ

　近年の環境問題で，塩ビは誤解され，一部団体から攻撃の的にされている。しかし，本来塩ビは無毒であり，難燃性，可塑化性など他樹脂にはない長所があり，苛性ソーダとともに必然的に生産される塩素の最も安全な固定法でもある。
　一方，焼却すれば塩化水素の発生は避けられないのも事実である。従って，塩ビ業界としては，極力マテリアルリサイクルを推進し，それができないものについては，塩化水素を有効利用できるフィードストックリサイクルを促進したい，と考えている。この両面のリサイクルを推進し，世間の理解を得，安心して塩ビを使っていただく環境を構築することが，我々塩ビ業界の役割である。

5　問い合わせ先

　ヴイテック㈱　技術本部　技術部
　電話：03-5275-1023

第24章 塩ビ高濃度混入廃プラスチックからの塩化水素の回収および残さのセメント原燃料への利用
―㈱トクヤマ―

佐藤 亨*

1 概要

廃塩ビの脱塩化水素により得られた残さはセメント焼成炉原燃料に，また回収した塩化水素は塩ビモノマー原料に再利用することにより，塩ビ高濃度混入廃プラスチックをフィードストックリサイクルするゼロエミッションの極めて優れた技術として実証試験を行い，開発実用化を目指している。

2 はじめに

日本のプラスチック生産で，ポリエチレン，ポリプロピレン，ポリスチレンについで第4位の約20%を占める塩ビ樹脂（以下，塩ビと略記する）における再資源化の状況は，1997年の国内消費量200万トンに対し使用済み塩ビ約100万トン強，そのうち約15万トンがサーマルリサイクル，約20万トンがマテリアルリサイクルされていると推定され，塩ビは他のプラスチックに比べマテリアルリサイクル率が高い[1]。

塩ビ工業・環境協会（VEC）は，このような最終製品にリサイクルするマテリアルリサイクルを推進してきたが，再生品の用途開発に，またコスト的に限界があることから，より汎用性のある方法として化学的処理により原材料として再利用するフィードストックリサイクル法である，①製鉄高炉原料化，②セメント原燃料化，③ガス化原料化などに積極的に取り組んでいる。いずれも開発中であるが，ここでは廃塩ビリサイクル・セメント原燃料化技術開発の現状を紹介する。

3 廃塩ビリサイクル・セメント原燃料化および塩ビモノマー原料化

1998年5月よりVEC，塩化ビニル環境対策協議会，㈳プラスチック処理促進協会，㈱トクヤマの4者で共同研究を開始した。本研究は使用済みの塩ビ製品を脱塩化水素化し，得られた塩化水素を塩ビモノマーの原料として再利用するとともに，残された炭化水素などをセメント原燃料として利用するという技術を開発するものであり，塩ビに含まれる塩素を再び塩ビ原料として循

---

* Toru Sato ㈱トクヤマ 徳山総合研究所 塩ビリサイクルプロジェクト グループリーダー

第24章　塩ビ高濃度混入廃プラスチックからの塩化水素の回収および残さのセメント原燃料への利用

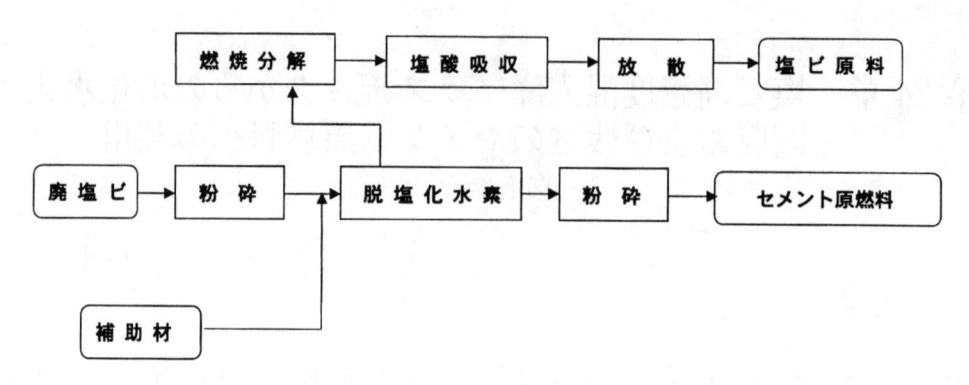

図1　廃塩ビフィードストックリサイクル開発技術概念図

環使用する，循環型技術という点でも高い意義がある。

　技術開発中の廃塩ビ循環型再資源化技術の基本概念を，図1に示す。㈱トクヤマは徳山製造所のセメント工場で，廃プラスチック，廃タイヤなどの可燃性廃棄物のリサイクルに取り組み，すでに1.5万トン/年の規模で塩ビ以外の樹脂をセメントキルンの原燃料として使用する実用化を始め，順調に操業している。また，塩ビモノマー原料として種々プラントの副生塩酸を回収精製し利用する技術も有しており，それらの基礎の上に技術開発を進めている。当技術の基本的な特徴として，セメント焼成，塩ビモノマー製造の両工程ともに生産能力が大きいために，大量に安定的にリサイクルが可能であり，また再資源化率が高くクローズドなリサイクルで環境負荷も増加しないことがあげられる。

4　塩ビリサイクル実証試験

4.1　実証試験の経緯

　1998年3月～10月に，小型のロータリーキルン実験装置により塩ビの脱塩化水素に関する基礎的な知見をつかみ，1999年7月に実証試験プラントを製作し，2000年4月までロータリーキルンによる脱塩化水素技術の実用化に向けて実験を進めてきた。

4.2　設備の概要

　実証設備の概要を図2に示すが，脱塩化水素キルンは外熱（電気加熱）式ロータリーキルン（内径：0.8m，長さ6.0m）で，処理能力としては廃塩ビサンプル60kg/h（500トン/年）を標準条件に試験を行った。

　塩ビの脱塩化水素化で発生した塩化水素は可塑剤などいろいろな有機物を含むため，塩化水素中の有機物を補助燃料LPGおよび空気により1,200℃以上の高温完全燃焼処理で除去し，急冷の後純水に吸収させ，塩酸水として回収する。一方，キルン出口から得た脱塩化水素樹脂残さ

第3編　再資源化システムの実例

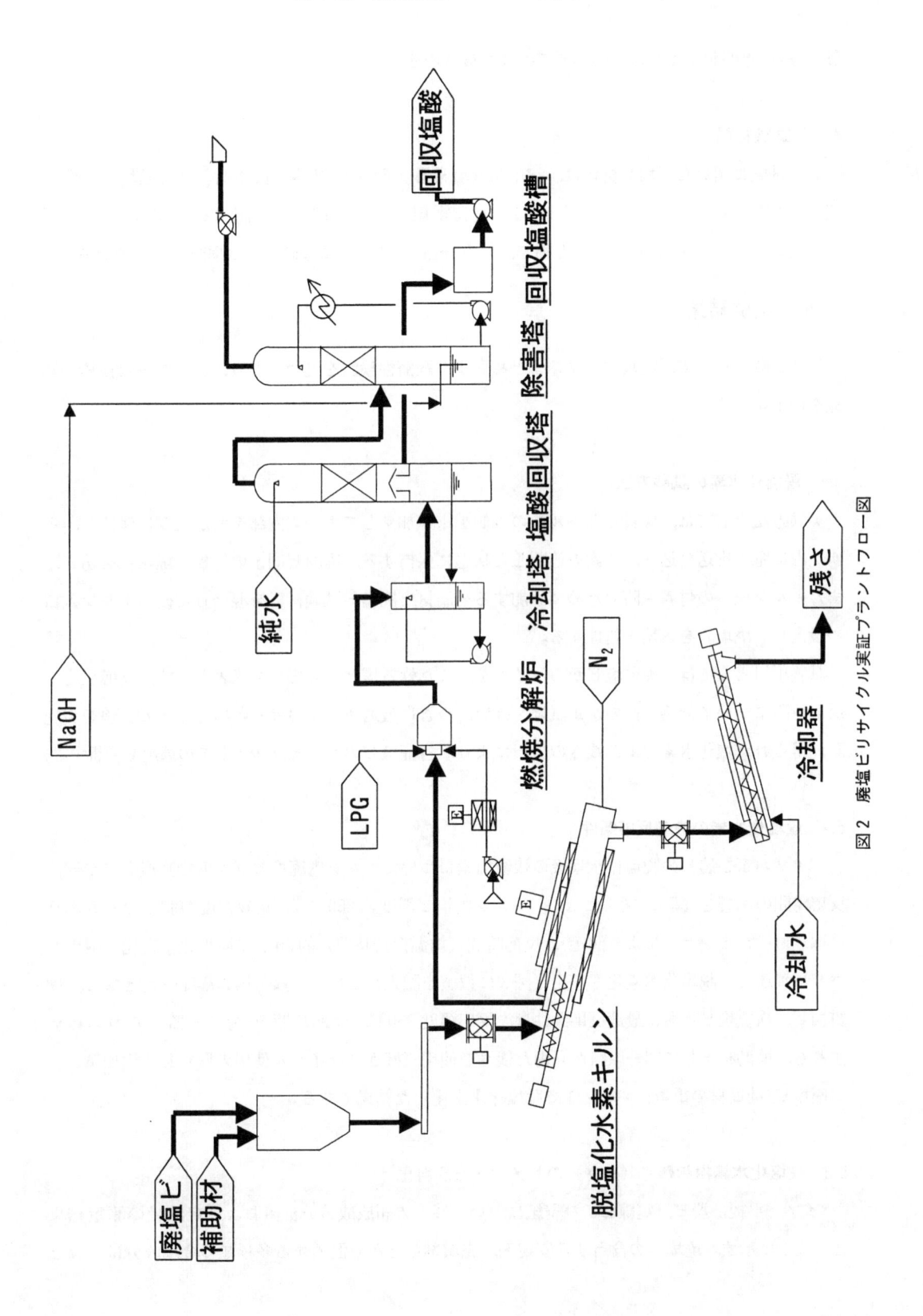

図2　廃塩ビリサイクル実証プラントフロー図

第24章　塩ビ高濃度混入廃プラスチックからの塩化水素の回収および残さのセメント原燃料への利用

（以下残さと略記する）は，冷却器で冷却し抜き出す。

4.3　試験材料

　実証試験に用いた廃塩ビ材料は，パイプ（塩素濃度54％），平板（同48％）の硬質塩ビ2種と，農ビ（農業用ビニールシート，同38％），被覆電線（以下，電線と略記する，同25％），壁紙（同18％）の軟質塩ビ3種の合計5種で，1～10mmのサイズに破砕して試験原料としている。

5　試験結果

　現在試験を終えて，実験データのまとめおよび経済性検討を進めており，実験で得た技術的知見を以下に示す。

5.1　脱塩化水素の試験方法

　実験方法としては，傾斜したキルンの外側を電気加熱してキルン内部を所定温度に保持し，キルン内に窒素を送り込み，酸素を遮断した状態に保持する。廃塩ビ同士の付着や塊状化を防ぎ，またキルン壁への付着を防ぐために添加する補助材と廃塩ビ試験材料を混合した後にキルン入口に投入し，廃塩ビを蒸焼き処理する。

　試験項目としては，硬質塩ビからパイプを，また軟質塩ビから農ビを代表として，反応温度，反応時間について最適条件の選定試験を行い，つぎに最適条件における各種廃塩ビの試験を実施し，得られた塩化水素および残さの分析により，各廃塩ビのリサイクルとしての適用を判断する。

5.2　脱塩化水素の最適反応条件

　パイプおよび農ビの脱塩化水素後の残留塩素についてキルン内廃塩ビ（反応物）温度の影響，反応時間の影響を　図3，図4に示す。キルン内塩ビ温度約350℃（反応物温度が測定できるように取り付けたセンサーにより測定），反応時間（均温保持時間）約30分で脱塩化水素化は限界レベルに到達し，脱塩化水素化率一定（図3に数値を記入）となり，残留塩素濃度一定となる。硬質塩ビ，軟質塩ビともに最適反応条件は，反応温度350℃，反応時間30分である。これらはいずれも，補助材として同一原料から得た残さを使用（残サリサイクル使用の形）し，添加量として廃塩ビ/補助材の重量比率約2/1で脱塩化水素化した結果である。

5.3　脱塩化水素樹脂残さ（残さ）のセメント原燃料化

　パイプ，平板，農ビ，電線および壁紙について残さの組成成分分析値および発熱量の測定結果を，表1に示す。廃塩ビの含有する安定剤，充塡剤などから混入する多種類の金属成分は，ほと

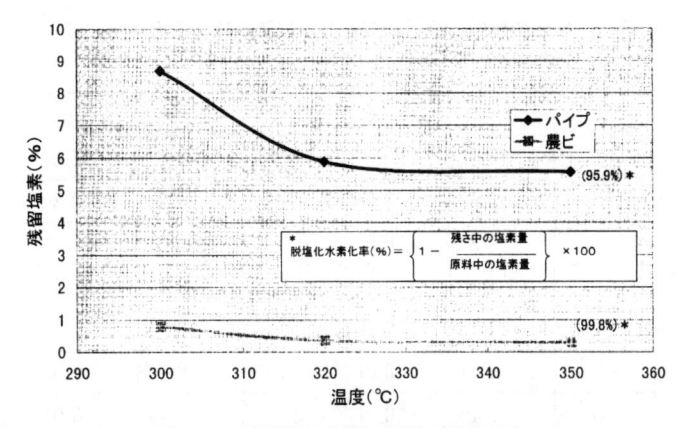

図3 反応温度の影響（反応時間30分）

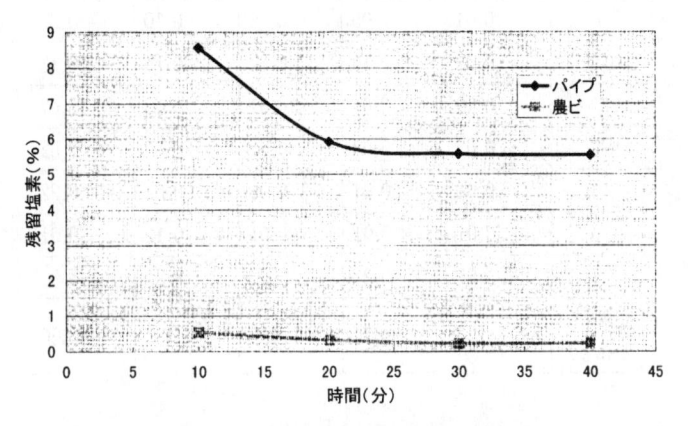

図4 反応時間の影響（反応温度350℃）

$$\text{脱塩化水素化率(\%)} = \left(1 - \frac{\text{残さ中の塩素量}}{\text{原料中の塩素量}}\right) \times 100$$

んどすべて残さに残っている。

図5に示すように，カルシウム含量に比べ塩ビポリマーの配合率の少ない壁紙を除くと，廃塩ビ中のカルシウムの含量が増えるに従い，発生塩化水素との反応による塩化カルシウムの生成が起きるため，残留塩素濃度が増える傾向がある。なお，図5に残留塩素の有機塩素化物，無機塩素化物の分析結果*を書き加えたが，大半は無機塩素化物の塩化カルシウムと思われる。また，残さは塩化水素の抜け殻の炭化水素と炭素であり，廃塩ビの種類にもよるが，発熱量の値は燃料評価が充分可能である。

*［分析法］残留塩素（全塩素）：残さの蛍光X線分析による，有機塩素化物塩素：残さのイオン交換水洗浄後乾燥し蛍光X線分析による，無機塩素化物塩素：両者の差引きによる[2]。

このような金属成分，および塩素を含有する残さのセメントキルン原燃料としての使用量は，他のセメントキルン原燃料の使用量全体の中で，セメントキルン塩素バイパス処理も含めて決定される。

第24章 塩ビ高濃度混入廃プラスチックからの塩化水素の回収および残さのセメント原燃料への利用

表1 残さの組成分析（wt%）および発熱量測定値（cal/g）
（脱塩化水素化条件 350℃，反応時間 30 分）

サンプル	パイプ	平板	農ビ	電線	壁紙
C	75.2	90.3	87.1	72.8	43.9
H	6.6	8.0	4.1	6.2	3.2
N	<0.3	<0.3	1.1	<0.3	<0.3
O	5.2	1.6	1.1	9.9	21.4
Ca	5.18	0.10	0.05	6.40	12.6
Ba	<0.01	<0.01	0.13	0.08	<0.01
Pb	2.49	<0.01	<0.01	1.78	0.03
Sn	<0.05	0.35	<0.05	<0.05	<0.05
Zn	0.01	0.05	0.19	0.10	0.22
P	0.02	0.10	0.32	0.19	0.13
Ti	0.29	<0.01	<0.01	0.13	3.07
Si	0.02	0.03	0.08	0.50	0.52
Al	0.01	<0.01	0.06	0.54	0.22
Cu	<0.01	<0.01	<0.01	0.10	<0.01
Cl	5.5	0.2	0.3	9.2	5.3
発熱量 (cal/g)	8,130	9,670	9,430	7,180	4,430

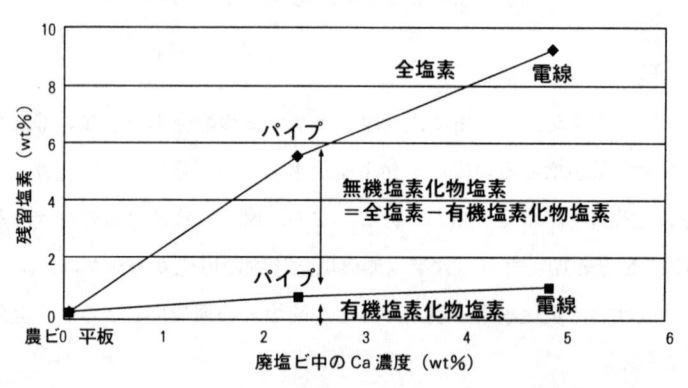

図5 廃塩ビ中の Ca 濃度と残留塩素濃度との関係

5.4 回収塩化水素の塩ビモノマー原料への適用

　各廃塩ビの脱塩化水素化における物質収支を，表2に示す。回収塩化水素量と残さ量は塩ビ樹脂の種類によって大きく異なり，壁紙のように塩ビポリマー含量の低い廃塩ビでは回収できる塩

第3編　再資源化システムの実例

表2　脱塩化水素化物質収支　廃塩ビ原料100に対する相対値
（脱塩化水素化条件 350℃，30分）

サンプル	パイプ	平板	農ビ	電線	壁紙
残　　さ	40	37	30	43	50
塩化水素	56	49	38	25	10
その他（有機物等）	4	14	32	32	40

表3　回収塩酸中の無機成分
（wppm/HCl，HCl 100%換算値）

サンプル	パイプ	平板	農ビ	電線	壁紙
Al	18.8	5.1	17.0	16.9	6.1
Ba	1.7	1.8	<0.1	4.6	3.2
Ca	37.7	21.8	4.7	50.1	71.5
Cr	<0.1	<0.1	0.3	<0.1	0.1
Cu	0.1	0.9	0.7	0.5	1.1
Fe	41.4	42.9	18.2	20.8	53.0
Mg	3.7	3.0	3.0	6.1	8.0
Mn	3.0	1.7	<0.1	0.2	<0.1
Ni	1.1	1.3	2.4	0.7	<0.1
Pb	4.3	1.5	0.8	0.2	1.4
Sn	11.7	98.4	2.4	4.4	3.0
Ti	0.2	0.1	0.1	0.2	<0.1
Zn	2.4	3.6	2.9	1.4	11.1
F	<5.	<5.	459	120	<5.

化水素量も少ない。

　各廃塩ビの脱塩化水素時における回収塩酸の無機成分濃度を表3に示すが，塩ビに加えられている添加剤に起因する金属成分は大半が残さ中に残り，回収塩化水素にはほとんど混入しない。また，回収塩化水素中に金属成分が微量含まれても，有機物の高温燃焼処理を経て，一般に実施されている塩化水素の濃縮放散プロセスによって精製すれば，塩ビモノマーの原料として適用できると思われる。塩素以外のハロゲンなどいくつかの微量成分については，今後の重要な検討課題である。

6　まとめ

以上，実証試験の実験結果をまとめた。試験した数種類の廃塩ビについては，ロータリーキルンによる脱塩化水素処理が技術的に可能であり，各セメントメーカーの原燃料制約の中でセメント焼成への適用が可能と思われる。しかし処理コストの低いプロセスにするための経済性検討，および塩ビモノマーへの適用，特に回収塩化水素中に含まれる微量成分のオキシ塩素化触媒への影響に関わる塩化水素精製の技術開発を継続して進めており，廃塩ビの循環型再資源化技術の実用化に貢献したいと考えている。

7　問い合せ先

㈱トクヤマ　経営企画室　環境経営グループ
電話：03-3499-8940

文　献

1) 新居宏美：廃塩化ビニルの脱塩素化・リサイクル技術，p.50,㈱エヌ・ティー・エス刊（1999）
2) 梶光雄他：廃プラスチック熱分解物中の塩素化合物の分析，p.35-36，プラスチック化学リサイクル研究会第1回討論会研究講演発表要旨集（1998）
3) 佐藤：廃塩ビのセメント原燃料化フィードストックリサイクル技術，化学装置2月号別冊，環境・廃棄物処理技術～循環型社会の構築へ向けて，p.36-39,（2000）

第25章 廃プラスチック二段ガス化発生ガスの アンモニア合成への利用
―宇部興産㈱・㈱荏原製作所―

亀田　修*

1　概要

　塩化ビニルや熱硬化性樹脂を含む廃プラスチックを分別することなく，加圧下で二段にてガス化し，廃棄物特有の組成等の変動を吸収し，アンモニア等化学工業用合成ガスを製造するフィードストックリサイクル技術を，宇部興産㈱は㈱荏原製作所と共同で開発した。

2　技術開発のねらい

　人間の活動，生産活動に伴う資源やエネルギーの消費とそれに伴って排出された物質により，地球規模での環境問題がますます深刻化している。我が国でも，高度成長期に大量消費，大量廃棄の社会構造が生成された。しかし，リサイクルを伴わないワンウェイ社会は，90年代に入って最終処分場の逼迫，高騰するごみ処理費用，不法投棄の増大，環境破壊等の問題に直面した。

　このような背景のもと，環境に優しい人間活動及び生産活動を実現するために，今ゼロエッミッション社会や循環型社会の構築が求められている。

　その中でも廃プラスチック（以下，廃プラと呼ぶ）の排出量は平成1997年度で年間949万トンに達しており，このうち有効利用された比率は約42％で残り58％は単純焼却や埋立てされ，環境面からも大きな問題となっている。

　廃プラは，適切な処理を行えばマテリアルリサイクルやフィードストックリサイクル（化石原料に代替）できる可能性を持っている。ただ，リサイクルが成功する最大の要因は再資源化商品が滞ることなくすべて市場で吸収できることである。フィードストックリサイクルは，市場の大きさからリサイクルの輪が途切れにくい方法の一つと言えるであろう。

3　フィードストックリサイクルとしてのガス化

　廃プラ等有機廃棄物を1300℃程度の高温でガス化すると，水素とCOを主成分とする還元ガ

---

*　Osamu　Kameda　宇部興産㈱　エネルギー・環境事業本部　環境事業開発室　EUPプロジェクトリーダー

第3編　再資源化システムの実例

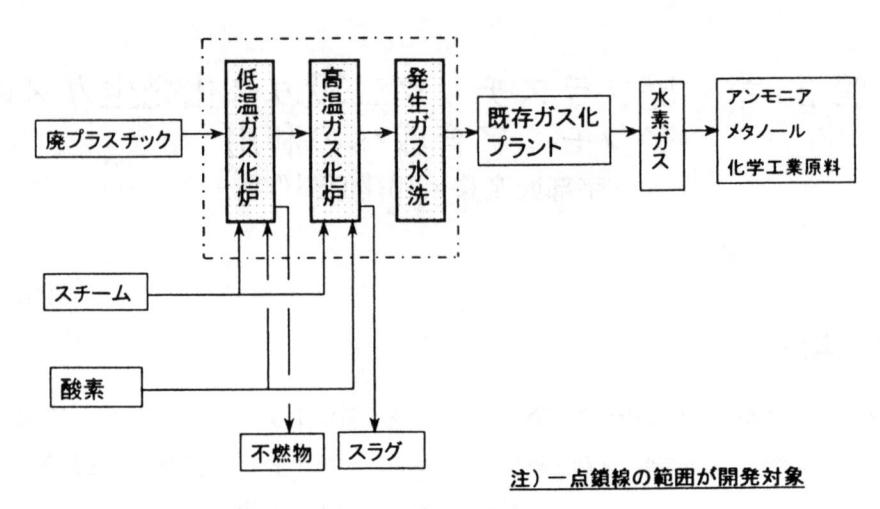

図1　フィードストックリサイクルの一例

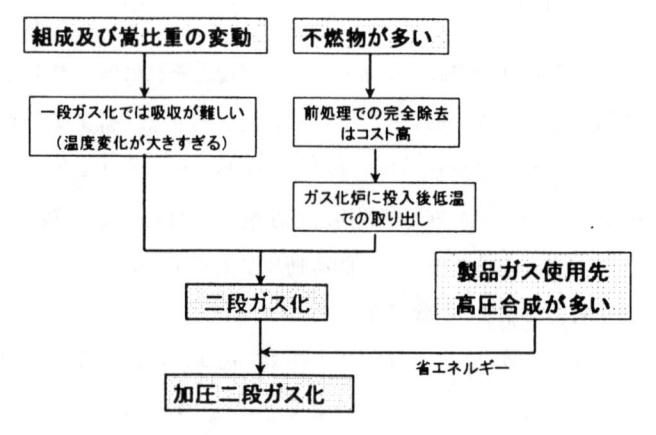

図2　廃プラガス化の開発コンセプト

スを得ることができる。この還元ガスはナイロンやアクリロニトリルの原料となるアンモニアや，メタノール等の合成ガスとして使用できる。

　アンモニア合成に適用する場合は，図1のように既設アンモニア工場におけるCO転化工程の上流につなぎ込むことで，化石原料からのガスを廃棄物からのガスに置換することができる。

4　加圧二段ガス化の開発コンセプト

　化石原料のように均質な原料であれば，一段のガス化で十分対応でき，現に多くの商業プラントが運転されている。一方，廃棄物を原料とする場合は以下に述べる二つの大きなハードルを越えなければならない。

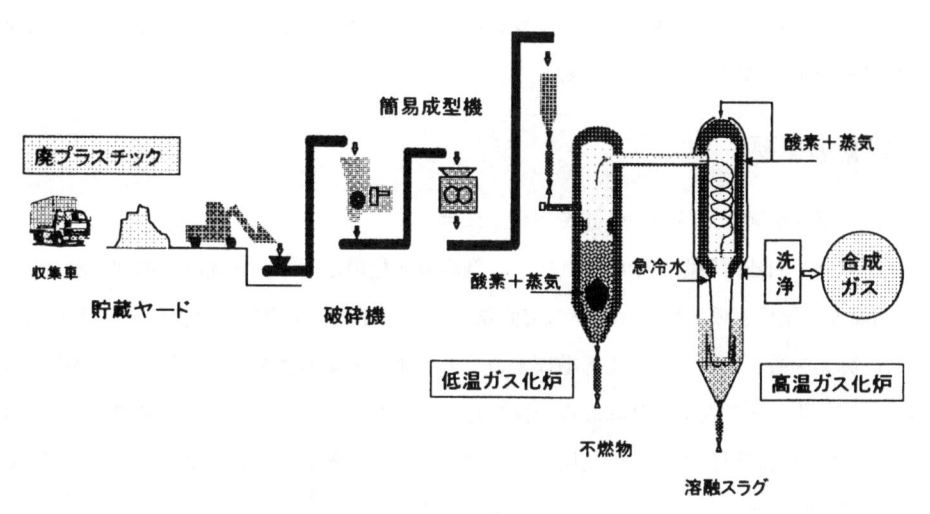

第25章 廃プラスチック二段ガス化発生ガスのアンモニア合成への利用

図3 システムの構成

写真1 設備の外観

① 組成及び嵩比重の変動が大きい。
② 不燃物や付着物が多くまた変動する。

このため図2のように開発コンセプトを定め，加圧二段ガス化プロセスとした。

更に廃プラのガス化を想定し，図2に加えて以下を開発コンセプトとした。

① 塩素含有廃プラを含めた一括ガス化原料化。
② 不燃物・異物の分別は，供給系のトラブルを避けるための大型夾雑物の除去に限定した簡易分別とする。
③ 原料廃プラは成分，嵩比重等の変動があるという前提のもとに，変動を吸収できるタフなプロセスとする。

④ 原料中の塩素に起因するダイオキシン類については発生してから除去するより,発生そのものを極限まで抑制する方式とする。

5 技術の概要

システムの構成を図3,設備の外観を写真1に示す。

本システムは,内部循環型流動床炉(以下,低温ガス化炉と呼ぶ)と高温の旋回溶融ガス化炉(以下,高温ガス化炉と呼ぶ)をシリーズで直結した加圧ガス化技術で,次世代型ごみ焼却処理技術として脚光を浴びているガス化溶融技術のうち,流動床タイプを更に発展させた技術である。

この二段ガス化システムにより固形物を含む有機廃棄物が,水素,一酸化炭素等のレベルまで分解され,化学品合成原料としての利用の道を開くことができる。ここでは容器包装廃プラのガス化について説明する。

① 自治体によって分別収集された塩ビ系プラスチックを含む全ての容器包装廃プラは,加圧ドライフィードシステムによる低温ガス化炉への定量・安定な供給を目的に簡易,減容成形される。

② 成形廃プラは,ロックホッパーを経由して低温ガス化炉へ供給される。一方,流動床下部からは,ガス化・流動化剤として酸素及びスチームが供給され,部分酸化・熱分解が行われる。低温ガス化炉で生成されるガスは,CO,H_2,CO_2や熱分解炭化水素及びタールやチャー等である。

③ 低温ガス化生成ガスは直結している高温ガス化炉に送られ,同時に供給される酸素及びスチームにより,更に部分酸化・熱分解反応が進み,目的とするCO,H_2,CO_2主体のガスに改質される。

④ 高温ガス化炉での生成ガス中には溶融スラグの他,廃プラ中の塩素分に起因するHCl等が含有されているので,高温ガス化炉の下部に設置された急冷室にてアルカリを含む水により冷却され,スラグ分を冷却固化し分離すると同時に,生成ガス中のHClの除去を行う。この急冷により,ガスの温度は200℃以下まで瞬時に冷却されるので,ダイオキシン類の再合成の懸念も合わせて解決できる。

急冷されたガスは更にガス洗浄塔にて水洗,脱塩素を行う。その結果得られるガスは従来の化石原料から得られるガスに比べ,何ら遜色のない化学原料用合成ガスである。

6 システムの特長

① 対象とするプラスチックの種類には制限がなく,塩ビ系や熱硬化性樹脂の処理も可能である。更に紙,木屑等の有機廃棄物が混在しても処理可能である。

第25章　廃プラスチック二段ガス化発生ガスのアンモニア合成への利用

② ダイオキシン類の発生／再合成抑制。
  ・発生抑制：還元雰囲気＋1300℃以上の高温での完全分解。
  ・再合成抑制：高温の含塵ガスの冷却過程についても，水による急冷により，DeNovo合成等で知られている再合成危険温度領域を瞬時に通過させる。
③ 廃プラから化学工業原料として使用可能なレベルの H_2, CO を主成分とする合成ガスが得られる。
④ 廃プラに混在する不燃物は低温ガス化炉から抜出し可能。
⑤ 高温ガス化炉から排出される水砕スラグはセメントへのリサイクルの他，建設資材等へのリサイクルの可能性がある。
⑥ 化石原料のガス化とほぼ同程度の冷ガス効率が得られる。
⑦ 廃プラの他，一般廃棄物RDF，シュレダーダストや化石原料との併用が可能。

7　地球環境への配慮

以下に述べるような，地球環境への配慮及びゼロエミッションへの接近に向けての取り組みを考慮している。

① 塩素含有廃プラを一括処理することで，塩ビの分別や分別された高濃度塩ビの処理または埋立ての必要がない。
② 更に，ダイオキシン類の生成を極限まで抑制している。
③ 石炭や石油コークスを原料として合成ガスを製造する場合に比べて，炭酸ガスの排出削減に寄与できる。
④ 単純焼却している場合に比べて，化石原料の延命化及び炭酸ガスの排出削減に寄与している。
⑤ 廃棄物中の灰分はスラグとして取り出し，セメント原料へリサイクルできる。
⑥ 原料中の塩素分も，塩化アンモニウムとして回収している。

8　展望と結言

本技術はNEDOプロジェクトとして，2000年1月より実証試験に入ったばかりである。
実証設備ではゼロエミッションへの接近を目指し，塩素分も塩化アンモニウムで回収することにしているが，少量の塩素をリサイクルするため高価な設備と多大なエネルギーを消費している。LCAを含めた総合的な観点から考えると，ガス化において塩素分はソーダにて中和し，排水処理にて有害分を除去後NaClの形で海に帰すことが，一番自然な形ではないかと考えている。
　実証試験を成功させ，ゼロエミッション型産業の一技術として地球に優しい生産活動の役に立つ

ていきたいと考えている。

9 問い合わせ先

宇部興産㈱　環境事業開発室

電話：03-5460-3343

㈱荏原製作所　環境開発センター

電話：03-5461-6111

文　　献

1) 亀田他，"有機廃棄物加圧二段ガス化システム"，プラスチック化学リサイクル研究会第一回討論会，**11**，1998
2) 福田，"廃プラスチックのリサイクル技術について"，資源処理技術，**46**[4]，1999
3) 福田，"ガス化技術について"，都市清掃，**52**，1999
4) 亀田，"有機廃棄物二段ガス化システム"，第9回プラスチックリサイクル研究会講演会，**12**，1999
5) 反応工学研究会研究レポート，ポリマーリサイクル技術とシステム PartⅡ，p109

第26章　使用済みプラスチックの高炉原料化技術
　　　　　― 日本鋼管㈱ ―

大垣陽二[*]

1　概要

　日本鋼管㈱（NKK）は1996年10月より，年間3万トンの使用済み産業系プラスチックを製鉄用高炉でコークス代替還元剤として再利用してきた。さらに，プラスチック製容器包装の再商品化手法として，京浜および福山両製鉄所に4万トン/年規模の原料化設備を建設し，2000年4月より事業を開始した。

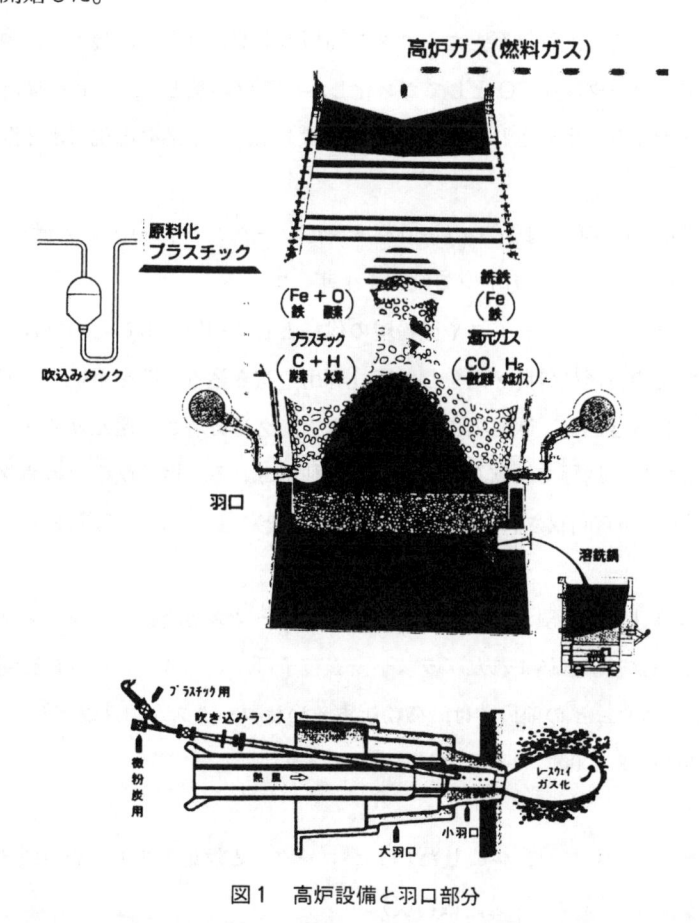

図1　高炉設備と羽口部分

---

*　Yoji Ogaki　日本鋼管㈱　総合リサイクル事業推進部　次長

2　はじめに

　NKKでは「産業基盤・生活基盤の形成を通じ，豊かな人間づくりに貢献する」という企業理念の下，環境と調和した社会の構築に資する事業活動を推進することにより，社会的責任を果そうと努力してきた。さらに，長年培った鉄鋼技術とエンジニアリング技術のシナジー効果による，省資源・省エネルギー・環境保護に全社を挙げて取り組んできた。

　そのなかで，首都圏に位置する都市型製鉄所として，都市共生・環境調和型の製鉄所を目指し，都市廃棄物の再資源化の可能性を追求している。その答えの一つが，使用済みプラスチックの高炉での還元剤としての利用である。

3　高炉還元剤としての利用

　高炉では図1に示す通り，鉄鉱石とコークスを高炉の上部より交互に装入し，熱風を下部の羽口から送り込んで，コークスをCOとしてガス化し，その反応熱とCOによる還元反応によって鉄鉱石を還元・溶解する。生成された銑鉄およびスラグは，炉下部の出銑口より間欠的に抜き出す。

　NKK京浜製鉄所第1高炉では1日に約4000トンのコークスと1000トンの微粉炭を使い，鉄鉱石1万6000トンを還元し，1万トンの銑鉄を生産している。

　使用済みプラスチックは，コークスや微粉炭の代替として利用することができる。すなわち，プラスチックを所定の粒径に破砕・造粒した後，専用の吹き込み装置を用いて，羽口部分より熱風とともに高炉内に吹き込む。吹き込まれたプラスチックは分解され還元ガス（COとH_2）となり，炉内を上昇していく過程で鉄鉱石の還元反応に利用される。還元反応後のガス（約800kcal/Nm^3）は，高炉上部から回収され，製鉄所内の加熱炉や発電プラントで燃料ガスとして利用される。

　高炉羽口部では高速流で熱風が吹き込まれるため，コークスが流動化しレースウェイと称する空間ができる。羽口より吹き込まれたプラスチック粒子は，レースウェイ内を旋回しながら全てガス化する[1]。レースウェイの前段では，微粉炭あるいはコークスが急速燃焼し酸素が完全に消費され，CO_2を生成し，2000℃の高温場が形成される。

　　$C+O_2 \rightarrow CO_2$

　レースウェイ後段においては，生成したCO_2がコークスと反応してCOを生成する。

　　$C+ 2CO_2 \rightarrow 2CO$　　（コークス，微粉炭）

　一方，プラスチックはCOとH_2に分解する。

　　$(1/2) C_2H_4+CO_2 \rightarrow 2CO+H_2$　　（プラスチック；ポリエチレンの場合）

第26章 使用済みプラスチックの高炉原料化技術

発生したCOとH₂は炉内を上昇しながら鉄鉱石を還元・溶解し，炉下部に滴下する。

$Fe_2O_3 + 3CO \rightarrow 2Fe + 3CO_2$ （コークス，微粉炭）

$Fe_2O_3 + 2CO + H_2 \rightarrow 2Fe + 2CO_2 + H_2O$ （プラスチック）

プラスチックの場合は，H_2による還元反応が付加されるため，コークスや微粉炭で操業する場合と比べCO_2の生成量は約30%低減される。

このように，プラスチックはコークスの還元機能を代替する。還元ガスの利用効率は酸化鉄との反応平衡でほぼ規定され，約60%となる。

一方，還元反応後の高炉ガスは燃料として利用されるが，その利用効率は20%と計算され，全体で約80%という高い有効利用率を達成する。

コークスには鉄鉱石を還元・溶解するという機能の他に，高炉内でのガス，液体および固体の円滑な移動を保証するスペーサとしての機能がある。この機能は，プラスチックでは代替することができない。このため，プラスチックによるコークスの代替量は約40%が限界となる。この値は，年間300万トンの溶銑を製造している京浜第1高炉に当てはめれば，年間60万トンのプラスチックが再利用できることに相当する。

塩化ビニル（PVC）類が再生原料に含まれる場合は，熱分解によって塩化水素が発生する。しかし，高炉内には大量の石灰石が装填されているため，塩化水素が中和され，濃度が低下するものと期待される。また，炉底の羽口周辺温度は2400℃であるため，塩化水素が存在してもダイオキシン類の発生は起こらない。さらに，炉上部の低温域においても還元雰囲気であるため，ダイオキシン類の生成や再合成反応は起こらない。従って，PVCが混在しても，高炉内部のいずれの部位においても，極度にダイオキシン類の合成反応が起こりにくい状態となっている。

しかしながら，高炉ガスの利用設備は塩化水素に対する腐食対策が取られていないため，PVC類を極力再生原料に含ませないようにする必要がある。他のプラスチックはPET樹脂をはじめとして，ほとんど全てのプラスチックを原料とすることができる。また，多少の紙，石，砂等が含まれていてもスラグ化するため問題はない。

このように，使用済みプラスチックを高炉原料として利用する本技術はCO_2を発生するものの，プラスチックの焼却処分によって無駄に発生していたCO_2を抑制するとともに，残渣をほとんど発生させないという点で，ゼロエミッションに限りなく近い技術であると言うことができる。

4 産業系使用済みプラスチックの処理

京浜製鉄所では1996年10月より，PVC以外の産業系プラスチックを対象に，年間4万トンを高炉還元剤として再利用している。

第3編　再資源化システムの実例

　高炉原料化設備を図2に示す。ボトル等の固形プラスチックは破砕機によって破砕し，直接吹き込んでいる。一方，フィルム状プラスチックは溶融造粒機で造粒した後，吹き込んでいる。産業系はその素性が明白であり，入荷時にPVC系プラスチックの混入がないため，PVC除去は必要ない。

　また，夾雑物が少ないため残渣はほとんど発生せず，ゼロエミッション効果は極めて高い。

　現在，電気・通信，自動車・機械，化学，印刷，プラ加工，スーパー等首都圏を中心に北海道から九州まで，数百社の企業と契約に至っている。

　処理対象物は，OA機器，バンパー，ハンガー，ポリタンク，部品屑，成型屑，PETボトル，

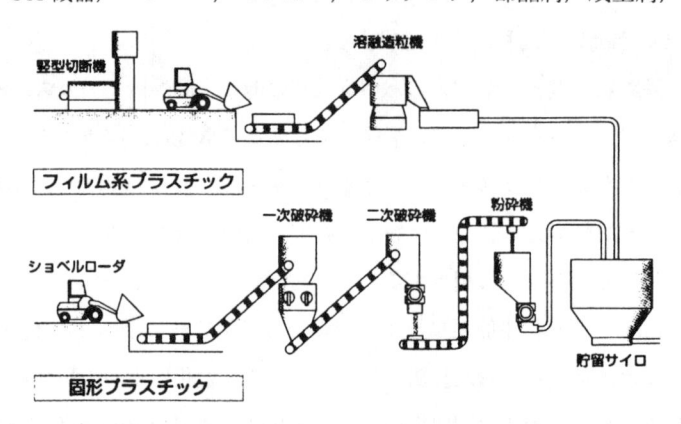

図2　産業系使用済みプラスチックの高炉原料化設備

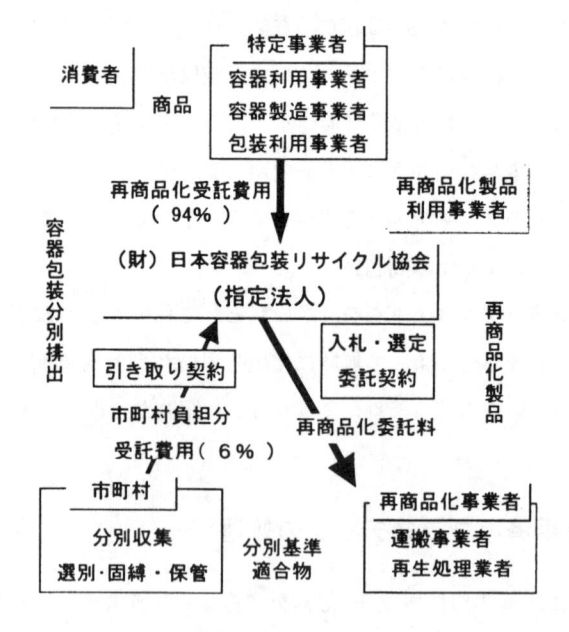

図3　容器包装リサイクル法の仕組み

容器，ポリシート，磁気テープ，梱包材等がある。

5 プラスチック製容器包装の高炉原料化

5.1 容器包装リサイクル法

　プラスチック製容器包装とは，商品の販売に伴い使用されるプラスチック製のボトル，容器，カップ，チューブや袋状のものを対象とする。なお，洗面器，ポリバケツ等の商品系プラスチック類は対象外とされている。

　容器包装リサイクル法による，プラスチック製容器包装のリサイクルの流れを図3に示す。

　自治体は容器包装プラスチックを回収し，分別基準適合物として保管する。特定事業者（販売する商品に容器包装を用いる事業者もしくはその容器を製造する事業者）は，分別基準適合物を自らが再商品化するか，再商品化事業者に委託し，その再商品化費用を負担する。日本容器包装リサイクル協会は自治体，特定事業者および再商品化事業者の円滑業務を推進する。

　自治体は，協会と分別基準適合物の引き取り契約を締結し，再商品化事業者は再商品化を請け負うため，協会に対して入札する。協会は，再商品化費用の94％を特定事業者から，残り6％を自治体から徴収し，再商品化事業者に処理費を支払う。

5.2 高炉原料化設備[2～4]

　プラスチック製容器包装を対象する場合には，次の点を考慮する必要がある。

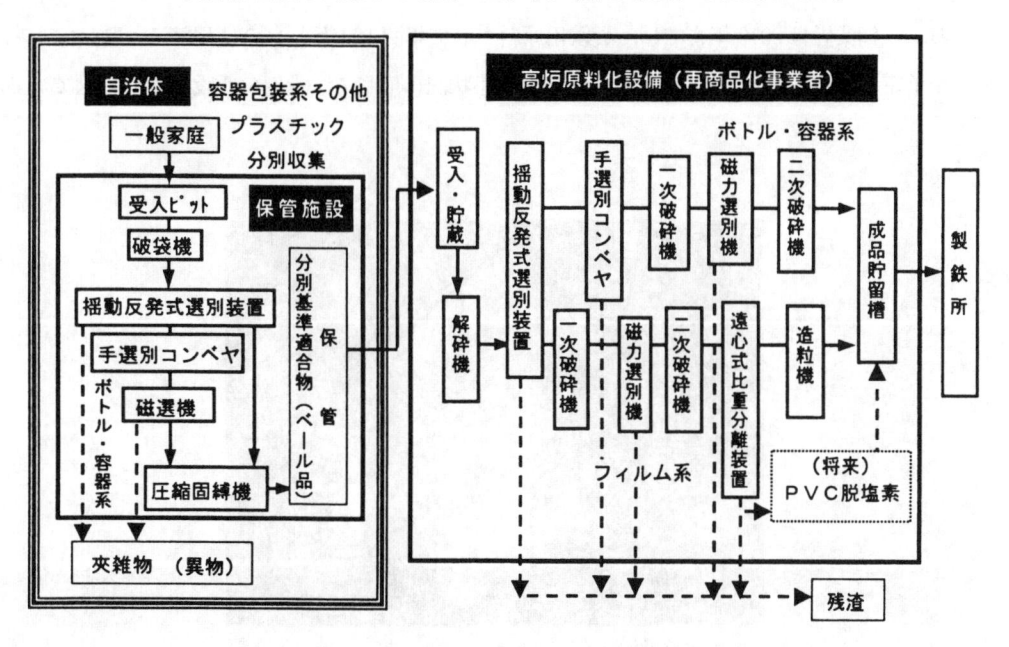

図4　容器包装"その他プラスチック"の高炉原料化フロー

第3編　再資源化システムの実例

① PVC等塩素含有プラスチックの処理
② フィルム類および固形ボトル類の混在
③ 食品残渣や夾雑物の不可避的な混入

これらの状況に対応した，容器包装プラスチックの高炉原料化フローを図4に示す。

自治体保管施設では，破袋機でごみ袋からプラスチックを取り出し，混入するびん，缶，紙類や商品系プラスチックおよび飲料用等の第2種PETボトルを除去する。これらの夾雑物除去を容易にするため，揺動反発式選別装置によって固形系のボトル・容器類とフィルム類に選別し，別々に手選別ラインを通し夾雑物を取り除いた後，圧縮固縛する。

高炉原料化設備では，圧縮固縛品を解砕し，固形類とフィルム類に分ける。固形類は手選別ラインを通し，不適物の除去を行った後，破砕機で破砕し，高炉用還元剤とする。一方，フィルム類は破砕後，プラスチックの比重差を利用した遠心式比重分離装置によってPVCを取り除く。PVCが除去されたフィルム類は，造粒機によって造粒し高炉用還元剤とする。

ここで，分離除去されたPVC類は当面残渣として処理するが，これらPVC類の高炉原料化についても研究開発を進めている。この開発が完了すれば，原料化設備で発生する残渣を少なくすることができ，より一層のゼロエミッションが達成されることになる。

2000年4月から，京浜（川崎市）および福山（広島県）の両製鉄所に年間4万トンの処理能力を持つ，高炉原料化設備を稼動させている（写真1）。既存の産業系設備の増強も併せ，年間12万トンの使用済みプラスチックの原料化が可能となった。

なお，鉄鋼業界は2010年までに，製鉄用原料として年間100万トンの使用済みプラスチック利用を予定している。NKKでは自治体の分別収集状況に応じて，設備の新設を行う計画である。

写真1　高炉原料化工場（福山市）の外観

6 展望と結言

　使用済みプラスチックの高炉原料化技術は，①大規模安定処理が可能，②ダイオキシン類の発生がなく，二酸化炭素発生抑制が図れ，地球環境負荷が軽減できる，③資源有効利用率が80％と高く，化石資源の削減と有効利用ができる，④混入する夾雑物以外の残渣の発生がなく，ゼロエミッションに限りなく近い，等の多くの利点がある。このため，材料リサイクルに適さないプラスチックの再商品化手法として，高炉還元剤利用は社会経済的に妥当な技術であると考えている。

　将来的には，容器包装プラスチック製品の素材構成変化や分別回収システムの充実等により，設備の簡素化，残渣の発生抑制が図られる可能性がある。その結果，トータルのライフサイクルコストのより低廉化が進むとともに，真のゼロエミッションの実現も可能となるものと期待する。

7 問い合わせ先

日本鋼管㈱　総合リサイクル事業推進部
電話：03-3217-2698

文　献

1) 浅沼他，日本エネルギー学会誌，77-5, p423 (1998)
2) ㈳日本化学工業協会，"一般廃棄物中のプラスチック類の高炉原料化技術実施報告書" (1998-3)
3) 大垣他，NKK技報，**164**, p37 (1998-12)
4) 大垣他，NKK技報，**169**, p1 (2000-3)

第 27 章 使用済み PET ボトルの再商品化（フレーク）施設について
— ㈱荏原製作所 —

小田哲也*

1 再商品化事業について

　容器包装リサイクル法における PET ボトルの再商品化事業では，指定法人ルート（特定事業者が指定法人に委託料金を支払うことで義務履行を委託し，指定法人より委託を受けて市町村の分別収集品を再商品化する），独自ルート（一定の基準を満たし，主務大臣の認定を受けた特定事業者が市町村の分別収集品を直接再商品化事業者に委託する），自主回収ルート（特定事業者自らまたは委託により回収し，委託する）がある。その中で大多数を占める指定法人ルートでは，定められた指定法人「㈶日本容器包装リサイクル協会」から施設審査によって事業者登録を受けた再生処理事業者が，処理能力を超えない範囲で（指定法人の）単年度入札で落札した数量を処理するかたちでリサイクルを行っている。

　施設審査には例示としてのガイドラインがあり，例えば，年間処理量 3000 トン以上のフレーク再生施設で必要と考えられる設備項目は以下のとおりである（ただし，再商品化製品の利用事業者から求められる適正な品質を確保することが可能な施設であれば問題はない）。

・開梱工程
・選別工程（異物除去，着色ボトル選別など）
・洗浄工程（ボトル洗浄，フレーク洗浄，清水洗浄，脱水乾燥）
・破砕工程（一次破砕，二次破砕）
・製品取り扱い（品質検査，計量，梱包）
・付帯設備（排水処理，環境対策，計量機，車輌，メンテ機器）

2 関係法規について

　規模と都道府県によるが，関係法規上の基準や規則，事前協議，申請，検査，届出があるので，特に新設時においては大幅な設計変更とならないためにも計画段階で各方面へ出向いて規制や基

---

*　Tetsuya Oda　㈱荏原製作所　エンジニアリング事業本部　環境プラント事業統括
　　技術統括資源化技術室　資源化技術部

準，手順，検査内容等について相談，確認しておかなければならない。

また，これらには所定の期限，期間や検査スケジュール等が絡んでくるので，設計段階から竣工までの間に，相応の対応と余裕のある工程が必要になってくる。

3 原料と製品について

原料は，引き取りルートや自治体の違い，一時保管の状態により形状，質は一定でなく，回収量が週間および季節で変動することがあるため，ある程度の不適合物混入や予定以上の原料受け入れといった条件をフォローできるような管理体制，機械および設備能力を考慮する必要がある。

製品は，良い品質を安定して供給できれば言うことはない。質の悪い原料が入ってくる以上は，これを検証・特定し，原料収集側に働きかけると共に，どのような製品作り（原料の均一化/差別化処理）を行い，販売先を確保するかを検討しなければならない。

将来的には，企業努力（ボトルメーカー），家庭での洗浄とキャップおよびラベル除去，自治体等での分別回収と中間処理が徹底され広く行き渡るようになり，再商品化設備の選別/洗浄工程は簡素化されるであろうが，処理量を柱とした製品品質と製品化率（＝廃棄物処理費減）の競争で設備技術は大型化，低ランニングコスト化に移行すると思われる。

4 設備設計について

「東京ペットボトルリサイクル」は，最大級の年間ボトル処理量8000トン（24時間連続運転）の再商品化（フレークのみ）設備を有する施設である（図1）。

再商品化設備は受け入れ・解俵・選別・粉砕・分離までの前工程と貯留（一時）・洗浄・分離・乾燥・精製までの後工程とに分かれている。原料投入，手選別，製品搬出，屑物搬出を除いた各小工程は自動運転となっている（図1）。

また，洗浄ラインの用水や洗浄液，乾燥ライン等に用いる蒸気は回収・循環使用をしている。

主要設備の処理工程は後述するが，付帯設備（受変電，排水処理，蒸気，コンプレッサー，製品保管）は，地域や規模によって選定条件が大きく異なるので今回省略する。

5 使用済みPETボトル処理概略フロー（図2）

[受け入れ工程]

車両入場後，使用済みPETボトルを受入貯留ヤードに荷下ろしする（車両は，2回計量を行っている）。

[選別工程]

ボトル投入コンベヤ：受入貯留ヤードより受入ホッパ部に投入されたボトルを移送する。

第3編 再資源化システムの実例

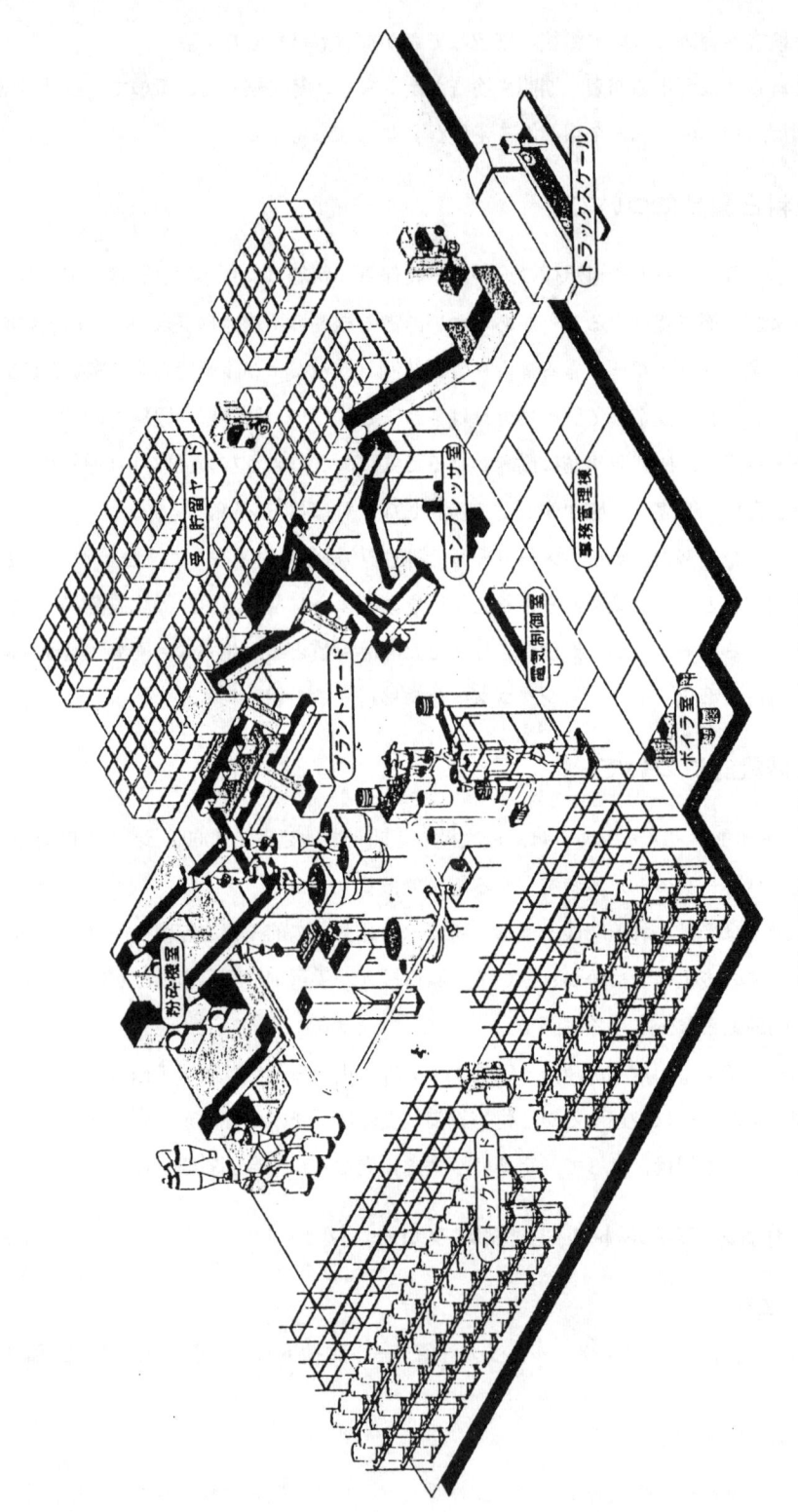

図1 東京ペットボトルリサイクル工場機器レイアウト

216

第27章 使用済みPETボトルの再商品化（フレーク）施設について

解俵機：ボトル解俵および収縮ラベル分離を行う。

乾式ボトル洗浄機：ボトルに付着した砂，小石，ガラス片等の小片異物除去を行う。

風力選別機(1)：ファンにてラベルの吹き飛ばし－吸い込み除去を行う。除去後ラベルは空気輸送にて粉砕機へ移送される。

定量フィードホッパ：ボトルの一時貯留および定量供給を行う。

ボトル流量計：検出板にボトルが落下した際の衝撃をトルク値変換し，重量流量を測定する。

PVCボトル選別機：PVC（塩ビ）ボトルをセンサーで検知し除去する。

カラーボトル選別機：着色ボトルをセンサーで検知し除去する。除去ボトルはコンベヤを経由してカラーボトル粉砕機へ移送される。

手選別用コンベヤ：2人配置で不適物除去を行う。カラーボトルとくずプラスチック，その他異物を各々のシュートから排出する。除去後はコンベヤを経由して粗粉砕機へ移送される。

［粉砕/分離工程］

粗粉砕機：手選別後のクリアボトルを50mm角以下に粗粉砕し空気輸送する。

ラベル分離機：粗粉砕後の粗砕物から風力によって軽いラベル類の除去を行う。

アルミキャップ分離機：マグネットローラー上のアルミを反力ではじき飛ばし除去を行う。

細粉砕機：8mm角以下のフレークに細粉砕し空気輸送する。

ラベルセパレーター：風力によってラベルや微粉の除去を行う。

カラーボトル粉砕機，充填機：選別されたカラーボトルを粉砕後，空気輸送しフレコンに充填する。

くずプラスチック粉砕機，充填機：各工程で分離除去されたくずプラスチックやラベル等を粉砕後，空気輸送しフレコンに充填する。

［フレーク貯留工程］

フレーク投入サイロ：ラベルセパレーター後のフレークの一時貯留およびサークルフィーダーによる供給を行う。

［フレーク洗浄/分離工程］

フレーク洗浄装置：フレークを上部ホッパより計量後，交互にバッチ供給し，加温された洗浄液にて攪拌洗浄され，汚れや接着剤等を分離する。

脱水機(1)：フレークと洗浄液の分離を行う。洗浄液は再生設備へ移送される。

スラリータンク：脱水後のフレーク洗浄およびハイドロサイクロンへの循環供給を行う。

ハイドロサイクロン：液比重分離にて，比重の軽いポリオレフィン系プラスチックを上方へ，比重の重いフレークを下方へ排出する。

フレークリンス洗浄機：上水にてフレークを洗浄する。

第3編 再資源化システムの実例

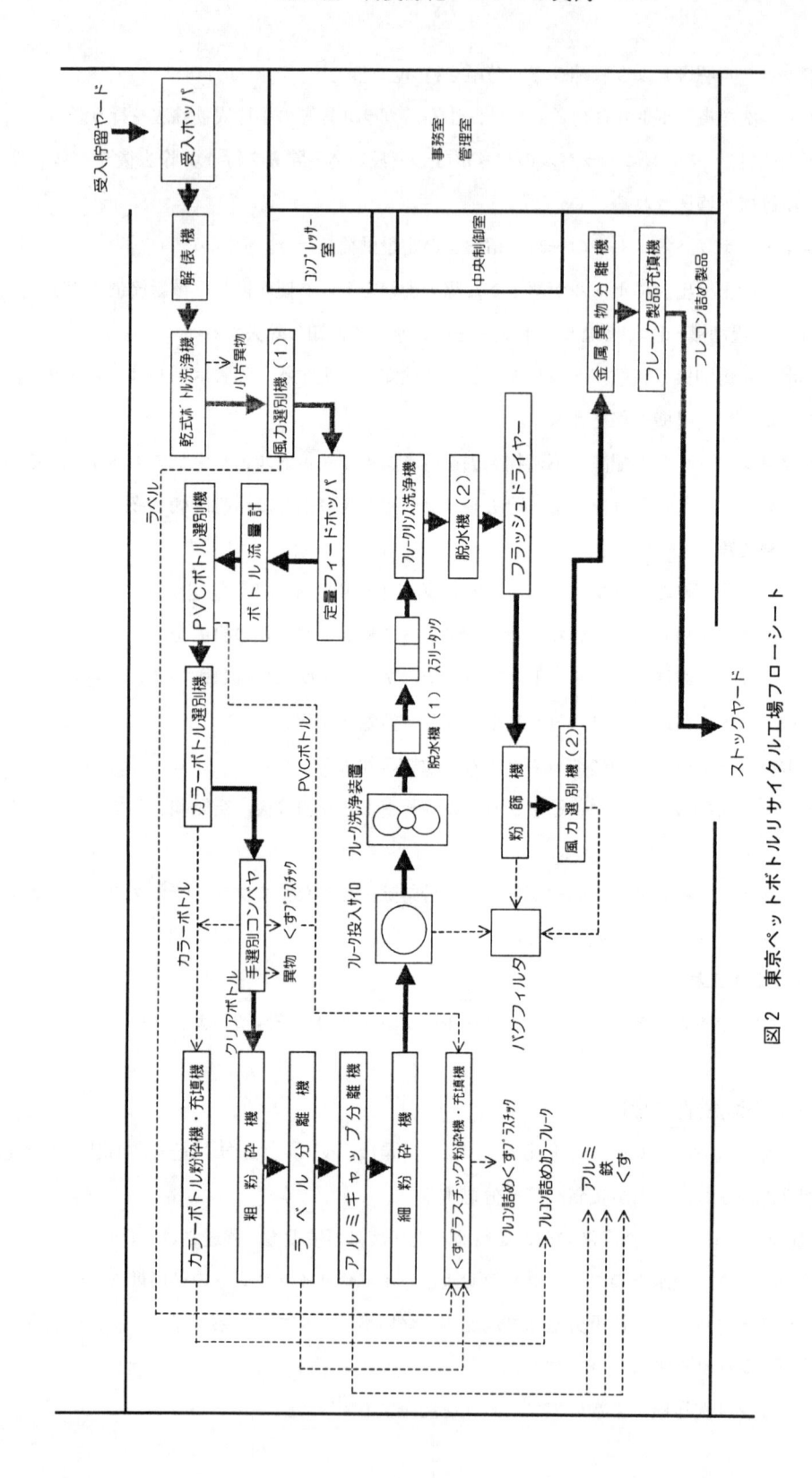

図2 東京ペットボトルリサイクル工場フローシート

脱水機(2)：洗浄されたフレークを脱水する。脱水液は残さ除去後スラリータンクで再利用される。

[フレーク乾燥工程]

フラッシュドライヤー：脱水後のフレークを熱風にて気流乾燥する。

[フレーク精製工程]

粉篩機：振動によって微粉等の除去を行う。

風力選別機(2)：風力によって微紛等の吸引除去を行う。

金属異物分離機：アルミキャップ片等の磁性体除去を行う。

フレーク製品充填機：フレーク製品を600kg計量し，フレコン詰めする。製品は，専用フォークリフトにて重量ラックに一時保管後，10トン車に16袋（960kg）積載し出荷する。

6　東京ペットボトルリイサイクル㈱概要

代 表 者：代表取締役　朝井 祥二

設立年月：1999年4月

　　　　（事業開始2000年4月1日）

資 本 金：1億円

出資比率：株式会社荏原製作所 70%

　　　　PETボトルリサイクル推進協議会 30%

7　工場概要

所 在 地：東京都江東区青海二丁目地先

敷地面積：10,002.5 m²

建築面積：3,414.8 m²

ボトル受入可能量：8000トン/年

稼働時間：24時間/日

ボトル受入能力：通常1.5トン/時間

　　　　　　　最大1.8トン/時間

8　問い合わせ先

㈱荏原製作所　エンジニアリング事業本部　環境プラント事業統括　資源化技術室　資源化技術部

電話：03-5461-6111

第28章　建設廃棄物の再資源化
－鹿島建設㈱－

塚田高明*

1　概要

建設業界は，建設廃棄物排出量が全産業廃棄物発生量の約25%を占めていて，廃棄物多量排出業種となっている。

建設業界では，建設省が「リサイクル推進計画'97」を，また業界として「建設業界における建設リサイクル行動計画」を策定して，建設廃棄物リサイクルに取り組んでおり，特にリサイクル率が低迷している建設汚泥と建設混合廃棄物については，建設業界として最優先課題として取り組んでいる。

2　建設廃棄物の資源化

2.1　建設廃棄物の現状

我が国の建設産業は，GDPの約20%，就業人口の約10%を占める基幹産業である。また，建設廃棄物の発生量は全産業廃棄物発生量の約25%，最終処分量では約40%を占めており，逆に資源利用の面から見ると，国全体の資源フローの約50%を建設資材として消費している。

建設省では，発注者，請負企業，処理会社が一体となって建設副産物対策を総合的に推進するため，1994年に「建設副産物対策行動計画～リサイクルプラン21～」を策定し，2000年のリサイクル率の目標値を定めた。1997年には，リサイクルプラン21の目標値を見直すとともに，具体的施策も盛り込んだ「リサイクル推進計画'97」を策定した（表1）。

また，建設副産物の具体的な政策立案に不可欠なデータの把握のため，建設省では，全国規模の調査として，1990年度より5年間隔で建設副産物の発生量，リサイクル率などに関する実態調査（センサス）を実施している。

1995年度のセンサスによると，全国で建設廃棄物は約9900万トン発生しており，これは全産業廃棄物発生量の約25%を占めている。種類別には，コンクリート塊及びアスファルト・コンクリート塊で全体の約73%を占めており，ついで，建設汚泥，建設混合廃棄物，建設発生木材となっている（図1）。地域別には，関東，近畿，中部の三大都市圏で全体の約64%を占めてい

---

*　Takaaki Tsukada　鹿島建設㈱　エンジニアリング本部　本部次長兼環境技術部長

第28章 建設廃棄物の再資源化

表1 全国と各地方における建設副産物の再利用率等一覧[1]

(単位：%)

種類		地方	北海道	東北	関東	北陸	中部	近畿	中国	四国	九州	沖縄	全国
建設廃棄物全体		目標			〔90〕								〔80〕
		'95	60	54	69	69	74	49	52	43	37	53	58
		'90	13	29	51	41	59	43	23	12	26	29	42
	アスファルト・コンクリート塊	目標			〔100〕								〔90〕
		'95	91	75	89	91	91	75	73	56	59	45	81
		'90	44	36	68	30	68	38	27	8	29	8	50
	コンクリート塊	目標			〔100〕								〔90〕
		'95	51	54	81	76	82	58	55	49	41	72	65
		'90	3	26	67	45	69	52	2	11	15	48	48
	建設汚泥	目標			〔60〕								〔60〕
		'95	6	3	16	31	31	8	13	7	5	5	14
		'90	4	9	21	24	23	24	11	7	27	14	21
	建設混合廃棄物	目標			〔60〕								〔50〕
		'95	3	4	28	3	8	6	5	1	4	16	11
		'90	8	20	34	28	31	44	23	17	29	26	31
	建設発生木材	目標			〔100〕								〔90〕
		'95	22	33	49	29	58	44	30	23	23	6	40
		'90	2	47	75	85	81	62	48	43	54	27	56
建設発生土		目標			〔80〕								〔80〕
		'95	32	23	38	30	29	37	37	34	27	50	32
		'90	20	40	40	21	36	30	44	40	33	44	36

注 1) 1段目の〔 〕内の関東地方の欄は建設リサイクル推進計画(関東地域版)，全国の欄は建設リサイクル推進計画'97における2000年度の数値。
2) 建設汚泥，建設混合廃棄物は減量化を含む率。建設発生木材はリサイクル施設への搬出率。建設発生土は公共系工事での建設発生土の利用率。

る(図2)。リサイクルについては，コンクリート塊及びアスファルト・コンクリート塊は，リサイクル市場が整備されてきたこともあり，70～80％と比較的高いリサイクル率にある。しかし，建設混合廃棄物及び建設汚泥は，リサイクル率がそれぞれ11％，14％と低迷し，2000年度目標値に程遠い結果となっており，より一層のリサイクルへの取組みが求められている(表1)。

2.2 建設業界における建設リサイクル行動計画

建設業界は，建設省策定の「建設リサイクル推進計画'97」との協調を考慮しながら，建設業

第3編　再資源化システムの実例

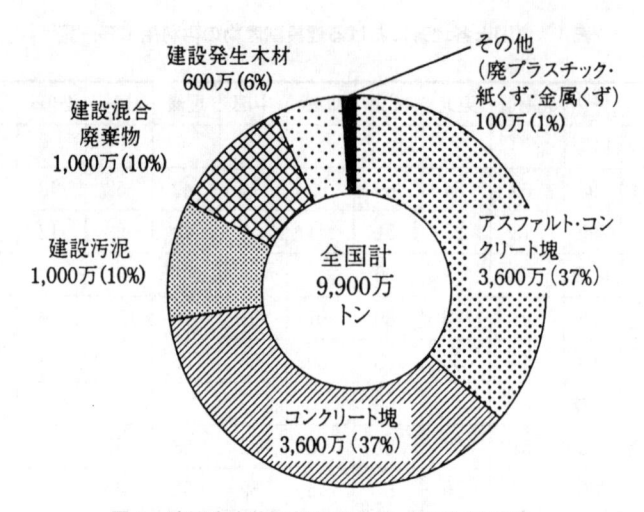

図1　建設廃棄物種類別発生量（1995年度）[1]

建設発生木材　600万（6%）
建設混合廃棄物　1,000万（10%）
建設汚泥　1,000万（10%）
その他（廃プラスチック・紙くず・金属くず）100万（1%）
アスファルト・コンクリート塊　3,600万（37%）
コンクリート塊　3,600万（37%）
全国計　9,900万トン

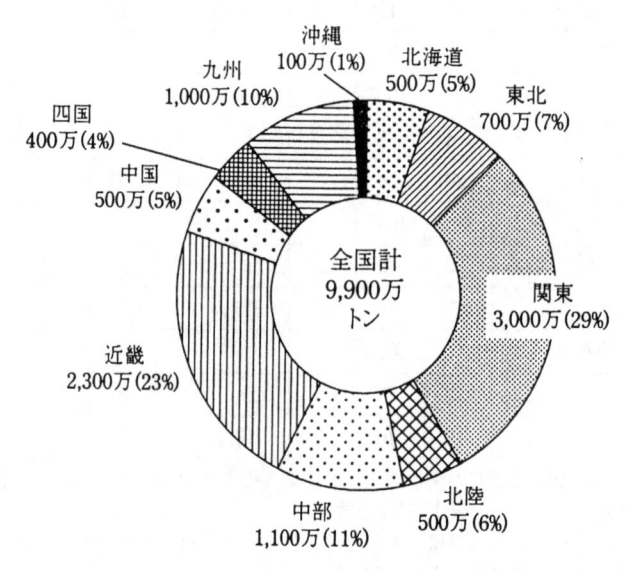

図2　建設廃棄物地域別発生量（1995年度）[1]

沖縄　100万（1%）
九州　1,000万（10%）
四国　400万（4%）
中国　500万（5%）
北海道　500万（5%）
東北　700万（7%）
関東　3,000万（29%）
近畿　2,300万（23%）
中部　1,100万（11%）
北陸　500万（6%）
全国計　9,900万トン

界として取り組むべき必須の課題とその対策としての実施方策などを内容とする「建設業界における建設リサイクル行動計画」（以下「行動計画」）を1998年に策定した。

行動計画は，「展開・連携・協調」を軸とし，基本的な考え方として，施工段階における発生抑制，発生したものは再利用・資源化を図ることを従来以上に重視し，併せて適正処理の推進も徹底することとしている。

これらのうち，リサイクル率の低迷している建設汚泥と建設混合廃棄物について，建設業界における具体的な取組み例を紹介する。

第28章 建設廃棄物の再資源化

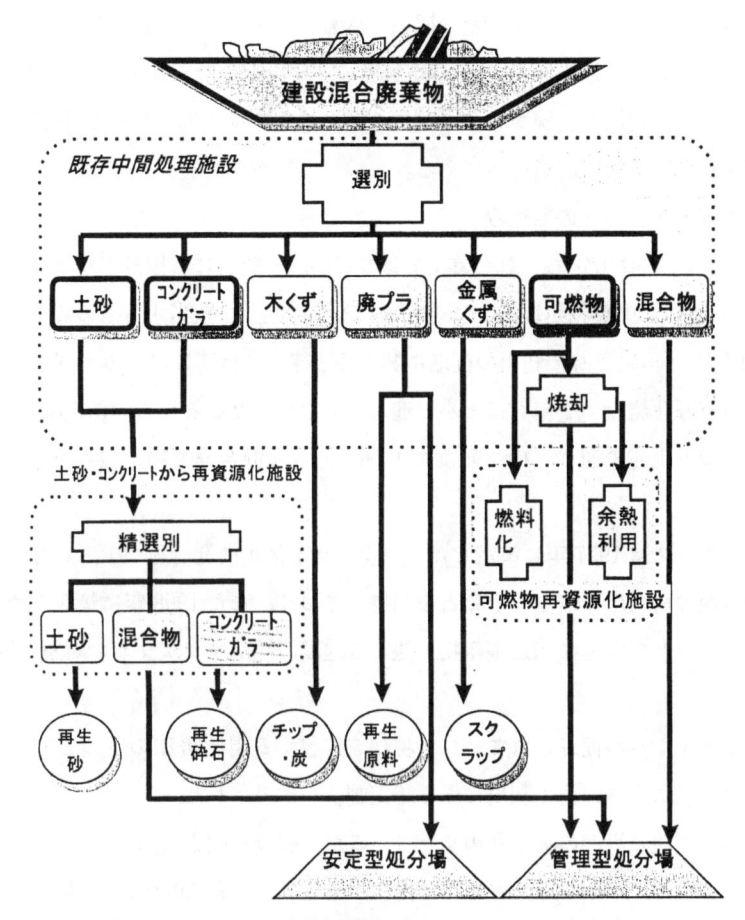

図3 建設混合廃棄物選別フロー（例）

2.3 具体的な建設廃棄物リサイクルへの取組み

(1) 建設混合廃棄物リサイクルへの取組み

建設混合廃棄物は，廃プラ，木くず，紙くずなどが混合しているため，これまで「積替保管施設」を経由しても排出量の約70％が最終処分場に搬入されていた。実際，1995年度の建設混合廃棄物のリサイクル率は11％と低迷している。しかし建設混合廃棄物は「混ぜればごみ，分ければ資源」と言われるように，品目ごとに選別することによって資源としてのリサイクルが可能である（図3）。

このため，東京圏においては，選別を主体とした建設混合廃棄物の資源化施設が整備されつつあり，現在約30ヶ所で稼動している。これらの施設では，建設混合廃棄物を土砂，コンクリートがら，木くず，廃プラなどに選別・リサイクルしている。この施設整備のおかげで，関東地区ではリサイクル率が28％にまで向上してきている。しかし，選別後の可燃物の大半が現在まだ

焼却されており，ダイオキシン発生抑止の観点からも，廃プラ，可燃物のリサイクル推進が差し迫った課題となっている。建設業界では1998年度に「建設混合廃棄物のリサイクルなどに関する調査研究」を行い，建設混合廃棄物中の廃プラのマテリアルリサイクルと可燃物のサーマルリサイクルの実用化に向けた検討を行っている。

(2) **建設汚泥リサイクルへの取組み**

「建設汚泥」とは，法律で定義された言葉ではないが，一般的には掘削工事から排出される無機性の泥状物のうち，「廃棄物処理法」に規定される「汚泥」に該当するもののことをいう。建設汚泥は1991年の「再生資源の利用の促進に関する法律」施行時には，リサイクル技術が開発途上であり，再資源化施設の整備もほとんど進んでいなかったことから，指定副産物の指定が見送られた。その後も上述の通り，1995年度で14％と，建設混合廃棄物と並んでリサイクル率は低迷している。

このため，建設省では1997年に策定した「建設リサイクル推進計画'97」の中で公共工事が先導的に建設汚泥の再利用に取り組むことを期待しており，また1998年に策定した「建設リサイクルガイドライン」では他の指定副産物と並んで建設汚泥がリサイクルの対象に取り上げられている。

このようなリサイクルが促進されていない現状を打破する規制緩和の1つとして，1997年の廃棄物処理法の改正により，再生利用に係る認定制度が創設された。

この制度を用いて建設汚泥の再生利用を行ったのが，建設省関東地方建設局の「首都圏外郭放水路工事」である。本工事のシールド工事で発生する建設汚泥約20万m^3を同地建の「江戸川スーパー堤防築堤工事」の築造材として再利用した事例で，1997年に創設された再生利用に係る認定制度適用の第1号工事である。

建設汚泥は，脱水，乾燥，粒度調整及び安定処理などの中間処理を行うことによって，土質材料としての有効利用が可能である。例えば，建設汚泥の脱水ケーキにセメントなどの固化材を混合し，流動化処理土に加工して埋め戻し材，充填材などに有価で利用する技術（写真1）や，セメント製造用原料の粘土代替材として大量に利用する技術，加熱・焼成して埋め戻し材などに利用する技術（写真2）が開発・実用化されている。

特に，建設汚泥の焼成については，建設省の総プロでこれまで取り組んできたが，建設業界において1998年度に「建設混合廃棄物のリサイクルなどに関する調査研究」で検討した結果，建設混合廃棄物中の可燃物を熱源として建設汚泥を焼成する事業採算の見通しが立ったため，東京都などと連携してパイロット事業への取組みを検討している。

(3) **建設発生木材リサイクルへの取組み**

主に建築物の解体材や造成時の伐採材として排出される建設発生木材は，1992年の廃棄物処

第28章　建設廃棄物の再資源化

写真1　流動化処理土（例）

写真2　焼成材（例）

写真3　木くずを利用したボード（例）

理法改正に伴い野焼きが禁止され，その後，再資源化の取組みが進むようになった。しかし，利用用途が限られていること，破砕や焼却処理によって容易に減容化できることから，現在でも発生量の約6割が最終処分されている。

　建設発生木材のリサイクル手法としては，パーティクルボードなど建築資材への加工，木炭化による土壌改良材や水質浄化材としての利用，チップ化によるマルチング材などへの利用，堆肥化，燃料としての利用などが行われている（写真3）。大規模造成工事などで一時期に大量に発生する伐採材は，現場においてチップ化し堆肥化を図ることが多いが，チップにすることで逆にかさが増えることになり，その保管場所や，堆肥化に伴う悪臭・浸透水などの管理が問題となっている。現在は，廃プラと同様にサーマルリサイクルの実用化が期待されている。

3　おわりに

　最終処分場の逼迫とダイオキシン類の削減対策は，我が国のごみ処理体系を大幅に修正するこ

とになった。特に、ダイオキシン類に関しては可燃物のRDF化、焼却灰の溶融スラグ化による再資源化が図られており、新たな資源化システムの構築が必要なため、産・官・学による取組みが進められている。

建設業界は、リサイクル推進懇談会の提言において循環型社会でのリーディングインダストリーになると高らかに宣言した。1998年に成立した「特定家庭用機器再商品化法」に代表されるように拡大生産者責任の考え方が主流になりつつあり、今後、建設業界は End User としてその役割を積極的に分担していくことが責務と考え、これまでの自らが排出する建設廃棄物のリサイクルに加え、焼却灰の溶融スラグやRDF、廃ガラスや下水汚泥などからの再生資源のユーザーとして建設業界を挙げてリサイクルに取り組んでいく。

4　問い合わせ先

鹿島建設㈱　環境本部
電話：03-3746-7693

文　　献

1)「総合的建設副産物対策－現場での実効ある対策の推進のために－」、建設副産物リサイクル広報推進会議、1998年10月

なお、本稿をまとめるにあたって、下記の文献も参考とした。
○「建設リサイクル推進計画'97」、建設副産物リサイクル広報推進会議、1997年11月
○「建設業界における建設廃棄物リサイクルへの取り組み」、庄子幹雄、廃棄物学会誌、11, No.2, 2000年3月

第29章 エコセメントの開発
― 太平洋セメント㈱ ―

長野健一[*]

1 概要

エコセメントとは，都市ごみ焼却灰や下水汚泥などの廃棄物をセメント原料として再資源化することにより，ごみ処理負荷を減らし環境破壊を防止するという，全く新しいコンセプトにより開発されたセメントである。

2 はじめに

都市ごみは，①埋め立て処分場の逼迫，②環境汚染の発生，など大きな社会問題になっている。この深刻化するごみ問題の有力な解決策として開発されたのがエコセメント技術である。エコセメント技術は，(1)都市ごみ焼却灰（以下，焼却灰）などのセメント原料としての資源化，(2)ダイオキシン類の焼成キルン中での分解，消滅，(3)焼却灰などに含まれる重金属類の再資源化などの特長をもつ資源循環型のセメント製造システムである。

3 開発の経緯

エコセメント技術は，通商産業省の「生活産業廃棄物等高度処理・有効利用技術研究開発事業」の「都市型総合廃棄物利用エコセメント生産技術」として1993年度から1997年度の5年間にわたって実証試験が行われ開発された（写真1）。この事業は，国が通商産業省新エネルギー・産業技術総合開発機構（NEDO）に出資し，NEDOが㈶クリーン・ジャパン・センター（CJC）に研究委託したものであり，太平洋セメント㈱を中心とした民間企業が研究協力企業になり，官民共同の形で研究開発を行った。

4 焼却灰の資源化

4.1 発生状況[1)]

ごみの総排出量は年々増え続け，1996年度では5110万トン/年に達し，約77％が直接焼却処

---

[*] Kenichi Nagano 太平洋セメント㈱ ゼロエミッション事業部 事業推進グループ エコセメントチーム

第3編　再資源化システムの実例

写真1　愛知県渥美郡田原町にあるエコセメント実証プラント

理され，そのほとんどが焼却灰として最終処分場に埋立られている。この最終処分場の残余年数は，1995年度の全国平均で8.5年と逼迫している状況にあるが，新たな処分場の確保は環境問題などのため難しくなっている。

4.2　セメント原料として再資源化

　焼却灰の化学成分を，セメントの原料[2]と比較して表1に示す。焼却灰は，セメントの原料として必要な成分をすべて含み，石灰石，粘土などの原料代替として使用できる。普通ポルトランドセメント（以下，普通セメント）とエコセメントの原料必要量（例）を図1に示す。エコセメントは焼却灰および下水汚泥などの廃棄物をセメントの原料として約50％使用できる。

5　エコセメントの特性

5.1　エコセメントの品質

　エコセメントには，早く固まる特性をもつ速硬形エコセメントと，普通セメントとほぼ同じ品

質特性をもつ普通形エコセメントの2種類がある。エコセメントの化学成分，構成鉱物および品質を普通セメントと比較し表2～4に示す。

速硬形エコセメントは，焼却灰中に比較的多く含まれる酸化アルミニウムおよび塩素を有効に利用し，セメント鉱物として取り込んだカルシウムクロロアルミネートを生成させ，その早く固まるという特性を生かしたセメントである[3]。建築用ブロックや外壁材など，生産性の向上が図れる分野への利用が見込まれるが，塩素含有量が1%程度と多いため用途は無筋系の分野に限られる。

一方，普通形エコセメントは，調合原料中の塩素とアルカリの量比を調整し，焼成過程にて塩素を塩素含有ダストとして揮散除去し，塩素含有量を0.1%以下に抑えたものである[4]。鉄筋コンクリート構造物への使用も可能となり，普通セメントと同様に幅広い分野への使用が見込まれる。

表1 焼却灰とセメント原料の化学成分比較（%）

	酸化カルシウム CaO	二酸化珪素 SiO_2	酸化アルミニウム Al_2O_3	酸化第二鉄 Fe_2O_3
焼却灰	12～31	23～46	12～29	4～7
石灰石	47～55	－	－	－
粘土	－	45～78	10～26	3～9
珪石	－	77～96	－	－
酸化鉄原料	－	－	－	40～90

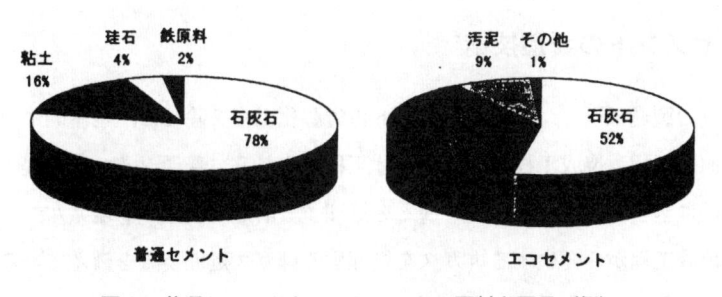

図1 普通セメントとエコセメントの原料必要量（例）

表2 エコセメントの化学成分例（%）

	CaO	SiO_2	Al_2O_3	Fe_2O_3	Na_2O	K_2O	Cl	SO_3
普通形エコセメント	61.0	17.0	8.0	4.4	0.25	0.02	0.04	3.7
速硬形エコセメント	57.5	15.5	10.0	2.5	0.49	0.02	0.90	9.2
普通セメント	64.2	21.3	5.1	2.9	0.31	0.48	0.01	2.0

表3 エコセメントの構成鉱物例（％）

	エーライト C_3S	ビーライト C_2S	アルミネート相 C_3A	カルシウムクロロアルミネート $C_{11}A_7 \cdot CaCl_2$	フェライト相 C_4AF
普通形エコセメント	49	12	14	0	13
速硬形エコセメント	44	10	0	17	8
普通セメント	56	19	9	0	9

注） 表中の略号は次の化合物を表す。
$C_3S : 3CaO \cdot SiO_2$, $C_2S : 2CaO \cdot SiO_2$, $C_3A : 3CaO \cdot Al_2O_3$
$C_{11}A_7 \cdot CaCl_2 : 11CaO \cdot 7Al_2O_3 \cdot CaCl_2$, $C_4AF : 4CaO \cdot Al_2O_3 \cdot Fe_2O_3$

表4 普通形エコセメントの品質例

	比表面積 (cm^2/g)	凝結 (h:m)		圧縮強さ (N/mm^2)			
		始発	終結	1d	3d	7d	28d
普通形エコセメント	4250	2:30	4:00	—	25.0	35.0	51.0
速硬形エコセメント	5300	0:08	0:20	25.0	32.0	35.0	48.0
普通セメント	3380	2:21	3:11	—	28.7	43.5	60.8
普通セメントJIS規格	2500<	60m<	10h>	—	12.5<	22.5<	42.5<

5.2 エコセメントの環境保全性[5]

エコセメントおよびエコセメントコンクリートの溶出試験を環境庁告示46号による方法で行った結果，カドミウム，鉛，六価クロム，砒素，総水銀，セレンの重金属6項目について，土壌環境基準を満足していることが確認されている。

6 エコセメントの製造技術[6]

エコセメントの製造工程は，塩素含有ダスト再資源化工程を除けば，基本的には普通セメント工場と同じく原料工程，焼成工程および仕上げ工程からなる。普通セメント工場と異なる装置として，①焼却灰に含まれる水分，金属片などを処理する前処理装置，②塩素/アルカリの調整材添加装置，③焼成工程から発生する排ガスを処理する排ガス処理装置を備えている。エコセメントの製造工程の概略フローを図2に示す。

6.1 原料工程

焼却灰には水分，金属片などを含む主灰とそのまま原料にできる飛灰がある。主灰は，前処理装置にて，水分，金属片などが除去されると共に粗砕される。焼却灰と石灰石などの補填原料は，適当な割合で調合原料タンクに投入され，所定時間攪拌混合した後に成分分析が行われる。調合

第29章　エコセメントの開発

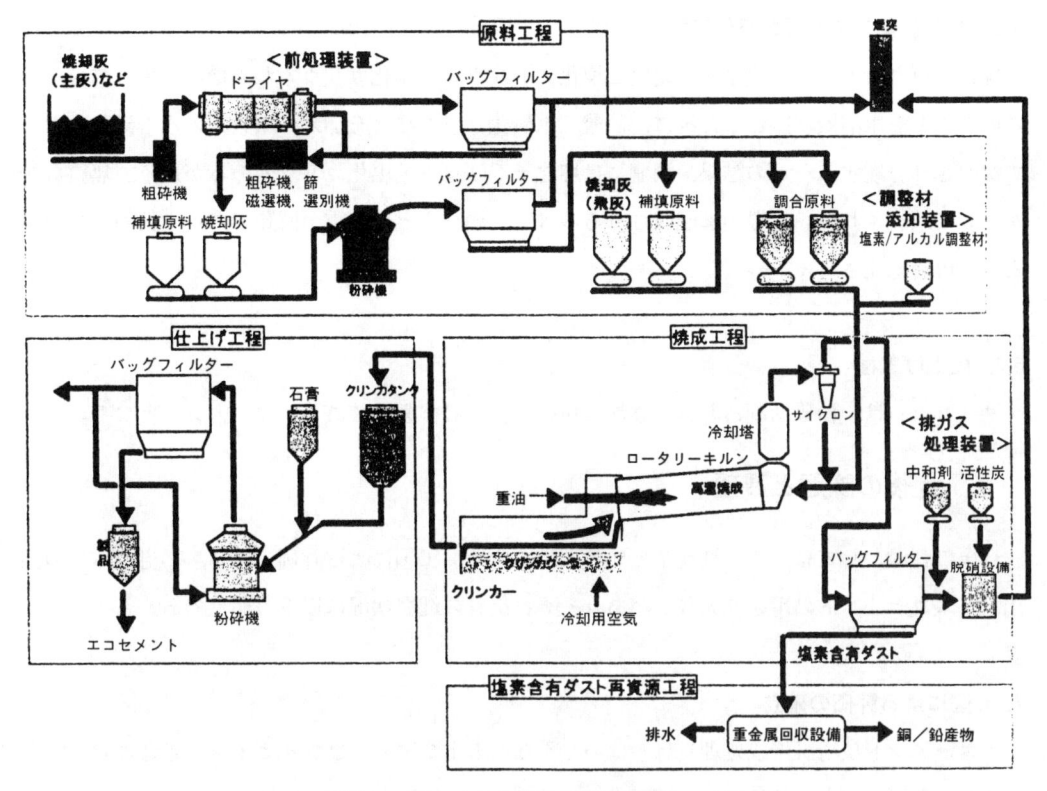

図2　エコセメント製造工程の概略フロー

原料は，この分析結果に基づき補填原料を添加し成分調整され，さらに塩素/アルカリの調整材添加装置より調整材を添加し，焼成工程に送られる。

6.2　焼成工程

　調合原料は，ロータリーキルンに投入され，焼点温度1350℃～1450℃で焼成されクリンカーとなり，クーラーにて冷却される。ロータリーキルンからの排ガスは，排ガス処理装置にてダイオキシン類の再合成防止，塩化水素やNO$_x$などの有害物の除去が行われた後に，煙突より大気に排出される。ダイオキシン類は焼成過程で分解される。また，ダイオキシン類の再合成防止は，冷却塔にて800℃から200℃以下に急冷することにより行われるが，重ねて脱硝装置に活性炭を充填し，ダイオキシン類が系外に排出しないように万全を期している。ロータリーキルンから排出される塩化物は，排ガスの冷却とともに凝縮，固化して微細粒子となりバッグフィルターにて捕集され，塩素含有ダストとして再資源化工程に送られる。

231

6.3 塩素含有ダスト再資源化工程

　塩素含有ダストには，重金属塩化物と塩化ナトリウム，塩化カリウムが大量に含まれている。このダストを水溶液状態とした後に，硫酸，水硫化ソーダなどを加え，重金属のみを硫化物として沈殿させ分離する。この結果，液側には塩化ナトリウム，塩化カリウムのみが残り，無害な排水として放流される。沈殿側に回収されるのは鉛，銅を主とした重金属類であり，製錬所の原料として再資源化される。

6.4 仕上げ工程

　クリンカーは，粉砕助剤と石膏を添加し粉砕され，最終製品であるエコセメントとなる。

7 今後の課題と展望

　今後の課題としては，既に進展しているものも含め，①国による評価の確立，②自治体での採用，③エコセメントの用途拡大などがあり，それぞれの進展状況は以下の通りである。

7.1 国による評価の確立

　エコセメント技術（焼成処理）は，ばいじんなどの重金属およびダイオキシン処理に対して有効であると厚生省より評価され，2000年1月14日厚生省告示にてばいじん処理方法の一つとして焼成処理が追加された。

7.2 自治体での採用

　千葉県では既に焼却灰処理へのエコセメント技術の導入を決定し，市原市内に2001年春の稼動をめざし世界初のエコセメント施設を建設中である。この施設は，焼却灰を年間約6万トン，さらに燃え殻などの廃棄物約3万トンを受け入れ，年間約11万トンのエコセメントを生産する計画である。また，東京都においても2000年4月にエコセメント化施設を建設する事業基本計画を発表した。この基本計画によると年間約12.4万トンの焼却灰を処理し，約16万トンのエコセメントを生産する計画である。さらに，神奈川県横浜市など他の自治体でもエコセメント化の可能性について検討を行っている。

7.3 エコセメントの用途拡大

　エコセメントの用途拡大のため，エコセメント規格化も検討されている。通商産業省は，この規格化を㈶日本規格協会に委託し，㈳日本コンクリート工学協会が他のリサイクル製品と併せ，検討を行ってきた。そしてこの程，JIS化を前提とした「標準情報」（テクニカルレポート）の

原案を，㈳セメント協会の協力を得て作成した。

　エコセメント技術は，国，自治体およびセメントユーザーなど各方面より評価されつつあり，今後，エコセメント施設が建設され焼却灰の有効利用が始まる中，ゼロエミッションの資源循環型社会実現の一助になるものと期待される。

8　問い合わせ先

太平洋セメント㈱　ゼロエミッション事業部　事業推進グループ　エコセメントチーム
電話：03-5214-1654

文　　　献

1) 環境庁編，環境白書，平成11年版（1999）
2) ㈳セメント協会，セメントの常識（1997）
3) 内川浩，尾花博：都市型総合廃棄物を原料とする環境共存型セメント－エコセメント－，コンクリート工学，Vol.34, No.4, pp.57-63（1996）
4) 横山滋，中野卓，他：都市ゴミ焼却灰を主原料としたセメントクリンカーに及ぼすClの影響，セメント・コンクリート論文集，Vol.53, pp.140-145（1999）
5) 寺田剛：都市ごみ焼却灰のコンクリート材料への利用，月刊建設，1999-11, pp.18-20
6) 山本由里子：ECO INDUSTRY, Vol.3, No.3, pp.35-44（1998）

第30章　下水汚泥その他産業廃棄物のセメント製造への利用
― 太平洋セメント㈱ ―

臼倉桂一*

1　概要

セメント産業は，年間約2400万トンの産業廃棄物・副産物を有効利用[1]しており，近年では，上下水道汚泥等，公共分野の廃棄物も積極的に利用している。セメント工場における廃棄物利用の最大の特徴は，大量かつ安定的に処理できることと，二次廃棄物が発生しないことにある。

2　はじめに

従来の廃棄物処理技術は，一般に焼却・溶融等の減容化処理にとどまるものが主流であったが，近年は有効利用技術の開発，しかも大量かつ安定した有効利用方法の確立が急務となっている。

一方，わが国のセメント産業は，典型的な成熟産業であるため，古くから生産設備の合理化及び原材料コストの低減に努めてきた。その一環として，多種多様な廃棄物を天然原料及び燃料の代替資源として使いこなすための技術開発を進め，近年においては，これまでセメント工場での使用が困難であった下水汚泥の処理も可能となった。

以下に，セメント工場での廃棄物（以降，リサイクル資源という）利用について代表的な事例を紹介すると共に，ゼロエミッション型社会構築のための手掛りを探ってみたい。

3　セメント製造の概要

3.1　セメント製造工程

セメントの一般的な製造工程は，図1に示すように原料工程，焼成工程，仕上工程の3つに大別される。

① 原料工程：石灰石（$CaCO_3$），粘土（SiO_2，Al_2O_3，Fe_2O_3），珪石（SiO_2），鉄原料（Fe_2O_3）を所定の化学成分となるよう調合し，乾燥及び粉砕を行う。

② 焼成工程：調合粉砕された原料を，石炭を主燃料とする焼成炉（キルン）で約1,450℃で焼成し，中間製品であるクリンカを生成する。

＊　Keiichi Usukura　太平洋セメント㈱　ゼロエミッション事業部　リサイクルグループ

第30章　下水汚泥その他産業廃棄物のセメント製造への利用

図1　セメント製造工程及びリサイクル資源の活用

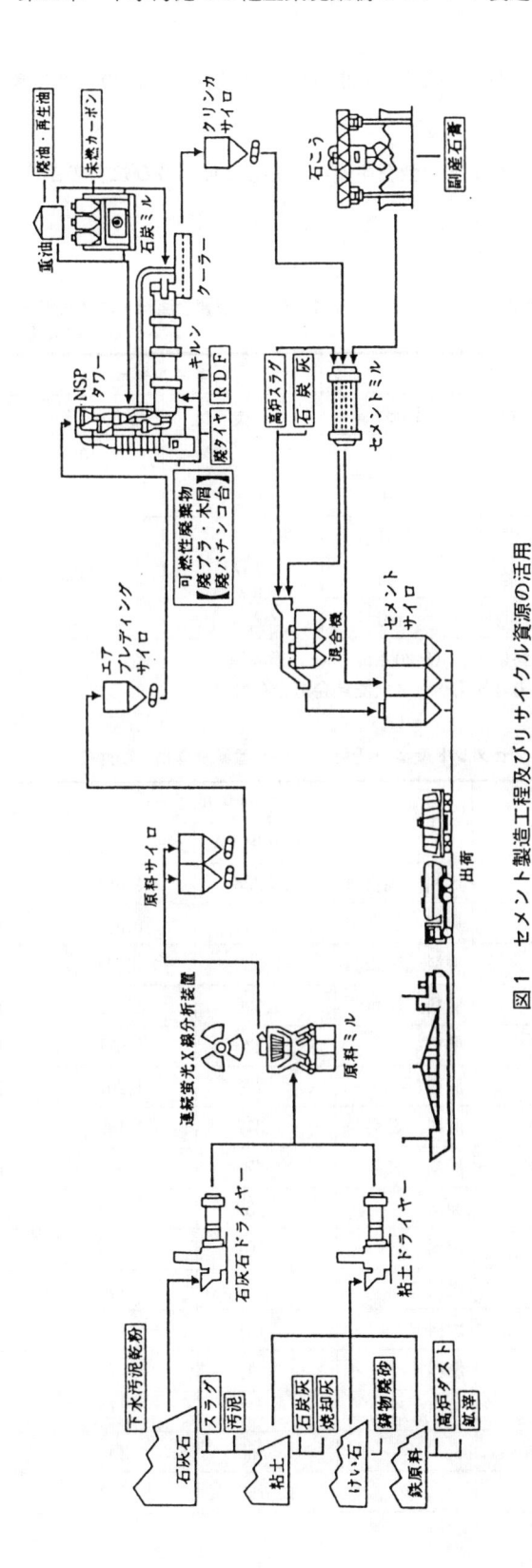

③ 仕上工程：クリンカに石膏（$C_aSO_4・2H_2O$）を加え，所定の粉末度に粉砕してセメントにする。

普通ポルトランドセメントを1トン製造するのに必要な原料及び燃料の割合は，表1に示すとおりである[1]。

表1 普通ポルトランドセメント1tあたり必要な原料・エネルギー
（1997年度）

原　料（kg）		エネルギー	
石　灰　石	1,088	石炭等の燃料（kg）	105
粘　　　土	216		
珪　　　石	70		
鉄原料他	31	電力（kwh）	98
石　　　膏	35		
計	1,440		

注：1） 燃料は石炭（6,200kcal/kg）換算値
　　2） 電力は使用ベース（廃熱発電分も含む）

表2 セメント産業が活用している産業廃棄物・副産物

種　類	主な用途	使用量（千t）		(B)/(A) %
		1990年度（A）	1997年度（B）	
高炉スラグ	原料，混合材	12,228	12,684	103.7
石炭灰	原料，混合材	2,021	3,517	174.0
副産石膏	原料（添加材）	2,300	2,524	109.7
ボタ	原料，燃料	1,600	1,772	110.7
非鉄鉱滓	原料	1,233	1,671	135.5
製鋼スラグ	原料	779	1,207	155.0
汚泥・スラッジ	原料，燃料	312	1,189	381.5
未燃灰・ばいじん・ダスト	原料，燃料	478	543	113.6
鋳物砂	原料	169	542	321.8
廃タイヤ	燃料	101	258	255.7
再生油	燃料	0	159	—
廃油	燃料	141	117	82.9
廃白土	燃料	41	76	184.7
建設廃材	原料，燃料	6	49	791.0
その他	—	355	292	82.4
合　計	—	21,763	26,600	122.2

第30章　下水汚泥その他産業廃棄物のセメント製造への利用

3.2　リサイクル資源の活用状況

セメント産業におけるリサイクル資源の活用状況を表2に示す[1]。リサイクル資源の使用量は年間約2400万トンであり，この量はセメント用原燃料の約20%に及ぶものである。

リサイクル資源の活用方法は，前記の図1にあるように原料工程ではスラグ，石炭灰，汚泥焼却灰，焼成工程では廃タイヤ，廃油，廃プラ類，仕上工程では副産石膏等，各リサイクル資源の性状や成分等により使い分けている（図2～4）。

セメント工場におけるリサイクル資源の活用には，次のような特徴がある。

① 大量生産であるため，多量のリサイクル資源が活用できる。
② 二次廃棄物が発生しない。
③ 高温焼成によりほとんどの有害成分が無公害処理される。
④ 最終製品であるセメントは販路が確立されており，永続的である。

ここで，リサイクル資源の活用を促進するためのしくみの一例として，電力会社とセメント会社の関係を紹介する。図5のとおり，石炭火力発電所では石炭を燃焼することにより，燃え殻（石炭灰）が発生する。また，排煙脱硫材としては石灰（炭酸カルシウム等）を使用し，副産物

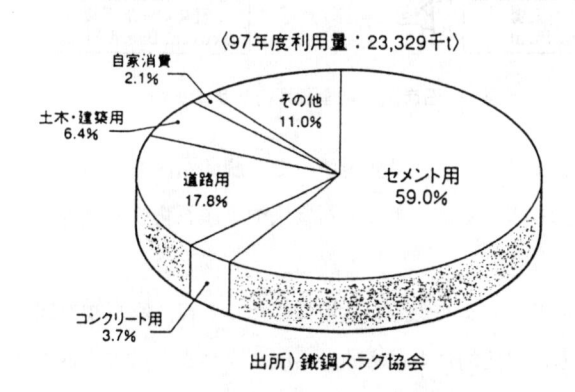

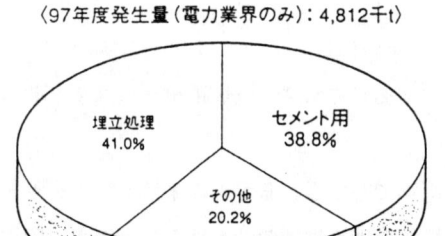

図2　高炉スラグの利用状況

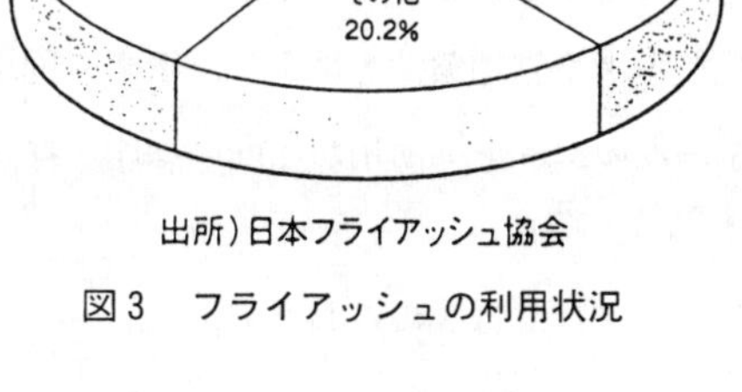

図3　フライアッシュの利用状況

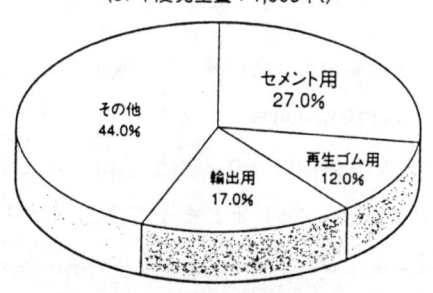

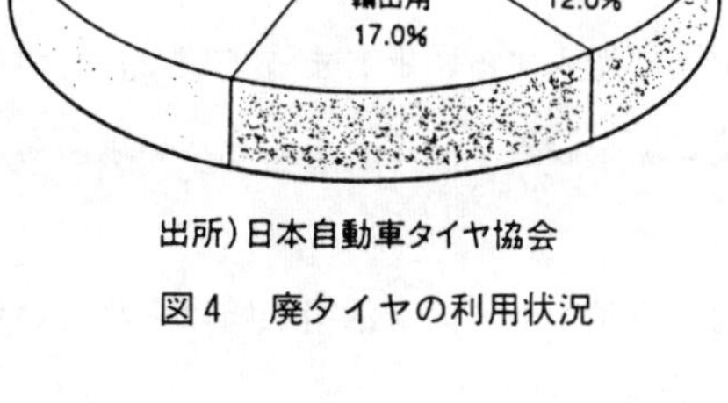

図4　廃タイヤの利用状況

第3編　再資源化システムの実例

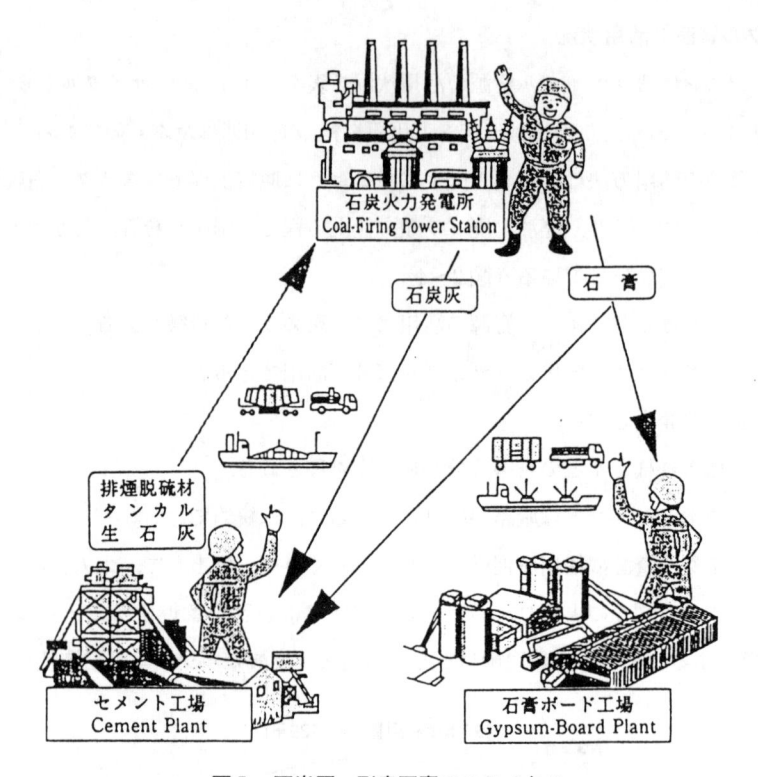

図5　石炭灰・副産石膏のリサイクル

として脱硫石膏が生じる。セメント会社は発電所へこの脱硫石灰を供給し，一方では石炭灰と石膏を引き取るものである。このしくみにより，石炭灰や副産石膏のリサイクルは急速に推進され，現在に至っている。

なお，セメント工場でのリサイクル資源の活用に当たっては，廃棄物処理法はもちろんのこと，その他の環境規制を厳守し，品質的にも経済的にも成り立つようなしくみにより，恒久的な処理（有効利用）を実施してきている。

4　下水汚泥のセメント資源化

下水道整備の進捗に伴い，下水汚泥の発生量は年々増加しており，乾燥重量ベースで年間186万トン（1997年度統計）である[2]。

一般的な処理処分の形態は，脱水汚泥または焼却灰等で搬出されるが，従来は焼却灰をセメント工場で受入するにとどまっていた。しかし，小規模処理場や立地条件等により，下水処理場内に焼却炉を設置することができない場合も多く，脱水汚泥のセメント活用が当面の課題となっていた。

脱水汚泥のセメント活用が妨げられていた要因として，主な点は次のとおりである。

第30章　下水汚泥その他産業廃棄物のセメント製造への利用

① 臭気飛散による工場周辺及び場内作業環境の悪化。
② 約80％余りの水分混入によるセメント生産量の低下。
これらをクリアする方法として，次の2種の技術を開発した。

4.1 添加剤混合方式

本方式は，1992年度「建設省新技術活用モデル事業」に指定されたもので，図6にその概念図を示す。下水処理場にて脱水汚泥に添加剤（主成分：CaO）を加え，混合・熟成処理することにより消臭滅菌された乾燥粉末を生成し，この粉末を圧送車でセメント工場へ搬入し，石灰石代替原料として利用するものである。また，経済的に実施するために，乾燥機を併用することも可能で，汚泥の水分量に応じて添加剤混合比率が設定できる。更に，セメント会社が供給する添加剤運搬車両の復荷でこの乾燥粉末を運搬することにより，運搬費の低減が可能となる。

なお，本方式は比較的大規模な処理場で焼却炉の設置できない場合に適した方式である。

4.2 密閉コンテナ方式

本方式は，下水処理場で発生する脱水汚泥を，写真1に示す特殊密閉コンテナ車で運搬し，そ

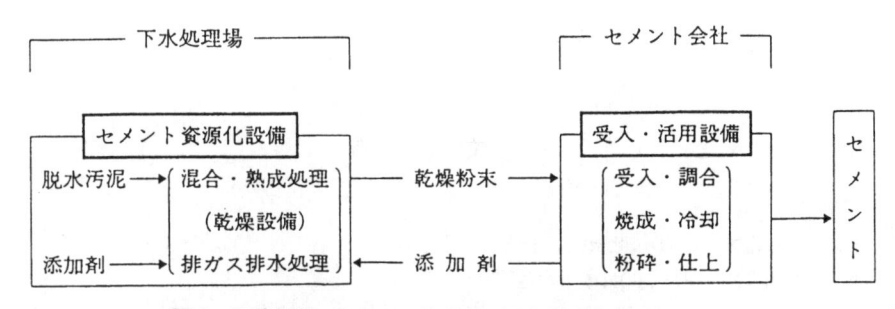

図6　下水汚泥のセメント資源化（添加材混合方式）

写真1　特殊密閉コンテナ車

のままセメント工場内の専用受入設備からセメント焼成炉へ投入するものである。

　密閉コンテナと車両部は脱着可能なため，比較的小規模な下水処理場でも対応でき，また，運搬過程，セメント工場周辺並びに工場内での臭気飛散の問題がクリアできる。

5　今後の課題と展望

　前述のとおり，セメント工場では大量のリサイクル資源を活用しているが，一方では，セメントの品質並びに製造工程への悪影響は避けなければならないものである。

　そのためには，搬入するリサイクル資源の成分や性状が安定していることが前提であり，排出元においてある程度品質管理されることが望ましい。

　また，排出元に対するセメント資源化技術の提案に加え，セメント工場内での前処理技術（有害成分等の除去技術など）の開発に注力しており，セメント焼成炉を最大限活用できるよう推進しているところである。

6　問い合わせ先

　太平洋セメント㈱　ゼロエミッション事業部　リサイクルグループ
　電話：03-5214-1650

文　　献

1）　セメントの常識（2000）：㈳セメント協会
2）　再生と利用（NO. 87）：㈳日本下水道協会

第31章　廃車からの回収部品再利用
－中古部品「ニッサングリーンパーツ」
－日産自動車㈱－

斉藤和紀*

1　概要

解体リサイクル実証工場で取り外した部品の調達・供給を通じて，リユース促進のための中古部品販売事業のノウハウ・市場データの蓄積，品質管理の研究に取り組み，1999年4月より既存解体事業者から部品を調達，北海道・東北地区を皮切りに販売エリアを拡大，2000年10月までに全国8地区の展開を完了した。

2　年間500万台が廃車に

現在日本国内で発生する廃車は年間約500万台にのぼり，最終処分場の逼迫や限りある資源の有効利用の観点から，さらには処分費高騰による不法投棄の増大等から，その処理が大きな問題となってきた（図1）。

それを受け通産省は廃車のリサイクル，適正処理をより一層促進するために，1997年5月に

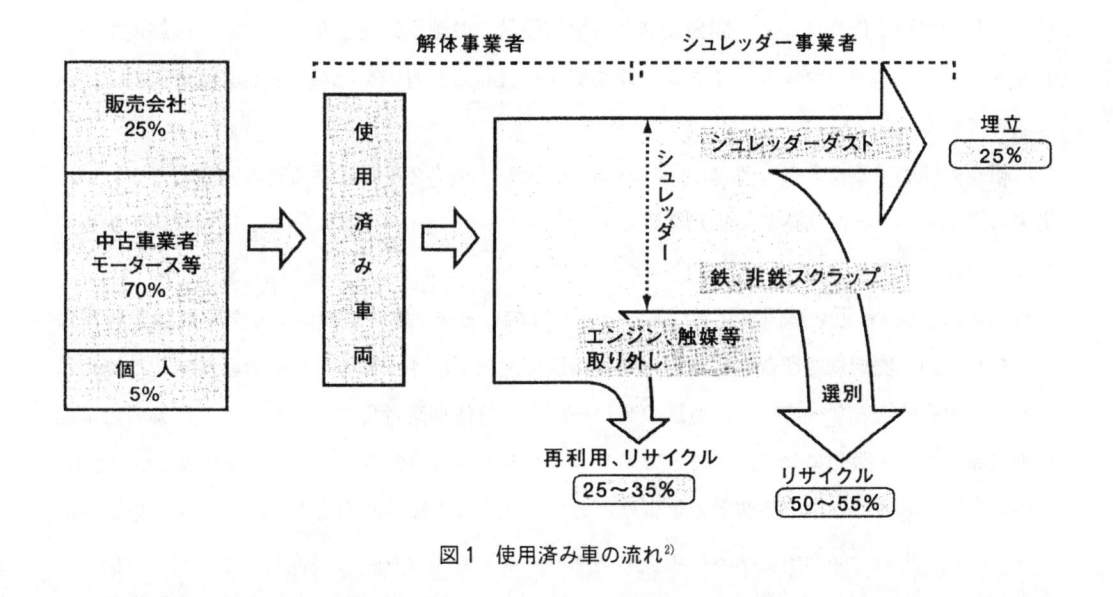

図1　使用済み車の流れ[2]

---

*　Kazunori Saito　日産自動車㈱　リサイクル推進室　主管

第3編　再資源化システムの実例

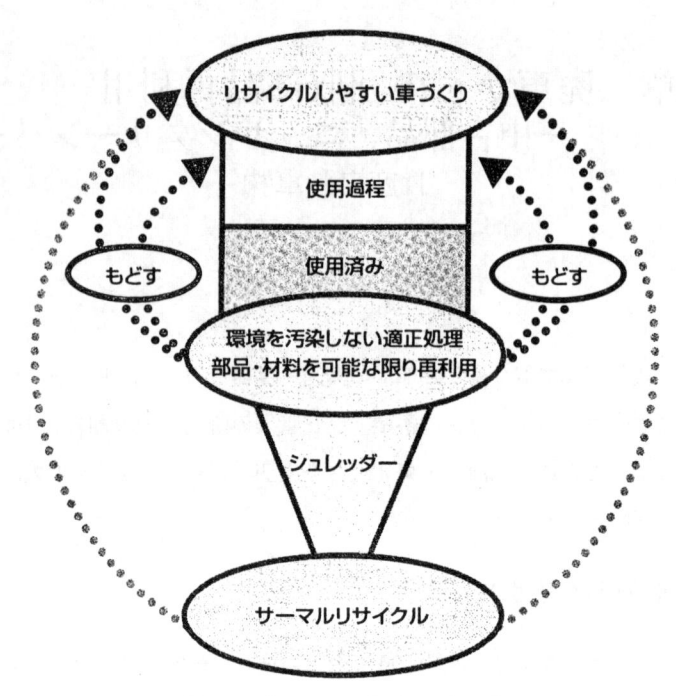

図2　日産のリサイクルの取組み[2]

「使用済み自動車リサイクルイニシアティブ」を策定し関連事業者の役割を明確化，積極かつ具体的な対応を求めている。日産自動車は「自主行動計画」を発表，従来からの設計段階でのリサイクルしやすい車作りに加え，開発段階から解体段階での適正処理とリサイクル，最終的なシュレッダーダストのサーマルリサイクル処理まで「一貫した」対応を行うことが必要と判断し，取り組んでいる（図2）。

取組みを開始するにあたっては，国内外約300社のリサイクル関連事業者の実態調査を行い，従来自動車メーカーが躊躇してきた業界とのコミュニケーション作りに努め，情報収集・分析をした。

日本には5,000社近い解体事業者があると言われているが，零細規模が多く全国的な業界組織が存在しない。廃棄物処理費の高騰や，鉄・非鉄市況低下に伴う解体事業者の収益悪化は廃車適正処理の阻害要因となっている。意識の高い一部有力解体事業者及びシュレッダー事業者は業態を中古部品取り・販売にシフトしてきており，オンラインの全国ネットワークを構築しつつある。しかし，彼らの多くは中小事業者の集まりであり，有力な告知手段を持たず，ユーザー認知が進まないため，中古部品利用は欧米に比べ低水準にとどまっている。

これらのことから，シュレッダーダストを削減し，かつ環境汚染を防ぐためには，解体段階で有害物質を適正に処理し，部品をできるだけ取り外し有効に再利用することが重要と判断し，解

第31章 廃車からの回収部品再利用－中古部品「ニッサングリーンパーツ」

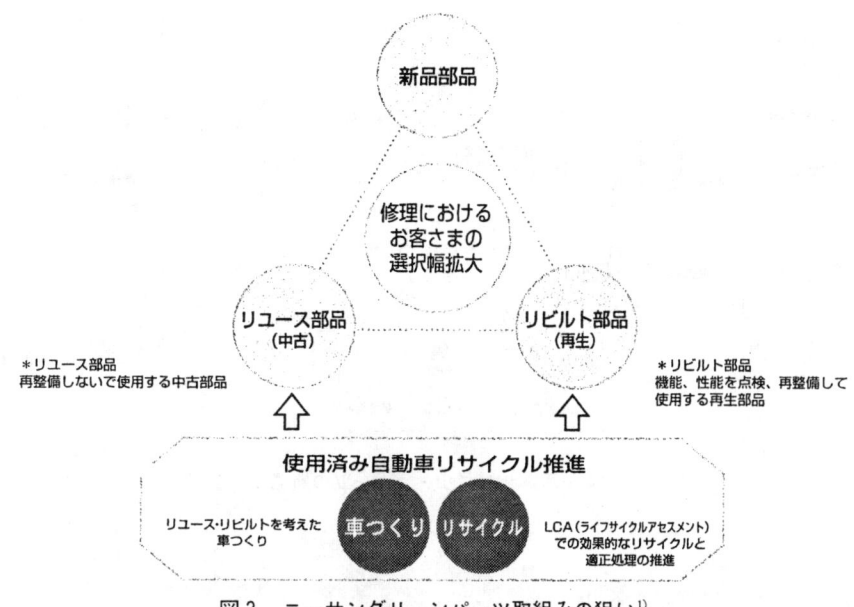

図3 ニッサングリーンパーツ取組みの狙い[1]

体と中古部品の取組みに的を絞り1997年10月横浜市金沢区に解体リサイクル実証工場と中古部品アンテナショップを開設した。

3 とことん使って安く修理する

アンテナショップで検証していくうえでもう一つ着目したのは「安い修理」である。最近では自分の車の生涯コストを重視するお客様が増え，修理費についても「何年も乗っている車には新品でなくとも信頼できるもっと安い部品が欲しい」という声が徐々に強くなってきた。こうした要望にこたえて修理時の選択幅を広げることはお客様の満足を高めるだけでなく，リサイクル推進にも貢献する大切なサービスであると考えている（図3）。

4 グリーンパーツの仕組みと特徴

アンテナショップでの検証結果を総合的に判断し，そのノウハウを活かして，1999年4月より商標名『ニッサングリーンパーツ』として，札幌・秋田・神奈川の3地域を皮切りに供給を開始した。

4.1 流通（図4）

中古部品の流通は図4の通りだが，ざっと述べると，以下のようになる。

当社の販売会社から排出される廃車を取り扱い，かつ適正に処理できる地域の解体事業者に部

第3編　再資源化システムの実例

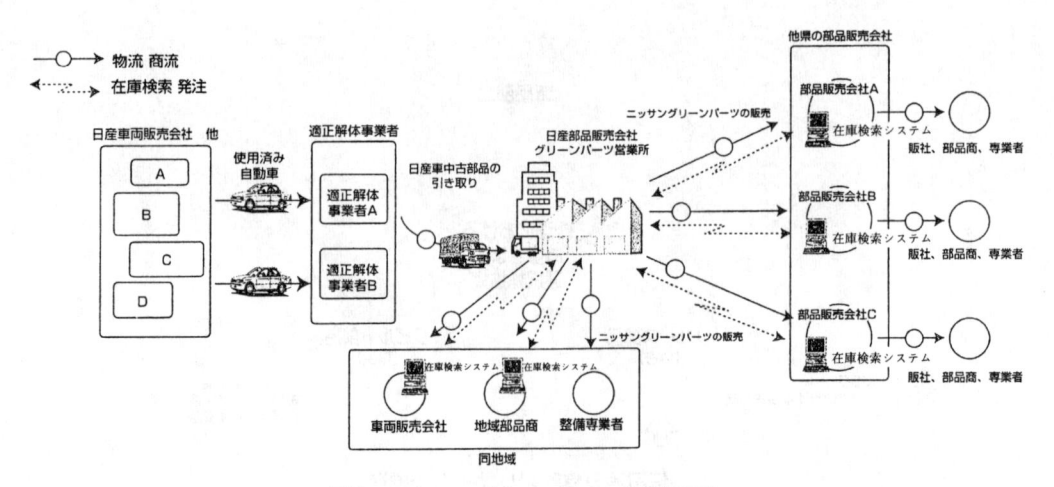

図4　ニッサングリーンパーツの流通図[1]

品を取り外してもらい回収する。

　取り外しにあたっては当社が設定した作業手引書に基づいて行ってもらう。この作業手引書は，まず当社が作成後，実際に解体事業者に実践してもらってフィードバックを受けたものを作成しなおして，それを使用している。手引書通りに外された部品は各地域の日産の部品販売会社（以下部販）が買い取り，商品化したうえで在庫，販売会社や，整備事業者の方々に提供する。

4.2　特徴点

　アンテナショップでの検証結果に基づく，製造メーカーならではのノウハウを活かした特徴としては大きく次の4点に集約される。

- イニシアルコストの抑制とユーザーの利便性を図るため，新品部品と同様，部品番号管理とし，日産純正部品（新品）の商・物流システムにそのまま乗せた。同部位は同番号とし新品か中古かの識別は10桁中上三桁の数字をそのままアルファベット化する（1→A，2→Bなど）ことで行う。このため，従来恒常化していた送り間違いのリスクを撲滅した。さらに，もう2桁を加え11桁目を品質レベル（1〜3でレベル表示），12桁目を塗色（1〜9で色を表示）に使うことで，中古部品特有の商品情報の問題も解決している。
- 修理時の中古部品不足分を，純正新品や第2ブランドで補充，一括配送が可能となった（従来のように中古部品と不足分の新品を2個所に発注しなくて済むようにした）。
- 日産圏内のイントラネットを活用した在庫照会システムで全国36部販で互いに在庫検索ができ，自社で保有していなくても他部販からの取り寄せができる。これにより，横方向の物流を活発にするとともに，従来のネットワークと異なる定価制とあわせ，需要拡大を図って

第31章　廃車からの回収部品再利用－中古部品「ニッサングリーンパーツ」

受入
「品質基準書」に基づいて部品取りされたかを確認する。

洗浄と品質チェック
洗浄後、キズの度合いを確認し、品質レベルを決める。

包装と保管
ビニール包装後、保管する。保管場所はコンピュータ管理されており、必要な部品がどこにあるか、瞬時にわかる。

エンジンテスター
エンジンは出荷時に作動確認して出荷する。オートマチックミッション・テスターも開発中。

梱包・出荷
ダメージを受けないように梱包し、自社配送便で配送する。

写真　グリーンパーツとして販売されるまでの流れ[2]

いる。
- 工場ゼロエミッション化の取組みの一環として，従来廃却していた生産ライン仕損品の一部を中古部品として商品化，供給している。

4.3　取扱い車種
日産車の量産車種全て。

4.4　取扱い商品
［外装部品］
フード，フロント・リヤフェンダー，フロント・リヤバンパー，ラジエーターグリル，ヘッドランプ，ドア，など15品目。

[足回り部品]

フロント・リヤショックアブソーバーなど4品目。

[機能部品]

ミッション,ラジエーター,スターターモーターなど13品目。

[エンジン類]

4.5 価格

純正新品価格を100とした場合の標準例を以下に示す。

[外装部品]

品　質	現行車	1世代前	2世代前以上
レベル1	50	40	30
レベル2	45	35	20

[足回り,機能部品,エンジン類]

品　質	現行車	1世代前	2世代前以上
レベル1	40	30	20
レベル2	35	25	13

4.6 品質基準(取り外し基準)の一例[3]

[車両段階]

機能部品は走行距離8万km以下,かつ車載状態で作動すること。

[部品取り時]

・傷,漏れなどの外観確認上問題がないこと。

・配管,配線類の処理及び防錆などの後処理を行うこと。

[出荷時]

・エンジンは出荷時にテスター(自社開発)で作動を再確認すること。

4.7 品質保証

対象商品	保証内容
エンジン	3カ月
A/T（コンバーター付）M/Tミッション	1カ月
その他	なし

5 循環型社会に向かって

　部品事業という側面から見れば，中古部品事業というのは極めて非効率なものである。そもそも中古部品は生産できないものであるうえに，車種，年式，グレード，車体・内装色などがユーザーの要求通りそろわなくてはならない分需要をカバーしきれず，現在でもオーダーに20％答えられればいい方だと言われている。逆に，在庫すれば将来必ず売れるというものでもない。その意味でも供給力強化は至上命題である（但し，ここでいう供給力とは，必ずしも量のことではなく「品質」や「品揃えのバリエーション」を言う）。しかし，中古部品ネットワークが群雄割拠する中，部品部位の名称統一から始まって，品質基準の統一など課題は山積である。幸いにも，最近では，産業構造審議会での論議などでも，エネルギー消費の少ないリユースが注目され，通産省，運輸省をはじめとする関係省庁も，リユースに対する支援の動きを強めている。この追い風とともに，自動車メーカーとしての取組みが，市場拡大の一助になればと考えている。

6 問い合わせ先

日産自動車㈱　リサイクル推進室
電話：03-5565-2294

文　　献

1) 自動車リサイクルの取組み　自主行動計画
　　日産自動車広報資料（1999年9月）
2) 金沢リサイクル工場　ご案内
　　工場見学用パンフレット（1999年5月改訂版）
3) ニッサングリーンパーツ取り外しの手引き及び納入荷姿手引き抜粋版（1999年4月）

第32章　廃塗料リサイクルシステム
— 関西ペイント㈱ —

柳下洋昌*

1　はじめに

　当社は、塗料の開発・生産から使用（塗装）・廃棄に至る全過程を視野に入れ、地球環境との調和を図るため、環境・安全・健康に関する自主的な活動「レスポンシブル・ケア」を1995年より全社で推進している。

　また、その活動を国際的にも確かなものとするため、ISO14001の認証取得を1998年より各工場単位で順次進め、2000年9月をもって鹿沼、平塚、小野、尼崎、名古屋の5工場全てが認証取得工場となった。

　廃棄物問題は、これらの活動の中で有効資源の再利用・環境負荷の抑止として大きく取り上げられ、特に廃塗料については溶剤と固形分に分離・回収できる装置の開発が強く望まれていた。

　当社が開発した「廃塗料リサイクルシステム」は、廃塗料を高温・真空（200℃、6.7kPa；50mmHg）状態にある真空蒸留機の中に少しずつ送り込み、全ての溶剤分を一瞬にして気化させ、凝縮器により低・高沸点に分離・回収すると共に、固形分は混練・押出し機構により、排出回収する工程を連続して処理できるものである。

2　従来の廃塗料処理方法と問題点

2.1　廃塗料・廃溶剤の法律上の分類と適正処分方法

　表1に、「廃棄物の処理および清掃に関する法律（廃棄物処理法）」で規定される廃塗料・廃溶

表1　廃塗料の法律上の分類と適正処分方法

廃塗料廃棄状態	液状（現行）	乾燥・固化
法律上の取扱い	廃　油	廃プラスチック
中　間　処　分	焼　却	不　要
最終処分方法	管理型（遮蔽型）埋立て処分	安定型埋立て処分
環境への影響	環境影響　大 CO_2、ばいじん、燃え殻	環境影響　小

---

*　Hiromasa Yanagishita　関西ペイント㈱　品質・環境本部　環境・安全部長

第32章　廃塗料リサイクルシステム

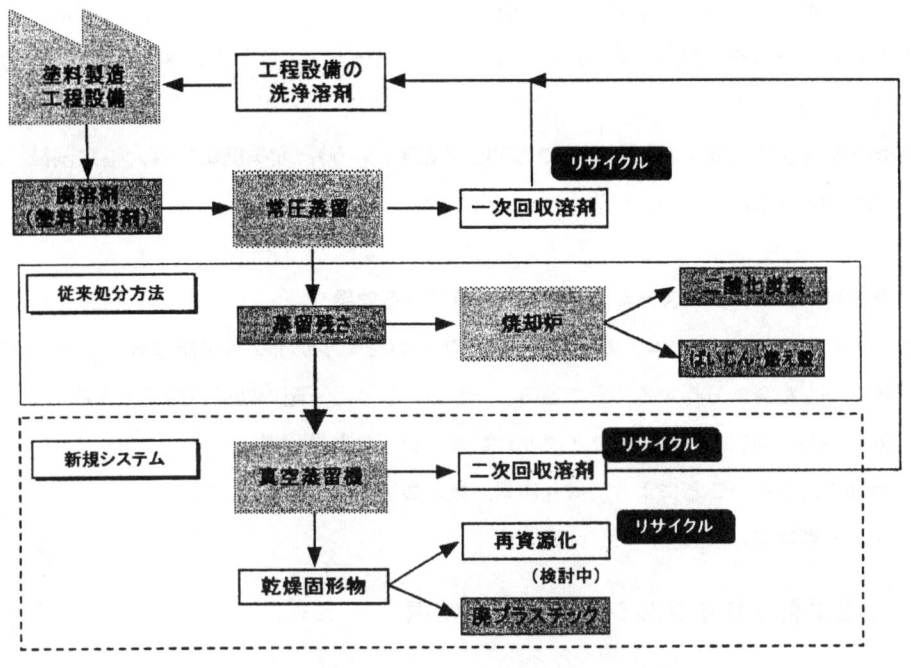

図1　廃塗料リサイクルシステムのフロー図

剤の分類と処分方法を示した。

　液状の廃塗料・廃溶剤は「廃油」に分類される。その処分方法は，中間処分として主に焼却を行い，残った燃え殻を埋立て処分する。燃え殻中の有害物（重金属など）の有無により，規制値以下であれば管理型埋立て場へ，規制値を超える場合には遮蔽型埋立て場への最終処分が必要である。

2.2　廃塗料（蒸留残液）発生工程と排出量

　本稿では，廃塗料・廃溶剤（廃シンナー）・廃蒸留残液を総称して以下「廃塗料」と呼ぶこととする。

　図1に，塗料工場における≪廃塗料リサイクルシステム≫のフローを示した。塗料工場から排出される廃塗料は，主に塗料製造設備の色・品種変更時の洗浄廃溶剤として発生し，樹脂・顔料を含んでいる。この洗浄廃溶剤は，従来から常圧蒸留装置で溶剤分を回収し，洗浄用溶剤として再使用していた（本稿で一次回収溶剤という）。

　しかし，樹脂分を含む廃洗浄溶剤は，蒸留による固形分濃度の上昇に伴い増粘し，粘着性が強くなる。更に濃縮していくとゲル状物となり，装置の運転ができなくなると共に，装置からの蒸留残液の排出が困難となる。そのため，完全に溶剤分を回収できず固形分濃度40％程度の蒸留

残液を廃油（廃塗料）として業者に処分委託していた。

60％程度の溶剤分を含有している廃塗料は，従来の処分方法では，その溶剤分を焼却処分していたことになる。

この溶剤分を全量回収すれば（本稿で二次回収溶剤という），産業廃棄物の大幅な削減と，資源の有効利用となる。

2.3 「廃塗料リサイクルシステム」の目的と期待される効果

「廃塗料リサイクルシステム」の開発目的は，廃塗料を≪リサイクル可能な溶剤≫と，≪再資源化可能な固形物≫に分離することである。本装置により，下記の効果が期待できる。
① 回収溶剤，回収固形物のリサイクル化による資源の有効利用。
② 焼却を行わないことによる二酸化炭素，燃え殻等の発生防止。
③ 産業廃棄物量の削減。

3 「廃塗料リサイクルシステム」の特徴

3.1 「廃塗料リサイクルシステム」の概要

図2に，「廃塗料リサイクルシステム」の概念図を示した。原料である廃塗料をポンプで真空蒸留機に送り込み，揮発した溶剤は凝縮器で回収され，乾燥した固形物は排出器からコンテナへ

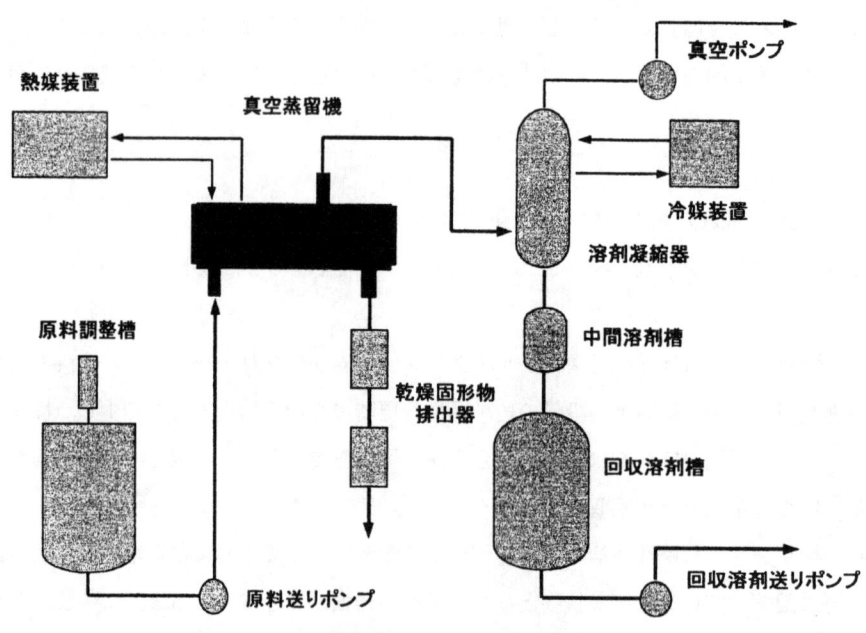

図2 廃塗料リサイクル装置概略図

落される仕組みとした。本装置を設計する上で，必要とされた条件は，次の通りである。
① 高温・真空蒸留：乾燥過程で半固形状になった廃塗料からの高沸点溶剤の蒸発を，効率良く行う。
② 真空蒸留機内部の付着物除去機能：伝熱面への粘着物の付着防止により，蒸発効率の維持と装置内閉塞の防止を図る。
③ 固形物の粉砕・送り出し機構：固形物を排出するとき，配管内やバルブ内での閉塞を防止する。
④ 連続排出機構：真空蒸留装置内の真空を保ったまま，溶剤と固形物のそれぞれを連続的に系外へ排出する（運転効率のアップ・運転エネルギーの抑制）。
⑤ 低沸点・高沸点溶剤の分離・回収：回収した溶剤のリサイクル用途先を容易にする。
⑥ 自動・無人運転
⑦ 安全装置

上記性能を満足させるために，各種設備の検討を行った。以下にその特徴を説明する。

3.2 連続式真空蒸留機の選定

廃塗料を溶剤と固形物に分離する真空蒸留機は，本装置の心臓部であり，薄膜蒸留機などの数種類の小型実験装置で，性能を比較した。

その結果，最終的に，伝熱面への付着を防止できる混練押出し機構を有する機種を採用した。その特徴は以下の通りである。

① 密閉されたケーシングに，混練・押出し翼が水平に配置されている。
② ケーシング外面のジャケットと，翼軸内部に熱媒が通り，接液部全体が伝熱面となって処理液を加熱・乾燥させる。
③ 加熱は，熱媒オイルを使用して200℃まで可能。
④ 翼回転によって，付着物を削り落すとともに，排出口側へ送り出し，伝熱面の付着・堆積を防ぐ。
⑤ 乾燥した固形物は，排出口へ送られる過程で数mm～数cmに粉砕されて排出される。

3.3 溶剤・固形物の連続排出方法

溶剤・固形物の排出は，真空蒸留機の出口に圧力を調整する部分を設け，内部を真空に保持したまま外部へ取り出せるように工夫を行った。

3.4 低沸点溶剤と高沸点溶剤の分離・回収

溶剤蒸気の凝縮を，2段階で行うこととした。即ち，凝縮器を複数備え，冷却温度に差をつけて，1段目で高沸点溶剤を，2段目で低沸点溶剤を回収することとした。

3.5 自動・無人運転時の安全対策

自動・無人運転を可能とするための安全対策として，非常停止装置を備え，このとき同時に装置内部に不活性ガス（窒素ガス）が自動封入され，高温の廃塗料に直接酸素との接触を封じ，万が一にも火災の発生がないようにした。

4 「廃塗料リサイクルシステム」の建設と試運転結果

「廃塗料リサイクルシステム」は，1999年3月に，当社の尼崎工場に竣工した。真空蒸留機の処理能力は125kg/hである。

また，本設備は関西ペイントと栗本鉄工所，および岩谷産業とで共同開発した塗料業界として初の設備である。

4.1 試運転結果

表2に，試運転結果を示した。処理量は100～125kg/h，得られた固形分の加熱残分は最高で99.7%と，ほぼ計画通りの性能であった。

4.2 二次回収溶剤の組成

図3に，回収溶剤中の高沸点溶剤の比率を示した。このデータは，沸点150℃を境界として高沸点・低沸点の分別を試みた結果である。

この分別回収により，低沸点溶剤は一次回収溶剤と同じ設備の洗浄用に使用し，溶解力の低い

表2　試運転結果

項　　目		設計能力	試運転実績
加 熱 温 度	℃	200	200
真 空 度	kPa mmHg	6.7 50	6.7 50
原料加熱残分	%	30～40	35～42
原 料 処 理 量	kg/h	125	100～125
固形物加熱残分	%	99	98.6～99.7

第32章 廃塗料リサイクルシステム

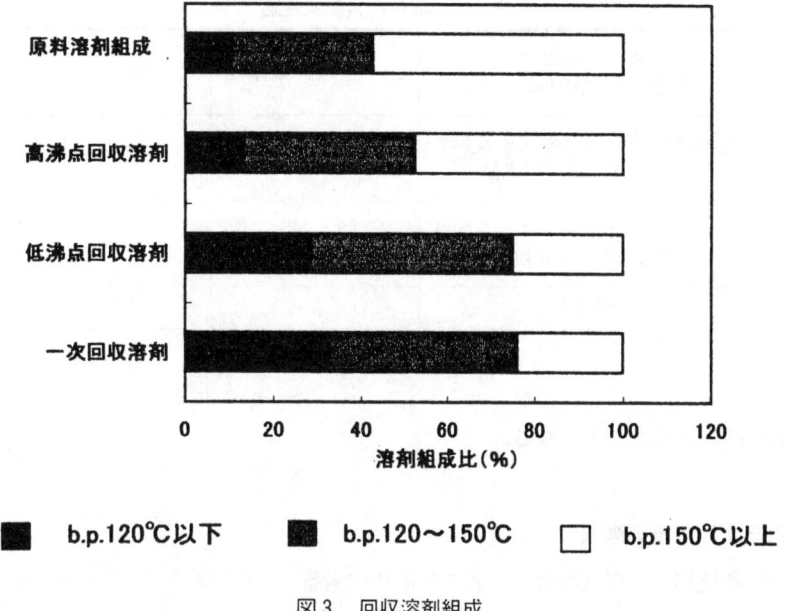

図3 回収溶剤組成

高沸点溶剤はターペン系塗料設備の洗浄に使用するなど，用途別のリサイクルが可能である。

4.3 固形物の性状と廃棄処分方法

試運転結果で得られた固形物の油分測定と，溶出試験結果を表3に示した。

この結果から，産業廃棄物としては，中間処分の焼却が不要となる。また，重金属の水溶出性も規制値以内であり，管理型処分場への埋立てが可能である。

表3 回収固形物の組成

項目	顔料・樹脂 比率		油分(%)	水溶出試験(ppm)	
	顔料	樹脂		Cr (VI)	Pb
測定値	42	58	2.7	不検出	0.03〜0.09
備考	二酸化チタン 炭酸カルシウム 等	アルキド メラミン 等	ソックスレー抽出 (n-ヘキサン)	(規制値) 1.5	(規制値) 0.3

5 「廃塗料リサイクルシステム」の効果

5.1 廃棄物量の削減

「廃塗料リサイクルシステム」により，廃塗料から回収された溶剤は，リサイクル可能であるため，廃棄物は固形物のみとなる。廃塗料の固形分濃度は約40%であり，従って廃塗料の廃棄

表4　二酸化炭素削減効果

廃塗料焼却で発生する二酸化炭素量	kg-C／kg-廃塗料	0.74
『廃塗料リサイクルシステム』で発生する二酸化炭素量	kg-C／kg-廃塗料	0.04
『廃塗料リサイクルシステム』で削減された二酸化炭素量	kg-C／kg-廃塗料	0.70
削減率	％	94.6

量はほぼ60％削減されることになる。

5.2　二酸化炭素排出量の削減

廃塗料1kgを焼却した場合に排出される二酸化炭素量と，「廃塗料リサイクルシステム」の運転で排出される二酸化炭素量を表4に示した。

従来の発生量は，廃塗料中の溶剤分をトルエン，樹脂分を灯油の燃焼に換算し，「廃塗料リサイクルシステム」からの発生量は，処理能力125kg/hで運転したときのエネルギー（電気・都市ガス）から算出した。

その結果，「廃塗料リサイクルシステム」の運転で排出される二酸化炭素は，従来の焼却と比べ1/20となった。

1998年度の尼崎工場での廃塗料の廃棄量を上記の処理能力で処理した場合，尼崎工場全体で操業時使用しているエネルギー（電気・都市ガス等）に起因する二酸化炭素排出量の約1/4相当量が抑制されることになる。

6　おわりに

塗料製造業からの廃棄物の種類は数多くあるが，当社で年間2000トンを占める廃塗料についてみれば削減に向けての展望が開けたことは事実である。当社の今後の進め方について以下紹介する。

6.1　「廃塗料リサイクルシステム」の建設

今後，逐次同様な設備を増設し，全工場で発生する廃塗料のリサイクルシステムを完成させる予定である。

第32章　廃塗料リサイクルシステム

6.2 固形物の有効利用の検討

固形物は，現在のところ廃棄（埋立て処理）を行っているが，再資源化について下記の活用方法を検討中である。

① 塗料用としての利用：固形物を数 mm に粗粉砕し，リシン用骨材の代替として使用する。また，微粉砕し体質顔料の一部代替として塗料中に混入する。

② 助燃材として再利用：RDF（Refuse Derived Fuel：廃棄物を用いた固形燃料）の原料として再利用。

③ マテリアルリサイクル：鉄鉱石のコークスに代わる還元剤として再利用。

以上のように，「廃塗料リサイクルシステム」を軸として，廃塗料の廃棄量を大幅に削減させることはもとより，他の産業廃棄物についても引き続き削減策の検討を進め，環境に配慮する塗料業界としてのイメージアップを図っていきたいと考えている。

7　問い合わせ先

関西ペイント㈱　生産技術部

電話：0463-23-4300

第33章 再資源化に適した着色ガラスびん
－ハイブリッドコートボトル－の開発
－キリンビール㈱－

白倉　昌*

1　概要

ハイブリッドコートボトルは，透明のガラスびんにゾルゲル法を応用した有機無機ハイブリッド材料による着色コーティングを施し，リサイクル時の熱により再び透明なガラス原料として再利用できるようにしたびんである。この技術によって，びんを色別に分別する手間もなくなり，ガラスびんの再資源化が容易となる。

2　緒言

ガラスびんは，使用後カレット（びん屑）として回収され，再溶融することで再度ガラス原料となりガラスびんが製造できる。このようにびんからびんへリサイクルが可能なことから，基本的にはきわめて再資源化に適した容器といえる。一般に，ガラスびんは紫外線カットやファッション性などその目的によって多彩に透明着色できるため，現在では全びんの約半数が着色びんである。着色は通常ニッケル，クロムなどの遷移金属イオンや，金属コロイドが使われるので再溶融しても無色のガラスに戻ることはない。このためガラスびんのリサイクルには色別に分別することが不可欠で，再資源化率向上のネックとなっている。分別作業は人手で行われ，回収業者がコストをかけて分別し，消費者にも廃棄するとき空びん分別の煩雑さを強いる。このように経費や手間がかかるため，本来なら再利用できる空びんが単なる不燃ごみとして扱われ，廃棄されてしまう場合も多い。その上，カレット需要自体も着色ガラスびん（緑，青など）は比較的少ない。分別収集されても再資源化のあてがなく，最近のワインブームも手伝って廃びんが山積みになってしまう問題も抱えている。

最近では混色カレットを使用するエコロジーボトルも生産されているが，分別が必要な着色びんが再度発生してしまうため最終的な解決とはいえない面もある。

図1に示すように，ここ2～3年のカレット使用量は年間140万トン強の横ばい状態である。ガラスびん生産量自体が減少しているため見かけのカレット使用率は伸びているが，今後さらにリサイクル率を向上するためには着色カレットの問題を避けることはできず，早急な解決が期待

---

* Akira Shirakura　キリンビール㈱　技術開発部　パッケージング研究所　部長代理

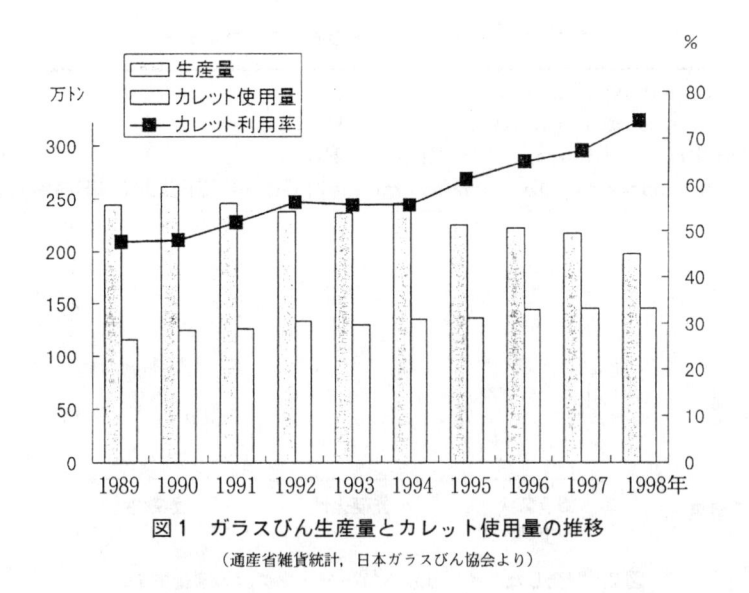

第33章 再資源化に適した着色ガラスびん－ハイブリッドコートボトル－の開発

図1 ガラスびん生産量とカレット使用量の推移
（通産省雑貨統計，日本ガラスびん協会より）

されている。

びんのリサイクル率を飛躍的に向上させることは，ガラス溶融時のエネルギー節減やガラス原料（ソーダ灰，石灰石などの炭酸塩）由来の炭酸ガス放出の削減に有効なだけでなく，毎年100万トン以上廃棄されるガラスびんの処理という社会問題の解決にも貢献できる。キリンビール㈱はガラスびんユーザーとして社会貢献の立場から，NEDO（新エネルギー・産業技術総合開発機構）の委託を受けて，透明びんと同様に処理できる分別不要の着色ガラスびんの開発に取り組んできた。その結果，カレットとして再溶融される時再び無色のガラスに戻ることで，透明びんと混在しても同様に処理できる着色びん（ハイブリッドコートボトル）を完成したので以下に紹介する[1]。

3 着色コーティング材料の概要

3.1 有機無機ハイブリッド材料の開発

ガラスびんのコーティングに従来から使われている有機ポリマーは，再溶融時に有害ガスの発生や炭素に由来する着色が生じることに加え，コーティング膜が軟らかく傷つきやすいなどガラスびん独特のクリヤーな風合いを保てない問題があった。

そこで，新しいコーティング用材料として，シリカなどの無機物と有機官能基が分子オーダーで結合している有機無機ハイブリッド材料を採用した。有機無機ハイブリッド材料の特長は，無機材料の硬さと有機材料のしなやかさを併せ持っていることであり，このため数μmの厚みを持つ膜を有機色素が耐えられる200～300℃程度の温度で，クラックの発生なしに1回のディッ

表1 ハイブリッドコートの原料アルコキシド

TMOS（tetramethoxysilane）：Si(OCH$_3$)$_4$
TTIP（titaniumtetraisopropoxyde）：Ti(Oiso C$_3$H$_7$)$_4$
VTES（viniltriethoxysilane）：CH$_2$=CHSi(OC$_2$H$_5$)$_3$
MOPS（γ-methacryloxypropyltriethoxysilane）：CH$_2$=C(CH$_3$)COOC$_3$H$_7$Si(OC$_2$H$_5$)$_3$

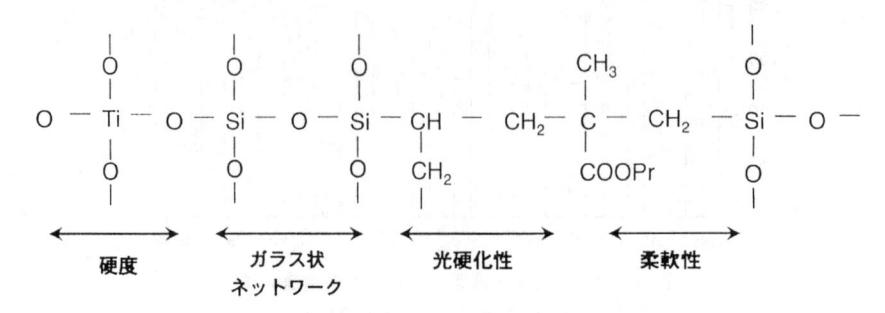

図2 開発したハイブリッドコーティング膜の構造モデル

ピングによりびん表面に形成できる[2〜4]。

　有機無機ハイブリッド材料を作製する際の一般的な手法である，シランカップリング剤その他の金属アルコキシドを原料として用いるゾルゲル法の技術を利用して，ビニル基，メタクリロキシ基などの重合性有機基を有するアルコキシシラン化合物とシリコン，チタンなどの金属アルコキシドを縮合してゾル状のコーティング液を開発した。原料としたアルコキシドを表1に示す。

　この液から得たハイブリッド膜は，光硬化性，応力緩和性，高硬度，無孔性などの特長を有している。このコーティング液のポットライフは非常に長く，密封状態であれば，常温下でも数カ月以上固化しない。

　各有機，無機構造とその分担する機能の関係の模式図を図2に示す。

3.2　最適有機顔料の選択および調整

　再溶融により無色に変わるためには，ガラス溶融時の高温下（1,000〜1,500℃）で燃焼・分解する有機色素の使用が不可欠である。また，有機色素はモル吸光係数が非常に大きいものが多く，数μm程度の薄膜コーティングであっても既存の着色ガラスびんと同様の色の濃さを得ることができる。有機色素には染料と顔料の2種類があり，一般に染料色素は耐光性に乏しく市場に流通している間に褪色する可能性がある。一方，顔料は耐光性，耐熱性に優れたものが多く，実用的な点からその使用が望ましい。顔料は緻密な微粒子であるので濁りのない透明な着色コーティングとするためには，顔料粒子を100nm以下程度の粒径まで粉砕し，さらにこれをコーティング溶液中において均一かつ安定に分散させて再凝集することのないようにする必要がある[5]。青

第33章 再資源化に適した着色ガラスびん－ハイブリッドコートボトル－の開発

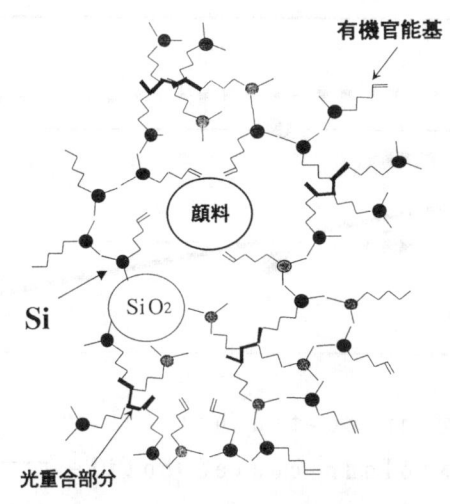

図3 ハイブリッド着色膜の構造
（光および熱硬化後）

写真1 ハイブリッドコートボトル

はフタロブルー系，黄色はアゾメチンイエロー系，赤はDPP（ジケトピロロピロール）系の顔料を採用したが，配合を変えれば希望色に着色できる。図3は，開発した着色コーティングガラスびんの表面構造を模式化したものである。

着色方法は，ガラスびんへ着色コーティングをディッピング法やスプレー法などで行い，その後紫外線硬化と加熱硬化（約200℃）を組み合わせるシンプルなもので，10分程度でハイブリッドコートボトルが完成する（写真1）。

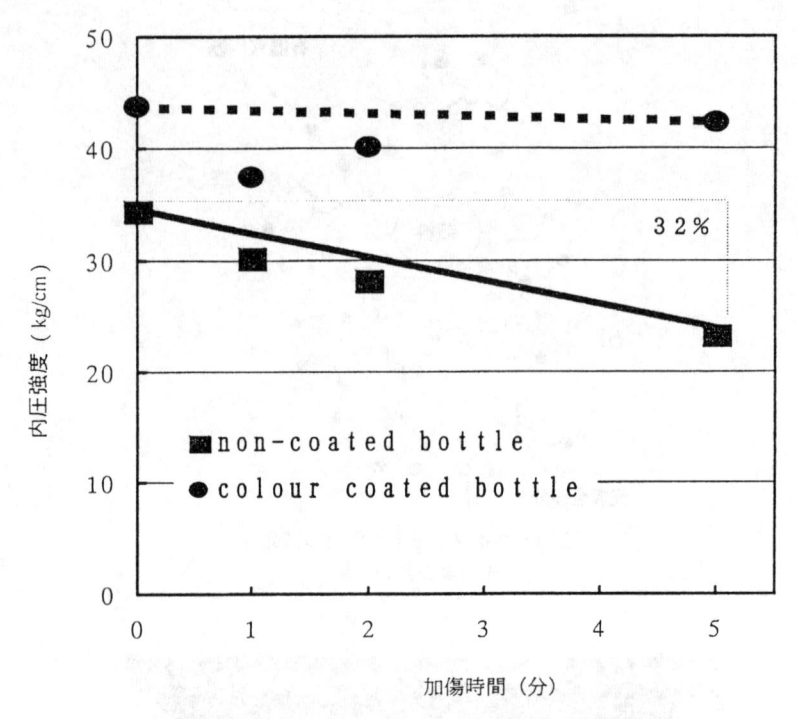

図4 加傷時間によるガラスびんの耐内圧強度の変化

4 ハイブリッドコートボトルの評価

　ハイブリッドコートボトルは，ガラス自体に着色したびんと同様な均一な着色と色の濃さがある。1〜5μmの膜厚範囲で均一なコーティングがされている。このコーティング膜は有機物の含有量が非常に少なく，再溶融によるリサイクルの障害とならない。加えて，自由な着色に対応できる十分な厚さもある。
　また，滑り付与剤を微量に添加したことで，一般のガラスびんに比べはるかに傷がつき難くなることが加傷試験の結果明らかになった。ガラス自体の傷つきに対して表面保護膜の役割を果たす結果，ガラスびんの耐衝撃強度や耐内圧強度も向上した。図4に示すように，開発した着色びんを実験的に加傷させた場合でも耐内圧強度の低下はほとんどみられず，ガラスびん軽量化の可能性がある。さらに，膜材料はシリカ主体のため熱アルカリ洗浄では剥離するが，通常の熱水への溶出試験では顔料他の成分の溶出は認められなかった。
　今回開発した着色ガラスびんの特長は以下のとおりである。
　① 何回再溶融しても着色しないため，びん廃棄時の色分別が不要となる。
　② 実用上十分な硬度と耐擦り傷性があり，ガラスびんの強度が約30％向上した。

第33章　再資源化に適した着色ガラスびん－ハイブリッドコートボトル－の開発

③　優れた透明性をもつ多彩で鮮明な色が得られたことで，ガラスびんの商品価値の向上が期待できる。

④　製造面では，ガラス溶解炉の色替が不要となるため，特に小ロットでのロスが減少できる。

5　展望と結言

ゾルゲル法を応用した着色ガラスびんの研究開発は，現在実用化の段階に入っている。高速コーティング技術の開発や，膜の耐久性もより向上し，製びん業界として実用生産体制確立に向けた努力がされている[6,7]。

着色コーティングびんが，当初の目的どおり再資源化推進・ごみ削減に貢献するためには，広く普及するだけでなく無色のガラスびんとして扱うためのマークや判別法（例えば，口部を着色しないなど）の制定，海外への展開も必要となってくるであろう。関係諸団体，行政，企業が協力して取り組むことがますます重要になってくるものと思われる。

6　問い合わせ先

キリンビール㈱　生産本部技術開発部　パッケージング研究所

電話：045-521-0072

文　献

1）白倉昌，セラミックス，34, 357-360 (1999)
2）H. Schmidt and H. Wolter, J. *Non-Cryst.Solids*, **121**, 428 (1990)
3）G. Philipp and H. Schmidt, J. *Non-Cryst.Solids*, **63**, 283 (1984)
4）坂上俊規，工業材料，**46**, 57 (1998)
5）R.B. McKey, *J. Oil. Colour. Chem. Assoc.*, No.1, 7 (1988)
6）中澄博行，ガラス製造技術講演会，日本セラミックス協会 (99.2.26)
7）キリンビール他，WO 98/51752

第34章　古紙100％の新聞用紙について
― 大王製紙㈱ ―

打越秀樹*

1　概要

　当社は，環境保全と経済性の両立という観点から，古紙の高度利用をコンセプトとし，当社が30年来蓄積してきた古紙利用技術と抄紙技術を駆使し，1998年6月に子会社である「いわき大王製紙」にて，業界で初めて古紙100％の新聞用紙を上市した。古紙100％の新聞用紙は，既に全国紙等多くの新聞社で採用され好評を得ている。

2　古紙100％の新聞用紙の開発について

2.1　工場の立地と環境問題への対応

　日本の製紙工場は，歴史的には，未開発の森林資源を求めて北海道や東北の内陸部に建設されてきた。しかし，1970年代には紙パルプ需要の拡大に伴い，国内の木材資源では賄いきれなくなり，また，価格競争力もある輸入原料を主体に使用するようになった。主原料である木材チップや重油等の原燃料が輸入品主体になったため，臨海工場が立地面で競争力の優位性を有してきた。

　しかし，近年の古紙利用技術の著しい進歩により，紙に古紙を高配合することが可能となり，木材チップを主原料とする臨海工場に加え，古紙を主原料とする製紙工場は，古紙の発生地である都市の近郊に立地することが可能となった。

　当社における新聞用紙の生産拠点である三島工場は，愛媛県伊予三島市に立地する臨海工場であるが，紙の大消費地である首都圏や近畿圏，北九州から製品輸送の帰り便を利用して古紙を海上輸送しており，輸送コストを抑え大量に利用することが可能である。また，1997年に設立した子会社の「いわき大王製紙」は，古紙の高度利用をコンセプトに，世界最大の紙の消費地であり古紙発生地でもある，首都圏から約180kmの距離にある，福島県いわき市に立地する都市型の工場である。1998年6月より，「いわき大王製紙」にて業界で初めて古紙100％の新聞用紙の生産を開始し，現在は三島工場でも生産している（図1）。

　古紙100％の新聞用紙の製造技術を確立したことにより，古紙の高度利用のみならず，社会問

　　＊　Hideki Uchikoshi　　大王製紙㈱　新聞用紙技術部　部長代理

第34章 古紙100％の新聞用紙について

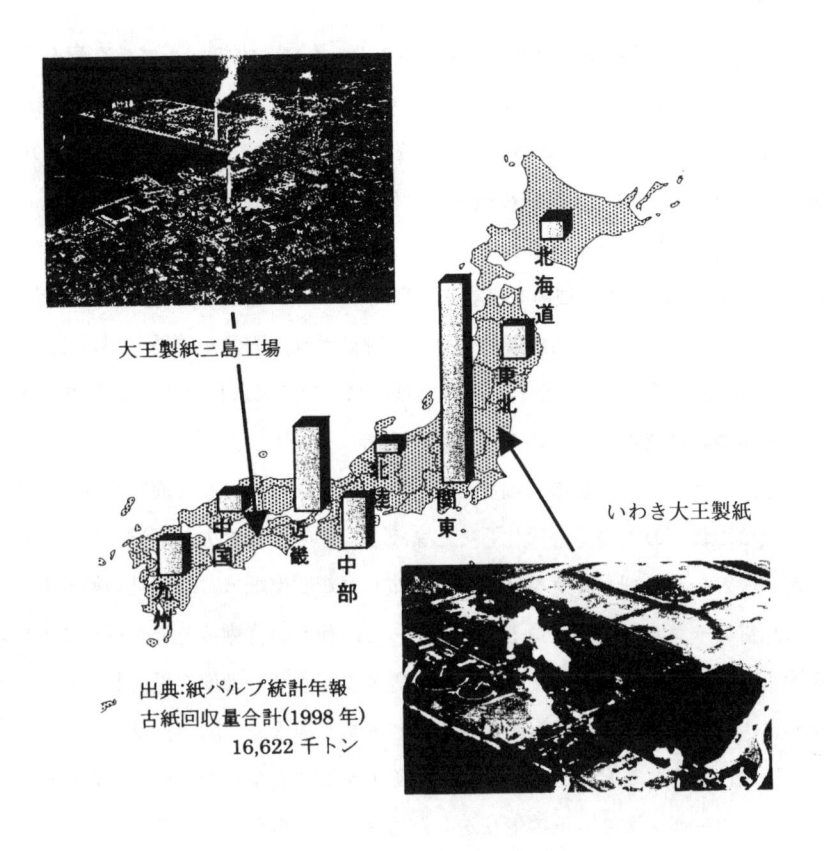

図1 古紙発生地別数量と当社新聞用紙の生産拠点

題になっている地球温暖化ガス（CO_2）の削減（古紙パルプ製造時の消費エネルギーは機械パルプの約1/6）による環境保護にも大きく貢献している。

また，工場で発生する廃棄物は様々な工程改善により低減を図っている。廃棄物は焼却設備で焼却し，熱エネルギーとして回収するとともに，その焼却灰をセメント原料として再利用する等により，環境負荷軽減を最大限追求したゼロエミッションに向けて取り組んでいる。

2.2 技術開発のポイント

新聞社の使命は読者に一刻も早く正確にニュースを提供することであり，そのためには，時間通りに印刷を終了し，販売店に遅延することなく新聞を配送しなければならない。したがって，印刷中の品質トラブルは作業性の低下につながり，結果として配送が遅れる原因になる。

また近年，新聞用紙はカラー化による輪転機での紙通しの複雑化，増頁，輪転機の高速化により印刷条件が厳しくなっているのに加え，用紙の軽量化が進み，用紙に対するユーザーの品質要求はますます厳しくなっている。

第3編 再資源化システムの実例

当社は1969年から古紙処理技術の研究を進めるとともに、古紙パルプを高配合した場合の品質上の問題点を解消するため、抄紙技術のノウハウを蓄積してきた。

従来、「古紙パルプは、バージンパルプに比較し低品質である」というイメージがあったが、30年来蓄積したノウハウに加え最新の技術と設備を導入することにより、木材チップから製造したパルプと遜色のない品質が得られるようになった。

古紙100％の新聞用紙の製造技術を確立し、1998年6月に上市したが、品質面だけでなく環境保護の観点からもユーザーである新聞社より高く評価され、需要が伸長している。

古紙100％の新聞用紙の品質を確立した主な技術については、以下のとおりである。

(1) ビニールや背糊（ホットメルト）の除去技術

古紙中には、ビニール・雑誌の背糊など、パルプにならない様々な異物が混入している。古紙を離解する際にこれらの異物が細片化してしまうと、その後の除去が困難になる。特に、粘着性のある異物が混入した古紙パルプを使用して生産した新聞用紙は、新聞社の輪転機で印刷する際に断紙等の品質トラブルの原因となる。したがって、種々の背糊の分析を行うことにより、溶解や異物を除去する際の温度や濃度・圧力・薬品等の工程管理や設備を見直し、ビニールや異物を細片化せずに古紙を離解する設備（高濃度パルパー）を導入した。

また、古紙中に含まれるビニール等の異物の除去を更に完全なものにするために、テストを繰り返しながら、ホール・スリットの形状をしたスクリーンの目穴やスリット幅を可能な限り小さくし、除塵工程を強化した。

(2) 強度・白色度の高い古紙パルプの生産技術

印刷インキを繊維から取り除く工程（フローテーション）を国内で初めて2段階にしたのに加え、脱墨性が最も良くなる空気とパルプスラリー（パルプの水溶液）の比率、原料PH、濃度、温度条件で管理することにより、パルプ中のインク除去率が著しく向上し、漂白薬品をほとんど使用しなくても要求される白色度のパルプが得られている。

このため、漂白薬品による繊維の劣化が少ないので、強度が強く不透明度の高いパルプとなり、また、漂白薬品を使わないため環境に優しいパルプとなっている。

(3) 印刷作業性・印刷適性に優れた用紙製造技術

新聞社の輪転機でシワ・ダブリ・紙流れ等がなく、作業性の良い用紙とするためには、いかに幅方向に坪量（1m²当たりの紙の重量）が均一であるかが重要になってくる。しかし、従来のスライスリップ（原料の吹き出し口）の開度を機械的に調整でするだけでは、限界があった。

そこで、スライスリップの開度は一定で幅方向の坪量を原料濃度で調整することにより、幅方向の坪量のバラツキが減少し、作業性の改善が図れている。

また、部分的な地合不良による強度低下や印刷の裏抜けを少なくするためには、部分的な紙の

第34章 古紙100％の新聞用紙について

厚薄をなくし，均一な紙にすることが重要である。そのため，従来の抄紙機を改良した最新鋭の抄紙機を採用している。

古紙パルプを高配合した場合，新聞用紙の不透明度，紙厚の低下による裏抜けの増加・こしの低下や異物混入等は，輪転機での作業性の低下につながる。したがって，紙厚の低下を抑えると同時に紙表面の平坦性を上げ印刷適性の良い用紙とするため，ソフトカレンダーを採用した。

ソフトカレンダーは，プラスチックとスチールの2本のロールで構成され，スチールロールは，平坦性を調整するためにロールの表面温度の調整が可能な構造となっている。従来のスチールロールだけのカレンダーと比べて低いニップ圧（幅1cm当たりのロール圧）で，紙の平坦性を向上させることができるため，紙へのダメージが少なく紙厚の低下が抑えられる。また，平坦性が良く，印刷適性，作業性の向上も図れている（表1，表2）。

2.3 地球環境への配慮

一般的に新聞用紙は，古紙パルプと木材チップを原料とする機械パルプと，化学パルプを使用して生産している。

古紙パルプ製造時の消費エネルギーは機械パルプの1/6で，古紙パルプを高配合することによ

表1 古紙パルプ製造フローと各工程の役割

工程	役割
パルパー	新聞古紙を温水，薬品と混ぜインペラと強力な渦流の働きにより古紙を離解し，繊維状にほぐす。また繊維から印刷インキを剥離させる。
粗選	新聞古紙に混入していた砂・ビニール等の異物をスリット状にカットした円筒状プレートを通過させ異物を分離除去する。
プレフローテーション	離解時にパルプ繊維から剥離したインキ粒子を空気と強制的に混合し，同伴浮上させることにより系外に除去する。
精選	粗選・プレフローテーションで除去できなかった異物を分離除去する。粗選よりさらに細いスリット状にカットしたスクリーンとパルプ繊維と異物の比重差を利用して異物を分離除去するクリーナーで処理する。
漂白	パルプ繊維と染料を漂白する。繊維と漂白薬品を混ぜることにより，インキが繊維より剥がされる。
ポストフローテーション	漂白工程でパルプ繊維から剥離したインキを泡に吸着させて系外に排出する。

表2　抄紙フローと各工程の役割

工程	役割
インレット	パルプを大量の水で薄めて繊維を水中に分散させる。この工程に新方式を採用することで，従来方式より幅方向に均一な原料の分散ができるようになった。
ワイヤーパート	大量の水で薄められたパルプ液を抄紙機のヘッドボックスからワイヤー上に均一に流出させ，ここで多量の水を脱水しながら紙層を形成する。
プレスパート	湿紙は毛布に乗せられ，お互いに接触して回転している2本のロールの間を通すことにより，更に水が絞られる。
ドライヤーパート	このパートは多数の回転しているシリンダーによって構成され，紙がそれらの表面に接して走行している間にシリンダー内部の蒸気の熱によって乾燥される。 いわき大王製紙ではこの工程に新方式であるシングルデッキ方式を採用している。
カレンダーパート	ドライヤーパートを出た紙は表面が粗く，印刷や筆記に適した状態にはなっていない。紙の表面を滑らかにする目的で使用するのがカレンダーである。 いわき大王製紙のカレンダーはスチールロールとプラスチックロールの2本からなっており，紙は加圧したこのロール間を通過して表面が滑らかになる。
仕上げ	紙は抄紙機の出口で巻き取られる。巻き取った紙はワインダー，またはカッターで仕上げされる。 ワインダーは，巻き取った紙の不良部分を取り除き，定められた幅と長さの巻き取りに巻きかえる設備である。 カッターは，巻き取りから平判状のシートをつくる設備である。

り省エネルギーが図れる。

　また，世界的に問題となっている地球温暖化ガス（CO_2）の発生量も，古紙パルプは化学パルプの1/7，機械パルプの1/6と極めて少ないため，古紙は環境負荷の少ない製紙原料であると言える（図2）。

　当社は，この環境負荷の少ない古紙の高度利用を積極的に推進し，使用量は1990年66万トンに対して1999年は111万4000トンと，45万4000トン（90年比68.8%増）の大幅な増加になった。古紙の高配合により，過去10年間で化学パルプ・機械パルプが古紙パルプ45万4000トンに置き換えられたことで，木材チップの使用量を60万トン（立木約650万本に相当）削減し，重油使用量を19万7000kl（一般家庭約23万世帯が年間に使用する電力の発生に必要な重油の使用量に相当）低減，及びCO_2発生量を約17万4000トン（立木約3,780万本が年間に吸収固定化するCO_2量に相当）抑えることできたことになる。

第34章　古紙100％の新聞用紙について

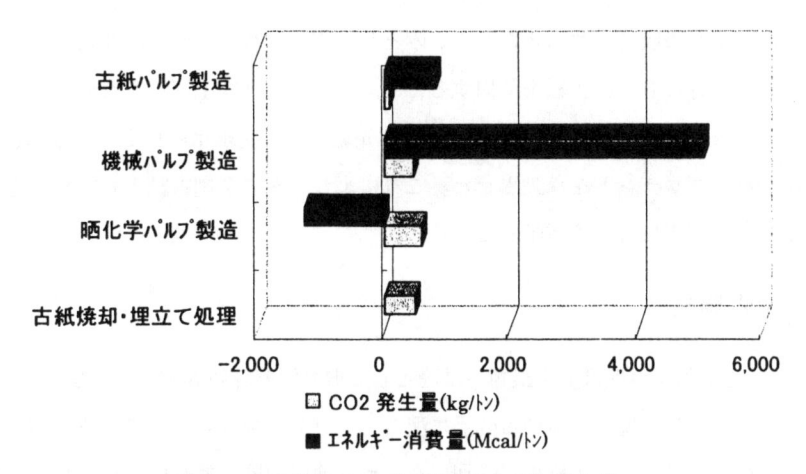

図2　パルプ別エネルギー消費量とCO₂発生量

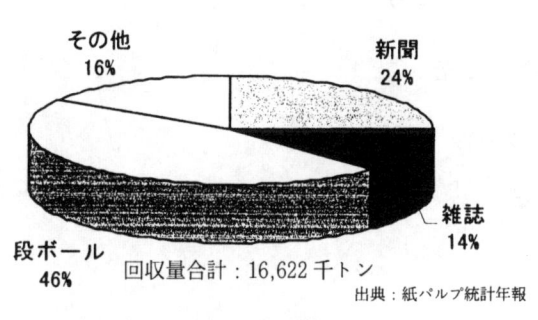

図3　古紙の品種別回収割合

表3　パルプ別エネルギー消費量とCO_2発生量

	古紙パルプ	機械パルプ	晒化学パルプ
製造時のエネルギー消費量（Mcal/トン）	833	5,063	−1,263
製造時のCO_2発生量（C・kg/トン）	80	466	593

古紙を焼却・埋立て処理した時のCO_2発生量＝499C・kg/トン
※晒化学パルプ製造時のエネルギー消費量が最も少なくなっているのは，チップを蒸解する過程で副生する有機分（黒液）を回収ボイラーで燃焼して，エネルギーを蒸気・電力として回収し，晒化学パルプの生産と他のパルプ・抄紙部門に供給していることによる。

2.4　その他の商品での古紙パルプの利用

　当社は，新聞用紙だけでなく印刷用紙やPPC（コピー）用紙，ノーカーボン紙等でも古紙100％の商品を生産している。これらの印刷用紙や情報用紙では，新聞古紙ではなく，雑誌古紙を主に使用している。雑誌古紙は，これまで板紙の原料の一部にしか使用されなかったため，増加す

る雑誌古紙回収量を吸収できず，止むなくごみとして焼却されていた（図3）。

　当社では，紙分野にも雑誌古紙を使用するため，現在まで築き上げてきたノウハウを生かして工程改善や操業改善を行い，1998年5月に他社に先駆けて上質紙用原料として雑誌古紙を100%使用した脱墨パルププラントを稼動させた。これにより，過去余剰古紙として廃棄処分されていた雑誌古紙の有効利用に大きく貢献している。

3　展望と結言

　当社では，「古紙利用の促進」を最重点課題として取り組み，新聞古紙や上質古紙・雑誌古紙の処理技術向上を図り，現在あらゆる商品に配合している。今後も古紙処理技術の研究を進めて，さらに紙・板紙の各品種への古紙の高度利用を進め，地球環境に優しい商品である再生紙の需要拡大に寄与していきたいと考えている。

4　問い合わせ先

　大王製紙㈱　総務部
　電話：03-3271-1961

第4編　廃棄物の再資源化を支援する技術

第35章 流動床式ガス化溶融炉
― ㈱荏原製作所 ―

内野　章*

1　概要

廃棄物を流動層に供給して部分燃焼によりガス化し，次いで生成したガスとチャーを燃焼炉に供給して高温燃焼することにより，ダイオキシン等を分解すると共に，自己熱量により灰を溶融スラグ化し，排出された残渣類はマテリアルリサイクルが可能である，等の要求に対応できる流動床式ガス化溶融技術について述べる。

2　はじめに

21世紀の廃棄物処理は大きく変化する。廃棄物処理もケミカルリサイクルもサーマルリサイクルも，ダイオキシンフリーを実現させて，尚かつ灰溶融が必要条件となる。その上でLCA評価がシステムの価値判断をする時代になる。LCAとは製品やシステムが環境や資源に与える各種の負荷（環境負荷と称する）を，そのライフサイクル全体にわたって定量的に評価する方式である。本稿では，廃棄物を再資源化するための支援技術としての視点で流動床式ガス化溶融技術について述べる。

3　廃棄物の再資源化

3.1　基本技術の条件

ごみ処理の基本は「安定に，無害化し減容化する」ことである。その上で長期間にわたる環境負荷を低減させなければならない。

筆者が考えている21世紀型技術の条件を下記に示す。

・自己システムによりダイオキシンの分解ができ，再合成が抑制できること。
・自己熱量により灰の溶融ができて，灰循環なしでスラグ化率85％程度が得られること。
・補助資材等を使わない省資源であること。
・マテリアルリサイクルが可能なこと。

---

*　Akira　Uchino　㈱荏原製作所　品川事業所　エンジニアリング事業本部　環境開発センター　環境エネルギー開発部

第4編　廃棄物の再資源化を支援する技術

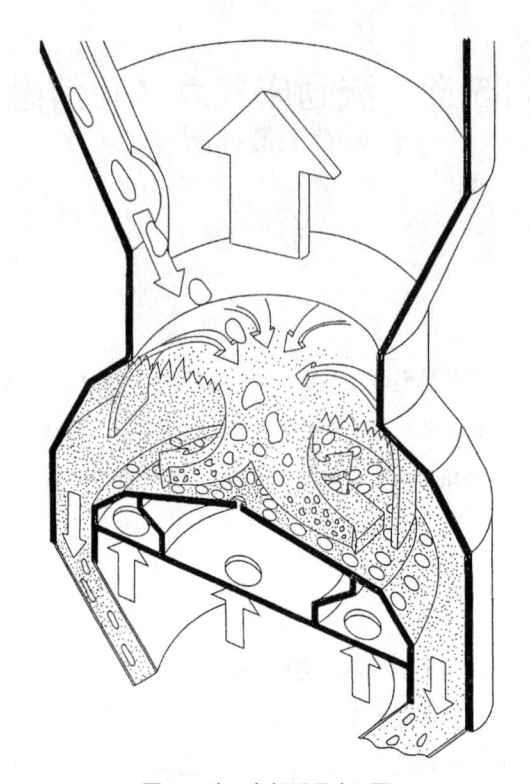

図1　砂の内部循環流れ図

・システムが簡素化され，信頼性が高いこと。

注：ダイオキシン値は，特に炉の規模の影響が大きい。7トン/dから20トン/d（約3倍）になるだけで，ダイオキシン値は約1/20に低下する。100トン/dクラスになれば，機種にかかわらずダイオキシン値は0.01ng-TEQ/Nm^3レベルになる。このことから，21世紀にはダイオキシンの議論からLCAによる評価が最も重要な条件になる。

3.2　流動床式ガス化炉におけるチャーの選択燃焼

間接ガス化方式と流動床式ガス化方式において，チャーのハンドリングが重要なポイントである。当社のガス化炉は，図1の砂の内部循環流れ図に示すように丸型流動床式で，炉床全周から砂が炉中央部に向かって反転し，中央部に集中した砂は炉床全周に向かって流れるように循環する。この砂の内部循環流が流動床式ガス化炉にとって重要な機能を果たす。ひとつには，炉内に投入された金属等の不燃物を確実に排出することであり，次に図2に示す「内部循環流によるチャーの選択燃焼」の機能である。図2においてチャーの選択燃焼機能を説明する。

・移動層部（ガス化炉中央部）…揮発分ガス化ゾーン。弱い流動層とすることができるため，

第35章　流動床式ガス化溶融炉

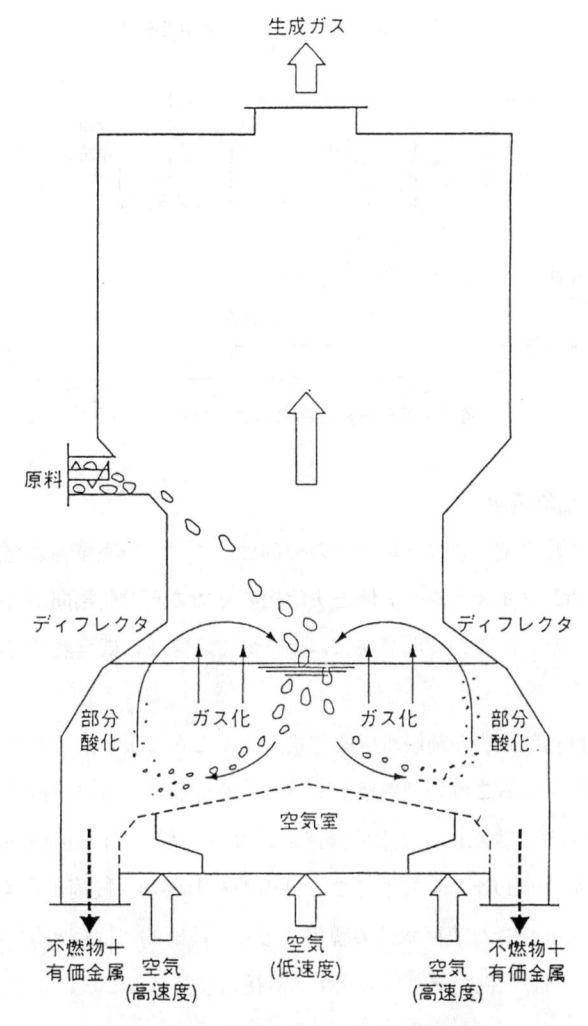

図2　内部循環流によるチャーの選択燃焼

流動化の空気量が少量で済み還元雰囲気となり，生成ガスの燃焼を抑制し，良質のガスが得られる。

- 流動層部（ガス化炉周辺部）…チャーの燃焼ゾーン。多量の空気で流動化させることにより酸素量が多く，移動層部から運ばれてくるチャー（生成ガスは上方に抜けるため流動層部にはほとんど来ない）を選択燃焼し，流動媒体にガス化反応熱を与える。

以上の選択燃焼機能がないと，廃棄物の種類によっては不燃物と共にチャーが排出され，あるいは炉内にチャーが堆積していく。

第4編　廃棄物の再資源化を支援する技術

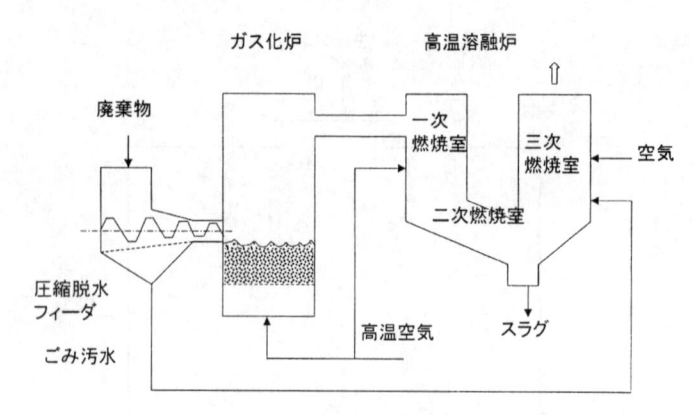

図3　低発熱量ごみの自燃溶融システム

3.3　低発熱量ごみの自燃溶融

　容器包装リサイクル法の施行に伴う廃プラの分別により，一般廃棄物の発熱量が低くなるとみられている。そのため，ダイオキシン分解と灰溶融のための高温化指向が苦しくなると危惧されている顧客が多い。しかし，この課題解決は容易である。図3に低発熱量ごみの自燃溶融システムを示す。

　ガス化炉へのごみ供給装置を圧縮脱水供給方式とすることにより，ごみ中の表面水分が搾り出され，ガス化炉へ供給されるごみの発熱量が上がる。低位発熱量が1,000kcal/kgのごみ中の水分含有率は約64％であり，脱水により水分含有率が40％になると低位発熱量は2,000kcal/kg以上となる。水分含有率40％以下に圧搾することは馬力も上がり，技術的にも高度になるが，水分含有率40％程度までの圧搾は表面水分の脱水であり，技術的には極めて容易である。また，図3に示すように，圧縮脱水供給機をガス化炉へ直接取り付けることにより，供給機先端部のごみプラグがガス化炉ガスをシールする効果もある。

　搾り出されたごみ汚水は，図3に示されるように灰溶融後の三次燃焼室で高温排ガス中に噴霧し蒸発酸化処理する。

注1：本システムは，溶融炉のスラグ排出部までを助燃なしで高温化することに特徴があるが，系全体の熱バランスは脱水しない場合と同じである。

注2：ガス化溶融炉の場合，塩化ビニルを入れてもダイオキシン値は増加しない。したがって，リサイクルに回せない廃プラを補助燃料とすることもできる。

4　実施例

　表1に流動床式ガス化炉の実施例を示す。
　青森RER向けにおけるスラグの流出状況を写真1に，また，そのスラグを写真2に示す。

第35章　流動床式ガス化溶融炉

表1　流動床式ガス化炉の実績

客先名	処理物	処理量（t/d）	発電（kw）	竣工
青森RER	シュレッダーダスト・汚泥	450	17,800	1999年11月運開
上越地域行政組合	し尿汚泥（メビウス）	15.7	−	200年3月
酒田地区クリーン組合	一般都市ごみ	196（98×2）	1,990	2002年3月
A社	プラスチック汚泥・医廃	41.7	−	2000年4月運開
日鉱金属三日市リサイクル	廃プラ・銅滓	34	−	2000年6月運開（2000年10月）
川口市	一般都市ごみ	420（140×3）	12,000	2002年11月

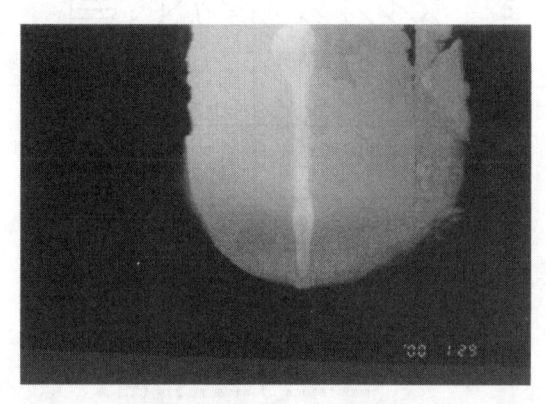

写真1　溶融スラグ流出状況

水砕スラグ　　　　　　　　拡大写真

写真2　水砕スラグ

5　サーマルリサイクル

RDFは不燃物が除去され，乾燥され，ごみ質が均質化されるので，燃焼が安定（低空気比運

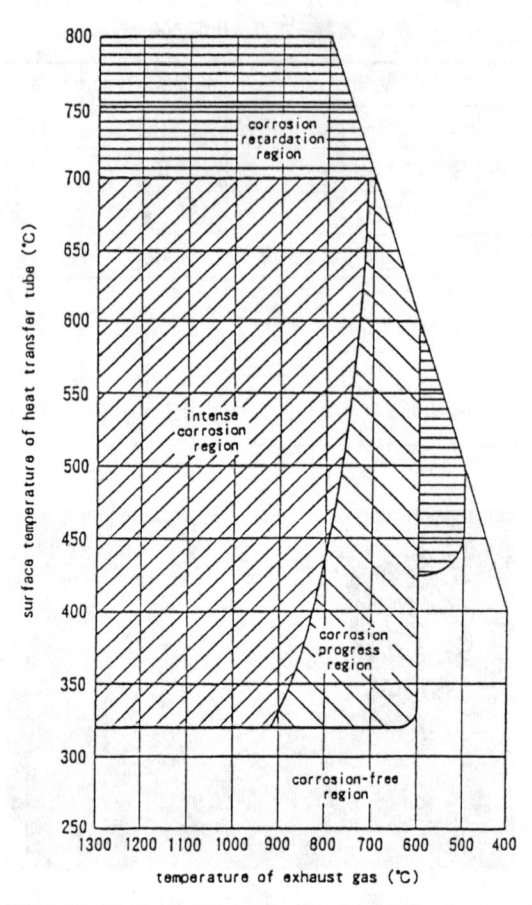

第4編　廃棄物の再資源化を支援する技術

図4　熱媒体温度（排ガス及び流動層）と伝熱管表面温度による腐食の程度

転が可能）し，ダイオキシンの生成は抑制される。しかし，成分は元の廃棄物と同じなので，ダイオキシン再合成（ボイラ部で，特に塩化銅の含有率に左右される）は混合燃焼と大きな差はない。更に，HCl濃度は減っても塩類は除去されていないので，高温溶融塩腐食（HCl濃度の影響よりも塩濃度の影響が大きい）は避けられない。図4に熱媒体温度（廃ガス及び流動層）と伝熱管表面温度による腐食の程度を示す。図より，熱媒体温度600℃以上にすると腐食領域に入り，従来方式による高効率発電には限界がある。筆者は過熱蒸気温度400～450℃（システムにより差がある）が許容限界（経済性も含めて）であると考えている。

　当社は，高温空気を熱媒体として400℃の過熱蒸気を500℃以上に間接加熱する技術（ヒートパイプの考え方の応用）を開発・実証中である。図5に過熱蒸気の間接加熱方式による高効率ごみ発電システムを示す。熱媒体となる空気は，蒸気のような高圧は不要のため，空気加熱器管材質は高温強度は不要で，腐食に強い材料（耐熱鋼鋳鋼やセラミック等）を使用することができる。更に，内部流体が空気のため，管表面温度を高く（700℃以上）することができ，激しい腐食領

第35章 流動床式ガス化溶融炉

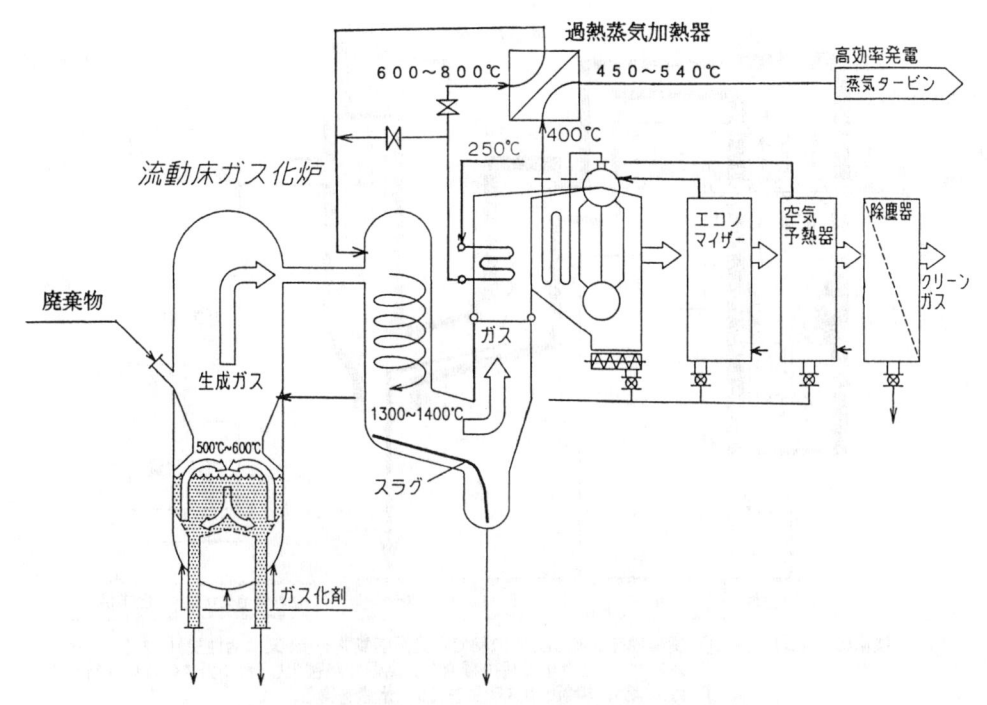

図5 過熱蒸気の間接過熱方式による高効率ごみ発電システム
（NEDO「蒸気温度上昇のための技術開発」事業）

域（高温溶融塩腐食）を避けることもできる。

1998～1999年度で，MITI/NEDO/㈶エネルギー総合工学研究所の委託事業により，実証テストを行い，700℃以上で順調に運転した。本方式は，高温溶融塩腐食を避けて高い発電端効率と高い送電端効率を得ることができる。ちなみに，発電端効率の目安は，炉の規模，ごみ質，蒸気仕様により異なるが，おおむね小型炉で22～28％，大型炉で28～35％である。

6 炭化と非焼却発電

廃棄物を焼却しないで，塩素のないチャーとして回収しようとするシステムが急浮上してきた。その背景には，100トン/d以上への広域化計画の実現に課題が多いこと，代替システムとしてのRDFには運営上の課題があることがある。現状のRDFは建設費が高価であり（バッチ運転とすると割高になる），またRDF中に塩素と銅を含むため，安易な燃焼ではダイオキシンが発生する。また，ボイラ燃料ではボイラチューブが腐食し，セメント原料ではセメントプラントに塩素バイパス装置が必要になる等，需要先が限定される。

一方，廃棄物を炭化する場合，炭化できるのは一般的に10～20％であり，残りの80～90％は有害なガスであり，安易に燃焼するとダイオキシンが発生する。

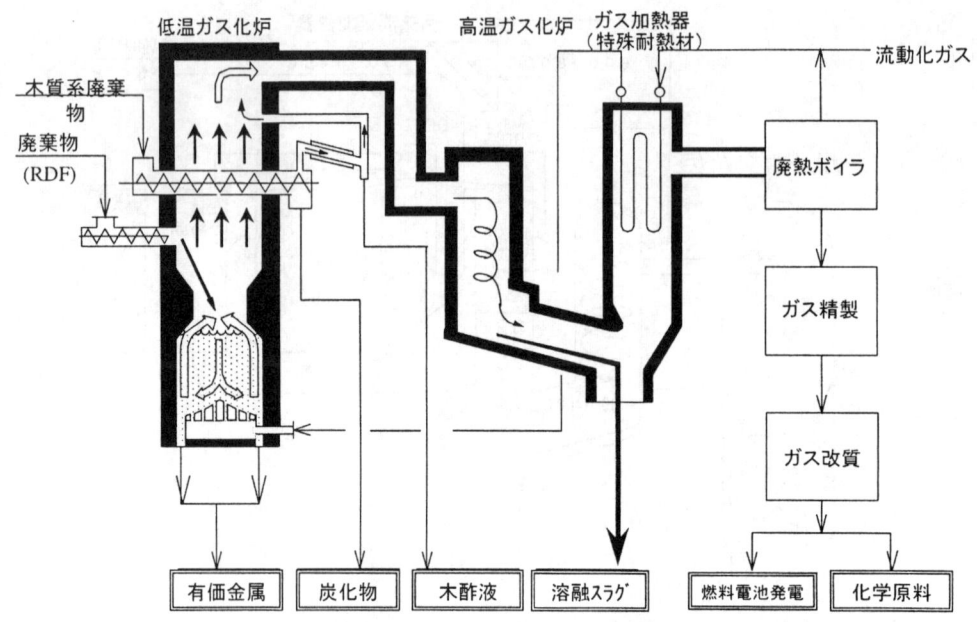

第4編　廃棄物の再資源化を支援する技術

技術のポイント
① 廃棄物をガス化し、この熱で木質系廃棄物を炭（又は活性炭）にする。
② ガス化ガスと炭化工程の揮発分を高温で無害化し、かつガス化反応を行う。
③ ガスはガス精製とガス改質を行い、水素を得る。

図6　炭化と非焼却発電システム

以上より、廃棄物から炭または活性炭を得ると共に、発生ガスは高温処理し、ダイオキシン等を分解すると共に灰分を溶融する技術が有望である。なお、一般的な廃棄物を炭化しても、炭化物には重金属を含むため利用は制限される。したがって、一般廃棄物は炭化の熱源として利用し、この熱で木質系廃棄物を炭化するのが望ましい。

図6に炭化と非焼却発電システムを示す。ガス化溶融炉のガス化炉にて廃棄物をガス化し、このガス熱を用いて木質系廃棄物を炭（または活性炭）にする。ガス化ガスと炭化工程のガスは次工程の溶融炉で高温化し、ダイオキシン等を分解すると共に灰分を自己熱溶融する。更に、溶融後のガスはガス改質を行い水素を得、燃料電池により発電することができる。図6のシステムは、常圧型で顕熱循環を行い、発熱量の比較的低い廃棄物用にも適用させるものである。本システムが実用化されれば、煙突のないゼロエミッションアプローチが可能になる。

7　問い合わせ先

㈱荏原製作所　品川事業所
エンジニアリング事業本部環境開発センター　環境エネルギー開発部
電話：03-5461-6343

第36章　シャフト炉式ガス化溶融炉
― 新日本製鐵㈱ ―

長田守弘[*]

1　概要

シャフト炉式ガス化溶融炉は多様なごみが処理でき，溶融物の資源化に優れていることから，この炉を中核としてリサイクルプラザ，埋立処分場等を整備すれば，資源物以外を外部に排出しない自己完結型のごみ処理システムが構築できる。

2　技術開発の経緯・狙い

シャフト炉式ガス化溶融炉は，1970年代前半に開発への取組が開始された。20トン/日の実証実験を経て，1号機が1979年に岩手県釜石市で稼働開始して以降，2000年3月までに9件が竣工し，現在も11件が建設中である。

その開発コンセプトとしては，従来の焼却炉のように可燃物のみを焼却処理し，排出された焼却灰を埋め立てるというものでなく，不燃物も処理可能とするとともに資源化可能な溶融物を排出することであった。このことは，発生するごみ全体の減容化を促進でき，最終処分量の低減が図れるものである。

また，ごみを熱分解・ガス化した後，独立した燃焼室でガス化燃焼させることで，ごみの燃焼性を高めることをも目指したものであった。このことは，大気に排出される排ガスの性状をクリーンにするために極めて有効であると考えられる。

開発当初からのこの基本思想が，現在まで引き継がれるとともに，その後改善・改良が加えられながら20年を越える稼働実績をベースとして，現在のシャフト炉式ガス化溶融炉は存在する。特に，より厳しくなる環境規制への対応や，処理対象物の拡大，さらには広域処理等へ積極的に対応するとともに，ランニングコスト低減に向けた課題にも取り組んできた[1, 2]。

3　シャフト炉式ガス化溶融炉の概要

3.1　基本処理プロセス

図1にシャフト炉式ガス化溶融炉の全体フローを示す。

---

[*]　Morihiro　Nagada　新日本製鐵㈱　環境・水道事業部　環境プラント技術部長

第4編　廃棄物の再資源化を支援する技術

図1　シャフト炉式ガス化溶融炉の全体フロー

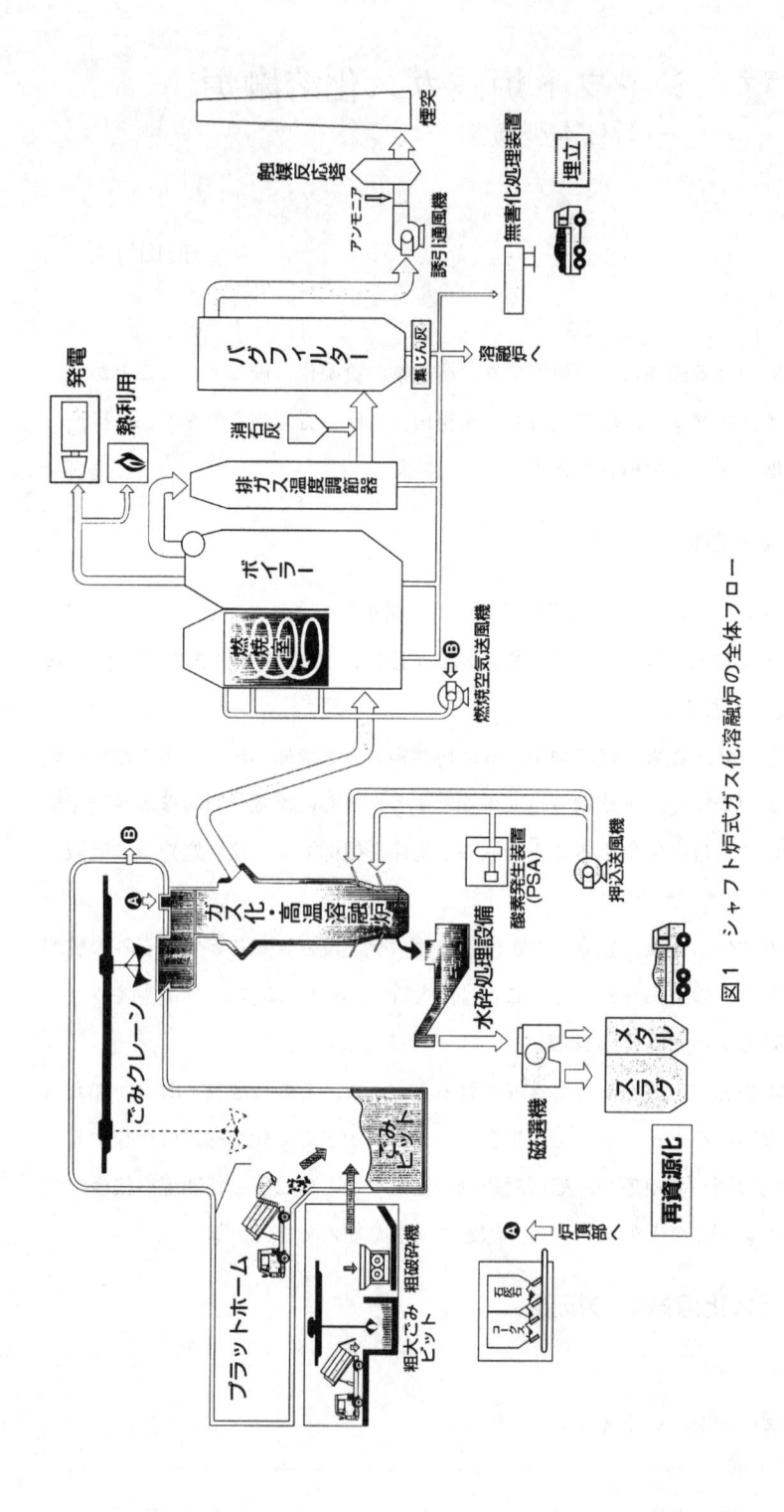

第36章　シャフト炉式ガス化溶融炉

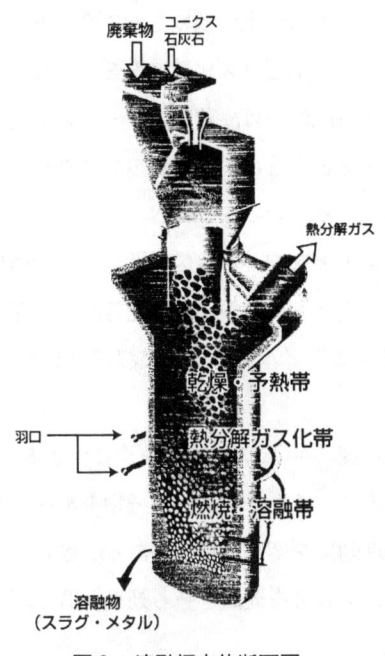

図2　溶融炉本体断面図

　溶融炉本体は竪型シャフト炉であり，炉の中央上部から溶融対象物（廃棄物），コークス及び石灰石を装入する。炉内は上部から乾燥・予熱帯（約300℃），熱分解ガス化帯（300～1000℃），燃焼・溶融帯（1700～1800℃）に区分される（図2）。乾燥・予熱帯では廃棄物が熱せられ，水分が蒸発する。こうして乾燥した廃棄物は次第に降下し，熱分解ガス化帯において可燃分がガス化される。この熱分解ガスは，炉上部から排出され後段の燃焼室で完全に燃焼される。その後廃熱ボイラー等の熱回収システムによりエネルギーの有効活用が図られる。

　ガス化されずに残った灰分はコークスとともに燃焼・溶融帯へ降下する。コークスは羽口から供給される空気により燃焼して高温高熱を発し，この熱によって灰分が完全に溶融される。溶融物は投入された石灰石中のCaOによって塩基度が調整され，流動性を高めた後出湯口より炉外へ排出され水槽に投入急冷することで，独立した粒状のスラグと鉄（メタル）になり，磁選機にて分離回収され有効利用される。

3.2　技術の特徴

　ガス化溶融炉は従来の焼却炉のようにごみを直接燃やすのではなく，熱分解・ガス化してから燃焼させるため燃焼性に優れていることが大きな利点である。特に，ガス化溶融一体型であるシャフト炉式ガス化溶融炉は，乾燥，熱分解ガス化から溶融までを一つの炉の中で一気に昇温するた

め熱効率が極めて高いことと，1000℃以上の領域も含め高温下でガス化するため極めてガス化率が高いことが特徴としてあげられ，上記ガス化燃焼性をより高めるのに役立っている[3,4]。

さらに，シャフト炉式ガス化溶融炉では，若干のコークスや石灰石を活用することで，幅広い処理対象物を確実に高温溶融するとともに，高品質のスラグを作り込むことができる点で，他の溶融技術に比べて優れた特徴をもっている。

コークスはその燃焼により炉下部を均一かつ広範囲に高温状態に保持し，鉄分等の高融点物質も含む廃棄物を完全に溶融するとともに，炉内を還元雰囲気に保つ役割を果たす。このことは，Pb等の低沸点重金属の揮散を促進し，溶融飛灰中に濃縮するとともに，スラグ中への移行を抑制する効果がある[5,6]。

一方，石灰石は溶融物の塩基度（$=CaO/SiO_2$）を適正化することによって，溶融物の流動性を高め溶融物の安定出湯を確実にするとともに，溶融物を水砕処理した時にスラグと鉄を独立した粒として分離凝固させ，磁選効果を高める役割がある。さらに，溶融炉内での中和反応により，排ガス中の塩化水素等の酸性ガス成分を低減させる効果もある。

4　自己完結型ごみ処理システムの構築

4.1　システム構築の狙い

ごみ処理の究極の狙いはゼロエミッションであるが，完全なゼロ達成は不可能であることから，現実には発生したごみ全体を対象としたトータル処理において環境に及ぼす影響を極少にすることが課題となる。この観点から見た時，シャフト炉式ガス化溶融炉は多様なごみが処理でき，溶融物の資源化に優れていることから，この炉を中核としてごみ処理システムを構築すれば，系外へ排出する二次廃棄物のゼロエミッション化を図ることができる。

即ち，まず施設内に設けたリサイクルプラザで資源物回収を徹底する。次に，ここで発生するリサイクル残渣を含めた幅広いごみをシャフト炉式ガス化溶融炉で一括処理し，溶融物を完全に資源化する。そして最後に，唯一の残渣となる溶融飛灰のみを施設内に確保された埋立処分場に処分すれば，外部への二次廃棄物の排出をゼロにできることになる。

4.2　システム構築の事例

1998年3月に竣工した飯塚市クリーンセンターにおける上記システム構築の事例を以下に紹介する[7,8]。

飯塚市は，既設ごみ処理施設，粗大ごみ処理施設の老朽化及び埋立処分場の残余容量払底に伴い施設更新が行われた。新施設では，一箇所集中処理及び廃棄物の自己完結処理という概念のもと，一施設内にシャフト炉式ガス化溶融炉，リサイクルプラザ，埋立処分場の主要三施設を全て

第36章　シャフト炉式ガス化溶融炉

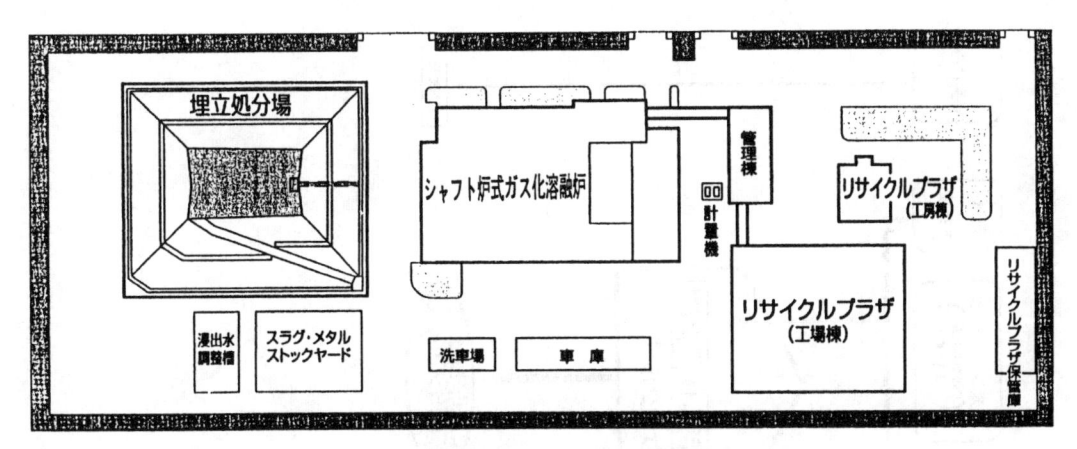

図3　飯塚市クリーンセンター配置図

設置し，センター内に持ち込まれた処理対象物は，資源化物以外センター外に排出しない方式を計画し，その実現化を図った。また，施設の更新とともに，収集形態の細分化（分別収集），有料化も実施された。

クリーンセンターは，敷地面積約83,000m^{2}の中に図3に示すようにシャフト炉式ガス化溶融炉，リサイクルプラザ，埋立処分場等が機能的に配置されている。

また，クリーンセンターでの処理体系を図4に示すが，シャフト炉式ガス化溶融炉を採用することで，クリーンセンターで処理する対象物の拡大（リサイクルプラザ残渣，汚泥等）を図る一方で，クリーンセンターから排出する二次廃棄物をゼロとする，いわゆる「自己完結型」の処理システムを形成することができた。ここから持ち出されるのは溶融・資源化されたスラグ・メタルとリサイクルプラザでの鉄，アルミ，カレット等の再生品だけとなっている。

5　今後の展望

本システムにおいては，同一施設内に小さいとはいえ，埋立処分場を併設することで施設としてのゼロエミッションを達成しているが，本当の意味でゼロエミッションを実現するには，唯一埋立処分されている残渣である溶融飛灰の資源化が不可欠である。

溶融飛灰はごみ中に含まれる重金属やアルカリ塩類が濃縮されたものであることから，重金属は非鉄原料として製錬会社等へ還元されるとともに，アルカリ塩類は海に返されることが望ましいと考えられる。

こうした取組は，技術的には実用化レベルに達しているが，コストが高いことや，特別管理一般廃棄物である溶融飛灰の広域移動に関する課題等からまだ実機化に至っておらず，今後こうした課題が解決されることが期待される。

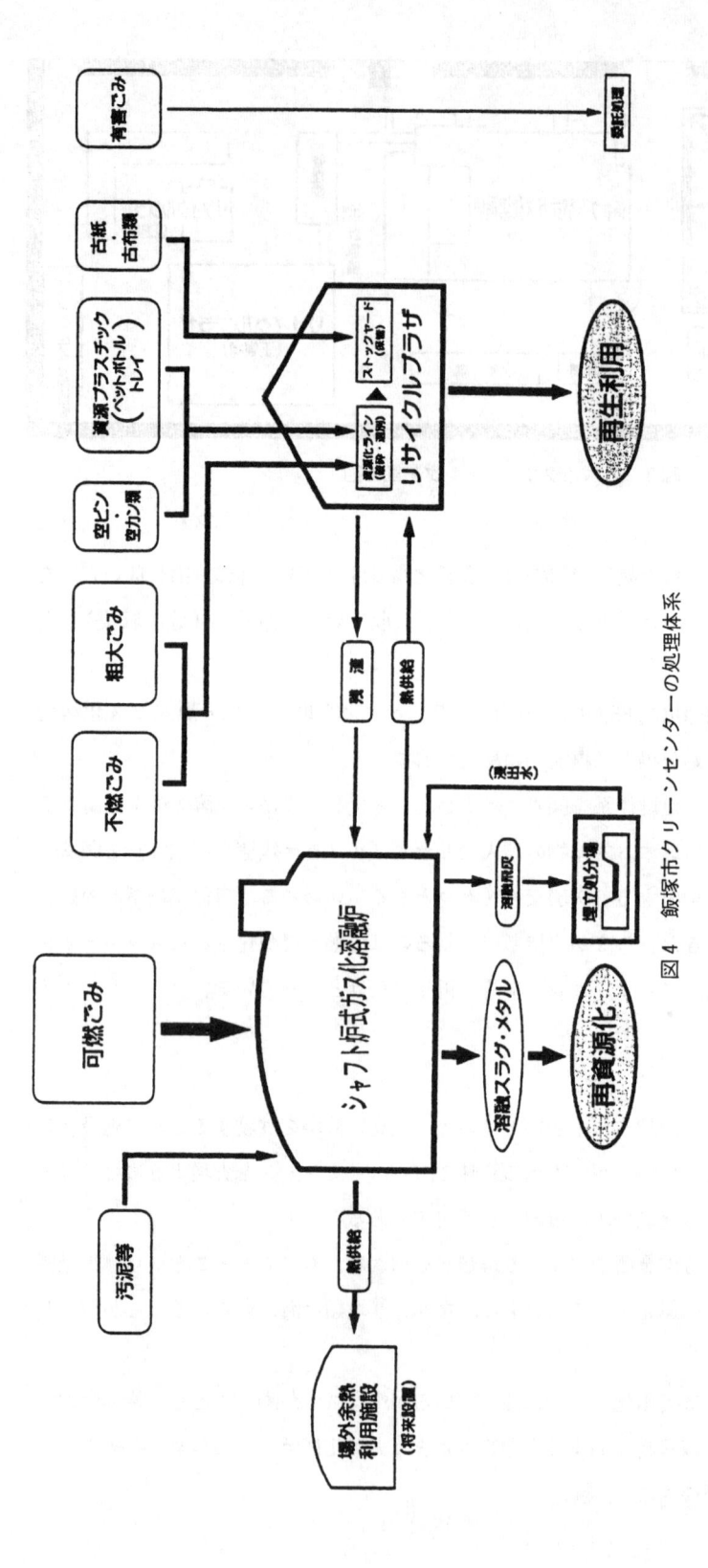

第4編　廃棄物の再資源化を支援する技術

図4　飯塚市クリーンセンターの処理体系

第36章　シャフト炉式ガス化溶融炉

　一方，すでに環境にとって大きな負荷となっている，埋立処分場の再生への取組も意義深い。シャフト炉式ガス化溶融炉の幅広いごみ質への対応性の特徴を活かせば，埋立処分場に埋め立てられた雑多な廃棄物を掘り起こして，溶融処理することが可能である。埋立ごみには焼却灰や飛灰，不燃物さらには土砂も混じっているため，極めて灰分が高く，発熱量が低いのが特徴である。従って従来の焼却方式では処理困難であったが，コークスを利用した高温溶融を特徴とするシャフト炉式ガス化溶融炉ならではの新技術である。

　また，フロンはオゾンを破壊する物質として冷蔵庫等からも回収が進められており，この処理が課題となっているが，シャフト炉式ガス化溶融炉の高温部を利用するとフロンの分解処理が可能である。ボンベ回収されたフロンは羽口から吹き込み，断熱材フロンはごみとともに炉上部から投入することでいずれも高い分解性能を示すことが確認されている。分解生成物もシステム内の排ガス処理設備により適正に処理できることから，極めて安価な処理方式として注目される[9,10]。

　このような処理対象物の更なる拡大は，ごみ処理全体としてのゼロエミッション実現に有効な取組であると考えられる。

6　問い合わせ先

新日本製鐵㈱　環境・水道事業部　環境プラント技術部
電話：03-3275-6079

文　　献

1) 白石ら："廃棄物の直接溶融処理技術の改善研究"，廃棄物学会第5回研究発表会講演論文集，pp.342-345(1994)
2) 北野ら："廃棄物の直接溶融処理技術の改善研究（第二報）"，廃棄物学会第7回研究発表会講演論文集，pp.416-419(1996)
3) 俵ら："直接溶融炉のガス化特性"，日本機械学会1999年度年次大会講演論文集，pp.409-410(1999)
4) 小谷ら："直接溶融炉におけるガス化燃焼特性"，第21回全国都市清掃研究発表会講演論文集，pp.166-168(2000)
5) 長山ら："焼却飛灰の溶融処理に関する実証試験と熱力学的考察（第一報）"，廃棄物学会第6回研究発表会講演論文集，pp.381-383(1995)
6) 長山ら："焼却飛灰の溶融処理に関する実証実験と熱力学的考察（第二報）"，廃棄物学会第7回研究発表会講演論文集，pp.467-469(1996)

7) 梅沢ら："ごみ溶融施設を中核とした自己完結型都市ごみ処理システム"，廃棄物学会第9回研究発表会講演論文集，pp.167-169(1998)
8) 澄川ら："直接溶融・資源化システムの稼働状況"，廃棄物学会第10回研究発表会講演論文集 pp.740-742(1999)
9) 仲川ら："都市ごみ高温溶融炉によるフロン分解試験結果"，廃棄物学会第7回研究発表会講演論文集，pp.939-941(1996)
10) 上野ら："都市ごみ高温溶融炉によるフロン分解試験結果（第二報）"，廃棄物学会第8回研究発表会講演論文集，pp.901-903(1997)

第37章　キルン式ガス化溶融システム
― ㈱クボタ ―

吉岡洋仁[*1]　上林史朗[*2]

1　はじめに

現在，地球環境保全の観点から廃棄物の循環型処理技術の開発に関する社会的ニーズが高まってきている。現在廃棄物処理に求められているのは廃棄物の再資源化，エネルギーの有効利用，ダイオキシンの排出量の最小化であり，それらが実現できる次世代型技術として「熱分解ガス化溶融技術」が注目を浴びている。本稿では熱分解プロセスにおいて間接加熱式熱分解炉，溶融プロセスにおいて回転式表面溶融炉を用いたプロセスについて紹介する。

2　本技術の説明

熱分解ガス化溶融技術の特徴は廃棄物を直接燃焼せず，熱分解することで従来の焼却炉と比較して効率的燃焼溶融，つまり低空気比で自己熱による高温燃焼と溶融処理を同時に行うことができる点にある。高温燃焼はダイオキシン生成を抑制するとともに，排ガス温度の高温化によりボイラ効率を高めることができる。また，溶融処理によって生じる溶融スラグは安定で再利用性が高い。さらに，溶融飛灰を山元還元すれば廃棄物の再資源化に関する効率の最大化，すなわち埋立て処分量が少なくできる。当社の熱分解溶融システムの技術コンセプトは，ごみ乾燥機，熱分解キルンと回転式表面溶融炉を組み合わせることにより，
　① 安定性が高い，
　② 対応できる処理物の性状範囲が広い，
　③ 埋立て処分する最終排出物の発生を最小化する，
廃棄物処理システムを実現することである。

2.1　熱分解キルンの構造と特徴

図1に熱分解キルンの構造断面を示す。熱分解キルンは，熱分解ガスの燃焼排ガスを熱源として利用する間接加熱式のキルンである。構造的には，ショートキルン化と大型化を実現するため

---

*1　Yoji Yoshioka　㈱クボタ　環境研究部
*2　Fumiaki Kambayashi　㈱クボタ　環境研究部　課長

第4編　廃棄物の再資源化を支援する技術

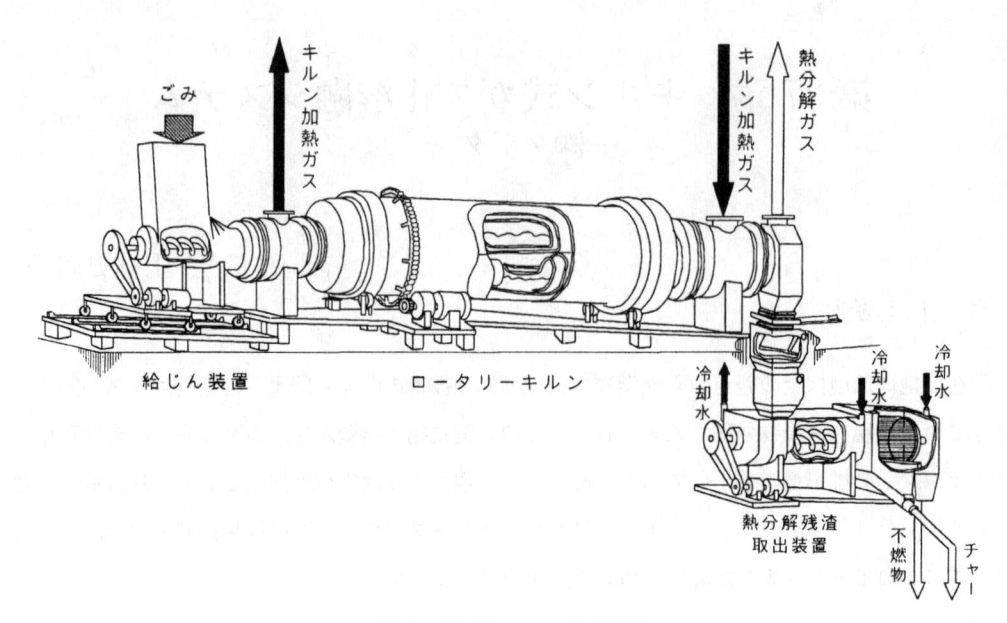

図1　熱分解キルン構造断面

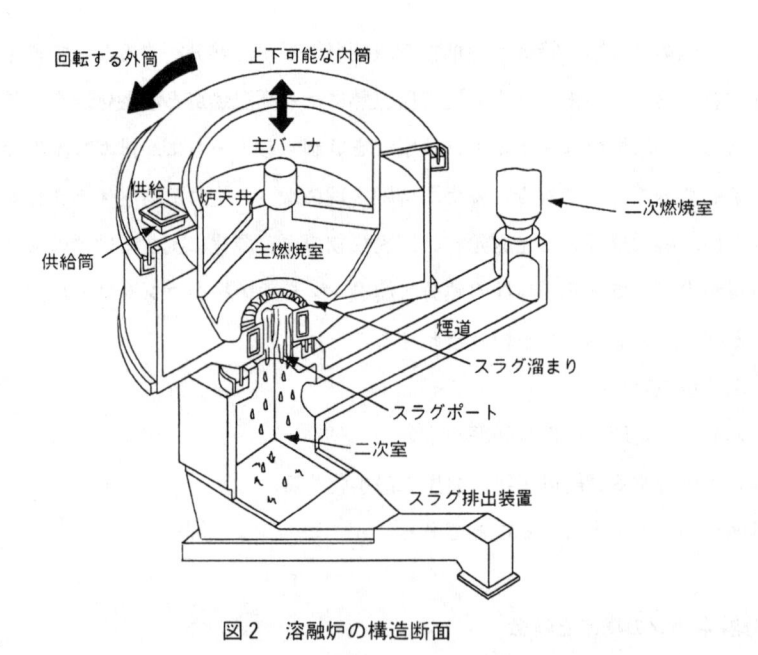

図2　溶融炉の構造断面

3筒一体型キルンとなっている。単一キルンの内部は突起のない筒状のシンプルな構造で，ごみの絡み付きや詰まりは発生しない。また，停止時においても内部のチャーを全量残さず排出できる。

第37章 キルン式ガス化溶融システム

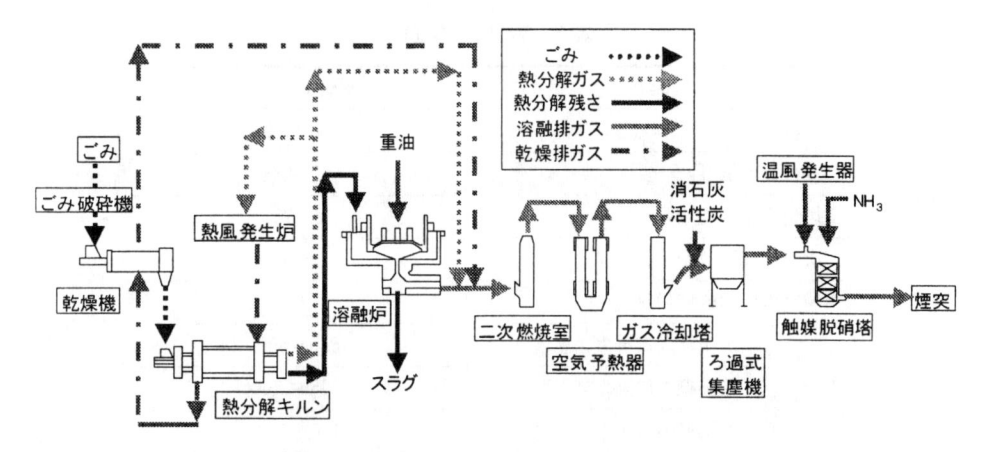

図3 熱分解ガス化溶融システムのフロー

2.2 回転式表面溶融炉の構造と特徴

図2に溶融炉の構造断面を示す。回転式表面溶融炉は主燃焼室，二次室，スラグ排出装置からなる竪型回転炉である。主燃焼室内へのチャーの供給は外筒を緩速回転させることで行われるために，非常に安定した供給が可能である。供給されたチャーは自身の熱量により主燃焼室では自己熱溶融可能で，コークス，灯油等の外部エネルギー投入はほとんど必要ない。また，許容できる被処理物の性状範囲が広く，前処理システムを簡略化できることや溶融不適物の発生割合が低いことを特徴としている。

2.3 本システムのフロー

図3に実証試験に用いた20トン/d規模の熱分解ガス化溶融システムのフローを示す。供給された廃棄物は破砕，乾燥後，熱分解キルンで無酸素状態で熱分解される。生成する可燃性ガス（以後熱分解ガスと呼ぶ）は熱風発生炉で燃焼し，その燃焼排ガスをキルンと乾燥機の熱源とする。余剰な熱分解ガス及び乾燥機を通った排ガス（以後乾燥排ガスと呼ぶ）は溶融炉の二次燃焼室で完全燃焼される。熱分解残さ中の鉄，アルミは未酸化状態で回収し，残りのチャーは溶融炉に全量供給される。チャーは約1350度で燃焼溶融され，その溶融排ガスは余剰熱分解ガスと乾燥排ガスとともに完全燃焼された後，空気予熱器で燃焼用空気と熱交換を行う。プラント規模が大きくなった場合は，熱回収部に廃熱ボイラを設置する。以降，溶融排ガスはガス冷却塔で急冷され，バグフィルター，触媒脱硝塔といった排ガス処理装置を通過し煙突より放出される。

3 地球環境への負荷

20トン/d規模の実証プラントで行った都市ごみを対象とした運転結果の概要を表1に示す。

第4編 廃棄物の再資源化を支援する技術

表1 運転結果の概要

項目		運転時データ	
ごみのカロリー [kJ/kg]		160〜680	
ごみの処理量 [kg/h]		840〜900	
主燃焼室燃料使用量 [l/h]		0〜75	
二次燃焼室燃料使用量 [l/h]		0〜60	
熱風発生炉燃料使用量 [l/h]		0	
プロセスデータ 熱分解側 [℃]	キルン入口排ガス温度	540〜560	
	乾燥機入口排ガス温度	335〜365	
	乾燥機出口排ガス温度	120〜130	
	熱分解ガス温度	400〜450	
プロセスデータ 溶融側 [℃]	主燃焼室温度	1350〜1490	
	二次燃焼室出口温度	800〜980	
	BF入口温度	160〜165	
	触媒脱硝塔出口温度	190〜200	
排ガス性状	測定点	二次燃焼室出口	触媒脱硝塔出口
	O_2 [%]	3.0〜8.5	11〜12
	CO [ppm]*1	<0.01	<0.01
	NOx [ppm]*1	31〜50	17〜19
	NOx [ppm]*1*2		<10
	SOx [ppm]*1	15〜29	<5
	HCl [ppm]*1	110〜520	3〜8
	ばいじん [g/m³N]	—	<0.01
	DXNs [ng-TEQm³N]*1	0.0053〜0.087	0.011〜0.028
	DXNs [ng-TEQm³N]*1*3		0.00060〜0.0065

注1:*1を付した値は$O_2$12%換算値である。
注2:*2を付した値はアンモニア噴霧したときの値である。
注3:*3を付した値は活性炭を噴霧したときの値である。

3.1 安定運転性

図4に自己熱燃焼溶融時(自燃時)の主燃焼室温度と二次燃焼室出口温度及びスラグ量の経時変化を示す。図に示されるように,主燃焼室温度,二次燃焼室温度,処理量とも変動がほとんどなく,非常に安定した処理が行われている。また,表1に示すように,160〜680kJ/kgと幅広いごみ質に対応ができ,ごみ性状変動に対し安定運転が可能である。

第37章 キルン式ガス化溶融システム

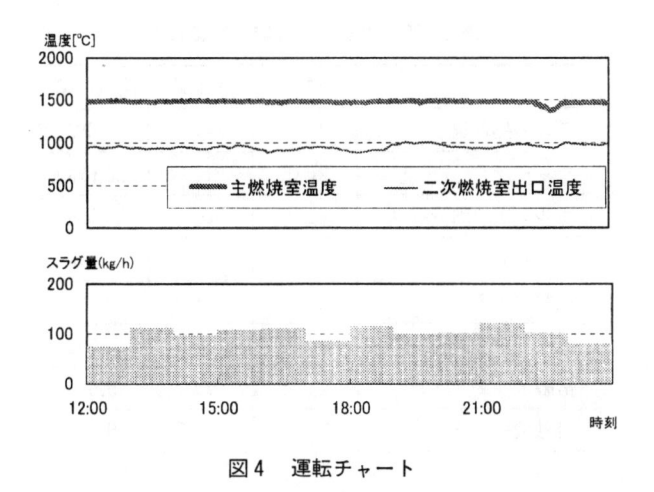

図4 運転チャート

3.2 排ガス性状とダイオキシン類排出量

実証運転時での排ガス性状を表1に併記した。NO_xに関しては二次燃焼室出口にて50ppm以下，触媒脱硝塔出口において10ppm以下が達成できる。

ダイオキシン類は二次燃焼室出口で多くの場合0.05ng-TEQ/m^3N以下であり，0.1ng-TEQ/m^3N以下を安定的に維持できる。また，触媒脱硝塔出口ダイオキシン類濃度は活性炭噴霧の場合で0.01ng-TEQ/m^3N以下であり，活性炭噴霧なしの場合，0.05ng-TEQ/m^3N以下である。ここでのごみ1トンあたりのダイオキシン類総排出量は4.4μg-TEQ/ごみトンであり，ごみ処理に係わるダイオキシン類発生防止ガイドライン「新ガイドライン」の5μg-TEQ/ごみトンを下回っている。

3.3 廃棄物からのリサイクル

30日間連続運転時の物質収支を表2に示す。場外排出物は鉄分，アルミ，溶融スラグ及び溶融飛灰であり，瓦礫などの溶融不適物はほとんどない。これは本溶融炉が形状あるいは水分などの処理物性状に対する許容範囲が広いためである。回収した鉄の酸素濃度も0.004w/w％と非常に低く，未酸化物として容易にリサイクルできる。また，実証試験においてチャー中の灰分がスラグに移行した割合，すなわちスラグ化率は約91％を実現した。得られたスラグの性状及び溶出試験結果を表3に示す。Pbの濃度は低く環告46号の土壌基準を満たしており，資源として十分利用できる。また，溶融飛灰の発生量も少なく，その性状も酸性ガス除去に用いたCa成分を除けば塩類と稀少有価物であるZn，Pbが中心であり，十分山元還元できる性状である。

第4編　廃棄物の再資源化を支援する技術

表2　30日間連続運転時の物質収支

	単位	実測値	重量比率
ごみの処理量	kg/h	847	100%
チャー	kg/h	217	25.6%
キルン出口熱分解ガス	kg/h	326	38.5%
回収鉄分	kg/h	4.2	0.5%
回収アルミ	kg/h	1.2	0.1%
瓦礫	kg/h	0	0%
溶融スラグ	kg/h	79	9.3%
溶融飛灰	kg/h	7.5	0.9%

表3　溶融スラグの性状及び溶出試験結果

項目	成分分析	環告13号	環告46号
SiO_2	40%	－	－
Al_2O_3	23%	－	－
Ca	25%	－	－
Cd	＜1mg/kg	＜0.001mg/L	＜0.001mg/L
Pb	19mg/kg	＜0.01mg/L	＜0.01mg/L
Cr^{6+}	－	＜0.02mg/L	＜0.02mg/L
As	＜1mg/kg	＜0.005mg/L	＜0.005mg/L
Se	＜1mg/kg	＜0.02mg/L	＜0.02mg/L
Hg	＜0.005mg/kg	＜0.005mg/L	＜0.005mg/L
DXNs	N.D.	－	－

3.4　まとめ

以上実証運転の結果以下の点が確認された。

① ごみ質などの変動に強くシステム全体が安定している。

② スラグ化率が高く，溶融飛灰の発生量が少ない。

③ 二次燃焼室出口で50ppm以下と低NO_xが実現できる。

④ 二次燃焼室出口で0.1ng-TEQ/m³N，煙突出口で0.05ng-TEQ/m³N以下と低ダイオキシンを実現でき，システムとしても5μg-TEQ/ごみトンを満足している。

このように，本システムは環境への負荷が非常に小さい。さらに本システムは受入れ対象物とできる廃棄物性状の範囲が広く，例えば，都市ごみをキルンで熱分解し溶融炉にキルンで発生し

たチャーと，各自治体で問題となっているその地域の埋立て廃棄物，あるいは粗大破砕ごみを混合して溶融することも可能であり，その用途に応じて様々な組み合わせが可能である。

4 今後の展望と結言

ガス化溶融技術は埋立て地の枯渇，廃棄物の無害化処理，廃棄物の持つエネルギーの有効利用など廃棄物処理における課題を解決する技術の一つである。しかしながら，容器リサイクル法の施行など廃棄物処理も大きく方向変化しようとしている。本システムは幅広い処理物に対応できる特徴を持つことから，都市ごみ処理に加え，今後問題になると思われる粗大破砕ごみ，あるいは埋立て廃棄物の処理の併用など様々な用途に対し十分対応可能と考えている。また，廃棄物処理の課題は環境負荷の最小化，有効資源の再利用効率の最大化であり，この観点から熱分解ガス化溶融技術においても，溶融飛灰の山元還元への取り組みはもちろんダイオキシン類排出量の極小化に向けた技術の高度化を図っていかねばならない。

今後，地球環境保全に対する意識が高まっていく中で，それらに応える技術を提供できるよう日々努力をしていくつもりである。

5 問い合わせ先

㈱クボタ　環境研究部

電話：06-6648-3555

第38章 ガス化改質型溶融炉
— 川崎製鉄㈱ —

行本正雄[*]

1 概要

廃棄物を熱分解および溶融することにより発生したガスを，約1200℃で高温改質した後に70℃まで急速冷却することにより，ダイオキシン類の発生そのものを極限まで抑制しかつ精成合成ガスを工業用燃料として回収する。

現在，川崎製鉄㈱千葉製鉄所内に150トン/日×2系列の施設が稼動中である。

2 開発経緯

サーモセレクト社は1989年に開発に着手し，北イタリアのベルバーニャ州フォンドトーチェ行政地区において，1992年に約100トン/日規模を有する実証プラントを建設した。12ヶ月間の実証試験を行い，1.2MWガスエンジン試験を含む7500時間，ごみ処理量5,500トンを達成した[1]。

さらに，1994年にドイツの第三者評価機関であるTÜV（ドイツ技術監査協会）の立会のもとに公開運転を実施し，本プロセスの正当性とスケールアップに関する評価を得，サーモセレクト社はカールスルーエプラントを受注した。

川崎製鉄㈱は1997年11月に本技術に関しサーモセレクト社と技術供与契約を締結し，国内の実証設備兼産廃用実用施設として，同社千葉製鉄所構内に150トン/日×2系列の施設を建設した。

1999年3月3日の厚生省省令「廃棄物の処理および清掃に関する法律施行規則の一部を改正する省令（厚生14）」が定められたが，本方式はその対象となる『ガス化改質方式』の焼却施設に該当する。

3 プロセスの概要

ガス化改質型溶融炉のプロセスフローを図1に示す[2]。本プロセスは，①〜③プレス・脱ガスチャンネル，④〜⑤高温反応炉・均質化炉，⑥ガス冷却，⑦ガス精製，⑧水処理から，構成され

---

[*] Masao Yukumoto 川崎製鉄㈱ 環境事業部 環境技術部 主査

第38章 ガス化改質型溶融炉

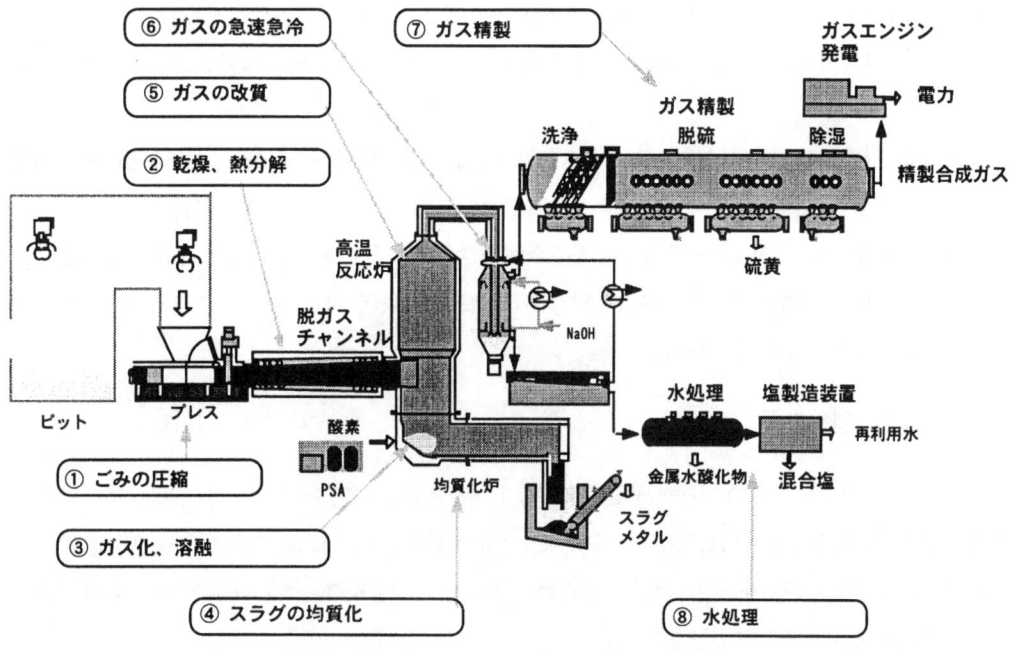

図1 プロセスフロー（ガス化改質型溶融炉）

ている。

　まず廃棄物をプレスで最初の容積の約1/5に圧縮する。これにより廃棄物中の水分分布は均一化され，空気は排除されて脱ガス効率が向上する。次に，圧縮した廃棄物は間接式加熱炉である脱ガスチャンネルで乾燥，脱ガスされ，つづいて高温反応炉からの放射熱によりさらに熱分解される。

　脱ガスチャンネルで発生したガスは高温反応炉に流入し，熱分解物は新たな圧縮廃棄物の装入により押し出されて高温反応炉下部に堆積する。高温反応炉下部に酸素を吹き込み，熱分解物中の炭素と酸素の反応により下部の温度は中心部で最高約2000℃になり，廃棄物中の金属や無機質の成分は溶融する。

　溶融物は高温反応炉から約1600℃に保持された均質化炉へ流れ，微量の炭素等はガス化される。溶融物は押出し流れで連続的に均質化炉内を通り，水砕システムへ流れ落ち，スラグ・メタルとして回収される。

　高温反応炉下部で発生したガスと脱ガスチャンネルで発生した熱分解ガスは合流し，高温反応炉上部の改質部において約1200℃で2秒以上滞留する。それにより，ガス中のタール分やダイオキシン類およびその前駆体は分解され，ダイオキシン類をはじめとする有害な有機物質を含まない，H_2，CO，CO_2を主成分とする粗合成ガスに改質される。

　高温反応炉で改質された粗合成ガスを，急冷装置で約1200℃から約70℃まで急水冷し，*de*

novo合成によるダイオキシン類の再合成を阻止した後に,酸洗浄,アルカリ洗浄をする。さらに,ガスは除塵,脱硫洗浄,乾燥され,有害物質が除去されたクリーンな精製合成ガスが得られる[3]。

ガス改質工程までに生成したH_2Oがガス急冷・精製工程で凝縮し,従来の焼却方式では飛灰となって排ガス中に含まれていた重金属や塩類はすべて凝縮水と洗浄水中に移行する。そのため,飛灰は発生せず,Fe,Zn,Pb,Na,K等の金属を含む水が発生するが,水処理装置と塩製造装置により,金属は金属水酸化物や混合塩等の有用物として回収され,プロセス冷却水としての再利用が可能な水質の水が得られる。

4 実証試験結果

図2に150トン/日・炉のごみ処理量の推移の1例を示す。1999年9月9日〜2000年3月7日まで,千葉市の一般廃棄物14,768トンをガス化溶融処理し,例えば30日間の定格連続運転および延べ130日以上の運転を終了した[4]。さらに,90日以上の連続運転を行っており,実用規模で安定的に運転できることが実証された。

回収された燃料ガス(精製合成ガス)の分析結果例を表1に示す。H_2,COを主体とする燃料ガスは,施設のある製鉄所内の製鉄所副生ガス配管に導かれ,最終的に製鉄所内の発電設備等で工業用燃料として利用可能である。例えば,燃料ガス中のダイオキシン類濃度は,0.00039ng-TEQ/m^3_N(0.00009 ng-TEQ/m^3_N,O_2:12%換算値)であり,厚生省基準の0.1ng-TEQ/m^3_N(O_2:12%換算値)の1/1000未満であった。

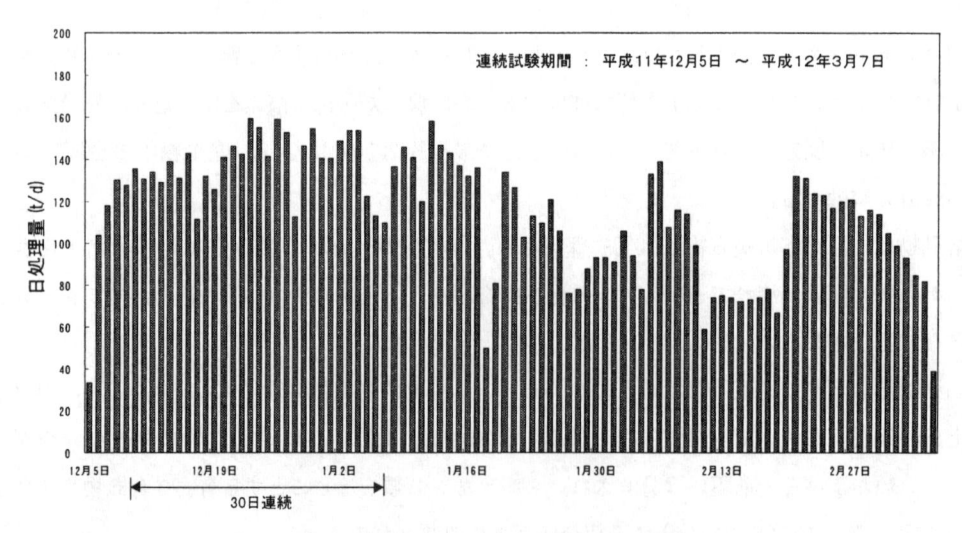

図2 千葉プラントのごみ処理量の推移
(公称150トン/日・炉)

第38章　ガス化改質型溶融炉

表1　合成ガスの性状例（千葉プラント）

項　目		単　位	ガス精製後
ガス組成	H_2	%	30.7
	CO	%	32.5
	CO_2	%	33.8
	N_2	%	2.3
ダイオキシン類		ng-TEQ/m^3	0.00039
ダイオキシン類（O_2：12%）		ng-TEQ/m^3	0.00009

表2　スラグの組成分析値

項　目	本実証試験結果含有率 %	灰溶融（K清掃工場）含有率 %
SiO_2	37	42
CaO	22	20
Al_2O_3	20	20
全　鉄	7.2	7.0
MgO	3.2	3.3

表3　スラグ溶出試験結果（千葉プラント）

	試験結果 mg/L	土壌基準 mg/L
Cd	＜0.01	≦0.01
Pb	＜0.01	≦0.01
Cr(VI)	＜0.05	≦0.05
As	＜0.01	≦0.01
T-Hg	＜0.0005	≦0.0005
Se	＜0.01	≦0.01

　実証試験で得られたスラグの組成を表2に，溶出試験結果を表3に示す。スラグは厚生省の定める「一般廃棄物の溶融固化物の再生利用に関する指針」の溶出基準を満足している。スラグ利用については，一次製品としてアスファルトコンクリートの骨材，路盤材料等に利用，また，二次製品として側溝の骨材，断熱材，壁材として活用しており，現在経年変化の追跡調査中である。
　メタルの主成分は鉄であり，高濃度の銅を含有している。千葉市の可燃ごみの実証運転においてはメタルに銅が平均17.5%含まれていることから，回収したメタルを銅製錬の原料として活用した。さらに，金属水酸化物中に乾ベースで平均39.6%の亜鉛が含まれていることから，亜

表4 ダイオキシン類の分配と総量

回収物	含有量		回収量 (固形物は乾物量で表示)		ダイオキシン分配量 μg-TEQ/t-ごみ
精製合成ガス	0.00039	ng-TEQ/m^3_N	722	m^3N/t-ごみ	0.00028
スラグ	0.0007	ng-TEQ/kg-DS	62.5	kg/t-ごみ	0.00004
硫黄	0.35	ng-TEQ/kg-DS	0.52	kg/t-ごみ	0.00018
金属水酸化物	0.29	ng-TEQ/kg-DS	0.63	kg/t-ごみ	0.00018
水処理処理水(注)	0.00001	ng-TEQ/L	680	L/t-ごみ	0.00001
ダイオキシン排出量合計					0.00069

注)イオン交換後,塩製造原水に相当

鉛精錬の原料として活用した。また,硫黄分中にS(硫黄)が平均67.8％含まれていることから,回収した硫黄分を硫酸の原料として活用した。

表4に千葉プラントにおける回収物のダイオキシン類の総排出量を示す。既存の焼却技術で達成可能と推定される5μg-TEQ/トン-ごみよりもはるかに低い値の約0.00069μg-TEQ/トン-ごみの結果が得られ,本施設は投入廃棄物に含まれるダイオキシン類を分解する性能を持つと考えられる。

5 今後の展望とまとめ

「ごみ処理性能指針」の定める実証のために,千葉県,千葉市の協力を得て,90日以上の連続運転および延べ130日以上の運転を終了した。ガス化改質型溶融炉の実機規模(150トン/日・炉)での一般廃棄物処理としては日本で初めての実証となった。

現在,本施設では産業廃棄物を受託処理して燃料ガスを製造し,千葉製鉄所の発電燃料等に利用する廃棄物燃料製造事業を開始している(新エネルギー利用の促進に関する特別措置法第8条第1項の規定に基づく大臣認定を取得済み)[5]。

本方式の技術は最終処分場に依存しない循環型社会構築において重要な役割を果たすことができるものと考える。

6 問い合わせ先

川崎製鉄㈱ 環境事業部 環境技術部
電話:03-3597-3178

第38章　ガス化改質型溶融炉

文　　献

1）R. シュバーツ，「サーモセレクト方式による熱分解・ガス化溶融システムの開発事例」，技術情報センター（1997年2月）
2）三好，化学装置，**40**, 7, 38（1998）
3）福井，環境技術，**28**, 12, 35（1999）
4）㈳全国都市清掃会議，「技術検証・確認概要書」
5）行本他，「廃棄物燃料製造設備」NEDO新エネルギーセミナー，70（2000年2月）

第39章　廃棄物の溶融石材化技術
— 月島機械㈱ —

金子拓己*

1　概要

溶融石材化技術は溶融の後に結晶化工程を付加したものであり，本プロセスから得られるスラグは天然石同様の結晶質となることから，天然石と同じように各種建設資材として有効利用することができる。

2　はじめに

我が国における廃棄物の処理・処分は，ダイオキシン類に対する規制強化や最終処分場の残余容量減少などを背景として，都市ごみや下水汚泥を中心に溶融スラグ化するケースが増えている。

また，溶融スラグは焼却灰に比べて1/2程度に減容化され，処分場の延命化に寄与し得るものであるが，現在はそれにとどまらず，有効利用の実用化に向けて様々な検討がなされているところである。しかしながら，これまでに発生しているスラグのほとんどがガラス質であり，強度など一部の物性が従来品の天然砕石など異なることから，本格的に利用されるまでには至っていないのが現状である。

以上の背景から，東京都と月島機械㈱は1990年より溶融スラグの品質向上を目的とした研究に着手し，溶融石材化技術を開発した[1,2]。そして，現在，国内の2ヶ所において実設備が稼動しているところである[3,4]。

本技術から得られるスラグの内部には天然鉱物と同じ種類の結晶が析出しているので，天然砕石などと同様の取り扱いが可能となり，幅広い用途への利用が可能となる。

3　技術の概要

3.1　ガラス質と結晶質

固体の物質が結晶質であるかガラス質であるかは，図1に示すようにその物質を構成する原子の配列状態によって決まる。つまり，物質が液体から固体へ凝固する過程で，構成原子は通常，融点を境としてエネルギー的に最も安定する規則的な配列状態をとって結晶質となる。これに対

---

*　Takumi　Kaneko　月島機械㈱　環境エンジニアリング第1部　第5課

39章　廃棄物の溶融石材化技術

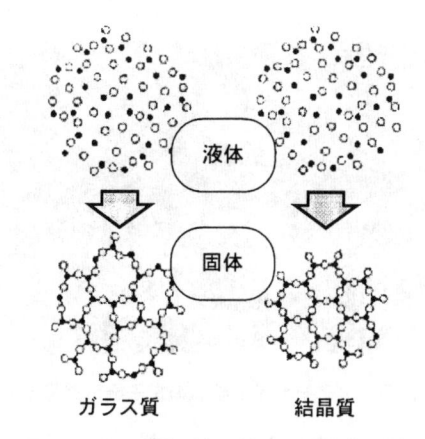

図1　ガラス質と結晶質の原子構造の比較

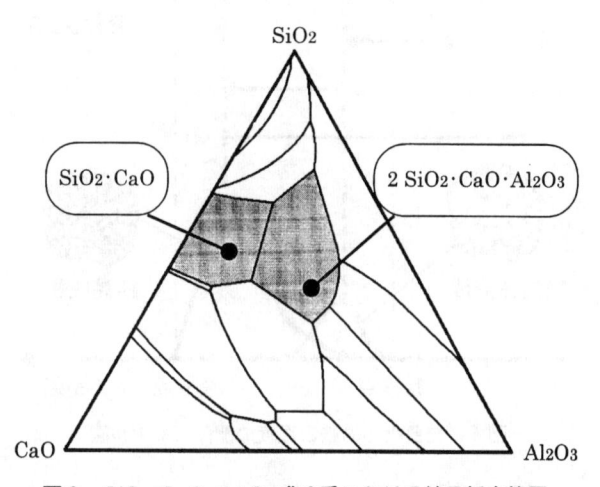

図2　SiO_2-CaO-Al_2O_3成分系における結晶析出範囲

して，ある特定の化学組成範囲（ガラス化範囲と呼ぶ）にある物質は融点以下の温度になっても結晶構造を作らず，原子は液体の不規則な配列状態のままエネルギーを失い，その結果，ガラス質の固体になってしまうのである。

　下水汚泥や都市ごみ焼却灰の灰分には30〜50重量％程度のSiO_2が含まれており，ガラス化範囲に該当する。溶融工程のみによって得られるスラグがガラス質であるのはこのためである。

3.2　結晶化のメカニズム
(1)　化学組成

　本技術では，廃棄物の灰分組成のうち，SiO_2，CaO，Al_2O_3の3成分比率を図2に示すアノーサイト（$2SiO_2 \cdot CaO \cdot Al_2O_3$）やウォラストナイト（$SiO_2 \cdot CaO$）などの析出範囲に特定し，必要に応じて組成調整を行っている。これらの結晶は図3に示すように細長い形状であり，かつ，こ

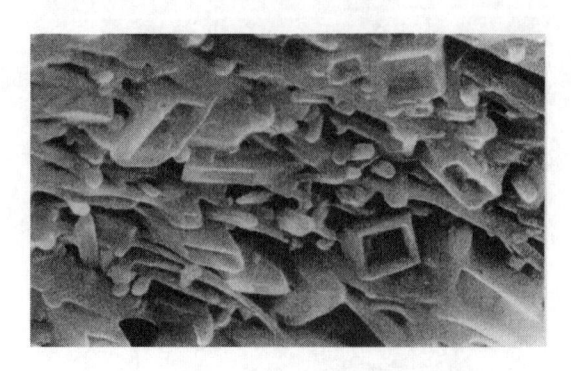

図3 アノーサイト結晶の電子顕微鏡写真

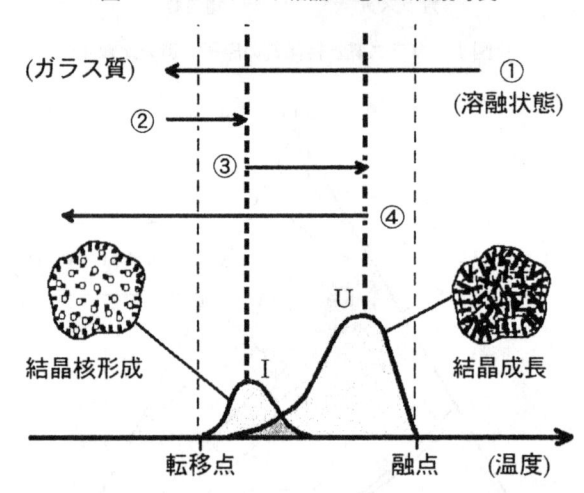

図4 結晶析出過程と温度の関係（モデル図）

れらが複雑に絡み合うように析出させることで，スラグとしての強度を大きくしている。

(2) 熱操作

結晶化は結晶核（幼核）と呼ばれる極めて小さな結晶の形成と，これを起点とする結晶の成長の2段階の過程を踏んで進行する。

そして，結晶核形成と結晶成長は，図4に示すようにそれぞれ最適温度が存在し，結晶核形成の最適温度（図中Ⅰ）の方が結晶成長（同Ⅱ）よりも低温側に存在する。このことから，結晶を効率よく析出させるための熱操作としては，融液（溶融状態のスラグ）を急冷して，一度ガラス質としたものを結晶化の進行過程に通し，結晶核形成（Ⅰ）→結晶成長（Ⅱ）の順に再加熱する（図中①→②→③→④）のが有効である。

ただし，粒径が100mmを越えるような大きな結晶質スラグにする場合，徐冷によって結晶化させている。徐冷とは融液を長時間かけて冷却することによって結晶を析出させる方法である。

39章 廃棄物の溶融石材化技術

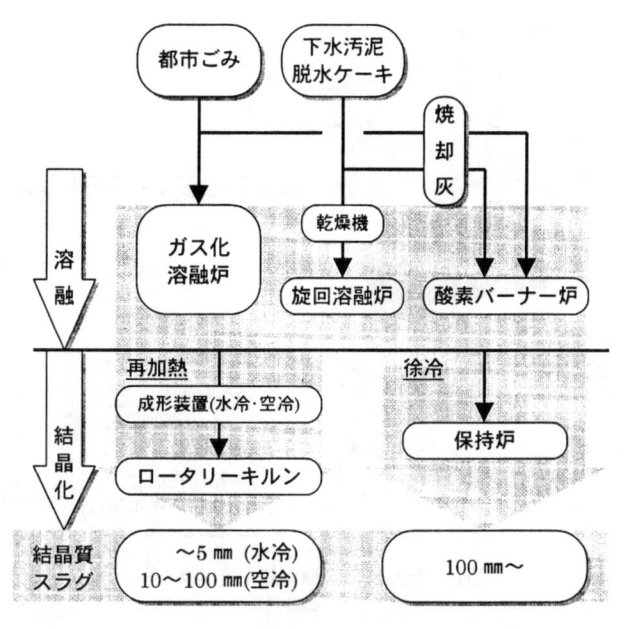

図5 溶融結晶化システム

4 システム

溶融結晶化設備の主な機器構成は供給装置，溶融炉，成形装置および結晶化炉であるが，図5に示す通り，溶融炉の形式は対象となる廃棄物の種類によって異なり，また，成形装置および結晶化炉の形式は再加熱または徐冷のどちらを適用するかで異なる。

5 設備の一例（焼却灰の溶融結晶化設備）

ここでは代表的な設備例として，焼却灰の溶融結晶化設備について以下に述べる。

都市ごみや下水汚泥などの焼却灰から結晶質スラグにする場合，図6に示すフローが適用される。

5.1 溶融炉（酸素バーナー炉）

廃棄物の溶融炉としては，旋回溶融炉，表面溶融炉，コークスベット炉，アーク炉，電気抵抗炉，プラズマ炉などがあるが，溶融結晶化設備で使用する溶融炉はこれらと比較して融液の滞留時間が長い。滞留時間を長くすることで融液を均質なものとし，また気泡を取り除くことができるためである。

また，加熱手段として酸素バーナーを適用し，酸素発生装置から発生する酸素（濃度約93％）を燃焼用空気に用いて，溶融効率向上を図っている。

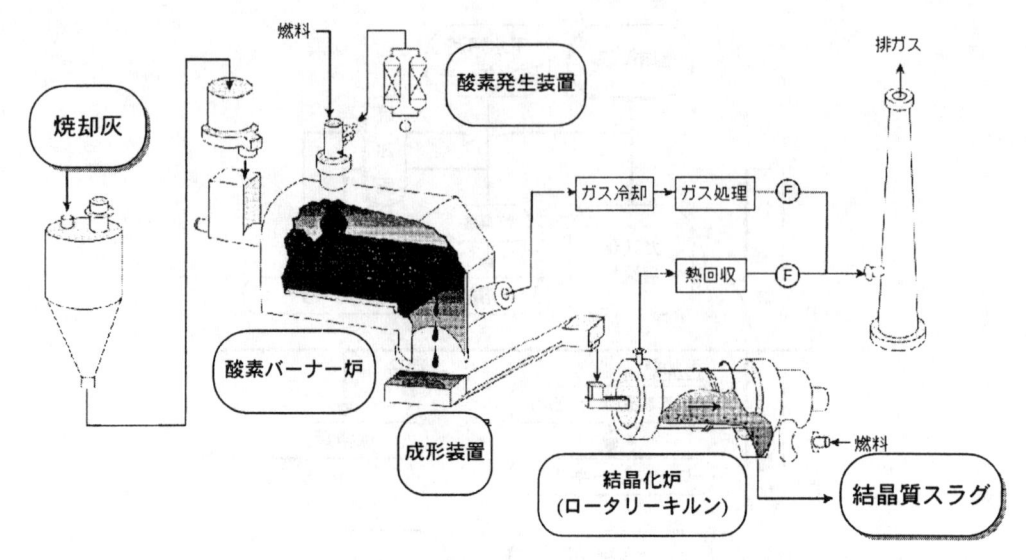

図6 焼却灰の溶融結晶化設備フロー

　焼却灰は約1,400℃の箱形炉内に連続供給され，融けた状態で約2時間滞留した後，下流側に設けられた堰を越流して出滓口から連続排出される。なお，堰の中央にはU字型の溝が施されているので融液は1ヶ所から集中して越流する。

5.2　成形装置および結晶化炉

　結晶化のための熱操作は再加熱と徐冷の2通りがあり，砂や砂利のような粒径の結晶質スラグとする場合はロータリーキルンなどによる再加熱を行い，また，大きい粒径にする場合は保持炉による徐冷を行う。

　再加熱の場合，溶融炉から出滓した融液は成形装置で冷却，固化されて，一度ガラス質のスラグとなった後，ロータリーキルンなどで再加熱され，元の形状を維持したまま結晶化し結晶質スラグとして排出される。結晶化炉内の温度は最高温度域で約1,000～1,150℃である。

　また，最終的な結晶質スラグ粒径に合わせて成形装置も適用する形式が異なり，5mm以下の砂形状にする場合は直接水冷（水砕）装置を，また10～100mmの砂利・砕石形状にする場合は空冷装置などを用いる。

6　結晶質スラグ

　結晶質スラグは図7に示すように天然石とほぼ同等のものであり，次のような品質および有効利用用途がある。

39章 廃棄物の溶融石材化技術

図7 結晶質スラグ（左：空冷＋再加熱，右：水冷＋再加熱）

表1 結晶質スラグの骨材試験結果

項　目		空冷＋再加熱			水冷＋再加熱	
		試験結果	アスファルト骨材規格	コンクリート粗骨材規格	試験結果	コンクリート細骨材規格
絶乾比重	(－)	2.82	2.45 以上	2.5 以上	2.94	2.5 以上
吸水率	(％)	0.62	3.0 以下	3.0 以下	0.56	3.0 以下
すりへり減量	(％)	16.7	30 以下	40 以下	－	－
安定性	(％)	0.0	12 以下	12 以下	0.0	10 以下
洗い試験損失量	(％)	0.15	－	1.0 以下	0.28	7.0 以下
単位容積質量	(kg/ℓ)	1.67	－	1.35 以上	1.65	1.35 以上
粒形判定実績率	(％)	58.5		55 以上	55.8	53 以上

6.1 品質

(1) 物性

結晶質スラグの骨材試験結果を表1に示す。このうち，すりへり減量は天然砕石とほぼ同等であり，この点がガラス質スラグと大きく異なる。

(2) 安全性

環境庁告示第46号に基づく結晶質スラグの溶出試験結果を表2に示す。すべての項目について定量下限値未満であり，土壌環境基準を満足している。

また，水質汚濁調査指針に基づく貝類やウニを用いた試験によって，急性毒性の面からも安全性が確認されている[5]。

6.2 有効利用用途

結晶質スラグはアスファルトやコンクリートの骨材として高い混合率で利用できる[6]。また，鹿島建設㈱はこの結晶質スラグを原料として50重量％以上用いた外装壁タイルの商品開発を行い[7]，外装壁タイルとしては初めてエコマーク商品の認定を受けている。外装壁タイルを図8に

第4編　廃棄物の再資源化を支援する技術

表2　結晶質スラグの溶出試験結果

（単位：mg/ℓ）

項目	試験結果	土壌環境基準
Pb（鉛）	ND (0.005)	0.01 以下
Cd（カドミウム）	ND (0.002)	0.01 以下
As（ヒ素）	ND (0.001)	0.01 以下
Hg（水銀）	ND (0.0005)	0.0005 以下
Cr^{6+}（六価クロム）	ND (0.03)	0.05 以下
Se（セレン）	ND (0.002)	0.01 以下

＊試験方法：環境庁告示第46号準拠
＊＊（　）の値は定量下限値を示し，NDは定量下限値未満であることを示す。

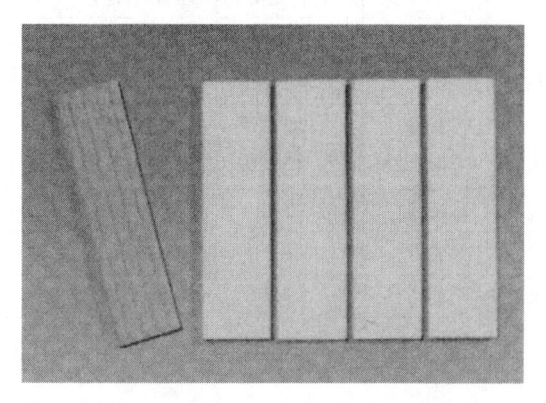

図8　結晶質スラグを主原料に用いた外装壁タイル

示す。

7　今後の展望

　溶融結晶化技術から得られる結晶化スラグは，ガラス質スラグに比べて質的にも量的にも有効利用しやすく，ゼロエミッションの推進に貢献できるものと考えられるが，一回限りの利用で，結局その後に廃棄物となってしまうのでは真のゼロエミッションとは言い難い。
　したがって，結晶質スラグの有効利用用途開発に当たっては，利用後の再利用，再々利用も視野においた展開を図っているところである。

8　問い合わせ先

　月島機械㈱　環境エンジニアリング第1部　第5課
　電話：03-5560-6556

39章 廃棄物の溶融石材化技術

文　　献

1) S. Suzuki, M. Tanaka and T.Kaneko, "Glass-ceramic from sewage sludge ash", *Journal of Materials Science,* **52**, p.1775 (1997)
2) 鈴木章, 寺田武生, 中里卓治, 永吉義一, "下水汚泥焼却灰による結晶化ガラス製造プロセスの研究", 下水道協会誌論文集, **35** (第425号), p.73 (1998)
3) 野口國夫, 村松豊, "京都市における下水汚泥の建築資材化の現況", 再生と利用, **20** (第74号), p.37 (1997)
4) 笠原武, "長野県における溶融結晶化施設と人工骨材の有効利用について", 再生と利用, **23** (第86号), p.47 (2000)
5) 芋生誠, 林文慶, 西田克範, 金子拓己, "生物を用いた溶融石材化スラグの水域環境への影響調査", 第37回下水道研究発表会講演集, (2000)
6) 長田博文, "下水汚泥溶融石材化スラグの有効利用の現状について", 月刊下水道, **23** (第8号), p. (2000)
7) 永吉義一, 西田克範, 金子拓己, 菊地健雄, 新井一彦, 芋生誠, 各務寛治 "廃棄物石材化品を原料とした外装壁タイルの開発", 再生と利用, **23** (第86号), p.90 (2000)

第40章　RMJ方式RDFシステム
— 川崎製鉄㈱ —

行本正雄*

1　概要

　RDFとはごみを圧縮固形化し，燃料化したものであり，ごみの均質化のためには破砕・選別による不燃物除去技術が重要となる。RDFの利用はRDF発電が三重県などにおいて実施段階にあり，地域での小規模熱利用やRDF炭化といった民間利用も検討されている。

2　RDFの導入経緯

　近年，ごみ処理施設の立地難などを理由にごみ処理施設，最終処分場の確保が難しくなっている。ごみ処理に関してはサーマルリサイクルの観点から，ごみの固形燃料（RDF）が注目され，厚生省の新ダイオキシン・ガイドラインでもごみ処理広域化の一方策として取り上げられてきた。
　RDFとはRefuse Derived Fuelの略であり，「廃棄物を燃料化したもの」を総称した意味である。日本におけるRDF製造は，まずプラスチック，紙，バーク（樹皮）などの事業系廃棄物を原料として1980年代前半から始まり，家庭系ごみを対象とした施設の運転は1980年代後半からである。ごみの有効利用を考えるとき，事業系ごみは均質な廃棄物がまとまって排出されるため，RDF化よりも資源化を優先的に考えやすい。しかし，家庭系ごみの資源化には回収効率の低さ，再利用の難しさなどの問題がある。そのため，焼却・熱利用が最も容易かつ現実的な方法となっているが，比較的大規模な施設で，しかも熱利用が施設周辺に限られていた。RDF化はごみを均質化し，貯蔵・輸送性が容易となるため，利用の可能性が焼却方式に比べ大きい。

3　RMJ（リサイクル・マネジメント・ジャパン）方式の特徴

　RDF製造方式は，対象廃棄物の種類により破砕，選別，乾燥および固形化の方法が異なるが，システムは大略，「乾燥工程と固形化工程の位置関係および添加工程の有無，添加剤投入位置」により分類することができる。各メーカーのRDF化フローを概観すると，基本的に図1に示すRMJ方式とJ-カトレル方式の2方式に分類される[1]。
　RDF製造システムの代表例としてRMJ方式のシステムフローを図2に示す[2]。多くの自治体

---

　　*　Masao Yukumoto　川崎製鉄㈱　環境事業部　環境技術部　主査

第40章 RMJ方式RDFシステム

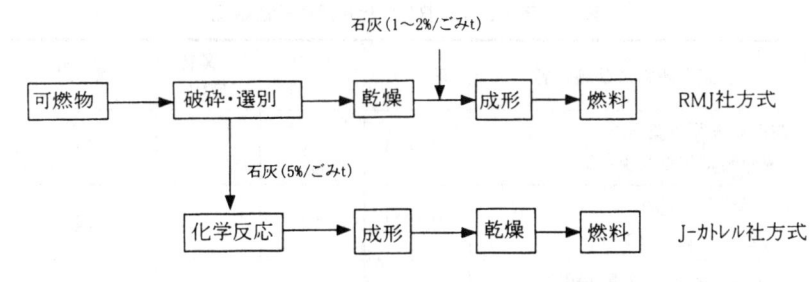

図1 RDF製造プロセスフローの比較

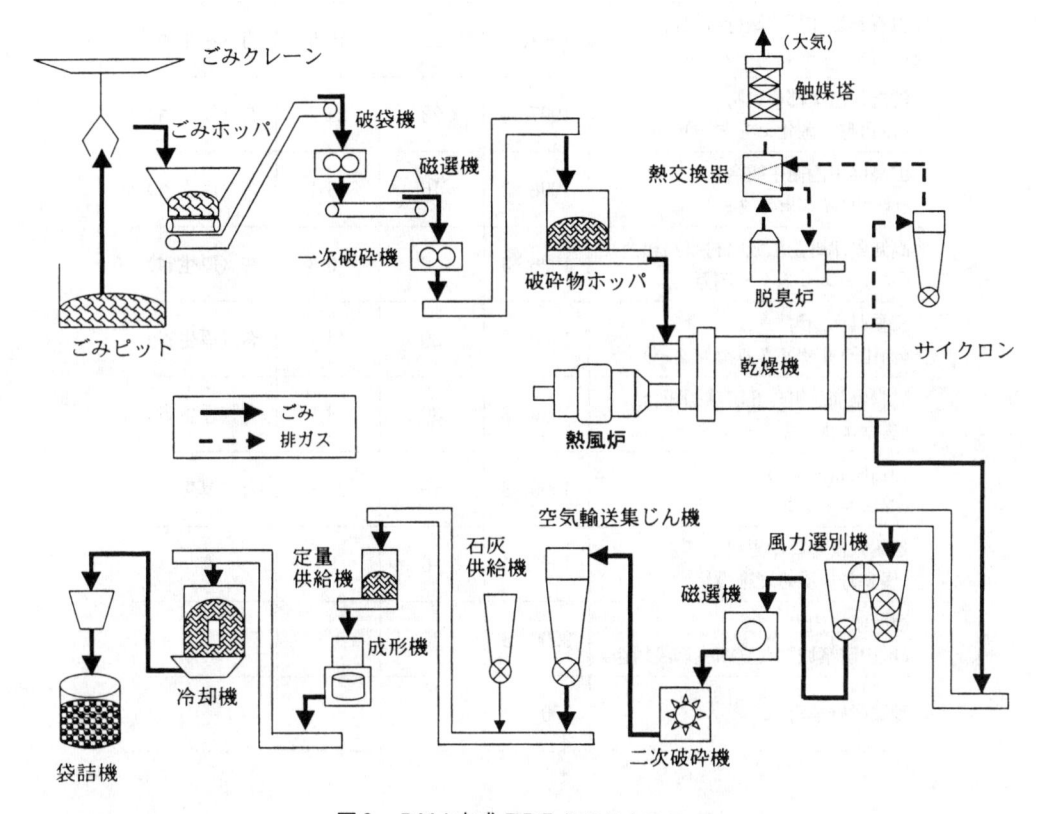

図2 RMJ方式RDFシステムフロー

では分別収集を実施しているが，ごみ中にはびん，缶，ガラス，石，陶器の破片などの不燃物が含まれる。これらの不適物が含まれることを前提に選別工程を設計し，徹底した不適物除去により異物の少ない良質のRDFの製造が可能になる。風力選別を効果的に実施するには，ごみが風力選別機に投入される前に乾燥されていることが重要である。スラッジドライヤーとして実績の多いドラム回転式乾燥機を基に，廃プラスチックの溶着防止機構の装着や排ガスを循環させてドラム内の酸素濃度を低く保持することにより，ごみを燃やすことなく高い乾燥能力を持つ乾燥システムを採用している。ごみは二次破砕により40mm角程度に破砕された後，石灰などを添加

第4編　廃棄物の再資源化を支援する技術

表1　RMJ方式RDF化施設の設置状況

事業主体および施設名	竣工	能力 トン/日	事業費 億円	補助
奈良県榛原事業所 （榛原町護美センター）	1990.11	8		無
栃木県野木事業所 （野木町資源化センター）	1992.11	10		無
富山県砺波広域圏事務組合 （南砺リサイクルセンター）	1995. 4	28	26.9	有（厚生省）
滋賀県愛知郡広域行政組合 （リバースセンター）	1997. 3	22	19.5	有（厚生省）
群馬県邑楽郡板倉町 （板倉町資源化センター）	1997. 4	23	24.2	有（厚生省）
広島県甲西衛生組合 （エコワイズセンター）	1998. 3	16	13.1	有（厚生省）
高知県津野山広域町村事務組合 （クリーンセンター四万十）	1998. 3	6	6.8	有（厚生省）
三重県海山町 （海山町リサイクルセンター）	1999. 3	20	18.1	有（厚生省）
島根県加茂町外3町清掃組合 （雲南エネルギーセンター）	1999. 3	30	28.1	有（厚生省）
山口県新南陽市 （フェニックス）	1999. 3	48	37.8	有（厚生省）
群馬県多野郡中里村 （奥多野一廃処理施設）	1999. 4	6	6	無
福岡県椎田町 （椎田町築城町共立衛生施設組合）	2000. 3	25		
愛媛県砥部町	2001. 3	23		

して独自の石臼式成形機に供給される。水分率10%以下に乾燥された均一ごみを成形機でさらに細かくすり潰しながらダイスとローラで圧縮成形することにより，高密度・高強度成形品が得られる。成形後のRDFの形状は，直径10～30mmφ×長さ10～50mmのクレヨン状で，嵩密度は0.5～0.66である。ダイスの孔径を交換することで，利用に適した径に変更することが可能である。RDFは含水率が10%以下まで乾燥されており，かつ石灰が添加されているため，腐敗性はほとんどない。室内では1年以上の保管ができることが報告されている。また，固形であり取扱いが容易で，通常のトラック輸送ができ，安全な貯留や定量供給が容易である。燃焼が極めて安定しており，燃焼制御が容易であるため，一般廃棄物の燃焼時に比べ，NO_x，ダイオキシン類

第40章　RMJ方式RDFシステム

の排出濃度がかなり低いとの報告もある[3]。稼動しているRMJ方式の代表的なRDF化施設の導入事例を表1に示す[4]。

4　RDFの利用

RDFの利用にあたっては，大きく分けて小規模利用，民間利用，広域での発電利用の3つに分類できる。RDFの小規模熱利用方法としては，RDFの特性から着火，消火が瞬時にできないので，連続的に使用することが望ましく，RDF施設内以外にも周辺の病院，福祉施設や地域熱供給への利用が期待される。民間利用では製紙工場の乾燥熱源，セメントキルンでの熱源，クリーニング事業の蒸気ボイラー燃料などの実績が報告されている[5]。

RDF発電に関しては，通産省資源エネルギー庁が中心となり，NEDO（新エネルギー・産業技術総合開発機構）の導入支援により，三重県，福岡県，石川県，広島県において実施段階に至っている。県下の自治体のごみ処理を焼却からRDF化へ転換し，これを県が引き取って発電する計画である[6]。

RDF発電の経済性については，発電システムそのもののコスト（建設費，運転経費）もさることながら，RDF製造コストや輸送費なども含めたトータルでの試算が必要である[7]。表2には従来の一般ごみ発電とRDF化施設を含めたRDF発電の経済性比較を示す。広域ごみ処理を検討している自治体の1日当たりのごみ量は100トン程度かそれ以下が多いこと，夜間電力は昼

表2　一般ごみ発電とRDF発電の出力比較

	一般ごみ		RDF発電
ごみ処理量合計	200t/d	400t/d	400t/d
焼却発電設備容量	100t/d×2	200t/d×2	—
清掃工場数	2	1	—
RDF生産量合計	—	—	200t/d
発熱量（LHV）	1,900kcal/kg	1,900kcal/kg	4,000kcal/kg
発電効率	15%	20%	31%
発電端出力（kwh）	5,520	7,360	12,020
場内消費電力（kwh）	2,500	1,700	1,200
RDF化施設消費電力（kwh）	—	—	2,100
RDF化施設燃料消費量 電力換算（kwh）	—	—	3,800
実効出力（kwh）	3,020	5,560	4,920

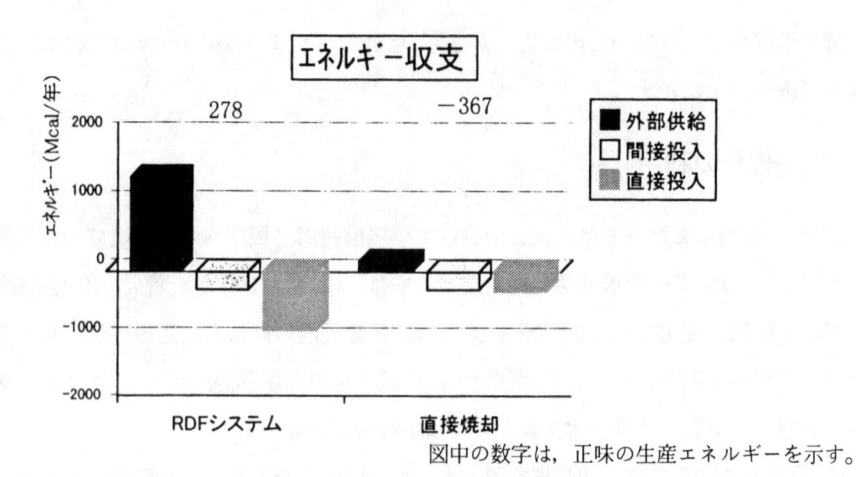

図3　エネルギー収支分析（RDFと直接焼却）

間より安いのでRDF発電では夜間に最大能力の半分程度に落とした運転ができ，その分昼間の発電出力を夜間の倍以上に上げることができるなどRDF発電が一般のごみ発電に比べ経済的に優位となるであろう。

一方，輸送や灰処理も含めたエネルギー収支に関する直接焼却とRDF製造・発電の比較計算を行い，図3の結果を得ている[8]。ごみ処理量1,000トン/日，ごみ熱量1,700kcal/kgを仮定した場合，RDFシステムでは正味の生産エネルギーが278kcal/kg，直接焼却システムでは−367kcal/kgと計算され，エネルギー収率では各々16％，−22％となり，CO_2削減などの大幅なエミッション削減効果が期待できる。

5　今後の展望とまとめ

自治体の広域化計画が進むにつれRDFの利用は集合発電が主体となるものの，一方で単独処

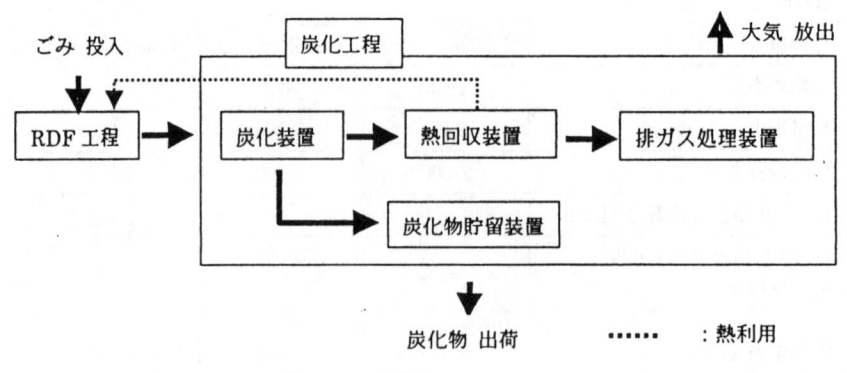

図4　RDF炭化システムフロー

第40章　RMJ方式RDFシステム

表3　一般ごみ，RDF，炭化物の性状比較

項　目	単　位	一般ごみ	RDF	炭化物
嵩比重	g/cm³	0.23	0.59	0.45
水分	%	64.4	3.5	5.3
灰分	%	4.5	10.3	39.8
可燃分	%	31.1	85.2	54.9
揮発分	%	—	75.6	12.5
低位発熱量	kcal/kg	1,640	4,373	4,086

理を行う市町村もあり，RDF施設内で図4に示す炭化を行い，炭化物を民間企業で有効利用することが検討されている[9]。表3に示すように当初のごみ重量に比べ炭化物にすれば約1/8になっており，減容効果が大きいことから輸送コストが低減でき，かつ発熱量が約4,000kcal/kgと高く，製鉄所上流工程で単に燃やすのではなく，コークスや石炭の代替としてケミカルリサイクルすることができる。また，従来のRDFプラントは灯油を使用して乾燥していたが，炭化炉の高温排熱を利用した乾燥により運転コストの削減も可能となる。

　RDFは時代のニーズに応えられる新しいごみ処理技術の一つであり，製造技術だけでなく，利用技術を含めてさらに検討を進めることが必要である。鉄鋼，セメント，製紙業界などの製造業のみならず，電気，ガス，石油，石炭などのエネルギー業界，地域冷暖房など様々な業界と自治体との連携をお願いするものである。

6　問い合わせ先

川崎製鉄㈱　環境事業部　環境技術部
電話：03-3597-3178

文　　献

1）鍵谷司，生活と環境，**7**，39（1997）
2）角誠之，循環型社会構築に向けて（新政策），66（1998）
3）伊藤征夫他，燃料及び燃焼，**63**，8，11（1996）
4）鍵谷司，環境計画センター第11回ごみ固形燃料化技術に関するセミナー，3（1999）
5）鍵谷司，環境計画センター第6回ごみ固形燃料化技術に関するセミナー，11（1996）
6）神谷秀博，化学装置，**37**，9，50（1996）

7） 小川紀一郎, PLASPIA, **105**, 40（1999）
8） 厚生省生活衛生局水道環境部編, ごみ固形燃料（RDF）化エネルギー利用社会システムの総合評価に関する調査研究, 107（1997）
9） 上杉浩之他, 都市清掃, **52**, 232, 464（1999）

第41章　RDF化技術
—㈱荏原製作所—

香ノ木　賢*

1　概要

本技術は，可燃ごみとして分別回収された一般廃棄物を対象として，RDF化する技術である。ごみをRDF化することにより，貯蔵性・輸送性・燃焼時の低公害性を向上させ，サーマルリサイクルによるゼロエミッション型社会システム構築に貢献する技術である。

2　技術開発のねらい

焼却によるごみ処理方式の場合，発電や温水回収の形態で熱利用を図ることが可能な施設には，「一定規模以上の施設」や「熱利用施設が近傍に立地する施設」などの制約条件があり，大多数の焼却施設は熱利用ができていない現状にある。

ごみをRDF化することにより，上記のような制約条件がクリアされることが本技術の目的のひとつである。

3　技術の説明

3.1　システムフロー

荏原RDF化システムは，図1のようなフローにより構成され，受入供給設備・破砕選別設備・乾燥設備・固形化設備・貯留搬出設備などの各設備を組み合わせて，ごみの破砕・不燃物類除去・乾燥・成形といった加工処理を行う。

システムを構成する各設備は，荏原がこれまで納入してきたごみ焼却施設・粗大ごみ処理施設・排水処理設備などにおいて培った技術ノウハウを最大限に生かし，最も機能的かつ合理的な機器により構成される。

3.2　技術の特徴

RDF化システムを構成する代表的な機器について紹介する。

---

*　Ken　Kohnoki　㈱荏原製作所　環境プラント事業統括　RDF技術部　主任

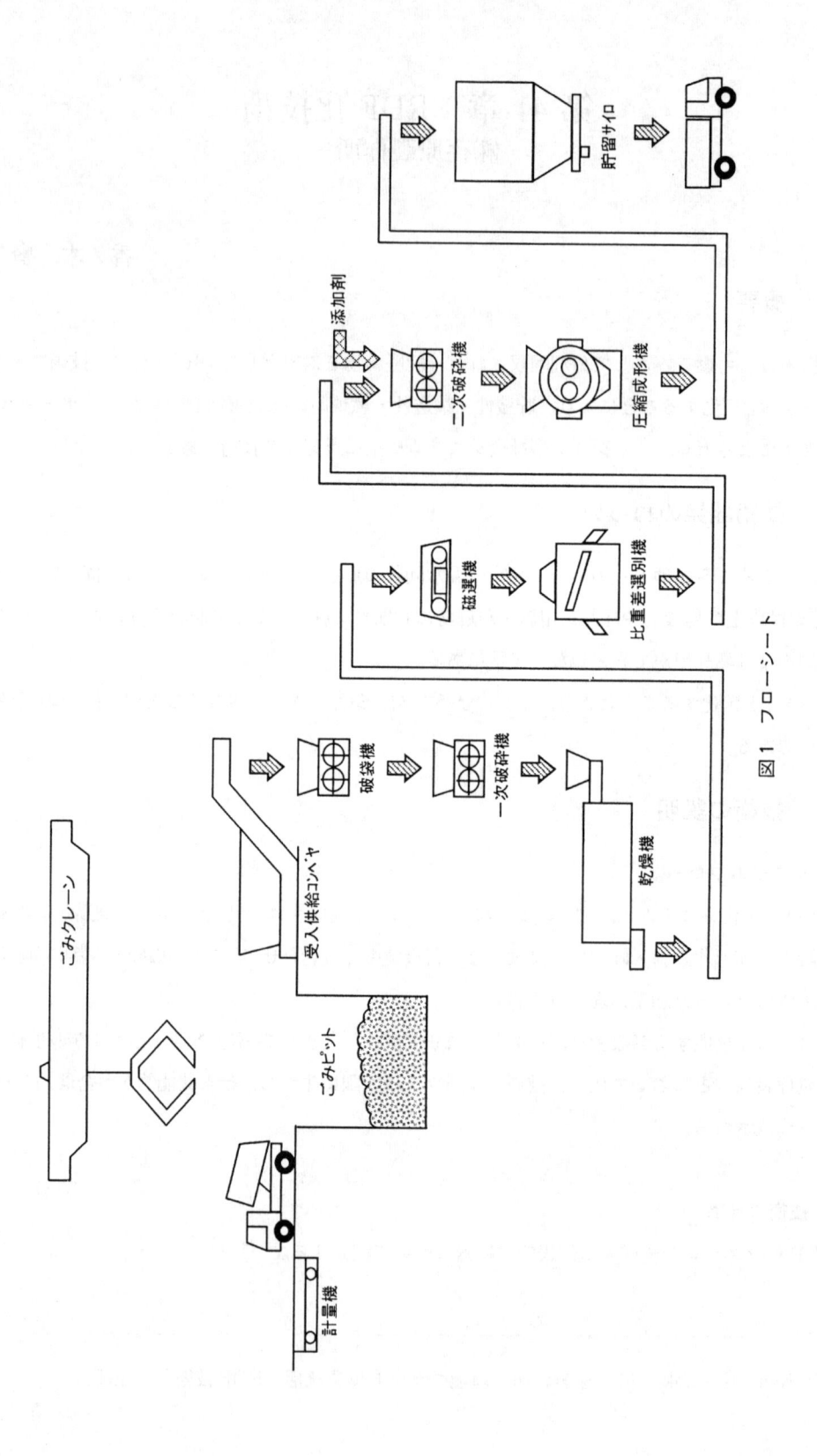

第4編　廃棄物の再資源化を支援する技術

図1　フローシート

第41章　RDF化技術

(1) 破砕機

ごみを圧縮成形するためには細かくする必要があり，様々な形状のごみを一定粒度以下まで破砕するため，複数の破砕機により破砕する。破砕時の騒音や振動をできる限り低く抑えること，スプレー缶などの爆発物の混入時の安全性がより高いことを考慮して，低速回転式の破砕機を使用する。

(2) 比重差選別機

可燃ごみに混入する金属類・不燃物などは機器（特に圧縮成形機）故障やRDF燃焼時の灰分増加の原因となる。

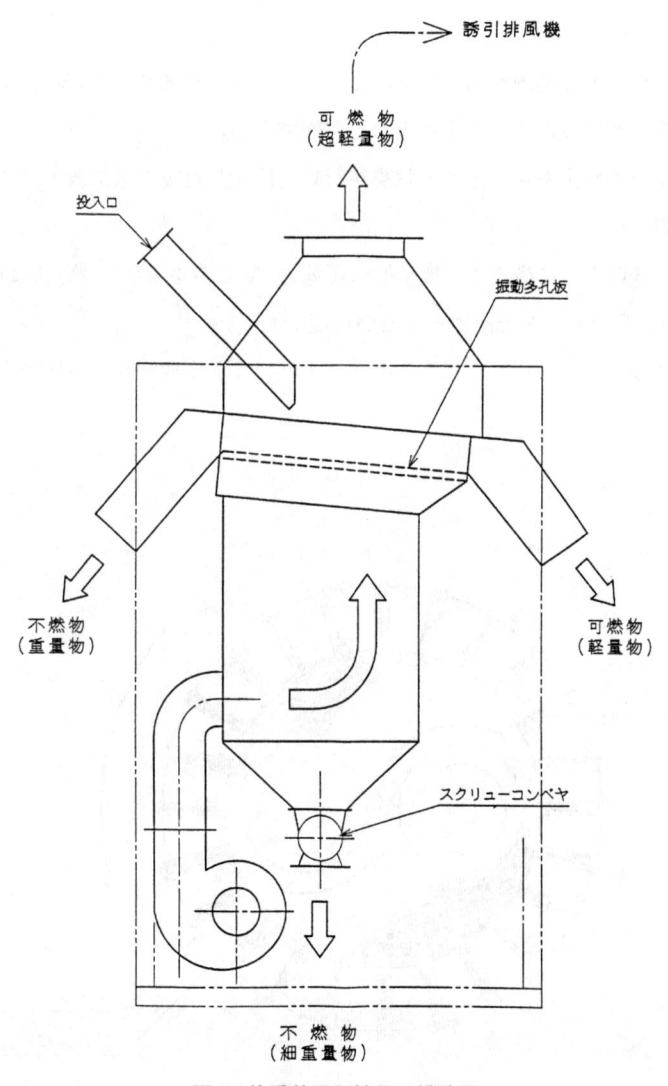

図2　比重差選別機原理構造図

比重差選別機は，図2のような構造で風力選別と振動篩の組み合わせによりごみを下記4種に分別し，金属類・不燃物を除去する。

・超軽量物：風力により飛ばされるプラスチックフィルムなどの可燃物
・軽　量　物：風力の影響を受けながら篩上を滑り落ちる紙・厨芥・プラスチックなどの可燃物
・重　量　物：風力の影響を受けず篩上を登る金属類などの不燃物
・細重量物：風力の影響を受けず篩目から落下するガラス・土砂などの不燃物

上記のうち超軽量物及び軽量物の2種がRDF化される。

(3) **乾燥機**

ごみは約50％の水分を含んでおり，これを乾燥することにより低位発熱量を上げ，保存可能なRDFが製造できる。

乾燥は，破砕したごみに熱風を通気することにより行う。熱風は最高350℃程度まで上がるが，水分蒸発に熱を奪われごみが着火することなく乾燥できる。

乾燥機からは排ガスが出るが，除塵・脱臭を行い清浄化した後大気に放出する。

(4) **圧縮成形機**

圧縮成形機は図3のような構造で，機械的な圧縮力で，ごみをRDFの形状に成形する。ダイスの穴径によりRDFのサイズを決めることが可能である。

また，成形前に添加剤（石灰）を加え，アルカリ性による腐敗抑制，燃焼時の有害成分吸収剤として機能させる。

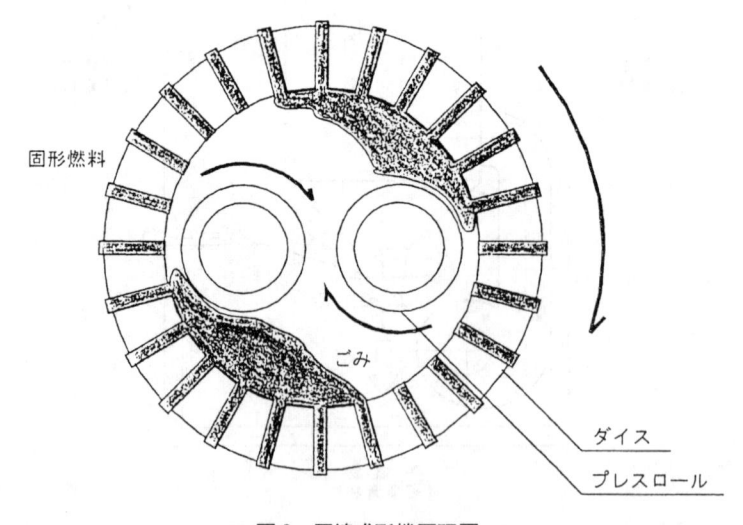

図3　圧縮成形機原理図

第41章　RDF化技術

表1　RDF化施設納入実績表

2000年4月現在

受注年度	件数	所在地	事業主体名	規模（t/d）	竣工年月	備考
－	1	大分	津久見市カトレルプロセス実証プラント	20t/8h	1995-10	実証プラント
1995	2	大分 静岡	津久見市 御殿場市・小山町広域行政組合	32t/8h 150t/16h	1996-12 1999-3	
1997	1	山口	美祢地区衛生組合	28t/8h	1999-3	
1999	1	三重	桑名広域清掃事業組合	230t/16t	(2003-3)	建設中
計5件（実証プラント含む）						

3.3 RDF化施設納入実績

表1に荏原のRDF化施設納入実績を示す。

4　ゼロエミッション的見地での本技術の特徴

ゼロエミッション的見地から見たRDF化技術の特徴は，貯蔵・輸送の面ではごみを燃料として扱うことができることにある。

ごみ処理の結果製造されるRDFは，乾燥と添加剤（石灰）の効果により腐敗することなく貯蔵が可能で，固形物に圧縮成形することによりかさ比重が上がり輸送効率が向上している。

また，RDFを燃料として使用する際には，排ガス処理が必要だが，破砕選別による均質化・金属除去，添加剤（石灰）の効果により排ガス中の有害物質濃度はごみ焼却より低い数値のため，排ガス処理はより容易に行える。

こうしたRDFの特徴を生かした，RDFの広域収集による発電事業構想が三重県・福岡県・石川県などで進んでいるが，ゼロエミッションに向けたネットワーク形成にRDF化技術が寄与した一例と言える。

5　展望と結言

ごみは，大量に収集されればその熱利用価値は高いものと言えるが，広域的に収集することには輸送効率・臭気などの困難な課題がある。RDF化技術は，この課題を克服する手段として利用できる技術であり，先に述べたRDF発電構想もその実現にはRDF化技術が必要不可欠と言える。

RDF化技術は，ごみ処理と熱利用の間を繋ぐ手段として重要な技術であると考える。

6 問い合わせ先

㈱荏原製作所　環境プラント事業統括RDF技術部
電話：03-5461-6295

第42章　廃プラスチックの静電分離技術
— 日立造船㈱ —

前畑英彦*

1　概要

廃プラスチックのマテリアルリサイクルに要求される99％以上の高い分別純度を，摩擦帯電したプラスチックを回転ドラム電極方式で静電分離する技術により実用化し，商品化した。小型で低消費電力および乾式リサイクルシステムを実現するという特長を有する。

2　廃プラスチックリサイクルの背景と動向

20世紀後半に驚異的な成長を遂げた高度工業社会は，その副産物として大量生産・大量消費経済を作り上げた。反動として，大量廃棄ごみの処理対策および資源枯渇や地球環境維持が課せられ，1992年のリオ地球環境サミットを機に，循環型経済社会の構築が世界レベルでの共通認識として持たれるようになった。

我が国も廃棄物の排出低減，再使用，再製品化リサイクルをスローガンに各種法制度が順次整備されている。2000年4月からの「容器包装リサイクル法」の完全施行に続いて，「廃家電法」など順次プラスチックのリサイクルに関する法規制が整いつつある。さらに，廃OA機器や廃自動車，廃電線なども業界の自主的なリサイクル行動計画が活発に進められており，21世紀に向けて廃プラスチックリサイクル機運が一挙に高まってきた。すでに家電やOA機器メーカの一部では，廃プラスチックを重要な原料調達先と位置付け，99％以上の回収純度を要求し始めている。自動車，電線メーカもこれらに続く。

3　プラスチックの分別法

廃プラスチックのリサイクルは，燃料としてのサーマルリサイクルと再製品化のマテリアルリサイクルに大別される。前者は塩素ガスおよびダイオキシン発生の要因となるPVC（塩化ビニル）の徹底除去が，後者は高純度化が要求される。

プラスチックの分別手法として，材料組成や比重差，軟化/溶融/脆性温度の差および電気的性質などが利用されており[1]，表1はこれらをまとめたものである。表中の分離精度欄には，実用

---

*　Hidehiko　Maehata　日立造船㈱　技術研究所　要素技術研究センター　主任研究員

第4編　廃棄物の再資源化を支援する技術

表1　プラスチックの分別技術

対象形態	分別の方法		分別の原理	分離精度	長所	短所
製品形態	X線，蛍光X線（材質検知）		蛍光X線センサ	○	処理速度が速い	付着食塩も検知，高価，安全措置，有資格
	近赤外光分離（材質検知）		透反射光のスペクトル波長で吸光度の差異検知で分離	◎	処理速度速く大量多種のプラに適用，高精度	高価だが，低価格化も進められている
	レーザ光分離（材質検知）		CO_2レーザ照射によりCl化合物の発光検知で分離	○	PVC選別精度が期待できる	付着食塩も検知，高価，安全措置，実用例無
	カラー画像処理（色検知）		カメラ画像処理で色，形状認識	○		
	衝撃破砕分離（低温破砕）		耐衝撃強度の差異で分離低温脆性も利用	△		温度管理が必要，液体窒素必要，高コスト
破砕品形態	湿式分別	比重液分離	液体とプラとの比重差を利用して浮沈分離	○	安価，費用を掛ければ全プラに適用可能	排水処理，乾燥処理必要，気泡付着による誤差
		遠心力選別 ハイドロサイクロン	液体とプラとの比重差により旋回流を利用して分離	◎	洗浄/分別/脱水一貫機能	PETとPVC分離が難しい，泡沫剤と水処理
		浮遊選鉱式	水中に吹き込んだ気泡の付着差異を利用して分離	△	安価	乾燥処理必要
		溶剤選別	溶解度の差（温度）により分離	△	特殊なプラも分別可能	溶剤回収・精製が必要，実用性は遠い
	乾式分別	風力選別（プラ抽出）	気体中の固体の沈降速度差を利用してプラ（紙）類を分別	△	安価で大量処理できる	微破砕必要，高い精度期待できない
		流動層分離	振動篩金網，上方空気流などで比重差，反発力利用分離	△	ボトル，フィルムの選別試験例	微破砕が必要
		静電分離	導電性，帯電性の差異を利用して分離	◎	摩擦帯電式高純度分離コロナ式金属除去も良	微破砕必要
		渦電流分別（金属除去）	渦電流と移動電磁界により非鉄金属を除去	○	比較的高い精度	小寸の分離は難
		電磁分別（金属除去）	電磁力により鉄（磁性金属）を吸引除去	○	比較的高い精度	小寸の分離は難
		溶融分離	溶融点の温度差を利用して分離	△	前処理不要	温度管理が必要

レベルにあるものは○，さらに高純度分別できるものには◎を記した。

　ここで，99％以上の高純度分別を実用化した静電分離技術[2]は，乾式リサイクルシステムを実現できるものとして各分野から注目されている[3]。また，湿式分別法の1/20以下の消費電力で，廃水処理/乾燥処理工程も省略できる。

第42章 廃プラスチックの静電分離技術

4 高純度静電分離技術

4.1 プラスチックの摩擦帯電と静電作用

異なるプラスチック材を擦り合わせた場合，双方の表面での電子の授受により一方が＋に，他方が－に帯電する．図1は，PPを基準材料として種々のプラスチック材料との摩擦帯電電位を調べた一例である．材料により±の極性および帯電電位が異なることがわかる．これを各種材料毎に調べていくと，以下のような帯電列ができる．

（＋）
PMMA （ポリメチルメタクリレート）
ABS （アクリロニトリルブタジエンスチレン共重合体）
PS   （ポリスチレン）
PE   （ポリエチレン）
PP   （ポリプロピレン）
PET （ポリエチレンテレフタレート）
PVC （塩化ビニル）
（－）

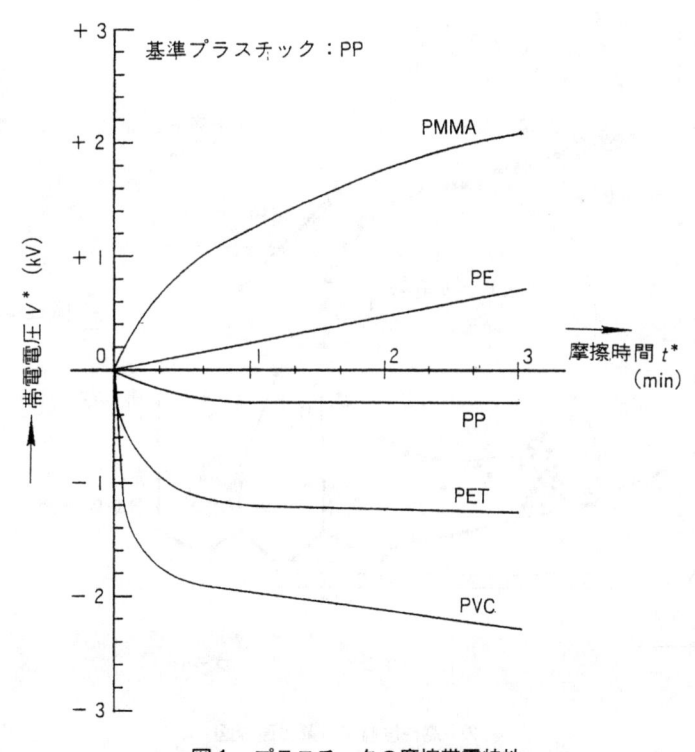

図1 プラスチックの摩擦帯電特性

第4編　廃棄物の再資源化を支援する技術

摩擦により帯電した2種の混合プラスチック（+q, −q）を，直流高電圧を印加した一対の平行平板電極間の静電界場Eに投じると＋帯電プラスチック粒子は負電極方向に，−帯電プラスチック粒子は正電極方向に静電力F（＝±qE）を受けながら落下する。落下位置の中間に仕切を設けておけば，2種のプラスチックは分離回収される。

4.2 高純度分離技術[4]

平行平板電極分離法では，プラ投入位置の制約や電極への付着による電界低下により連続大量処理に問題があり，また±帯電粒子の落下軌跡のクロスによる衝突などで高純度分離が期待できない。

図2は，高純度分離を連続大量処理するために開発した回転ドラム電極式静電分離の原理を示すものである。

摩擦帯電プラスチックを回転ドラム電極上に供給して対向電極とで形成される静電界場に送り込むと，ドラムと異符号帯電プラスチックは吸着作用によりドラム下まで送られ，同符号のプラスチックは反撥して前方へ飛行落下する。下部に2枚のセパレータと3つの回収槽を設け，曖昧

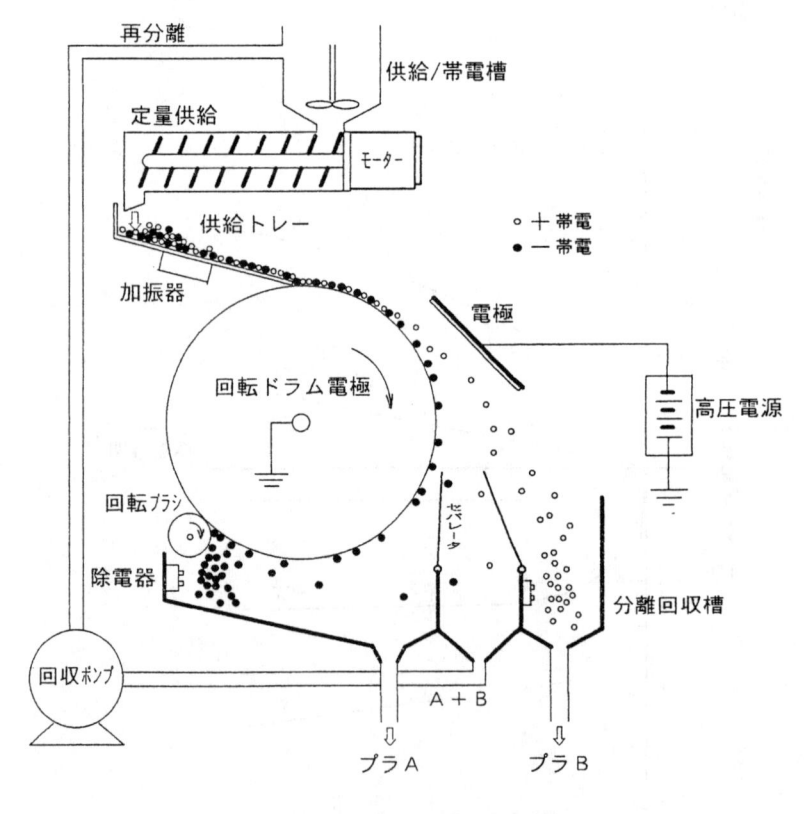

図2　高純度静電分離の原理図

第42章　廃プラスチックの静電分離技術

な吸引/反撥運動をする落下プラスチックを中間槽で捕獲することにより，両側槽で高純度回収が可能となる。捕獲プラスチックは再分離のため戻される。

図3はPBT（ポリブチレンテレフタレート）とPVCの混合プラスチック（5mmメッシュ以下の破砕片）を100とした場合の重量バランスと分離性能を示したものである。PBTは純度99.7％（回収率78.4％），PVCは純度99.9％（回収率96.5％）と高純度回収を得ている。中間の回収容器には帯電の弱いものが回収されており，これは再度分離することで回収率を増やすことができる。

5　静電種別分離装置

5.1　装置の概要

図4は，廃家電および廃OA機器の廃プラスチック高純度分別用として商品化した静電種別分離装置（ES-30F型）の外観写真である。この装置は3つの摩擦帯電ユニットによる順次繰り返しの連続バッチ式で，静電分離部へ連続的に供給される。静電分離部の回転電極ドラムは，吸着プラスチックを掻き落とすとともに常時清浄化する機能を備えており，連続処理でも一定の分離性能が維持される。分離プラスチックは2つのセパレータと3つの回収槽で回収される。高純度のものは除電処理され，ベルトコンベアもしくはパイプエアで搬出する。再分離のものは上部の摩擦帯電ユニットに戻される。

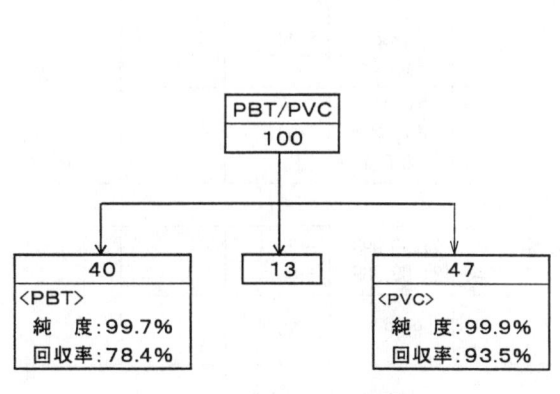

図3　PBT/PVCの分離結果

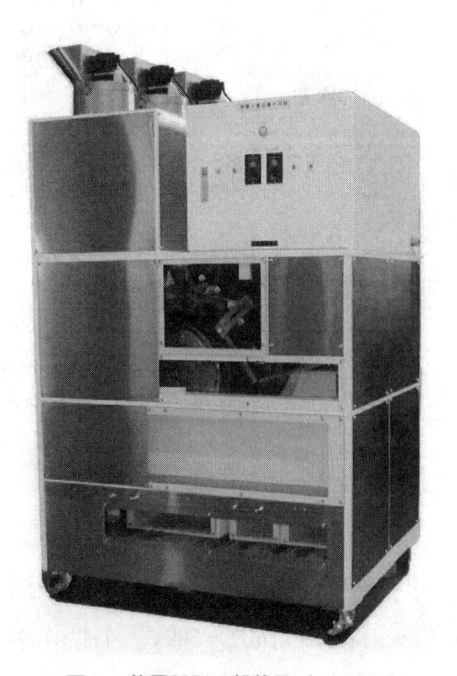

図4　静電種別分離装置（ES-30F）

第4編　廃棄物の再資源化を支援する技術

表2　プラスチックの種別分離性能（ES-30F型）

対象物 （重量比）	形状・サイズ	一度分離 純度(wt%)	一度分離 回収率(wt%)	二度分離 純度(wt%)	二度分離 回収率(wt%)
(1) 2種混合プラスチックの種別分離					
PE/PS (1/1)	PE　：破砕片10mm以下　0.2mmt PS　：破砕片 4mm以下　1mmt	98.1 97.6	60.6 63.6	99.75 99.88	41.7 36.6
ABS/PVC (1/1.5)	ABS：破砕片 8mm以下　0.5mmt PVC：破砕片 8mm以下　粒	97.5 98.8	76 62		
ABS/PE (1/1)	ABS：ペレット1mm×2mm×3mm PE　：破砕片10mm以下　0.2mmt	99.4 98.1	51.3 91.2	99.97 99.85	38.2 80.5
PVC/PE (1/1)	PVC：破砕片 5mm以下　2mmt PE　：ペレットφ2mm×3mm	99.6 99.7	85.2 57.7		
PET/PVC (1/8)	PET：フィルム20mm□ PVC：フィルム20mm□	－ 99.8	－ 91.2	92.8	－
PP/PE (1/1)	PP　：破砕片 8mm以下　2mmt PE　：破砕片 8mm以下　2mmt	99.3 －	79.5 －	99.96	51.5
PP/PE (1/9)	PP　：破砕片 8mm以下　2mmt PE　：破砕片 8mm以下　2mmt	99.2 －	63.5 －	99.6	98.9
PET/PE (1/1)	PET：破砕片10mm以下　0.2mmt PE　：破砕片 4mm以下　1mmt	99.3 94.4	94.4 99.3		
(2) 3種混合プラスチックの種別分離					
ABS/PE/PVC (1.1/1/1.2)	ABS：ペレット1mm×2mm×3mm PE　：ペレットφ2mm×3mm PVC：ペレットφ4mm×3mm	98.1 － 99.0	76.1 － 69.7		
(3) PVC除去					
分別収集プラ 〈湿式分離後〉	5mmメッシュ以下破砕品 分離前PVC含有率2.09%	PVC 残存率 0.87%	44		
調合プラスチック PE/PP/PET/ PS/PVC	ペレット3mm以下 PVC含有率10%	PVC 残存率 0.6%	90		
(4) 夾雑物除去					
廃農ビニル	パウダー：分離前純度　99.07% 夾雑物：Al, Cu, プラスチック, ゴム	1) 99.993 2) 99.966	→25.3 →66.8		
廃PETボトル	フレーク：分離前純度　99.7% 夾雑物：Al, PP, PE	99.9	80		

処理能力は300kg/h，500kg/hおよび1トン/hがある。300kg/h装置の仕様は，消費電力：1kW，最大使用電圧：30kV，寸法：1300W×1100D×2100Hmm（重量600kg）である。また，湿度対策タイプでは80%程度まで可能で，プラスチックの破砕サイズは粒揃いの1～10mm程度

が望ましい。

5.2 装置性能と特長

表2は，各種廃プラスチックの分別性能データの例を示したものである。廃家電や廃OA機器に多く使用されているABS，PS，PE，PVCなどの混合プラスチックについて99％以上の純度が得られる。

また，装置およびリサイクルシステムに採用する上での特長を以下にまとめる。

① 乾式プロセスが実現でき，湿式法に必要な廃液処理と乾燥処理が削減できる。
② 回転ドラムによるプラスチック接触分離のため確実に静電力を作用させられる。
③ 回転遠心力が付加され分離性が促進される。
④ ドラム面は常時清浄化され，連続処理でも分離性能が一定。
⑤ 低電圧，小電力で小型。

6　結言

今後数年，静電種別分離装置は使用済みプラスチック製品の種分別に受け身の役割で用いられることになるが，これにより，幅広いプラスチックリサイクルの増加が見込める。さらに，この分離技術を契機として，積極的にリサイクルを増加させる可能性が期待できる。

現在，製品に使用するプラスチックの種類を限定，あるいは統一する動きが進んでいるが，用途に応じた特性からすべての材質を統一することは不可能である。リサイクルを前提に，本装置によって分離可能な樹脂をあらかじめ選定しておけば，樹脂選択の幅が広がり，性能面を維持するとともに経済性向上が望める。

7　問い合わせ先

日立造船㈱　技術研究所　要素技術研究センター
電話：06-6551-9435

文　　献

1）大音ほか：廃プラスチックの分離・分別の高度化と最新技術開発事例，技術資料出版（1996年）p95
2）前畑ほか：プラスチック静電選別技術の開発，日立造船技報，57，No.4（1997年）p53
3）前畑ほか：廃家電・廃OA機器用プラスチック類の高効率静電分離装置，産業と環境，オートメレビュー

社（2000年1月）p75
4）前畑ほか：プラスチック静電分離装置の開発（1）および（2），1999年電気学会産業応用部門大会論文集，p507およびp511

第43章　分別収集廃プラスチックの油化装置
— 日立造船㈱ —

長井健一[*1]　佐藤靖男[*2]

1　概要

廃プラスチックの油化は，溶融，再利用が難しい雑多廃プラスチックを400℃前後の加熱によって熱分解することを利用した技術であり，容易に利用ができる回収油を生成することができる。

2　開発の経緯

廃プラスチックは，その約40%，約300万トンが焼却されずに，埋立て処分されている。これは，ごみ焼却設備が不足している自治体では衛生的に問題な厨芥ごみを優先し，衛生的に問題の少ない廃プラスチックを埋立て処分せざるを得ない事情による。しかしながら，投棄処分地も残り少なくなり，新たな処分地確保が難しい状況で，かさばって腐り難い廃プラスチックは問題視されている。廃プラスチックを燃焼させると，有機塩素化合物の発生などで環境問題になる。また，一般廃棄物からの再生利用は雑多で難しい。

当社では，プラスチック廃棄物の減量と有効利用という社会的ニーズに対応する技術として油化利用技術を開発した。

当社は，1991年に廃プラスチックの油化基礎研究に着手し，各種プラスチックの熱分解特性を把握し，燃料として利用しやすい再生油をつくる技術の開発を行った。ガス成分を増加させることなく，流動性が高く，燃料に適したオイルの製法として，触媒を用いる方法（触媒改質法）と高沸点オイルを分解槽に戻す方法（還流改質法）を研究した。その結果，還流改質法には触媒改質に必要な対策，すなわち，触媒塔における通気抵抗，オイル付着閉塞，触媒交換と使用済み触媒の処分対策が不要である点などを評価して，還流改質法を組み込んだ油化プロセスで実用化を図った。

1992年に当社研究所で油化パイロット装置を設置し実用化開発を行った。ここでは油化装置の連続運転に必要な技術として，廃プラスチックフラフの連続投入技術，運転中残渣排出技術，排出残渣の自己燃料利用技術など，また，塩素分が少ないオイルを回収する方法として直接冷却・

[*1]　Kenichi Nagai　日立造船㈱　環境・プラント事業本部　システム本部　プロセス機器部
[*2]　Yasuo Sato　日立造船㈱　環境・プラント事業本部　システム本部　プロセス機器部

第4編　廃棄物の再資源化を支援する技術

凝縮・回収方法を開発した。

1994年に茨城県新治地方広域事務組合（以下新治組合と略す）に共同実証設備を設置し，実際の廃プラスチックの油化実証試験を行った。ここでは廃プラスチックに含まれる異物やPVC, PETなど油化不適物を除去する設備も設置した。なお，油化設備は，本地区で収集される廃プラスチックの量が月に十数トンで一日8時間運転で対応できると考え，セミ連続装置（油化残渣を開放排出するタイプ）とした。新治組合では1996年4月から廃プラスチックの分別収集と，その油化を本格的に始めた。回収オイルは隣接の老人福祉センターで給湯用ボイラーの燃料として使用される。

3　設備の概要

当社の油化システムは，異物，PVC, PETなどの油化不適物プラスチックを除去する前処理設備と油化設備からなる。油化不適物を前処理で除去することで，油化設備において油化残渣排出操作や有害ガス対策が軽減されるばかりでなく，油化設備がコンパクトになる。

3.1　前処理設備

前処理設備は，湿式比重差分離方式で油化不適物を分離する設備である。油化不適物，すなわちPVC, PETなどが水に沈み，油化適合プラスチック（ポリエチレン，ポリプロピレン，ポリスチレン）が水に浮くことを利用した分離設備である。

前処理設備フローを図1に示す。分別収集廃プラスチックは粗破砕機で50mm以下に破砕し，振動フルイで陶器片，土砂などを，さらに磁選機で鉄片や磁気テープなどを除去する。異物除去後の破砕プラスチックは約160℃の熱風で減容処理し，発泡スチロールを約1/10に減容させフィルムも収縮させる。次に微破砕機で5mm以下のフラフに破砕する。これらの処理の目的は，沈降式分離槽で発泡スチロールの浮上速度を緩やかにし，PVCなどの油化不適廃プラスチックの分離効率を高め，また，後工程におけるハンドリングを容易にすることである。微破砕後のフラフは洗浄し，スラリー化の過程で浮上沈降分離に悪影響する付着気泡を除去する。沈降分離槽で沈んだフラフはポンプ排出する。浮上フラフは，くし歯攪拌機でほぐし，レイキで引き上げ，脱水し振動式乾燥機出口で水分1%以下まで乾燥する。乾燥フラフは貯留槽へ空気輸送する。

3.2　油化設備

熱分解釜と改質塔および生成オイルの回収部からなる。常圧装置でメインルートにバルブもなく，ペレット触媒などの充填塔もない。充填物の交換作業が不要で，閉塞トラブルの心配がない装置である。しかも，高温融液の循環ループがないので，装置の起動・停止が容易である。停止

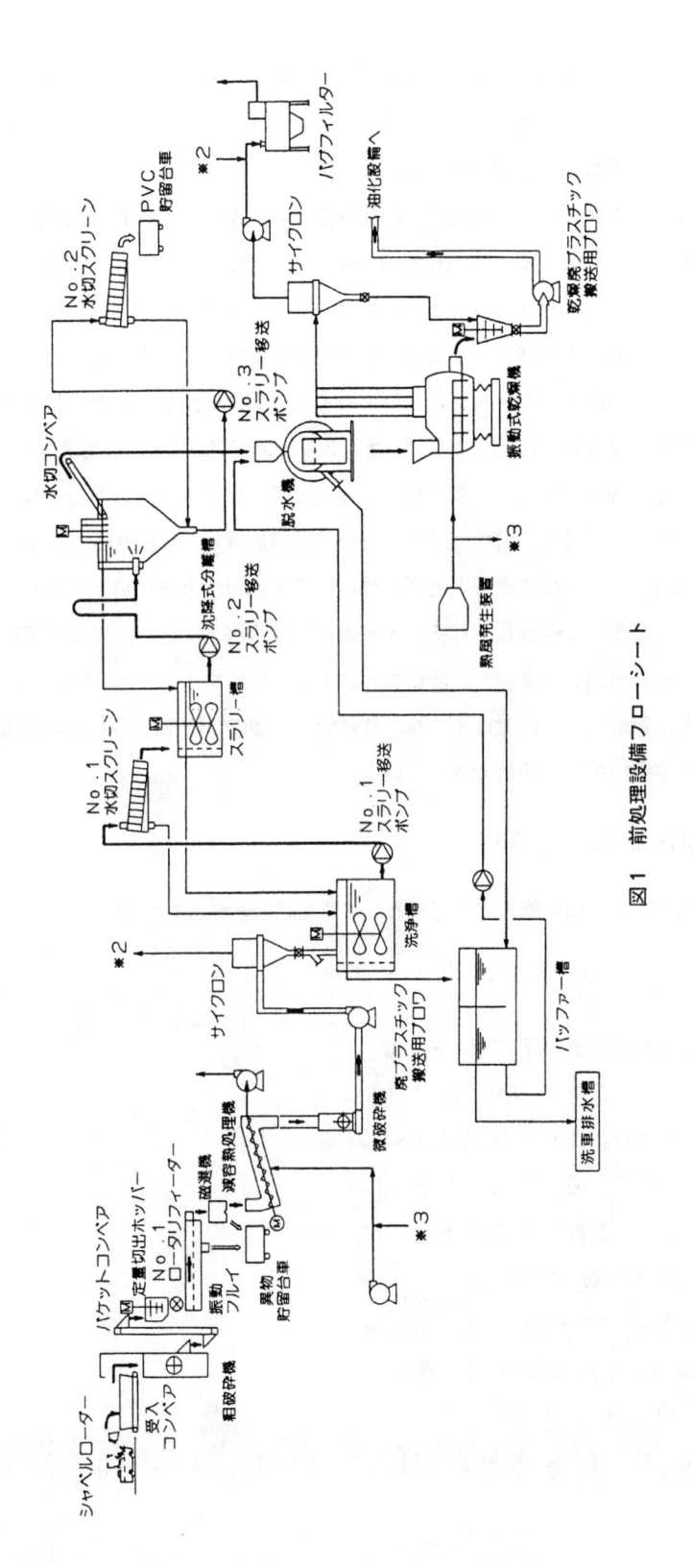

第43章　分別収集廃プラスチックの油化装置

図1　前処理設備フローシート

時には，装置内が負圧にならないように窒素ガスが自動的に封入されるが，融液の排出操作などの停止対策は不要である。また，停止した状態から加熱・再スタートが可能である。すなわち，本装置は運転・保守が容易な装置である。

油化設備のフローを図2に，新治組合の油化設備フローを図3に示す。乾燥フラフはスクリューフィーダーで分解釜に投入する。釜内融液が減り，釜内温度が所定温度に上昇すると，乾燥フラフが自動投入される。廃プラスチックの熱分解は400℃前後で行う。加熱は直火加熱方式である。熱分解釜には釜内の融液の攪拌および釜内壁面に付着する残渣をかきとる目的で，攪拌羽根が付いている。釜内蓄積残渣は，バキューム法によって間欠的に排出し，加熱燃料に使用する。なお，新治組合のシステムでは残渣排出機能は付けず，2日毎に釜内温度を430℃まで昇温し，缶液を蒸発乾固し，蒸発乾固後に降温して残渣排出を行う。残渣はさらさらした粉末なので，掃除機で簡単に排出できる。改質塔は，分解ガスの重質分（高沸点物）を凝縮させて分解釜に戻し，軽質分を選択的に流出させるものである。内部に凝縮促進を目的に金属板が設置されている。分解釜に戻された重質分はそこで軽質化される。オイル回収は冷水スクラバーによる直接冷却・凝縮で行う。凝縮オイルは濾過してタンクに貯留する。オフガスはアルカリ水で洗浄し，燃料として再利用する。なお，新治油化設備ではオイル冷却は間接冷却で，空冷凝縮と水冷凝縮で行われる。また，オフガスは燃焼炉で焼却処分されている。

4 新治油化施設の主要目

当社の廃プラスチック油化施設の1号機として新治組合へ納入した油化施設の主要目を示す。

4.1 主要目

- 形　　式：前処理設備；浮上沈降分離式
　　　　　　油化設備；一槽式還流改質方式
- 処理能力：前処理設備；625kg/5時間×1基
　　　　　　油化設備；375kg/5時間×1基
- 浮上分中のPVC含有率：1%以下
- PVC分離効率：90%以上
- 回収油組成：揮発油，軽油，灯油の混合油
- 回収油低位発熱量：約45MJ/kg
- 回収油比重：0.8
- オイル回収率：65%以上（油化適合プラスチックに対して）

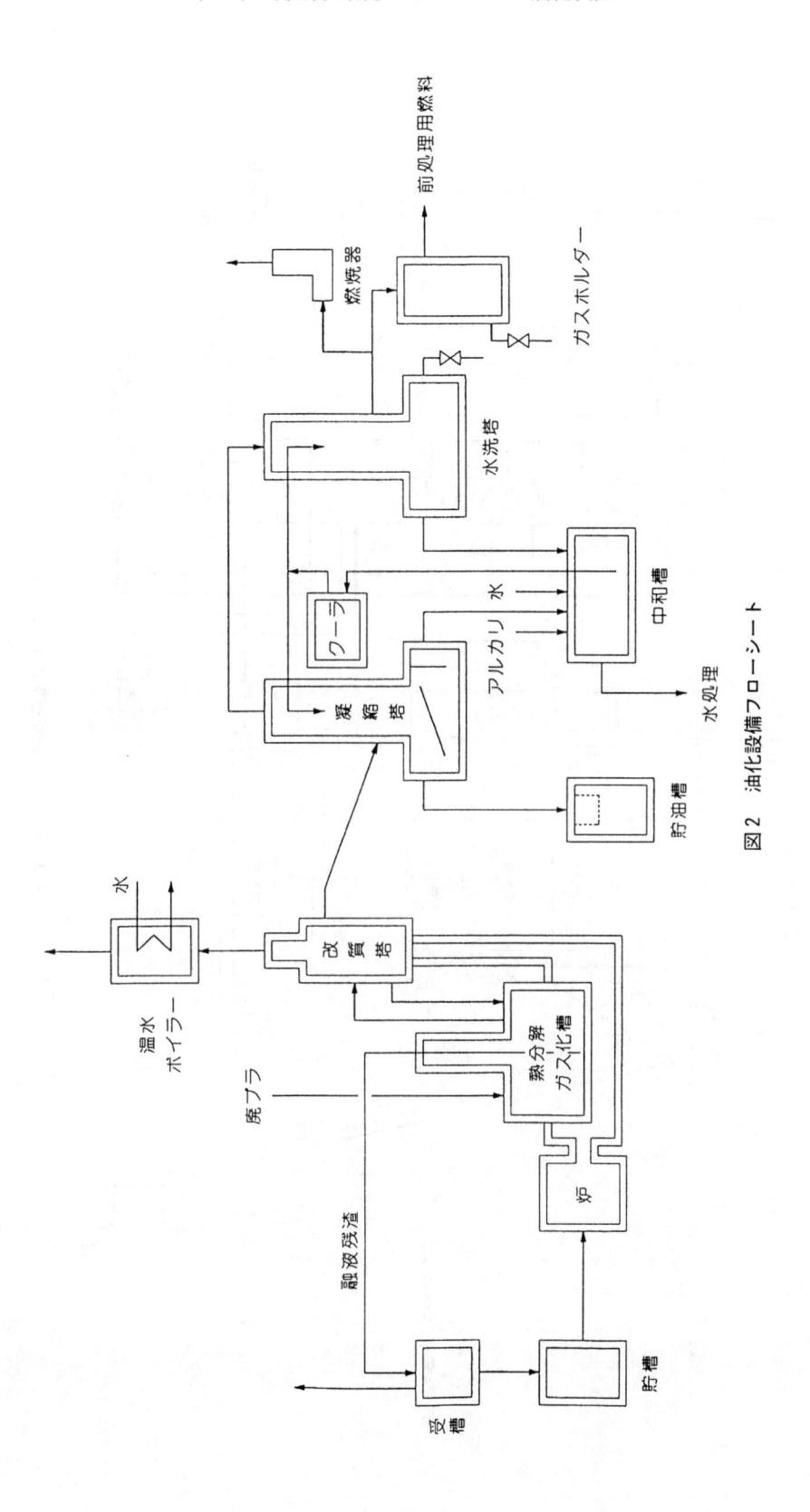

第43章　分別収集廃プラスチックの油化装置

図2　油化設備フローシート

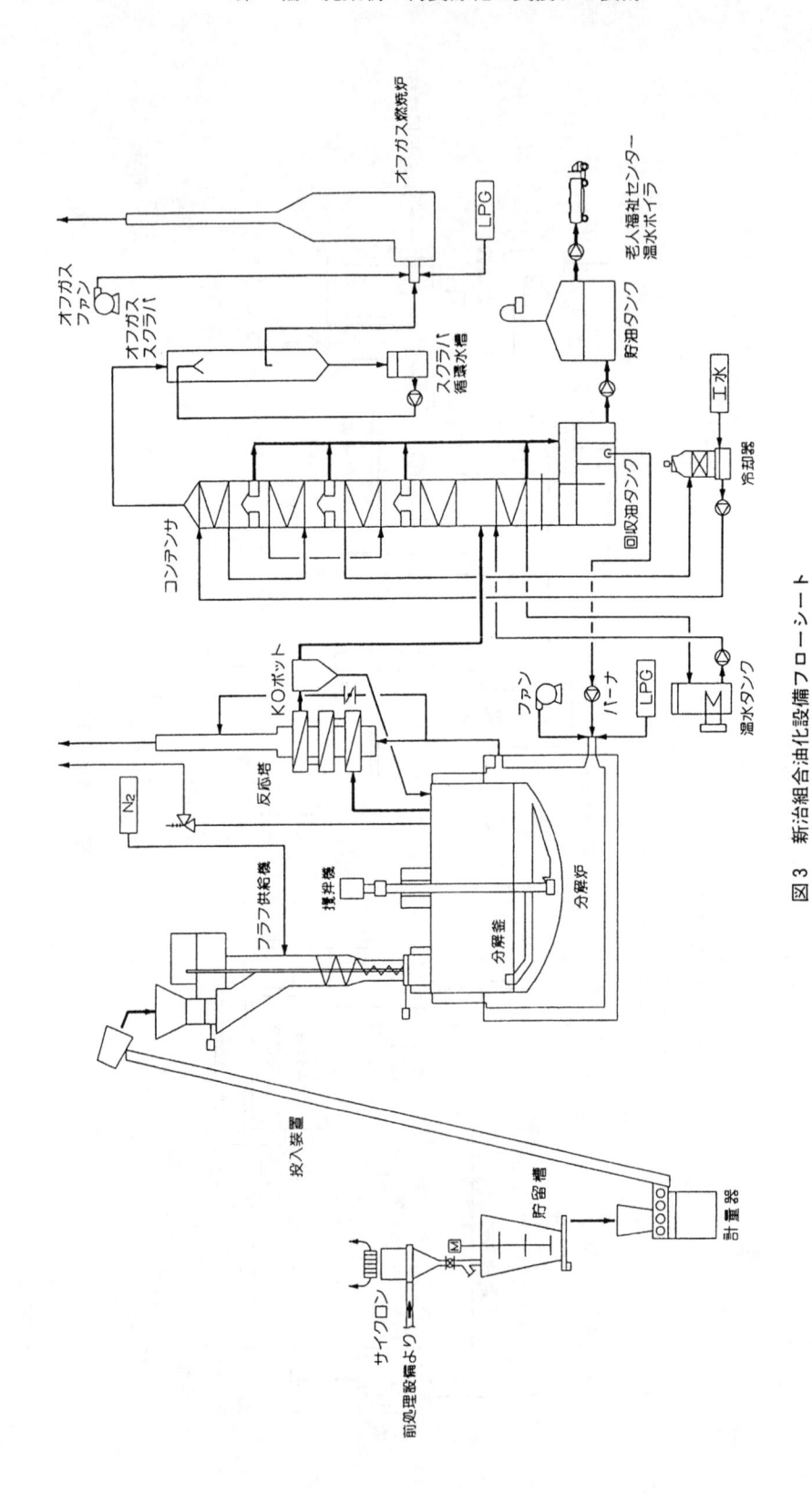

第4編　廃棄物の再資源化を支援する技術

図3　新治組合油化設備フローシート

第43章　分別収集廃プラスチックの油化装置

5　運転結果

　一般廃棄物の分別収集廃プラスチックを対象にした前処理設備の浮上沈降分離結果を表1に示す。沈降式分離槽での浮上分と沈降分との比率は85：15である。浮上分中のPVCは0.4％,

表1　浮上沈降分離結果

項目		分別収集廃プラスチック
処理量　　　　（kg）		90
プラスチック分離率（wt％）	浮上フラフ	85
	沈降フラフ	15
PVC含有率＊（wt％）	浮上フラフ	0.43
	沈降フラフ	20.6
収集廃プラスチック中のPVC含有率（計算値）　　　　（wt％）		3.46
PVC分離効率　（％）		89

＊：燃焼・ガス吸収法によるCl分析値に基づく換算値

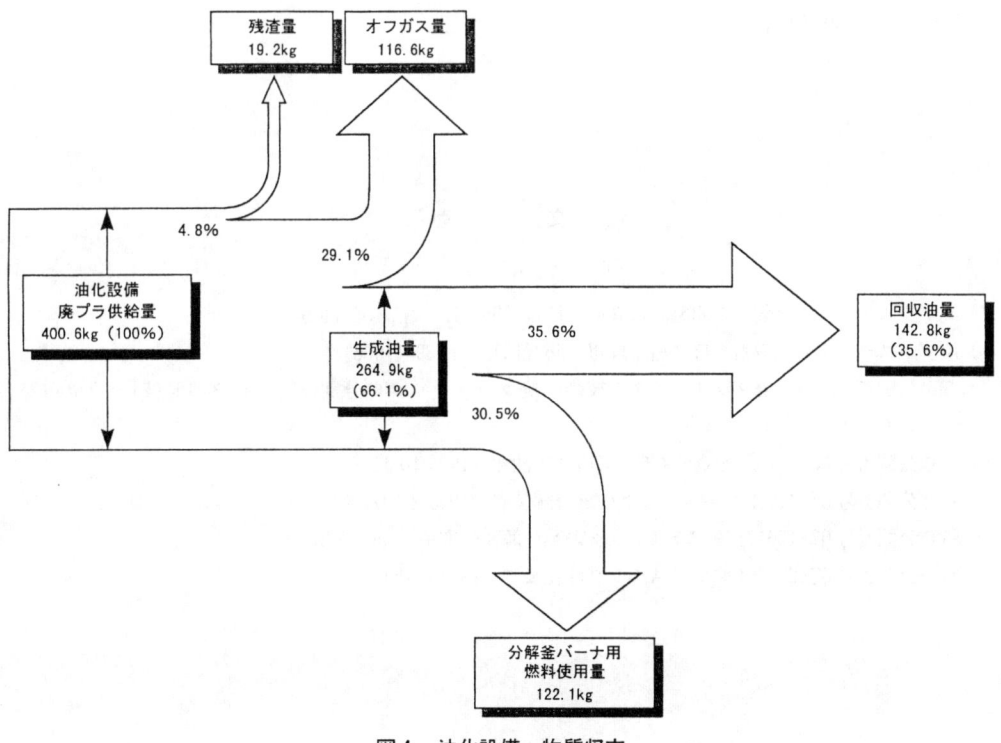

図4　油化設備　物質収支

（油化設備 廃プラ供給量 400.6kg（100％）→ 残渣量 19.2kg（4.8％）、オフガス量 116.6kg（29.1％）、生成油量 264.9kg（66.1％）→ 回収油量 142.8kg（35.6％）、分解釜バーナ用燃料使用量 122.1kg（30.5％））

PVC分離効率は89％である。図4に油化設備物質収支を示す。油化原料100％から回収油66.1％が得られる。また，オフガスは29.1％発生するが，燃料として利用できる。新治油化の稼動状況は，1996年4月から廃プラスチックの分別収集が始まり収集量約12トン/月を順調に処理している。

6 おわりに

廃プラスチック油化設備は，容器包装リサイクル法で再商品化の装置として位置づけられている。プラスチック廃棄物の減量化とリサイクルという点でニーズの拡大が期待される。前処理設備はPVCの少ない廃プラスチック製造設備であり，浮上プラスチックフラフは油化利用以外にも高炉の還元剤・セメントキルン炉燃料などにも使用可能である。また，PVC含有量の少ない固形燃料としても利用できる。

最後に，廃プラスチックの再商品化が急がれる中で，油化装置では処理コストの低減および安全性向上が最重要課題として取り組んでいる。

7 問い合わせ先

日立造船㈱　プラント事業本部　システム本部　プロセス機器部
電話：06-6569-0171

文　献

1) 廃プラスチック油化装置の開発，日立造船技報，55 (12)，pp108 (1994)
2) 廃プラスチック油化設備，日立造船技報，55 (12)，pp139 (1996)
3) 都市分別ごみからの廃プラリサイクル技術—廃プラスチックの分別技術，日立造船技報，55 (12)，pp113 (1994)
4) 特許公開番号06-28752 廃プラスチックの連続油化 (1994.10.11)
　特許公開番号07-41773 プラスチックの熱分解装置 (1995.2.10)
　特許公開番号07-166171 廃プラスチックの熱分解油化方法 (1995.6.27)
　特許公開番号07-216364 廃プラスチック油化装置 (1995.8.15)

第44章　超臨界水による廃プラスチックの
　　　　ケミカルリサイクル
― ㈱神戸製鋼所 ―

福里隆一*

1　はじめに

　廃プラスチックのケミカルリサイクルは，燃料源や化学原料として再利用できることから，廃棄物の再資源化が可能となる。とくに超臨界水を用いて，原料モノマーとして回収した場合には完全なクローズドシステムとなることから，理想的なリサイクル方法として期待されている。㈱神戸製鋼所では東北大学・新井教授の研究グループの成果[1]（エーテル，エステル，酸アミド結

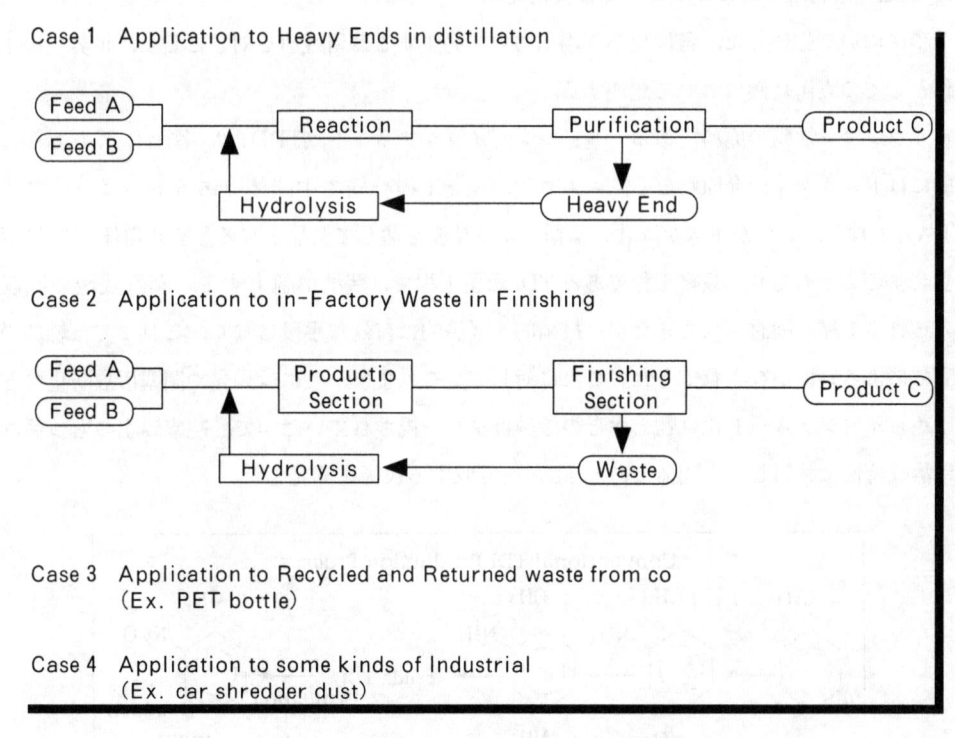

Case 1　Application to Heavy Ends in distillation

Case 2　Application to in-Factory Waste in Finishing

Case 3　Application to Recycled and Returned waste from co
　　　　(Ex. PET bottle)

Case 4　Application to some kinds of Industrial
　　　　(Ex. car shredder dust)

図1　ケミカルリサイクルプロセス工業化展開

---

*　Ryuichi Fukuzato　㈱神戸製鋼所　都市環境・エンジニアリングカンパニー　ニュービジネスセンター　技術開発部　次長

合を有する脱水縮重合性プラスチックは高温高圧水中で加水分解し，そのモノマーとすることができる）をもとに，超臨界水による廃棄物の工業化開発を推進している。

2 超臨界水利用のケミカルリサイクル技術の実用化展開[2]

超臨界水を利用した廃棄物のケミカルリサイクルの実用化展開として，筆者らは図1に示す4段階を想定している。

まず，最初に実用化がなされる対象領域は各種化学工場において発生する蒸留残渣などであり，既にトルイレンジイソシアネート（TDI）残渣回収プラントが世界初の実用化プラントとして稼働している。第2段階では，各種プラスチック加工工場などにおける格外品への適用である。第3段階では，PETボトルなどの回収品が対象となり，最後はシュレッダーダストなどの産業廃棄物への適用となると予測される。

2.1 超臨界水利用ケミカルリサイクル実用化例[3〜5]

前項において記述した，各種化学工場において発生する蒸留残渣を対象とした，世界初の工業操作としての実用化例について記述する。

ポリウレタン樹脂の原料であるトルイレンジイソシアネート（TDI）は，図2に示すように工業的にはトルエンを出発原料とし，ニトロ化，還元工程を経て中間体であるトルエンジアミン（TDA）となり，これがホスゲン化，蒸留による精製を通じて製品となる。TDI自体が加熱下では重合することもあり，最終工程であるTDI蒸留工程では残渣が副生する。蒸留残渣の回収方法はこれまで種々検討されてきたが，技術的・経済的に有効な手段はなく，これまでは焼却や埋め立てによる処理がなされてきた。これに対して，これまで一般には爆発や閉塞事故防止などの理由からイソシアネート化合物と水との接触はタブー視されていた中で，超臨界水のもつ優れた反応溶媒特性に着目し，中間体であるTDAを回収する技術を開発した。

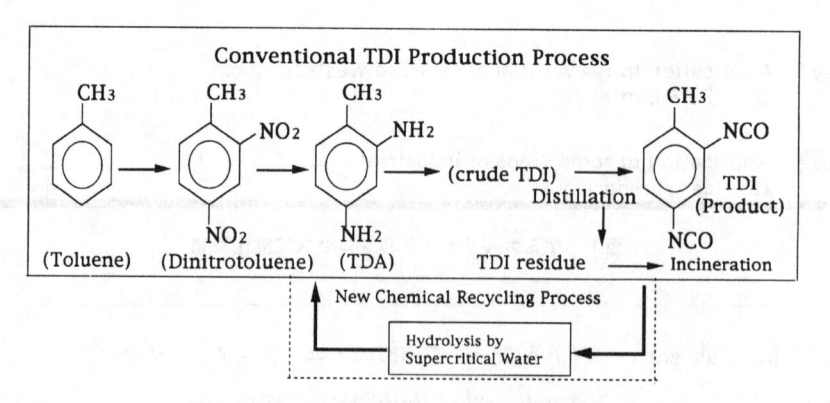

図2 ケミカルリサイクルプロセス工業化展開

第44章　超臨界水による廃プラスチックのケミカルリサイクル

TDIの加水分解反応を図3に示す。TDIを水と接触させた場合，一般に式(1)，(2)の反応が進行し，尿素体が形成される。生成した尿素体は化学的に安定な物質であり，常温常圧の水の場合，尿素体形成で反応は終了する。これに対して，反応を超臨界水中で進行させると式(3)に示す尿素体の加水分解が進行し，これによってTDI製造工程の中間原料であるTDAが回収される。

加水分解実験結果の一例を図4に示す。反応温度が200℃以下では回収率は低く，式(3)の反応は進行していないものの，200℃以上では80％を超える回収率が得られている。

TDI残渣のケミカルリサイクルプロセスの概略フローを図5に示す。プロセスはTDI残渣と水を反応させる超臨界工程と，反応液を脱水，精製する蒸留工程から構成される。精留塔から回収されるTDAはそのまま既存のTDI製造工程にリサイクルされる。一方，精留塔下部から排出される重質物は多量化したものが主成分となり，分解が困難であるため焼却される。

本プロセスは武田薬品工業㈱鹿島工場内に建設され（写真1），1998年1月より超臨界水を用

図3　TDIの加水分解反応

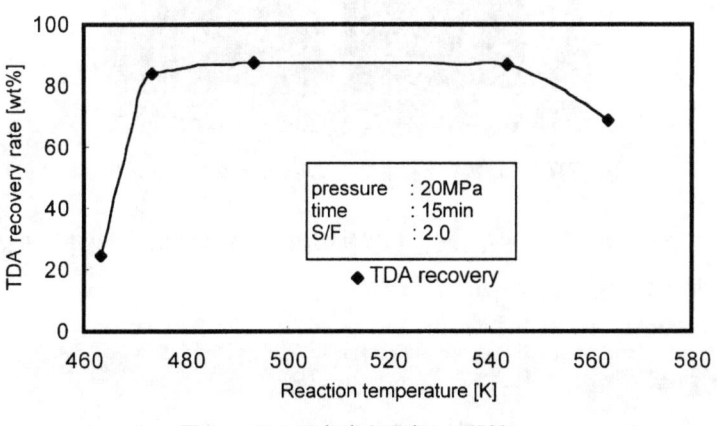

図4　TDA回収率と温度との関係

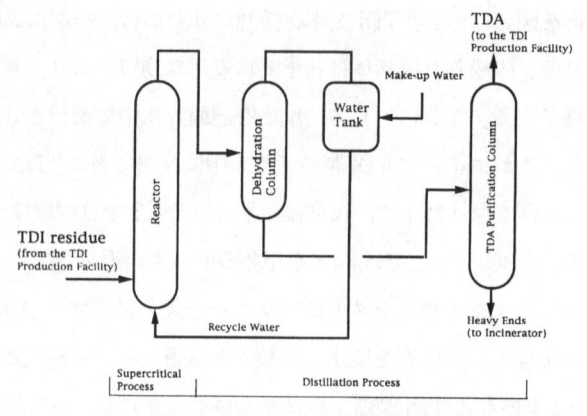

第4編　廃棄物の再資源化を支援する技術

図5　ケミカルリサイクルプロセス概念図

写真1　超臨界水利用ケミカルリサイクルプラント

いたケミカルリサイクルプラントとして，世界初の商業運転を開始し，2年以上にわたって順調に稼働し，現在に至っている。

2.2　将来への期待

最近，超臨界水を用いて産業廃棄物や有害物質を分解し，有用な化合物を回収したり，あるい

は無害化する技術が注目されており，種々検討もなされている。このような状況のもとで，TDI蒸留残渣という限られた物質ではあるが，これを超臨界水で連続的に分解し，有用な中間原料（TDA）を回収する技術を確立し，これを世界に先駆けて実用化した。特に，最近になって自動車，家電製品，容器，包装材などを対象にリサイクル法が制定，施行されるようになってきており，この中で各製品に使用されるプラスチック材料などをいかに有用な化合物として回収するかは産業界全体の極めて重要な課題となってきている。超臨界水を用いた分解技術は環境に優しいケミカルリサイクル技術としても注目されており，上記工業化プラントはこのような分野へのパイロット事業としての意義も大きい。

3 おわりに

溶媒として超臨界水を用いれば，短時間で効率的に廃プラスチックが分解され，化学原料として回収できることを述べた。

容器包装法の制定・施行，二酸化炭素による地球温暖化問題などにより，廃プラスチック処理問題が大きくクローズアップされている現在において，水は地球上唯一自然界に存在する溶媒であり，これを反応溶媒として捉えることは，地球環境上極めて重要なことである。水は極めて重要な溶媒であるもののその極性が大きいため，工業的に重要な無極性，弱極性の炭化水素化合物はほとんど溶解しない。これが石油化学工業において大量の有機溶媒が使用されてきた理由である。しかしながら，超臨界水には有機溶媒に匹敵する溶媒特性があるため，これを反応溶媒として用いる分解プロセスは脱有機溶媒の要請が強く望まれている状況にマッチしたものであり，しかも，廃プラスチックに代表される廃棄物処理分野において地球に優しいプロセスとして期待される。

4 問い合わせ先

㈱神戸製鋼所　エンジニアリングカンパニー　ニュービジネスセンター　技術開発部
電話：06-6444-7640

文　　献

1）阿尻ら：化学工学論文集，**23**, 4, p.505（1997）
2）福里隆一：化学工学会第31回秋季大会（米沢），Q213（1998）

3) 鈴木ら:化学工学会第 31 回秋季大会(米沢), Q109 (1998)
4) 鈴木重俊ら:化学工学, **64** (3), 34 (2000)
5) R. Fukuzato, *et al.*, Proceeding of the 5th. International Symposium on Supercritical Fluids (2000, Atlanta)

編集を終わって

　周知のとおり，人間活動や生産活動による資源・エネルギーの消費とそれに伴って排出された物質による地域および地球規模での環境問題はいっそう深刻化しており，我々人類および地球上の生態系の生存基盤を脅かすまでに至っている。新しい世紀を迎え，社会の要請に応え人類の生存を支えている地球に優しい人間活動及び生産活動を実現するためには，環境への排出，すなわちエミッションをできるだけゼロに近づけることのできるゼロエミッション社会システムおよび生産システムが構築されなければならない。さらに，わが国における資源・エネルギーの安定的な確保およびその有効利用の実現，未来社会において資源・エネルギーの確保が困難になっても人間活動及び生産活動を維持するためには，どの様な物質循環プロセスを創生すべきかについて検討しておく必要がある。

　この様な問題意識に基づいて，本書では産業界におけるゼロエミッション化の現状をまとめた。国連大学によるゼロエミッションの提案からそれほど年数が経過しているわけではないが，既に多くの企業や自治体において，上記のようなゼロエミッションシステムを志向したプロセスへの取り組みが行われており，実際に稼働している例も少なくない。しかし，何をもってゼロエミッションと定義するのか，現時点では明確にされていない。また，各社で行われている取り組みは個々の技術開発に留まっており，これを整理して総合的な体系造りを行う試みは未だなされていない。今後の我が国における環境と生産の調和を考えるとき，ゼロエミッション技術の体系化は焦眉の課題といえよう。

　この様なことから，本書では，まず第1編「ゼロエミッションの考え方」において，文部省科学研究費補助金による特定領域研究「ゼロエミッションをめざした物質循環プロセスの構築」（平成9～12年）の主要メンバーによる，ゼロエミッションの基本理念・方法に関する解説を行った。ここでは，従来のエンド・オブ・パイプ型廃棄物処理および廃棄物の量を少なくするクリーナープロダクションの考え方から，廃棄するものを新たな資源として活用するゼロエミッションの考え方をベースとした特定産業のマスフロー解析，クラスタリング形成のための産業ネットワーク形成，および地域マスフローについての研究例が述べられている。これらの研究は，20世紀型大量生産・大量消費・大量廃棄システムからゼロエミッションシステムへ移行するに際しての

編集を終わって

枠組みや方向を具体的に見出そうとするものである。

第2編「工場内ゼロエミッション化の実例」では，工場における廃棄物ゼロを達成した例やゼロに近づけようとする実施例が述べられている。ここに紹介されている工場単位のゼロエミッション化例に共通して示されているのは，廃棄物量を低減し資源として利用するため徹底して排出物の物性を調査し，必要に応じて前段の製造工程まで遡って検討し，対応策を見出している事実である。また工場によっては通常一般廃棄物として排出されるものについても，排出源における徹底した分別によって資源化を達成している。これらの成功例は廃棄物を排出源で分別し，それらの物性と利用法を精力的に検討することによって，自工場内および他産業の減量として再利用できる事を示唆しており，循環社会形成の力強い先行例となっている。

第3編「再資源化システムの実例」で述べられている具体例は，工場内の特定廃棄物のリサイクル資源化例と，自動車，家電製品，建設廃材をはじめ，消費者に使用された製品のリサイクルに関するものであり，工場内ゼロエミッションと異なり，種々雑多な，場合によっては構成素材の不明な廃棄物のリサイクルに関するものである。これら廃棄物は排出源における分別が困難であり，再利用・リサイクル時の障害が大きい。しかしゼロエミッションを推進し，真の循環社会を形成して行くためには，ここで示されたようなケースの成否が大きな鍵を握っていると考えられる。

第4編「廃棄物の再資源化を支援する技術」では，一度消費者によって使用され廃棄物となったものの再資源化技術が紹介されている。これらの技術は現在大量に排出される一般廃棄物の再資源化技術であり，回収されるものは主として熱，電気等のエネルギー中心である。当面は廃棄物の減量安定化と再資源化に有効であり，廃棄物の再資源化が現状より更に進んだ段階においても，最終的に再利用再資源化困難な物質の処分量低減には利用価値が高いと考えられる。しかしゼロエミッションの目指す循環社会においては，ここに示されている技術を適用する廃棄物量は少なくなっているものと考えられる。

ゼロエミッションを自称するプロセスの提案は数多いが，いわゆるエンド・オブ・パイプ・テクノロジーに近いものもあり，真にゼロエミッションの理念に合致したものであるかどうか，疑問視されるケースも少なくない。本書では，この分野におけるリーダーとして先駆的な技術開発を進めておられる各社に執筆をお願いした。ここに示された数々の実例は，大量生産，大量消費，大量廃棄の結果地球環境の限界に直面した20世紀に終止符を打ち，リユース，リサイクル，再資源化をベースとする21世紀循環社会に入らざるを得ない現状において，ゼロエミッション化社会実現の萌芽と可能性を示すものである。

ゼロエミッションは，次世代の成長の基本概念として，学理および実践の両面において今後ますます取り組みが盛んになるであろう。本書が，その一助となれば，幸いである。最後に，お忙

編集を終わって

しい中ご執筆をいただきました各社技術陣に，また発刊に向けてご尽力いただきました㈱シーエムシー出版部の三島和展氏に，深く感謝申し上げます。

2001年3月

編集委員一同

索　引

ア　行

RDF ………… 63, 157, 205, 226, 255, 275, 277, 308, 309, 310, 311, 312, 313, 314, 315, 317, 318, 319, 320

ISO 14001 ……………… 52, 56, 78, 86, 248

アンモニア ……… 107, 113, 115, 116, 124, 137, 162, 201, 202

異業種 ………………… 3, 9, 17, 68, 86, 92

ウイスキー ………… 61, 120, 122, 125, 126

液晶 …………… 66, 99, 168, 170, 172, 173

塩化水素（塩酸）………… 187, 189, 191, 192, 193, 194, 196, 197, 198, 199, 200, 209, 231, 282

エンド・オブ・パイプ ……… 1, 2, 343, 344

塩ビ（塩化ビニール）………… 97, 98, 100, 187, 189, 191, 192, 193, 194, 196, 197, 198, 199, 200, 204, 205, 217

汚泥 ………… 4, 5, 10, 11, 23, 30, 58, 63, 64, 66, 72, 74, 75, 78, 81, 86, 90, 92, 99, 107, 109, 122, 128, 129, 137, 162, 164, 166, 220, 224, 226, 227, 234, 238, 239, 283, 300, 301, 303, 307

カ　行

粕（スラッジ）………… 5, 11, 12, 48, 64, 65, 66, 70, 74, 92, 112, 113, 114, 116, 117, 118, 161, 162, 163, 309

ガス化 ………… 120, 162, 193, 201, 201, 203, 204, 205, 206, 208, 271, 272, 273, 274, 278, 279, 281, 282, 283, 286, 285, 287, 289, 293, 294, 295, 296, 298, 299

家電（廃家電）………… 150, 154, 155, 157, 158, 174, 175, 176, 177, 181, 182, 186, 321, 325, 327, 341

紙（古紙）…………… 4, 42, 63, 78, 80, 99, 100, 144, 147, 193, 196, 197, 198, 204, 209, 212, 223, 262, 263, 263, 264, 265, 266, 268

乾燥 ……… 90, 110, 120, 124, 131, 134, 161, 162, 164, 177, 187, 214, 215, 219, 224, 234, 238, 239, 250, 251, 275, 281, 287, 289, 295, 296, 308, 309, 310, 311, 313, 315, 318, 319, 322, 327, 330, 332

クラスタリング ……… 2, 3, 9, 27, 32, 35

クリーナープロダクション ……… 3, 9, 271

下水 ……… 63, 92, 107, 109, 111, 137, 159, 226, 227, 228, 234, 238, 239, 240, 300, 301, 303, 307

結晶化 … 300, 301, 302, 303, 304, 306, 307

嫌気性発酵 ……………………………… 113

建材 …………………… 35, 101, 171, 186

建設廃棄物 …………………220, 223, 226
減量化………18, 32, 42, 43, 46, 57, 62,
　　　69, 78, 86, 97, 98, 336
高炉 …………63, 157, 172, 189, 207, 209,
　　　211, 212, 213, 336
コンポスト ………5, 11, 63, 100, 119, 128

サ　行

魚 ……………23, 24, 25, 134, 135, 181
事務機器（ＯＡ機器）…………78, 155, 157,
　　　158, 177, 210, 321, 325, 327
シャフト炉 ………279, 281, 282, 283, 285
重金属…………53, 66, 100, 116, 175, 230,
　　　232, 249, 253, 278, 283, 296
焼却灰………50, 92, 100, 131, 226, 227,
　　　228, 229, 230, 232, 233, 238, 263,
　　　285, 300, 301, 303, 304, 307
焼酎……120, 125, 127, 128, 129, 131, 132
醤油 ………………………………5, 11, 12
蒸留……120, 122, 124, 125, 126, 127,
　　　128, 129, 130, 131, 132, 185, 248,
　　　249, 251, 252, 338, 339, 341
飼料…………11, 23, 42, 46, 58, 112, 118,
　　　120, 128, 129, 131, 134
スラグ …………81, 172, 173, 177, 204,
　　　205, 208, 209, 226, 237, 271, 274,
　　　281, 282, 283, 287, 289, 290, 291,
　　　292, 295, 297, 300, 301, 302, 303,
　　　304, 305, 306, 307
セメント ……………20, 50, 63, 65, 66, 67,
　　　75, 81, 90, 99, 100, 127, 131, 166,
　　　172, 173, 177, 193, 194, 196, 197,
　　　200, 205, 224, 227, 228, 229, 230,
　　　232, 233, 234, 236, 237, 238, 239,
　　　240, 263, 277, 311, 313, 336
洗浄…………5, 11, 65, 74, 107, 110, 135,
　　　137, 150, 155, 159, 164, 187, 214,
　　　215, 216, 217, 219, 249, 252, 253,
　　　260, 296, 330, 332

タ　行

ダイオキシン ……………67, 68, 129, 204,
　　　205, 209, 213, , 224, 225, 226, 227,
　　　231, 232, 271, 272, 274, 276, 277,
　　　278, 287, 290, 292, 293, 294, 295,
　　　296, 298, 300, 308, 310, 321
堆肥 ………………100, 113, 116, 117, 225
タイル………………56, 86, 87, 89, 90, 92,
　　　101, 171, 173, 305, 307
他業界……………………………65, 255
地域 ………4, 10, 17, 23, 26, 27, 28, 29,
　　　31, 32, 35, 37, 53, 57, 61, 105, 112,
　　　127, 155, 157, 159, 215, 220, 243,
　　　244, 293, 308, 311, 313
超臨界水 ……23, 337, 338, 339, 340, 341
電池……………………41, 42, 48, 147, 176
塗料 …………65, 248, 249, 250, 251, 252,
　　　253, 254, 255

ナ 行

生ごみ …………………23, 63, 99, 100
熱分解……………………………204
燃料電池 …………105, 107, 109, 110, 111

ハ 行

廃車 ……………………241, 242, 243
灰分 ……………127, 129, 131, 278, 281, 285, 290, 301, 317
破砕 …………99, 100, 150, 154, 155, 157, 175, 196, 208, 210, 212, 214, 224, 289, 293, 308, 309, 315, 317, 318, 319, 325, 326, 330
パルプ………3, 9, 263, 264, 265, 266, 267
半導体……………62, 64, 66, 78, 107, 110, 159, 164, 167
ビール……41, 46, 47, 49, 50, 52, 53, 54, 55, 56, 57, 58, 60, 107, 109, 112, 113, 114, 116, 117, 118, 119, 256, 257
肥料 ……………11, 57, 58, 65, 83, 112, 113, 116, 117, 118, 119, 120, 124, 127, 128, 162
フィルム ………76, 78, 98, 100, 140, 143, 187, 210, 212, 318, 330
副生物 ………………………1, 3, 15
物質フロー ………4, 5, 7, 10, 11, 15, 27, 28, 29, 32, 37
プラスチック………20, 23, 42, 43, 53, 63, 95, 99, 100, 101, 152, 153, 157, 158, 170, 172, 174, 175, 177, 186, 187, 189, 193, 194, 200, 201, 204, 206, 207, 208, 209, 210, 211, 212, 213, 217, 265, 308, 309, 318, 321, 323, 324, 325, 326, 327, 328, 329, 330, 332, 325, 326, 337, 338, 341
フレーク………………214, 215, 217, 219
フロン…………………153, 154, 175, 286
分別 ……2, 41, 42, 43, 46, 48, 53, 58, 62, 63, 64, 65, 66, 78, 80, 81, 83, 84, 86, 99, 100, 157, 158, 160, 166, 168, 170, 175, 181, 201, 203, 204, 205, 209, 211, 212, 213, 214, 215, 252, 256, 257, 260, 274, 279, 281, 283, 287, 289, 292, 293, 294, 295, 299, 309, 315, 318, 321, 322, 325, 327, 329, 330, 332, 335, 336
分離技術 ……18, 321, 322, 323, 324, 327
PET…………209, 210, 212, 214, 215, 219, 323, 330, 338
ボトル ………56, 210, 211, 212, 214, 215, 216, 217, 219, 256, 257, 258, 260, 338

マ 行

メタノール………………107, 110, 124, 202
メタン発酵 …………………122, 126
モノマー …………172, 185, 193, 194, 198, 199, 200, 337, 338

ヤ　行

油化 …………………100, 329, 330, 332, 336
溶剤 ……………64, 65, 75, 248, 249, 250, 251, 252, 253, 254
溶融 ………72, 81, 87, 172, 176, 204, 210, 226, 234, 256, 257, 258, 260, 271, 274, 276, 277, 278, 279, 281, 282, 283, 285, 286, 287, 289, 290, 292, 293, 294, 295, 296, 297, 298, 299, 300, 301, 302, 303, 304, 306, 307, 321, 329

ラ　行

流動層（流動床）……………131, 204, 271, 272, 273, 274
ロータリーキルン……………194, 200, 231, 271, 304
路盤材 …………………………100, 297

ゼロエミッション型産業をめざして
― 産業における廃棄物再資源化の動向 ―

2001年3月25日　第1刷発行
2004年1月15日　第2刷発行

監　修	鈴木　基之	(B 609)
編　集	日本学術振興会産学協力研究委員会	
	ゼロエミッション第168委員会	
発行者	島　健太郎	
発行所	株式会社シーエムシー出版	
	東京都千代田区内神田1-4-2	
	(コジマビル) 電話03(3293)2061	
	大阪市中央区釣鐘町1-1-1	
	(大宗ビル) 電話06(4794)8234	
	http://www.cmcbooks.co.jp	

〔印　刷　倉敷印刷株式会社〕　　©M. Suzuki, 2001

落丁・乱丁本はお取替えいたします。

本書の内容の一部あるいは全部を無断で複写(コピー)することは,法律で認められた場合を除き,著作者および出版社の権利の侵害となりますので,その場合には予め小社宛許諾を求めて下さい。

ISBN4-88231-716-8 C3060 ¥5000E